"十三五"国家重点出版物出版规划项目

光电技术及其军事应用丛书

光电防御系统与技术

Opto-Electronic Defense System and Technology

薛模根　韩裕生　罗晓琳　王　硕 ◇ 著

国防工业出版社

·北京·

内 容 简 介

本书首先明确了光电防御的概念与内涵；接着论述了光电防御的基本原理和系统构成；随后分别研究了光电告警、光电防御有源干扰、光电防御无源干扰、综合光电防御、光电防御系统综合测试评定等关键技术；最后介绍了车载、机载、舰载等典型光电防御装备。

本书可供光电防御相关领域的学生、研究人员和工程技术人员学习和参考。

图书在版编目（CIP）数据

光电防御系统与技术/薛模根等著．—北京：国防工业出版社，2021.6
（光电技术及其军事应用丛书）
ISBN 978－7－118－12398－2

Ⅰ.①光… Ⅱ.①薛… Ⅲ.①光电技术—防御系统 Ⅳ.①E866

中国版本图书馆 CIP 数据核字（2021）第 126435 号

※

国防工业出版社出版发行

（北京市海淀区紫竹院南路 23 号　邮政编码 100048）
雅迪云印（天津）科技有限公司印刷
新华书店经售

*

开本 710×1000　1/16　印张 26¼　字数 443 千字
2021 年 6 月第 1 版第 1 次印刷　印数 1—2000 册　定价 168.00 元

（本书如有印装错误，我社负责调换）

国防书店：（010）88540777　　书店传真：（010）88540776
发行业务：（010）88540717　　发行传真：（010）88540762

光电技术及其军事应用丛书
编委会

主　　任　薛模根
副主任　韩裕生　王　峰　罗晓琳　柴金华
委　　员　（按姓氏笔画排序）
　　　　　　王　勇　王　峰　王　硕　朱　虹
　　　　　　李　俊　李　雷　李小明　李从利
　　　　　　杨　钒　吴云智　吴令夏　谷　康
　　　　　　张　良　罗晓琳　周浦城　郑云飞
　　　　　　胡　博　祖鸿宇　秦晓燕　袁广林
　　　　　　徐国明　黄勤超　葛传文　韩裕生
　　　　　　褚　凯　薛模根

序

新时代陆军正从区域防卫型向全域作战型转型发展，加速形成适应"机动作战、立体攻防"战略要求的作战能力，对体系对抗日益复杂下的部队防御能力建设提出了更高的要求。陆军炮兵防空兵学院长期从事目标防御的理论、技术与装备研究，取得了丰硕的成果。为进一步推动目标防御研究发展，现对前期研究成果进行归纳总结，形成了本套丛书。

丛书以目标防御研究为主线，以光电技术及应用为支点，由 7 分册构成，各分册的设置和内容如下：

《光电制导技术》介绍了精确制导原理和主要技术。精确制导武器作为目标防御的主要对象，了解其制导原理是实现有效干扰对抗的关键，也是防御技术研究与验证的必要条件。

《稀疏和低秩表示目标检测与跟踪及其军事应用》《光电图像处理技术及其应用》是防御系统目标侦察预警方面研究成果的总结。防御作战要具备全空域警戒能力，尽早发现和确定威胁目标可有效提高防御作战效能。

《偏振光成像探测技术及军事应用》针对不良天候、伪装隐身干扰等特殊环境下的目标探测难题，开展偏振光成像机理与探测技术研究，将偏振信息用于目标检测与跟踪，可有效提升复杂战场环境下防御系统侦察预警能力。

《光电防御系统与技术》系统介绍了目标防御的理论体系、技术体系和装备体系，是对目标防御技术的概括总结。

《末端综合光电防御技术与应用》《军用光电系统及其应用》研究了特定应用场景下的防御装备发展问题，给出了作战需求分析、方案论证、关键技术解决途径、系统研制及试验验证的装备研发流程。

丛书聚焦目标防御问题，立足光电技术领域，分别介绍了威胁对象分析、目标探测跟踪、防御理论、防御技术、防御装备等内容，各分册虽独立成书，但也有密切的关联。期望本套丛书能帮助读者加深对目标防御技术的了解，促进我国光电防御事业向更高的目标迈进。

2020 年 10 月

前　言

光电系统是现代武器装备信息感知的重要手段，但也是武器系统中较为脆弱的组成部分。光电防御以威胁武器光电系统为作战对象，采用激光、烟雾等干扰源实现对光电观瞄设备、光电导引头的有源干扰和无源干扰，使威胁武器丧失或降低目标精确侦察和精确制导打击能力，起着直击要害的关键性作用，具有灵活、高效的独特优势，与速射火炮、防空导弹等硬摧毁手段共同构成了现代防御体系，受到了各军事强国的高度重视，成为现代防御技术研究的热点领域之一。

作者团队长期从事光电防御的理论与技术研究，研制了多种光电防御系统，成功实现了光电制导武器的实弹对抗验证。本书是对前期研究成果的梳理总结，共分 8 章。第 1 章为光电防御概述，明确了光电防御的概念与内涵，界定了光电防御在目标防御体系中的地位和作用，介绍了光电防御技术的分类与发展；第 2 章论述了光电防御的基本原理与系统结构，给出了系统一般构成，建立了光电防御技术体系框架；第 3～6 章分别研究了光电告警、光电防御有源干扰、光电防御无源干扰、综合光电防御等的基本原理、关键技术和实现方法；第 7 章针对光电防御软杀伤技术验证和系统性能测试需要，研究了光电防御测试评定方法，建立了基于光电导引头的静态、动态测试方法相结合的半实物仿真测试评定系统；第 8 章介绍了车载、机载、舰载等多类型典型光电防御装备。

光电防御涉及多学科门类，本书成稿得益于作者团队前期多年研究成果的积累，更得益于光电防御课题组多名同志付出的卓有成效的劳动，在此向黄勤超、吴令夏、吴云智、王峰、王勇、朱一旺、柴金华、李小明、张金等同志为本书做出的贡献表示感谢！本书得以出版，得到了"光电技术及其军事应用丛书"编委会、国防工业出版社领导和编辑的支持与悉心指导，作者深表感谢。同时,作者在本书撰写过程中查阅了大量参考文献,在此向相关文献作者表示谢意。

进攻与防御互为矛盾,相互促进发展。在新型探测器、先进激光器等现代光电科技进步的推动下,光电防御也必将迎来新的发展。但由于作者水平和视野有限,对前沿新技术跟踪有所滞后,书中不当之处在所难免,敬请同仁和读者批评指正。

作者

2020 年 10 月

目 录

第 1 章　光电防御概述

1.1　目标防御　…001
    1.1.1　防护、防御　…002
    1.1.2　目标多层防御体系　…004
    1.1.3　目标主动防御和目标自主防御　…006

1.2　光电防御　…009
    1.2.1　光电防御及其防御对象　…009
    1.2.2　光电防御的基本要求　…011
    1.2.3　末端光电防御　…013

1.3　光电防御技术及其发展　…016
    1.3.1　光电防御过程描述　…016
    1.3.2　光电防御技术的分类　…017
    1.3.3　光电防御技术的发展　…020

1.4　光电防御的地位和作用　…025

参考文献　…028

第 2 章　光电防御的基本原理与系统结构

2.1　辐射源及其特性　…029
    2.1.1　背景辐射源　…029
    2.1.2　目标辐射源　…037

2.2　光电防御的基本原理　…046

2.2.1　光电制导武器的制导原理 … 047
　　2.2.2　光电观瞄设备的工作原理 … 058
　　2.2.3　光电防御的技术途径 … 061
　　2.2.4　光电防御的作用机理 … 065
2.3　光电防御系统的基本构成 … 073
　　2.3.1　目标探测预警 … 074
　　2.3.2　目标识别跟踪 … 075
　　2.3.3　综合光电对抗 … 075
　　2.3.4　光电防御指挥控制 … 076
2.4　光电防御系统技术 … 077
　　2.4.1　光电防御系统的技术体系 … 077
　　2.4.2　光电防御系统的应用技术 … 077
2.5　光电防御系统及其作战运用 … 079
　　2.5.1　光电防御系统的主要指标 … 079
　　2.5.2　陆基作战平台的光电防御 … 080
　　2.5.3　海基作战平台的光电防御 … 080
　　2.5.4　空基作战平台的光电防御 … 081
　　2.5.5　天基作战平台的光电防御 … 081
　　2.5.6　要地的光电防御 … 082
　　2.5.7　光电防御的作战运用 … 082

参考文献 … 085

第3章　光电告警技术

3.1　光电探测目标识别技术 … 086
　　3.1.1　光辐射的截获方式 … 086
　　3.1.2　光辐射截获的理论计算 … 089
　　3.1.3　奈曼-皮尔逊准则及其应用 … 094
　　3.1.4　光电探测器件 … 097
　　3.1.5　光电图像目标探测识别 … 105
3.2　激光告警技术 … 109
　　3.2.1　激光告警的基本原理 … 110

3.2.2　激光告警的关键技术 …112
　　3.2.3　主动式激光告警技术 …115
　　3.2.4　被动式激光告警技术 …119
　　3.2.5　光纤延时编码激光告警器 …131
3.3　红外告警技术 …132
　　3.3.1　红外告警的基本原理 …133
　　3.3.2　红外告警系统的组成 …134
　　3.3.3　红外告警的关键技术 …135
3.4　紫外告警技术 …137
　　3.4.1　紫外告警的基本原理 …137
　　3.4.2　紫外告警系统的组成 …138
　　3.4.3　紫外告警的关键技术 …139
3.5　毫米波告警技术 …144
　　3.5.1　毫米波告警的基本原理 …144
　　3.5.2　毫米波告警系统的组成 …147
3.6　偏振成像告警技术 …148
　　3.6.1　偏振成像告警的基本原理 …149
　　3.6.2　偏振成像告警系统的组成 …151
　　3.6.3　偏振成像告警的关键技术 …157
3.7　光电综合告警技术 …158
　　3.7.1　光电综合告警的分类及其特点 …159
　　3.7.2　红外/激光综合告警技术 …160
　　3.7.3　红外/紫外综合告警技术 …160
　　3.7.4　紫外/激光综合告警技术 …161
参考文献 …162

第4章　光电防御有源干扰技术

4.1　光电防御激光干扰源技术 …165
　　4.1.1　光电干扰激光器技术 …165
　　4.1.2　激光合成技术 …172
　　4.1.3　变频激光产生技术 …183

　　　　4.1.4　综合防御激光源技术 …187
　4.2　有源定向干扰技术 …191
　　　　4.2.1　有源定向干扰的基本原理 …191
　　　　4.2.2　有源定向干扰系统的组成 …193
　　　　4.2.3　有源定向干扰的关键技术 …193
　4.3　激光制导武器有源干扰技术 …197
　　　　4.3.1　激光制导导引头抗干扰技术 …197
　　　　4.3.2　激光制导武器的干扰机理 …199
　　　　4.3.3　激光欺骗有源干扰技术 …200
　　　　4.3.4　高重频激光有源干扰技术 …207
　4.4　红外制导有源干扰技术 …212
　　　　4.4.1　红外制导武器的干扰机理 …212
　　　　4.4.2　红外制导有源干扰系统 …225
　　　　4.4.3　新型红外诱饵技术 …231
　4.5　电视制导有源干扰技术 …232
　　　　4.5.1　电视制导武器有源干扰机理 …232
　　　　4.5.2　电视制导干扰系统的组成和工作原理 …234
　　　　4.5.3　电视制导武器有源干扰的关键技术 …235
　4.6　毫米波制导武器有源干扰技术 …238
　　　　4.6.1　毫米波制导的原理与干扰机理 …238
　　　　4.6.2　毫米波压制干扰技术 …243
　　　　4.6.3　毫米波牵引式有源干扰技术 …243
　　　　4.6.4　迎击式毫米波有源干扰技术 …250
　4.7　光电观瞄设备干扰技术 …252
　　　　4.7.1　光电观瞄设备的组成与工作原理 …252
　　　　4.7.2　激光测距机干扰技术 …254
　参考文献 …257

第5章　光电防御无源干扰技术

　5.1　烟幕遮蔽光电无源干扰技术 …261
　　　　5.1.1　烟幕干扰的基本原理 …262

5.1.2　烟幕干扰的分类 … 268
　　　5.1.3　烟幕干扰的关键技术 … 269
　　　5.1.4　红外与激光宽波段烟幕剂 … 272
　　　5.1.5　烟幕干扰技术的发展趋势 … 283
　5.2　光电伪装与光电假目标 … 283
　　　5.2.1　光电伪装技术 … 284
　　　5.2.2　光电假目标 … 287
　　　5.2.3　光电假目标技术发展趋势 … 291
　5.3　红外无源干扰技术 … 292
　　　5.3.1　红外无源干扰基本原理 … 292
　　　5.3.2　红外无源干扰关键技术 … 294
　5.4　光电隐身技术 … 299
　　　5.4.1　光电隐身基本原理 … 299
　　　5.4.2　光电隐身技术 … 299
　参考文献 … 304

第6章　综合光电防御技术

　6.1　综合光电防御体系结构 … 306
　　　6.1.1　综合光电防御体系构成与特点 … 306
　　　6.1.2　综合光电防御系统一般构成 … 308
　　　6.1.3　综合光电防御系统一般工作方式 … 309
　6.2　综合光电防御系统总体设计技术 … 310
　　　6.2.1　系统设计方法 … 310
　　　6.2.2　系统功能设计 … 312
　　　6.2.3　系统基本组成 … 313
　　　6.2.4　系统工作流程 … 314
　　　6.2.5　系统关键技术指标分析 … 316
　　　6.2.6　综合光电防御系统关键技术 … 318
　6.3　综合光电防御系统指挥控制技术 … 319
　　　6.3.1　情报处理与指挥控制系统功能 … 320
　　　6.3.2　情报处理与指挥控制信息流图 … 321

  6.3.3　情报处理与控制系统结构 ... 323
  6.3.4　情报处理与指挥控制的关键技术 ... 324
 6.4　综合光电防御系统一体化集成设计技术 ... 326
  6.4.1　综合光电防御系统总体设计技术 ... 326
  6.4.2　综合光电防御系统总体布局设计 ... 327
  6.4.3　多坐标系安装平面平行性设计 ... 328
  6.4.4　系统机动行进稳定性设计 ... 330
  6.4.5　环境控制一体化集成设计 ... 330
 6.5　大负载高精度定向干扰防御转塔技术 ... 333
  6.5.1　大负载高精度定向干扰防御转塔特点 ... 333
  6.5.2　大负载高精度定向干扰防御转塔结构设计技术 ... 334
  6.5.3　大负载高精度定向干扰防御转塔随动控制技术 ... 337
 参考文献 ... 346

第7章　光电防御系统综合测试评定技术

 7.1　激光自主防御设备综合测试评定方法 ... 347
  7.1.1　试验过程分解 ... 348
  7.1.2　静态测试与动态测试相结合 ... 349
 7.2　激光自主防御设备综合测试评定系统 ... 351
  7.2.1　系统功能要求 ... 351
  7.2.2　系统组成及工作原理 ... 352
  7.2.3　系统工作模式 ... 359
 7.3　综合测试评定系统关键技术 ... 361
  7.3.1　动静态测试干扰效果综合评定模型 ... 362
  7.3.2　半实物仿真干扰效果综合测试评定系统设计技术 ... 365
  7.3.3　导引头盲信号分析与提取技术 ... 367
  7.3.4　机载干扰效果动态测试技术 ... 368
 7.4　光电防御设备综合测试评定试验 ... 372
  7.4.1　干扰效果测试评定静态测试试验 ... 372
  7.4.2　干扰效果空中动态测试试验 ... 373
  7.4.3　干扰效果综合测试评定 ... 375

参考文献 ...376

第8章 典型光电防御装备

8.1 光电防御装备概述 ...377
8.1.1 光电侦察告警装备 ...377
8.1.2 光电有源干扰装备 ...379
8.1.3 光电无源干扰装备 ...379
8.1.4 综合光电干扰对抗装备 ...380

8.2 陆基综合光电防御系统 ...380
8.2.1 系统组成与工作过程 ...381
8.2.2 激光告警子系统 ...383
8.2.3 综合光电对抗子系统 ...384

8.3 装甲车辆光电主动干扰系统 ...386
8.3.1 系统概述 ...386
8.3.2 "窗帘"光电干扰系统组成与功能 ...387
8.3.3 "窗帘"-1光电干扰系统运用 ...390

8.4 直升机光电干扰吊舱 ...392
8.4.1 系统概述 ...392
8.4.2 美国陆军直升机红外对抗系统组成与功能 ...393
8.4.3 机载红外对抗系统应用 ...394

8.5 反无人机激光对抗系统 ...395
8.5.1 反无人机激光对抗系统概述 ...395
8.5.2 典型反无人机激光对抗系统 ...396

8.6 舰载光学干扰系统 ...400
8.6.1 "猫头鹰"光学干扰系统 ...400
8.6.2 "白嘴鸥"视觉-光学干扰系统 ...401
8.6.3 舰载光学干扰系统的应用 ...402

参考文献 ...403

第1章 光电防御概述

随着现代光电子技术的飞速发展，光电观测设备、光电制导武器、光电火控系统及激光器系统、无人机乃至无人机蜂群等大量装备部队，并已经成为目标侦察和火力打击的主要作战力量，在现代和未来战争中必将发挥着极其重要的作用。因此，针对运用先进光电子技术研发的武器装备构成的现实威胁，而发展的基于目标末端的现代防御技术应运而生，并逐步形成了现代防御技术的重要分支——光电防御技术新领域。

本章首先介绍目标防御的概念，引出目标防御和目标多层防御体系、目标主动防御和目标自主防御的含义，进而明确光电防御的概念，最后简要介绍光电防御的技术与发展、光电防御的系统应用。

1.1 目标防御

自古以来，战争总是在交战双方间进行攻防转换，是敌对双方通过进攻与防御而进行的激烈对抗过程，所以进攻和防御一直是战争最基本的形态。正是进攻和防御的矛盾运动推动着战争的发展。而信息化条件下的诸军兵种联合作战，是体系对抗条件下的攻防作战，除了强调其进攻能力，更要注重其防御能力的作用。特别是随着精确打击兵器作战效能的逐步提高，越来越多的进攻性武器具备了对点目标的远程精确毁伤能力，目标被攻击的命中精度高、毁伤威胁大，"攻"的能力增强了，因此要提升体系攻防作战能力赢得战争胜利，就必须加强防御能力建设，并由此逐步形成了目标防御的概念。

1.1.1 防护、防御

防护是作战要素之一，是指在空间和时间范围内，针对敌方各种武器和平台等因素构成的具有杀伤性的威胁，为避免威胁或减小威胁程度，以提高己方作战部队和重要目标的生存能力，而采取的各种防备和保护的有效措施和行动的总和，包括防护装备和防护方法。防护力是指抵御敌方攻击可有效保存己方军事力量的能力。

在现代条件下，敌侦察卫星、核武器、生化武器，尤其是精确制导武器和无人机的大量使用，防护已成为保存己方、提高部队生存力的一种简单有效的重要手段，作为战斗力的构成要素之一已被广泛应用于战争中。例如，增加装甲的强度以提高装甲防护能力的装甲防护，伪装网和伪装涂层可减小目标被发现的概率的伪装防护及工程防护、假目标"隐真示假"防护等。

防御是指抗击敌方进攻的作战行动，是作战的基本类型之一，包括战略、战役和战术范围内的防御。防御一词有两种词性，既可作动词使用，也可作名词使用。防御作名词使用，它是一个作战形态，是交战双方总体作战态势的描述，是围绕防御总体企图而采取的一系列措施的总称。防御作动词使用，它是一个作战过程，包括一系列的作战行动，通常由机动、火力、抗击和防护四大要素组成。机动，即适时转移兵力、转移火力；火力，即火力反击、火力阻击和火力支援；抗击，即适时占领射击工事，依托阵地以积极的攻势行动与敌方反复争夺；防护，即依托工事、地形和利用防护器材等掩蔽人员和装备，或者以火力打击达到间接防护的目的（也称为主动防护）。

由此可知，防御的概念内涵丰富、内容广泛，其基本属性是抗击敌方进攻的作战类型、作战行动及其作战系统。防御和防护形成了种属关系，防护组织得好，防御能力就强；反之，防护组织得差，防御能力就弱。"攻防转换"一般指的是进攻作战与防御作战的转换，"攻防兼备"指的是进攻作战能力与防御作战能力的兼备，无论是进攻作战能力还是防御作战能力都必然包含作战能力基本要素之一的防护力。

目标防御隶属于防御范畴，是在21世纪初为深化研究防御作战而提出的，目前对目标防御的内涵还没有明确的界定，我们认为，目标防御就是为提高重点目标的战场生存能力和发挥作战能力，针对敌方侦察卫星、精确制导武器和无人机及其蜂群等目标威胁而采取的综合性防护措施与一体化作战方法的总称。其目的是大大减少重点目标被敌方发现和被敌方摧毁的可能性，最大限度地降低敌方精确制导武器的到达概率和打击效果，保护重点目标并提升重点目标的防御能力和战斗力，为赢得战争的最终胜利提供安全、可靠的防御手段。由此可知，通常只对己方重点目标组织实施目标防御，目标防御必须根据来袭威胁武器的特点，有的放矢地组织实施，并且目标防御必须综合采用多种手段，运用一体化作战方法，形成综合性的防御体系。

目标防御按被保护目标的运动特性可分为固定目标防御和运动目标防御。固定目标主要包括：高价值的永久性坚固工事、交通枢纽、工程设施、掩体，以及机场、港口、雷达站等目标。运动目标主要包括活动的坦克、自行火炮、装甲车、机动发射平台、舰船、飞机等目标。按保护目标的几何特性可分为点目标防御和面目标防御。点目标通常是单个目标，其体积较小，如导弹发射架和侦察机等；面目标通常是集群目标，有一定的正面和纵深，如炮兵群阵地和机场、港口及各类集结地域等。

目标防御是防御作战的具体化，具有明确的被保护目标、明晰的防御作战对象和准确的作战过程控制等特点。不同目标的防御，其方法和手段也各不相同，但决定目标防御能力的要素基本一致，主要包括机动性、攻击力、抗击力、防护性和信息力5个方面。

（1）机动性是提高目标防御能力的有效途径，有运动机动和防御方法与手段灵活运用两种形式，机动性好，防御能力则强；反之，机动性差，防御能力则弱。

（2）攻击力是目标防御的坚强保障，攻击力强，可以干扰、拦截和摧毁来袭威胁目标，有效提高目标防御能力；反之，攻击力弱，则目标防御能力弱。

（3）抗击力即抗敌打击能力是目标防御的盾牌，抗击力强，目标防御能力则强；反之，抗击力弱，目标防御能力则弱。

（4）防护性是目标防御的侦察屏障，防护性好，则目标不易被侦察发现，增强目标行动的隐蔽性，目标防御能力强；反之，防护性差，则目标易被侦察发现，目标失去行动的隐蔽性，目标防御能力弱。

（5）信息力即信息采集、信息共享和信息运用的能力，是目标防御的基础前提，信息力强，则共享专业信息平台、态势感知能力强，目标间能够实现信息的共享，实时地互联互通，确保及时有效地发现和识别来袭威胁武器，提前做好目标防御的准备工作，有效实施目标防御手段和方法，目标防御能力则强；反之，信息力差，态势获取能力弱，目标间不能实现信息的共享，无法实时地互联互通，不能确保及时有效地发现来袭武器，不能提前做好目标防御的准备工作，防御针对性和时效性差，目标防御能力必弱。

1.1.2 目标多层防御体系

目标多层防御体系是为实现目标防御的最佳效能，综合采用多种目标防御手段和方法而形成的多层次一体化目标防御能力的防御系统。目标多层防御体系同样体现了目标防御的机动性、攻击力、抗击力、防护性和信息力5个方面的特点。

目标防御的未来发展是建立较完整的多层防御体系，并不断改善各层次防御系统的性能，使其具备全方位的防护特性，以提高目标的综合防御能力。

目标多层防御体系的组成主要包括侦察屏障防御、主动式防御、被动式防御和防二次效应措施和方法等，如图1-1所示。就其功能来讲，侦察屏障防御用于"遮挡"敌方的临近侦察和目标探测，主动式防御用于干扰、拦截来袭导弹和观瞄设备，被动式防御用于抵御抗击来袭导弹的攻击，防二次效应用于抑制二次杀伤，保护目标平台是完成体系信息处理与防御手段和方法运行控制。

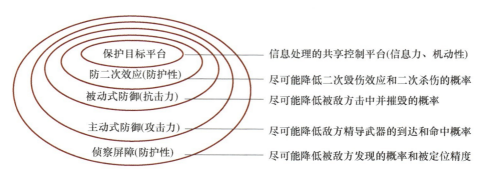

图 1-1　目标多层防御体系的组成

侦察屏障是第一道防护，它能在被保护目标和来袭威胁目标间设置一道遮障，如烟幕干扰弹、伪装涂层等，以抵消敌方的目标探测识别能力，尽可能降低被敌方发现的概率和被定位精度，增强被保护目标的行动隐蔽性，显示了目标多层防御体系的防护性和机动性。它防御的主要对象是敌方各种观瞄器材和来袭精确制导武器，如过顶侦察卫星、雷达、热像仪、望远镜和电视制导武器、激光制导武器、红外制导武器等。

主动式防御构成第二道防护，即在被保护目标的安全距离空域上构建一个主动防护区，运用电子对抗和先进防御弹药技术实施干扰、拦截和摧毁来袭导弹，尽可能降低敌方精导武器的到达和命中概率，使其不能对被保护目标造成直接威胁，显示了目标多层防御体系的攻击力。它防御的对象主要是敌方精确制导武器，如电视制导武器、激光制导导弹、红外制导导弹、复合制导武器等。

被动式防御构成第三道防护，即在被防护目标表面布置各种装甲性能材料形成被动防护层，以抗击敌方精确制导武器的打击，尽可能降低目标被敌方击中并摧毁的概率，显示了目标多层防御体系的抗击力。目前普遍采用的方式是在机动武器平台的基体装甲上附加装甲，一般附加装甲安装在中弹率高的部位。例如，对装甲车类目标，附加装甲通常装在履带裙板上、车体前部装甲上、车体与炮塔结合部等薄弱部位。

防二次效应视为对被保护目标（武器平台和作战人员）的最后一道防护，即使武器平台被敌方击中，也要尽可能保护武器平台主要功能的发挥和避免人员伤亡，尽可能降低二次毁伤效应和二次杀伤的概率，是保护作战人员安全的最重要防线，显示了目标多层防御体系的防护性。例如，对坦克可以采取合理的车内布局、隔舱结构、装配"三防"装置、自动灭火系统和加装防崩裂衬层等措施，以及乘员安装和佩戴防护装置等。

构成的 4 道防护是基于信息处理的共享控制平台，即在专用的一体化信息系统平台上运行，信息系统的功能主要包括来袭目标探测与识别、威胁目标评估与定位、防御手段和方法选择与运用、信息共享智能控制区域防御等，信息系统的作用是尽可能发挥出多层防护体系的综合防御效能，最大限度地降低目标被敌方击中并摧毁的概率，显示了目标多层防御体系的信息力和机动性。

建立目标多层防御体系的主要目的是实现反侦察、防跟踪定位、反攻击和抗毁伤的功能，最大限度地降低敌方精确制导武器的到达概率和毁伤程度，达到整体提高己方攻防作战能力的目的，以全面提升武器装备的战场生存力和战斗力。目前外军目标防御系统实现了体系化、一体化和智能化，并在不断地改善各层次防御系统的性能、多层次防御体系的一体化集成度和系统智能信息处理技术的应用能力，使其具备全方位的防护特性和全流程的智能控制功能，从而提高在现代战争体系中对抗攻防作战环境下目标的综合防御水平。在目标多层防御体系中，发展的重点是主动式防御和侦察屏障防护。但是，由于各国经济实力和科学技术发展水平存在着较大差异，目标防御技术的研发和应用也存在着很大差距，因此现役武器装备的防御能力也有很大差别。如果以是否配备有效的多层防御系统及各层防御系统的技术性能为评判标准，那么显然俄军、美军现役装甲目标防御和要地目标防御能力与技术水平堪称世界一流，其总体状况代表着当今世界军事先进水平。

俄罗斯陆军主战装备T-90坦克，构建了结构防护、烟幕弹和激光主动防护系统的多层防护系统，其结构防护包括复合/夹层/均质基体装甲、"接触"-5型反应式附加装甲。激光主动防护系统即"窗帘"-1光电对抗系统，由4个激光告警接收机、1个微处理机为基础的系统控制装置、2个红外干扰发射机和1组烟幕弹发射控制器四大部分组成[1]。4个激光告警接收机分别安装在炮塔顶部的前方和后方，可形成方位360°、俯仰－5°～25°的有效探测区域，在主炮两侧各45°的弧度范围内，其探测入射激光的方位精度达1.7°～1.9°[2]。2个红外干扰发射机安装在主炮两侧，可形成主炮两侧各20°、俯仰4°的有效干扰区域，在探测到目标2s内开始起作用，发射波段为$0.7\sim2.5\mu m$的脉冲辐射信号。1组烟幕弹发射控制器安装在车辆正面90°弧度范围内，相互间隔7.5°，仰角均为12°。在探测到激光照射后3s内，所发射的烟幕弹能在距坦克50～70m处形成持续20s的烟幕，对$0.4\sim14\mu m$波段具有较好的遮蔽作用。据称，T-90坦克安装上该光电对抗系统可使"陶"式、"龙"式、"海尔法"、"小牛"等反坦克导弹和诸如"铜斑蛇"等制导炮弹的命中概率降低3/4～4/5；使"霍特""米兰"导弹的命中概率降低2/3；使采用激光测距机射击的火炮和坦克炮的命中概率降低1/3。

总体上讲，目标防御主要是建立在侦察屏障防护、主动式防御等目标多层防御体系之上的综合多层防御系统，不同的目标防御构建的多层防御系统具有特殊性。

1.1.3 目标主动防御和目标自主防御

1. 目标主动防御

目标主动防御是为在防护目标外围构成全方位的安全防护区，避免目标直接被命中而采取的一系列主动防护措施和作战方法的总称。它是针对敌方打击武器的各种性能，特别是制导方式，而采取的一种有效保护目标免遭毁伤的活动。目标防御体系中的主动式防御可以认为是目标主动防御方式，目标主动防御是一个系统工程，其"主动"相对于"被动"而言，内涵主要体现在发现目标、跟踪目标、主动对抗的防御过程中。

目标主动防御主要由预警装置、干扰对抗系统、末端火力拦截、烟幕遮障系统和"反应"式装甲装置等组成，能自动探测、判断和评估外来威胁，而且只对威胁目标的来袭武器实施对抗，这样就保证作战人员能够集中精力实施灵活的战术活动，有效避免装备被毁伤，全面提升武器装备的攻防作战能力。

目标主动防御的方法有3种：一是通过"干扰"、"致盲"或"毁伤"敌方制导武器的导引头信号探测模块、制导控制电路系统和有关作战人员，达到诱骗来袭射弹和目眩的目的，有效降低敌方制导武器的到达概率，使其丧失制导能力和作战能力；二是通过高能激光、新弹药等火力及其指挥控制系统，在末端主动拦截摧毁来袭射弹，使其丧失攻击能力；三是通过遮障防御方式，机动、隐身被保护目标，迷惑观瞄设备器材，使其丧失目标探测识别能力，从而达到保护目标的目的。因此，目标主动防御是一种十分有效且最具发展前途的现代防御技术。

目标主动防御的特点有：一是防御对象针对性强，主要防御即将对保护目标形成威胁的来袭武器与武器类型的确定；二是防御手段和方法集成一体化，通常它由一系列主动对抗方式和行动组成，对抗方式互补；三是防御范围区域为上半球区域，通常它在被保护目标外围构成一定区域的防护区，是由多种对抗方式形成的防御范围相互衔接的防护安全区域；四是主动防御过程精准，目标主动防御重点是防精确打击，对来袭目标精确探测定位，定向干扰对抗精准有效；五是干扰对抗实时性强，目标主动防御强调时效性，发现目标即实施干扰对抗，必须在较短时间内完成主动防御任务；六是基于信息火力实施干扰对抗攻击性强，目标主动防御强调攻击性，必须对来袭武器采取主动的攻击行动。

2. 目标自主防御

目标自主防御就是被保护目标（如高价值的导弹发射平台、舰船、指挥车等武器平台）自身具备主动防御的功能，即目标自身具有防护能力，是体系对抗作战条件下武器装备形成攻防作战能力的主要途径。它是目标主动防御系统和武器平台的有机结合，也是目标主动防御系统在主战装备上的集成应用。

目标自主防御的目的就是使主战装备（或武器系统）自身具备攻防兼备的作战能力，其实质就是提高武器装备的战场生存能力，提升战斗力。目标自主防御的方式有两种：一是针对具体被保护目标由一体化主动防御装置实施的目标自主防御，具体被保护目标一般指固定目标和运动点目标；二是针对机动被保护目标（包括分队）由同时跟进机动的主动防御系统实施的目标自主防御，机动被保护目标一般指运动目标（机动目标）。两种目标自主防御方式各有特点，性能相辅相成，配置相对独立，可组网协同运行。

对于单个机动目标（运动点目标）的主动防御，通常将主动防御装置布设在机动目标上，如美国的 AN/VLQ-6 装甲战车保护装置，可安装在布莱德利战车上进行自主光电防护。由于防护的单个机动目标内部可用空间、电源容量有限，且主动防御装置不能影响战车作战性能的正常发挥，因此针对单目标自主防御的车载主动防御装置必须做到体积小、功耗低、智能水平高、安装方便、操作简便，结构上与搭载平台要实现机电一体化融合。这些限制条件使得车载自主防御技术难度大，其性能指标也受到一定影响，往往是对抗手段少，有效防御作用范围有限，如 AN/VLQ-6 装甲战车保护装置只能干扰激光导引头，且作用视场仅为方位 40°、俯仰 120°。

对于机动目标分队或机动发射阵地的自主防御，其防御面积相对较大。因此通常将多种主动防御装置集成在一个专用的防御车上，伴随机动目标分队或机动发射阵地进行大范围机动防御。专用的防御车相对而言防御手段多、性能指标高，其目标防御能力强，如美国陆军战术高能激光（THEL）系统可摧毁 4km 远来袭导弹的雷达整流罩，并能严重破坏 10km 远的光学系统；由防空导弹、光电对抗、速射火炮三合一集成的综合防御系统，可同时防御多种威胁目标，形成多层目标防御系统，防御功能强、防御范围大、防御效果好。

一般地，可跟随被保护目标一起运动，并能完成防御功能的防御方式成为伴随防御，相应的系统称为伴随防御系统。该系统的被保护目标通常是指运动的面目标，如战斗车队、行进分队、临时阵地等。伴随防御系统能独立承担作战任务，不仅要具有防御敌方来袭威胁目标的方式和手段，更加强调防御系统的指挥和控制能力，特别是智能信息处理能力，它和被保护目标（主战装备）一起共同形成了体系作战系统对抗条件下攻防作战能力，是现代战场高价值目标的主要防御方式。

俄罗斯总统普京曾在一场国防发展问题的会议上发表讲话称，"尽管俄罗斯是迄今为止世界上唯一拥有高超声速武器的国家，但世界上的主要国家都迟早会研发出类似的武器，俄罗斯必须赶在其他国家拥有高超声速武器前，拥有针对该类武器的防御手段"。可见，俄罗斯特别强调防御体系构建，电子战系统将成为今后一段时间内其空天防御建设的核心之一。俄罗斯正在研制一种新型电子战目标主动防御系统，用于保护战略核力量的指挥中心、发射装置，以及工程、机场和交通枢纽等重要的军用和民用设施，免遭敌方高超声速飞行器的攻击，可对运动目标实施伴随防御构成伴随防御系统。该防御系统主要采用主动防御方法和手段，干扰和压制高超声速飞行器飞行末段的光电、雷达制导和卫星导航功能，使其无法瞄准目标，丧失准确攻击能力，这样，即使高超声速飞行器突破了防空和反导系统，也无法准确命中目标。该新型电子防御系统将作为现有硬毁伤防空系统的主要补充。

综上所述，目标主动防御是目标多层防御体系的一个组成部分，目标主动防御系统和具体武器装备的结合形成了目标自主防御，伴随防御是伴随目标运动且攻防能力融为一体的自主防御。所以，随着作战样式的改变，以及战场环境的变化，特别是对体系对抗条件下攻防作战能力提升的现实要求，以及光谱电磁对抗技术、人工智能和信息技术的进步，目前所讨论的目标防御的概念及其内涵必将会达到进一步的认识和发展。

1.2 光电防御

目标防御的手段和方法主要包括以导弹攻击敌方空中威胁平台的导弹防御、以近程速射火炮毁伤敌方威胁目标的火力拦截和以电磁对抗装备实施的光电子防御等，而光电防御是光电子防御的重要手段。

1.2.1 光电防御及其防御对象

光电防御是指在体系对抗攻防作战条件下，为提高己方要点和要地目标生存能力，综合运用光电对抗手段和方法而实施的目标防御，是使敌方光电侦察、观瞄设备及来袭的光电制导武器降低或丧失作战效能，保护己方目标免遭攻击而采取的所有作战技术措施。具体来说，就是在紫外、可见光、红外波段的光波段范围内，利用己方光电对抗设备与器材，对敌方光电装备进行干扰和毁伤对抗，使其失去或降低作战效能，以达到保护我方武器装备和人员的目的。

所以光电防御的定义明确了其响应波段为光波段，防御手段和方法是光电对抗，防御作战对象是敌方光电侦察、观瞄设备及来袭的光电制导武器，包括星载光电侦察设备、光电观瞄设备和光电复合制导武器、低慢小威胁目标等。要点要地光电防御对象如图 1-2 所示。

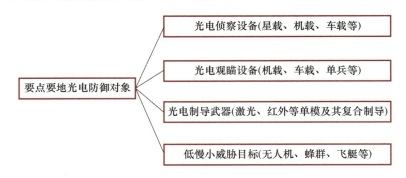

图 1-2 要点要地光电防御对象

在现代高技术战场上，光电侦察设备、光电观瞄设备、光电制导武器和无人机及其蜂群系统异军突起，尤其是攻击无人机在战争中发挥着越来越大的威力。工作在红外或可见光波段的星载光电侦察设备，具有侦察面积大、范围广、速度快等特点，不受国界和地理的限制，能在 200km 以上的高空拍摄到地面 0.05m 大小的物体，因此卫星过顶侦察会对我方要点要地目标的防护带来很大威胁；工作在红外和紫外波段的星载导弹预警系统，能根据导弹发射时排出的燃气辐射和运动特性，及时侦察到敌方弹道导弹的发射，可为己方防御争取宝贵的反应时间和提供目标态势，对其导弹发射阵地会构成较大威胁；机载和星载的昼夜观瞄设备能够利用自然光包括夜晚微弱的星光或物体本身的红外辐射，将战场目标甚至是隐蔽在夜幕中的战场目标一览无余，对部队安全威胁很大；光电制导武器更是弹无虚发，可以通过防区外发射攻击，它能从大楼的通气道钻入后爆炸，令整座大楼顷刻间化为废墟，是很大的现实威胁。在海湾战争中，以美国为首的多国部队成功地使用了各种先进的光电武器装备，对伊拉克采用了夜间突袭战术和"外科手术式"精确打击战术，彻底摧毁了伊军大部分的战略、战术目标，在短期内打垮了伊拉克庞大的作战体系。在 2020 年 9 月爆发的纳卡冲突中无人机大显神威，在高烈度战争中扮演主要角色，无人机用于两国交战纳卡冲突属第一次，阿塞拜疆运用无人机深入纳卡侦察定位敌方目标，佯动吸引敌方火力，轰炸敌方地空导弹、装甲战车，甚至直播战场硝烟战火，战术运用可圈可点，赢得了胜利，在世界战争史上具有标志性意义。这表明无人机正在向主宰未来高烈度战争的局面快速发展，蜂群作战、狼群作战、忠诚僚机等新作战概念正大力推进，无人机及其蜂群将在体系对抗作战中产生巨大的现实威胁。光电侦察设备、光电观瞄设备、光电制导武器和无人机及其蜂群系统等这些威胁目标将是光电防御的主要作战对象。

当今光电子技术的迅猛发展,极大地促进了光电侦察与光电制导技术、无人机技术的日趋成熟和完善,并已形成完整的技术装备体系。在飞机、舰船、坦克及装甲车辆等作战平台中,普遍装备有前视红外系统、激光测距机、微光夜视仪和红外热像仪等光电侦察设备,使战场变得透明可辨识,战争没有了昼夜之分和环境之别[3]。大量作战平台装备了激光制导、红外制导等各种光电制导武器,以及无人机及其蜂群的运用,其高效的毁伤能力促使现代战争作战模式发生了巨大变革。

按照辩证法的原理,有矛必有盾。光电侦察设备与光电制导武器、无人机及其蜂群的威胁日趋严重,光电防御也随之快速发展并成为光电技术应用的新兴领域,光电防御的理论、技术研究和应用系统研制都得到了各军事大国更加广泛的重视。从光电防御的定义和内涵出发,可以认为光电防御就是针对敌方光电侦察设备、光电制导武器、攻击无人机等的"眼睛"和"大脑",采用激光致盲、致眩干扰方式使其"眼睛"变瞎而看不到目标,采用遮蔽干扰使其"眼睛"变模糊而看不见或看不清目标,采用光电欺骗干扰方式使其"大脑"产生信号混乱或控制错乱而无法识别真目标,从而有效地保护己方重点目标免遭毁伤。由此可知,光电防御的主要作用是保护己方目标免遭敌方攻击,提高被防护目标的战场生存能力,它是决定现代战争胜负的重要因素之一。

1.2.2 光电防御的基本要求

光电防御是在体系对抗作战条件下敌对双方在光波段的抗争,所以光电防御的作战环境主要表现在以下几个方面:

(1) 复杂战场电磁环境;
(2) 敌我双方攻防作战交错融合转换频繁;
(3) 信息感知能力更强,战场透明度高;
(4) 作战指挥和装备建设一体化、集成化、智能化程度高。

显然光电防御的作战环境也可描述为电磁环境复杂、攻防作战特征明显、战场透明及集成化、智能化程度高等特点。随着光电防御技术和装备的发展,光电防御在作战中得到了广泛运用,并对其提出了很高的要求。

（1）敌方侦察手段天空地海一体化、技术先进，光电防御应具有高度隐蔽性。

当今信息化作战，实时准确地获取敌方的目标信息显得非常重要，强敌在地面侦察、空中侦察、海上侦察和航天侦察方面，发展优势技术，拥有高效的地面侦察预警装备、微波夜视和热成像等特种侦察器材、航天侦察卫星、高空侦察机等目标成像侦察、电子信号侦察等宽频带侦察监视设备，其特点是频段宽、范围广、精度高、时效性强、透视能力强，各种侦察设备组网能力强，可实现数据共享，且受自然条件的影响小，能在恶劣气候条件下实施侦察。美国陆海空天一体化侦察系统是一个集攻击武器、指挥控制、侦察等多功能于一体的信息化复杂武器装备的重要组成部分。这种立体侦察不仅可监视我方作战部队的地面行动，而且可发现我方要点要地（包括光电防御装备的位置及工作参数），是国家安全的重要威胁。这就要求光电防御既要完成防御敌方目标侦察任务，又必须要具有高度的物理和电磁隐蔽性。

（2）敌方电磁攻击频率宽、强度猛烈，光电防御应具备有效的宽波段抗扰性。

电磁作战是强敌信息作战的主要信息进攻手段。从电磁作战方式来看，不仅有电磁压制式、电磁毁伤式、耦合阻塞式，还有模拟欺骗、电磁脉冲式等，既能干扰调幅调频通信，也可干扰对抗导航制导、观瞄、侦察等设备；从干扰范围来看，涉及整个电磁频谱，包括通信波段、光波段、雷达波段等。例如，通信波段中敌方干扰对抗设备可以压制短波、超短波、微波通信的全部现用频段，其强度足以幽闭战区内所有无线电通信，正在研制的激光和微波定向能武器可以快速精准地摧毁多种目标；从干扰速度来看，由计算机控制的自适应电磁对抗系统的反应时间已经缩短到秒量级（从发现目标到实施信息火力仅几秒钟）。此外，电磁脉冲弹等新机理电磁武器能够直接破坏电子元件，造成电子设备彻底瘫痪。所以，强敌电磁战装备对光电防御装备将构成重大安全威胁，这就要求我方光电防御装备必须具有高效的抗电磁攻击能力。

（3）敌方火力打击远程、精确、高效，光电防御装备应具有很强的攻击性和抗毁性。

精确打击是信息作战的一个重要特征。现代战争已经表明远程空袭是强敌作战的首选作战样式，空袭中精确制导弹药在总投放弹药量中所占的比重越来越大，几乎达到95%以上，企图以高强度的精确打击压制对方的战斗力发挥,从陆基、海基和空基平台实施远程空中打击的隐蔽性很强,同时采用激光、GPS、红外、景象匹配、毫米波成像及复合制导等先进技术的精确制导武器具有精准攻击、高效毁伤等特点,这对我方光电防御装备的生存构成了巨大的威胁,特别是攻击无人机及其蜂群系统在作战中的应用,将会使战场环境更为复杂、攻击速度更快、隐蔽性更强,而且无人机毁伤效能更高。这就要求我方光电防御装备必须具有很强的攻击能力和抗毁能力。

(4)战场环境复杂、战场态势变化快,光电防御应具有更强的机动性和灵活性。

信息化战场环境复杂、战场形势瞬息万变,战场的非线性特征明显增强,体系对抗条件下攻防作战态势维度高、层次多,空天地海立体特征显著,光电防御将由过去的低度动态防御转化为高度动态防御,大跨度机动、迂回机动等复杂情况比较频繁,加之战场威胁增多,光电防御装备易遭敌方火力毁伤,需要依靠频繁变换部署来免遭毁伤,需要按照模块化的机动配置要求以适应各种攻防作战环境,如果没有高度的机动性和灵活性,那么将严重影响光电防御装备的战斗力和生存能力。同时,光电防御的组织和实施强调时效性,光电防御的机动性和灵活性是保障光电防御实时和高效的重要条件,这就要求我方光电防御应具有很强的机动性和灵活性。

(5)为适用新军事变革,光电防御应具有机械化、信息化、智能化融合发展等特征。

新时代军事变革,装备发展需要走机械化、信息化、智能化融合发展的路子,机械化是基础、信息化是急需、智能化是方向。当前光电防御装备机械化程度较高,从发现识别目标、稳定跟踪目标到对目标实施火力防御攻击,整个作战过程已实现机械化,信息化水平也得到较大的提高,装备自身的信息获取能力较强,具备组网协同作战的功能,同时正在向一体化作战平台运用发展,构建了相对独立的光电防御信息指挥控制系统,发挥了信息化的优势,智能化刚刚起步,是今后的发展方向。因此,光电防御装备的发展要贯彻机械化、信息化、智能化融合发展的思想。

1.2.3　末端光电防御

在多层防御体系中,从被保护目标角度来看,威胁目标在临近其攻击目标过程中,也将是面临层层对抗并逐渐消耗的过程,但随着攻击武器突防技术的发展,也极有可能存在漏网的威胁目标进入末端完成攻击任务,这就要求防御系统对被保护目标具备较强的末端防护能力,尽最大可能确保目标安全,即产生了末端防御的概念。

本书中的末端防御又隶属于体系对抗作战的近程防空反导,防御对象主要是敌方精确制导武器,这里的末端可表述为以被保护目标(或防御系统)为中心的近距空间(约小于50km),涵盖敌方攻击武器的末端范围(如制导武器约小于10km)。一般地,末端防御主要有速射火炮、防空导弹、光电对抗系统等手段。光电对抗手段运用于末端防御总称为末端光电防御。

速射火炮技术相对成熟,其射速高、初速大,采用闭环校射方法,命中精度和毁伤概率高,具有较好的末端直接命中目标能力,可满足阵地防御的末端硬毁伤需要。例如,俄罗斯AK-630M舰炮、美国6管20mm"守门员"高射炮。但速射火炮拦截距离较近,对抗多目标能力弱,系统复杂,对平台稳定性机动性等要求较高。

近程防空导弹技术发展迅速,命中精度高、杀伤威力大,具有发射后不管的特性,能有效对抗临近的多批次威胁目标,是目前末端防御攻击敌方平台的主要手段。例如,美国M48"小榭树"导弹、FIM-92"毒刺"导弹,俄罗斯SA-9防空导弹等。但是,近程防空导弹在抗击进入攻击末端的高速弹药方面的能力有限。

与速射火炮、防空导弹及两者相结合的弹炮结合系统的硬毁伤拦截作战机理不同,光电对抗技术采用软杀伤作战机理,导致敌方威胁目标的光电探测器产生饱和、致眩、遮蔽等现象,使其降低目标探测和定位能力,看不到或看不清攻击目标,达到保护己方目标的目的。随着现代激光技术、先进材料技术的发展,光电对抗技术已成为末端防御技术的重要发展方向之一,如美国的AN/GLQ-13激光对抗系统、英国的GLDOS激光对抗系统等。

现代战争已经表现为全方位的体系对抗,装备信息化水平不断提高、机动性能不断增强,尤其是高价值主战武器装备在形成打击突然性和增强威慑力方面起到了重要作用,已经成为体系对抗作战条件下打赢信息化战争的"杀手锏"武器,其重要作战使命也决定了其必然是敌方平时侦察和战时打击的首选目标。然而,随着战争双方攻防对抗的日益加剧,信息火力战、网络战、电子战、无人机作战形态交错叠加,为确保精确打击效果,精确制导技术正向着可实现全天候作战的多模态复合制导、智能化/无人化等新技术体制发展。这些新技术体制的精确制导武器和无人机等低慢小目标是末端光电防御的主要对抗目标。

末端防御技术是在被保护目标的近程范围内，完成目标防御的各种技术的总称，包括目标预警探测、目标识别跟踪、目标综合对抗与评估等技术。末端光电防御技术与末端防御技术的主要区别是末端光电防御技术采用了综合光电对抗技术，该对抗技术具有方法多样、简单有效、便于实现等特点而受到世界各国的重视。开展对来袭目标探测识别→跟踪→防御指挥控制→多波段干扰对抗与火力协同等多功能融为一体的新型综合末端光电防御技术研究，代表着末端防御技术发展的方向。美国、俄罗斯等军事大国在发展中远程防空武器系统的同时，都把末端光电防御（如防空导弹、光电对抗、速射火炮一体化）及其武器系统作为中低空近程防御装备建设的重点，已经列装并形成战斗力，建立以防空导弹、光电对抗、速射火炮有机结合的多层末端综合防御装备是末端防御武器系统的发展趋势。这主要体现在以下几个方面：

（1）采用集束式多管火炮和大闭环校射技术，大大提高了火炮射速和火力密度，能增强末端拦截导弹等弱小目标的能力；

（2）光电对抗系统可对来袭导弹和机载观瞄设备进行多波段有效的干扰和诱骗，提升了装备自主防御能力；

（3）多联装的防空导弹射程增大、威力增强，具有打击多目标功能，对空中平台的远距离毁伤能力可进一步增强；

（4）多种防御手段与综合火控系统集成于一体，发挥了单一手段的优势，总体防御作战效能大大加强；

（5）系统配有探测告警、雷达/光电跟踪等组成的火控系统，配置更加完备，可独立承担防御作战任务；

（6）系统具有全天候、全自动、智能化等特点。

末端综合光电防御是指在体系对抗作战中综合运用光电防御手段，并集成于一体实施近程防空反导，以达到保护要点要地目标的作战行动。实施这一行动所涉及的技术总称为末端综合光电防御技术，所研制的系统统称为末端综合光电防御系统。末端综合光电防御系统是高科技集成的新一代防御武器系统，是中近程防御武器系统的重要补充。

末端综合光电防御系统的主要任务是：在上级空情支持下或独立遂行防御作战任务时，采用有源定向或无源多波段光电干扰手段，对抗光电精确制导武器或观瞄器材等目标，使来袭武器丧失精确打击能力及光电探测功能，提高被保护目标的战场生存能力。末端综合光电防御系统的主要特点包括：①目标探测、跟踪、控制、作战、评估一体，功能完备；②多目标防御、伴随防御、多层防御，作战能力强；③结构轻小，火控简便，效费比高，使用范围广。根据机动装备从作战准备到作战实施全过程防精确打击的需求，末端综合光电防御作战样式可分为阵地防御、机动防御和短停防御。

1.3 光电防御技术及其发展

光电防御技术由来已久，在历次战争中都发挥了重要的作用，经历了漫长的发展过程。随着现代光电技术的飞速发展，光电观测设备、光电制导武器、光电火控系统大量应用于作战部队，并成为目标侦察和火力攻击的主要力量。可以说，光电防御技术是伴随着光电制导技术的发展而发展的。

1.3.1 光电防御过程描述

前面提到过，光电防御是综合运用光电对抗手段和方法而实施的目标防御，是使敌方光电侦察、观瞄设备及来袭的光电制导武器等降低或丧失作战效能，保护己方目标免遭攻击而采取的所有作战技术措施。所以，光电防御与其他目标防御一样，是一个可完成特定任务的完整系统，系统的防御过程主要包括威胁目标探测与跟踪、威胁目标评估与选择、对抗方式优化与组织实施、威胁目标毁伤评估等。

光电防御系统各主要组成部分的连接关系，如图 1-3 所示。

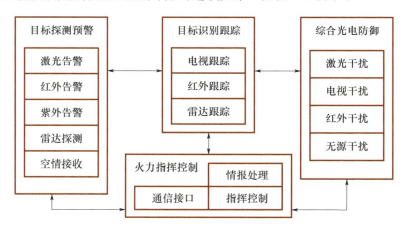

图 1-3 光电防御系统各主要组成部分的连接关系

光电防御过程可描述为：在接收到上级空情或上级指挥员命令后，启动光电防御系统进入热机待命状态，且根据空情态势评估并控制目标探测跟踪系统工作，结合威胁方位快速搜索防御空域中的可疑目标；同时控制光电对抗火力系统准备，当发现可疑目标后，目标信息送入情报处理系统，情报处理系统综合目标运动特征，以及雷达特征、红外特征、激光/毫米波告警等信息，快速解算并准确判断目标类型并进行威胁分析，同时指控系统启动目标跟踪设备快速跟踪最大威胁目标，并同时生成光电对抗方案，控制综合光电对抗控制器工作，发射不同波段和类型的光电信息火力，干扰对抗各种来袭的威胁武器。指挥控制系统评估对抗效果，并根据战场态势和目标威胁等级变化情况，按照系统指挥指令要求，进入下一威胁目标对抗准备。

所以，光电防御涉及的关键技术主要有目标探测告警技术、目标识别跟踪技术、光电对抗技术、指挥控制技术和系统作战运用理论与方法。

1.3.2 光电防御技术的分类

光电防御技术是为实现光电对抗的作战效能所涉及的包括光电对抗侦察告警技术、光电对抗干扰技术、光电对抗防御技术等相关技术的总称。光电防御技术通常按工作波段、应用平台和功能组成分类。

1. 按工作波段分类

按工作波段分类光电防御技术可分为可见光防御技术、红外防御技术、激光防御技术和多波段光电防御技术 4 类，如表 1-1 所列。

表 1-1 光电防御技术按波段分类表

光电防御	可见光防御技术	红外防御技术	激光防御技术	多波段光电防御技术
工作波段	380~780nm	3~5μm、8~14μm	1.064μm、1.54μm	双波段/多模
作战对象	电视制导武器、望远镜、电视摄像机、人眼等	红外制导武器、红外热像仪、前视红外系统等	激光主动/半主动、驾束制导武器、激光测距机、激光指示器等	激光/红外制导武器、电视/红外制导武器等

（1）可见光防御技术是指在光波段范围内，有效防御工作在可见光波段（380~780nm）的敌方光电制导武器和观测设备的措施，包括电视制导武器、望远镜、电视摄像机及人眼等。其本质就是扰动敌方可见光探测器，由于可

见光探测器在近红外波段具有较好的光谱响应特性，因此对工作在近红外波段的威胁武器的有效防御可采用可见光防御技术。

（2）红外防御技术是指在光波段范围内，有效防御工作在中远红外波段（$3\sim5\mu m$、$8\sim14\mu m$）的敌方光电制导武器和观测设备的措施，包括红外制导武器、红外热像仪、前视红外系统等，其本质就是扰动敌方红外探测器。

（3）激光防御技术是指运用激光干扰源，有效地主动防御工作在$1.064\mu m$或$1.54\mu m$波长的敌方激光制导武器和激光观测设备的措施，包括激光主动/半主动、驾束制导武器和激光测距机、激光指示器等。

（4）多波段光电防御技术是指在光波段范围内，运用多个波段的干扰源（包括激光干扰源），采用主动/被动相结合的防御方法，有效防御敌方双波段/多模制导武器的措施，包括激光/红外制导武器、电视/红外制导武器等[4]。

2. 按应用平台分类

按应用平台分类光电防御技术可分为车载光电防御技术、机载光电防御技术、舰载光电防御技术、星载光电防御技术和伴随光电防御技术5类，如表1-2所列。

表1-2 光电防御技术按平台分类表

光电防御	车载光电防御技术	机载光电防御技术	舰载光电防御技术	星载光电防御技术	伴随光电防御技术
工作波段	$380\sim780nm$、$3\sim5\mu m$、$8\sim14\mu m$、$1.064\mu m$、$1.54\mu m$及多波段	$3\sim5\mu m$、$8\sim14\mu m$及多波段	$1.064\mu m$、$1.54\mu m$、$3\sim5\mu m$、$8\sim14\mu m$及多波段	紫外波段、$1.064\mu m$、$1.54\mu m$及多波段	$380\sim780nm$、$3\sim5\mu m$、$8\sim14\mu m$、$1.064\mu m$、$1.54\mu m$及多波段
工作平台	地面主战装备	飞机	舰艇	卫星	独立车载平台
作战对象	光电制导武器、观瞄设备、侦察设备等	红外制导武器及复合制导武器	激光、红外复合制导武器、观瞄设备	观瞄设备、侦察设备、导弹、定向能武器等	光电制导武器、观瞄设备、侦察设备等

（1）车载光电防御技术主要应用于地面主战装备，包括装甲车、坦克、指挥车、导弹发射架等高价值机动目标的防御，是和地面主战装备集成于一体的光电防御技术，其重点是解决指挥控制、光机电一体化集成难题。

（2）机载光电防御技术主要应用于空中的战斗机、预警机、攻击机、武装直升机等空中目标的防御，是和空中目标集成于一体的光电防御技术，其重点是解决指挥控制、轻小型、低功耗的一体化集成技术。当前民用运输飞机也在考虑采用光电防御技术措施。

（3）舰载光电防御技术主要应用于各种水面舰艇的防御，大到航空母舰，小到护卫舰，只要面临光电精确制导武器等的威胁，就需要建立有效的光电防御体系。

（4）星载光电防御技术是指以天基卫星作为平台，主动防御威胁我国国家安全的所有外来威胁的光电防御技术，主要用于国家安全的战略防御。

（5）伴随光电防御技术是指构建一个可独立担负防御作战任务的光电防御系统的技术，主要应用于高价值运动目标的全程跟进防御，包括发射阵地、行进车队和机动部队等目标的防御。

3. 按功能组成分类

按功能组成分类光电防御技术可分为光电告警技术、光电防御有源干扰技术、光电防御无源干扰技术和综合光电防御技术 4 类，本书后续内容是按系统功能组成分类进行阐述的。

1）光电告警技术

光电告警技术是指利用光电技术和手段，对敌方目标的光电设备（如光电制导武器的探测器）辐射或散射的光信号进行搜索、截获、定位及识别，并迅速判别目标威胁程度，形成情报及时发布。光电告警是作战平台实施有效光电防御的前提。

光电告警技术有主动告警技术和被动告警技术两种。主动告警技术是利用对方光电设备的光学特性而进行的目标有源探测，即向对方目标发射光束，再对反射回来的光信号进行接收、分析与识别[5]，从而获得敌方目标信息，如激光测距机、激光雷达等；被动告警技术是指利用各种光电探测装置截获与跟踪对方光电设备的光辐射信号，并进行分析识别，从而获得敌方目标信息，如导弹逼近红外告警系统、激光告警器。

2）光电防御有源干扰技术

光电防御有源干扰技术是实施光电防御的主要手段之一，是指利用己方光电设备发射或转发与来袭的敌方光电设备对应波段的光波，对敌方光电设备进行压制或欺骗干扰，破坏或削弱敌方光电设备的正常工作能力发挥，以达到保护己方目标的目的。在激光技术快速发展的今天，光电防御有源干扰主要利用激光作为干扰源对敌方光电设备实施干扰。

3）光电防御无源干扰技术

光电防御无源干扰技术也是实施光电防御的主要手段之一，是指利用特制器材或材料（主要有烟幕、气溶胶微粒、干扰弹、隐身材料等）发射、散射和吸收被保护目标（或者敌方来袭目标）发射的光波辐射能量，或者人为改变被保护目标的光学特性，使来袭敌方光电设备效能降低或受骗失效，从而有效保护己方真目标。例如，人造假目标、隐身衣、红外烟幕弹等。

4）综合光电防御技术

单一的光电防御手段只能防御某一类威胁目标，不具备对多类目标的防御能力。随着光电侦察设备和光电制导武器的发展，要点要地目标将面临着同时多目标攻击的更大威胁，所以集成多种防御手段的一体化综合光电防御已成为要点要地目标防御体系的重要组成部分。综合光电防御技术是指运用多个不同类型的干扰源（包括激光干扰源）采用主动/被动相结合的防御方法，有效防御敌方多种类型光电制导武器的措施，包括单模和多模及复合制导武器等。综合光电防御技术是防御技术的一个重要发展方向。

从技术体系上讲，光电防御技术还应包括光电防御指挥控制技术，主要有来袭目标威胁度分析技术、对抗目标排序与选择技术、目标跟踪与控制技术、对抗火力运用决策技术、目标毁伤评估技术等。关于这部分内容在后续的光电防御系统论述中进行介绍。

1.3.3　光电防御技术的发展

现代战争首先是争夺电磁频谱的使用权和控制权，即主要运用电子攻防技术装备的电子频谱作战，如隐身突防、信火一体精确打击、电磁对抗与反对抗等，是在天空地海领域范围内展开全域作战，迅速摧毁敌方军事指挥机构、C^4I（指挥、控制、通信、计算机、情报）系统设施、通信和交通枢纽等重要军事目标，最大限度地破坏敌方情报系统、防空体系和指挥体系，同时要灵活运用防御技术装备，最大限度地保障我方要点要地目标的安全，全面掌握全域作战制空权和制信息权。其中，光电防御技术装备是电子作战的主要作战手段之一。

第1章 · 光电防御概述

1. 发展历程

近几十年来，光电技术在武器系统特别是精确制导系统中的广泛应用，使得攻击性武器的作战效能大大增强，现在战争形态也发生了根本性变化。为了提高体系对抗环境下信息作战的攻防效能，要点要地目标防御问题得到了各国的高度重视，进而促进了光电防御装备的发展。可以说，光电防御技术是随着信息作战和光电技术的发展而发展起来的，并随着光电精确制导技术的发展和应用而快速发展。

（1）红外探测器件的诞生和应用，发明了红外探测器和红外制导导弹，其强大的精确打击和高效毁伤能力催生了光电防御技术的产生和发展。

1934年诞生了第一支红外显像管，而后德军研制成功了红外夜视仪并应用在坦克上，美军也研制出了红外夜视仪应用于对日军的夜战，这种高技术"杀手锏"装备，在夜间作战中解决了看不见对手的难题，发挥了极其重要的作用。为了不被敌人的这种先进的夜视仪发现，就必须采取应对措施寻求对抗方法以保护自己。当时对抗的方法主要采取人工光学伪装、烟幕遮蔽等被动防御手段，并产生了一定的效果。这就是光电防御的初始阶段——采用无源干扰方法（伪装和遮蔽）。

20世纪50年代中期及以后，近红外、中红外探测器相继问世，空空红外制导导弹应运而生，并快速发展，同时地空和空地红外制导导弹获得巨大成功。到20世纪70年代中期，光电探测器件的升级换代又进一步推动了红外制导导弹性能的大幅提升，使得空中作战飞机面临更加严重的威胁，主观上被迫研究新的防御方法[6]。

在1972年的越南战争中，越南使用苏制的单兵便携肩扛式红外防空导弹SA-7，在3个月内击落了24架美国飞机。这种情况迫使美国花费较大的代价研究对抗措施，很快美军针对SA-7的威胁，研制出了与飞机尾喷口红外辐射特性相似的红外干扰弹，使来袭的红外制导导弹受红外诱饵欺骗而偏离被攻击的飞机，从而失去作用，保护了飞机安全。这就是光电对抗的诱骗干扰方式，具有主动防御作战的重要军事意义。

当然，对抗与反对抗技术是相互促进的。苏联也不甘示弱，为提高SA-7红外防空导弹的抗干扰能力，在导引头上加装了滤光片等反干扰措施后，在1973年10月第四次中东战争中，这种导弹击落了大量以色列飞机，又一次发挥了它的威力。后来，以色列采用了"喷气延燃"等红外有源干扰措施，使这种导弹的命中概率明显下降。

1991年的海湾战争，第一次较大规模地使用光电精确制导武器，美军成功地摧毁了伊拉克大部分战略战术目标。这引起了世界各国对光电防御极大的关注。面对大量装备多种红外侦察器材、红外夜视器材和红外制导武器的美军，伊军也采取了一些对抗措施。例如，在被击毁的装甲目标旁边焚烧轮胎，模拟装甲车辆的热效应，引诱美军再次攻击，使美军浪费弹药。但伊军防御作战力量弱，对抗技术落后，主动防御进行的干扰行动又极为有限，因而美军红外侦察器材和红外制导武器的效能得到了充分的发挥[7]。

在科索沃战争中，南联盟军队吸取海湾战争经验教训，加强防御作战指挥，利用雨、雾天气进行机动和部署调整，使北约部队的光电器材难以发挥效能。南联盟军队采用关闭坦克发动机，或者把坦克等装备置于其他热源附近，干扰敌方红外成像系统的探测。在设置的假装甲目标旁边点燃燃油，模拟装甲车辆的热效应，诱使北约飞机攻击，作为防御来说起到了一定的效果。

可以说，红外制导武器的发展和应用，人们认识到了对抗防御问题，研究并应用了伪装、无源诱饵、主动诱饵欺骗等方法，在战场上发挥了重要的防御效果。

（2）双色和多模光电探测器件问世，使得光电精确制导导弹性能更优、威力更大，促进了光电防御技术的快速发展。

20世纪70年代，红外、紫外双色制导导弹和红外成像制导导弹相继问世，这种导弹对目标实施精确打击，命中精度达1m左右，作战威胁更大，必须发展新的对抗技术。所以，人们研究并提出了有源红外诱饵、红外烟幕、激光主动干扰等光电防御技术，之后红外对抗技术还在不断发展，20世纪80年代相继出现了机载AN/AAR-43/44红外告警器、AN/ALQ-123红外干扰机，以及AN/ALE-29A/B箔条、红外干扰弹等专门的光电防御设备。

同时，随着电视制导武器、激光制导武器、卫星侦察设备、激光雷达、光电火控等先进装备出现。光电防御领域相应地逐步发展了激光告警器、激光欺骗干扰机等具有主动对抗意义的光电防御技术和光电防御装备，攻防作战能力有了很大提高。

（3）精确制导技术和激光器技术的不断发展广泛应用，牵引了基于激光的有源对抗技术快速发展。

20世纪90年代，随着激光器技术的发展和应用，为了对抗高精度的制导武器打击，人们开始研究激光对抗技术，提出了主动光电对抗的概念。激光对抗是以激光为手段，对光电侦察传感器、光电精确制导武器系统实施干扰、欺骗、损伤,甚至硬破坏的技术。激光技术的进步推动着激光对抗技术的创新发展,激光对抗是光电对抗领域中最活跃的分支,并在最近 30 年内得到了飞速发展。

目前,激光欺骗干扰、高重频干扰、红外诱饵干扰、可见光/红外定向干扰、强激光干扰、烟幕干扰、伪装、激光防护等光电防御技术与装备已在现代信息化战场中扮演着重要角色。

2. 发展趋势

光电防御的发展趋势取决于体系对抗作战需求和光电器件技术的发展,特别是与体系对抗作战对象,即光电侦察和光电制导武器的发展现状与未来相关。根据目前光电子技术的发展和信息化作战的要求,可以预见光电防御技术将向综合化、智能化、多光谱和作战全流程(全程)对抗的趋势发展。

1) 多层防御与全程主动对抗技术

采用单一对抗手段只能对抗一种威胁武器攻击,如红外干扰弹只能防御红外制导武器攻击、激光诱骗干扰只能防御激光制导武器攻击等,对于当前双色制导、复合制导、综合制导武器的威胁难以防护,这就使得光电防御技术必然要向多层防御与全程主动对抗技术发展,从而提高对光电精确制导武器体系防御作战的效能[8]。

目标多层防御体系一般包括侦察屏障、主动防御、被动防御、防二次效应。在这个多层防御体系中,包括光电对抗多层防御和全程主动对抗,如光电伪装、光电遮蔽、光电干扰弹、激光干扰、激光压制和激光毁伤等。

俄罗斯陆军主战坦克 T-90 的多层防御系统具有有源与无源结合、远距离与近距离衔接、主动与被动相互补充等多层光电全程对抗功能,其有效干扰对抗概率可达 80%。当然,如果增加激光压制和摧毁手段,就能进一步提高光电防御效果。

激光硬杀伤摧毁也是必然的发展趋势,它是一种利用高能激光束直接杀伤目标的定向能武器,可根据激光武器的威力大小完成全程对抗功能,起到干扰、压制和摧毁的作用,是防御高性能精确制导武器、无人机蜂群等威胁目标的有效方法。

2) 多功能综合一体化和智能化技术

信息化战场的电光磁威胁环境复杂多变,攻击武器性能高、抗干扰能力强,使得武器平台、作战人员要应对这些威胁并采取有效防御措施已变得越来越难,主要表现在攻击武器速度快、多模复合制导普适性好、多方位联合攻击灵活性强、可自主反干扰反对抗等方面，因此多功能综合一体化和智能化就成为光电防御技术的必然发展趋势。

（1）多功能综合集成。一是光电探测、告警、干扰、控制等功能子系统综合集成，实现光电防御的侦、控、抗、评一体化平台，可提高防御系统反应能力和综合对抗能力；二是与电子信息系统综合集成，拓展了信息获取渠道，实现基于一体化平台的作战能力，提高了防御作战信息化水平综合光电防御效能。

（2）信息链路一体化。信息获取、数据处理和指挥控制融为一体，实现基于信息系统的一体化体系对抗能力，提高战场的信息化作战能力。

（3）系统运行智能化。系统运行智能化包括目标智能识别技术、多功能防御方式优化运用技术、自主对抗智能控制技术、系统操作智能化技术等，实现高效无人操作智能防御功能。

（4）兵器攻防能力一体化集成。光电防御系统与打击武器一体化平台集成设计制造，形成具有自主防御作战能力的打击武器装备。在坦克、装甲车、导弹发射车等高价值目标中集成防御系统，形成具有攻防作战能力的武器装备。发展的末端全程光电综合防御系统是集激光干扰、电视干扰、红外干扰、毫米波干扰、宽波段烟幕干扰于一体的多功能综合智能防御系统，具有对多种制导武器的联合对抗能力，防御功能更强。

3）多光谱一体化对抗集成技术

多光谱技术和光信息处理技术的发展，促进了多光谱一体化对抗技术和快速准确目标探测技术的发展，进而综合提升了先进光电防御系统的多目标全程对抗能力。

4）多光谱激光干扰源一体化集成技术

多光谱对抗就是运用多个不同单一波段激光器同轴输出多波段激光，或者单个激光器同轴输出多波段激光，实现光波段的光电对抗。波段包括紫外、可见光、红外等，对抗对象包括可见光制导武器、红外制导武器、激光制导武器、复合多模制导武器等，以及相应波段的观瞄器材。

5）多光谱成像弱小目标探测技术

运用紫外、可见光、红外多波段成像探测技术，采用现代数据处理方法和智能技术，实现对快速运动的空地导弹、巡航导弹、无人机蜂群等弱小目标的全方位多目标远距离探测告警功能，为光电对抗提高高效的目标指示。

美国和英国共同研制的 AN/AAQ-24 定向红外对抗系统（DIRCM）也称为多光谱对抗系统，采用紫外导弹逼近告警技术、红外干扰机完成对红外制导武器的防御。

综上所述，光电防御系统将从被动防御发展到主动多层综合防御，光电防御的综合化、一体化、集成化和智能化是当今和今后的发展趋势。其中，多波段复合告警、定向干扰对抗、激光对抗、宽波段烟幕干扰、变形隐身、硬软对抗综合、攻防平台集成等是重要的发展方向。

1.4 光电防御的地位和作用

按照自然辩证法的基本原理，有矛必有盾。光电侦测与光电制导武器的威胁日趋严重，光电防御也随之成为光电技术应用的新兴领域，光电防御技术与装备的发展得到各军事大国更加广泛的重视。光电防御就是针对敌方光电侦察装备和光电精确制导武器的"眼睛"和"大脑"，采用强激光致盲、致眩干扰使其"眼睛"变瞎，采用烟幕遮蔽干扰使其"眼睛"看不见目标，采用光电迷惑干扰使其"大脑"无法识别目标，采用光电欺骗干扰使其"大脑"产生判断错误而攻击假目标，从而有效地保护己方重点目标。由此可见，光电防御的地位和作用主要是保护己方目标免遭敌方攻击，提高其战场生存能力，是决定现代战争胜负的重要因素之一。

1. 光电防御是电磁作战和防御作战的重要组成部分

从目前的局部战争来看，随着光电制导、光电侦察等武器装备的大量高效应用，光电防御装备在战场上的应用也越来越普遍，其对抗程度尖锐、对抗过程复杂、对抗范围越来越大，所以光电防御是电磁作战不可或缺的重要组成部分，光电防御的实质是在体系对抗攻防作战条件下，致使敌方光电侦察、观瞄设备及来袭的光电制导武器降低或丧失作战效能，以保护己方目标免遭攻击。它是一种充分利用交战双方光电装置的优点和弱点，采取相应对抗手段所进行的一场针锋相对的光波段对抗作战，是赢得现代战争胜利的重要因素之一。

关于光电防御在战争中的作用，各国都有许多论述，典型的观点是其具有控制电磁频谱的能力。近几十年来大量的光电武器装备在战场上发挥了重要的作用，可以说没有光电防御，就没有控制防御作战的能力，也将不会取得现代化战争的胜利。当前美军特别重视防御装备的发展，在防空反导、野战防空、反无人机和反蜂群领域加紧技术攻关和装备研发，部分验证试验装备取得了较好的效果。战争的实践已证明：光电防御已不是传统的军事力量的一种补充，而是整个战争能力构成尤其是电磁作战能力构成的一个有机组成部分。

2. 光电防御技术是发展新一代攻防武器装备的技术基础

光电制导武器大大提高了现有武器装备的"硬杀伤"威力，但同时处于战场上的装备和人员也将面临对方防御装备的"软硬杀伤"的威胁。其原因是现代防御技术的迅猛发展和先进防御装备的广泛应用，未来战争将是充满新一代攻防武器装备的立体战争。新一代攻防武器装备的显著特点是具备攻防作战手段和提高体系对抗条件下武器装备的作战效能，所以发展攻防武器装备需要有先进的光电防御等其他防御技术支撑。如俄罗斯的新一代主战坦克就集成了光电压制和光电主动对抗系统，以提高坦克在现代战场复杂交战环境下的生存能力。美国的新一代战斗机，集成了光电复合告警和红外对抗系统，用于防御敌方精确制导武器的攻击，最大限度地提高战斗机的战场生存能力。

系统研究体系对抗作战环境下战场目标威胁，进而发展先进的光电防御技术是研发高性能攻防武器装备的重要前提，因此，必须充分认识现代防御在战争中的地位作用，系统开展光电防御等其他防御技术研究，加快发展先进光电防御技术体系，对于研发新一代攻防武器装备意义重大。

3. 光电防御是保护己方目标安全的重要手段和途径

从近年来的局部战争实践来看，运用多种精确制导武器开展全方位的对敌攻击，以有效摧毁敌方指挥控制系统、瘫痪敌方防空体系等敌方要点要地目标为目的，是体系对抗作战条件下的首选作战方式。因此对己方的要点要地目标实施有效防御，对于确保国家安全和提升武器装备和部队人员的战场生存能力非常重要。光电防御是目标防御的重要组成部分，是己方要点要地目标防御的重要手段和实现途径。如美国陆军以支持多域战并创建一个分级、分层的要地目标防御体系，也称为"圆顶保护"体系（图1-4）。

4. 光电防御促进了新型抗干扰光电制导武器的发展

光电对抗和反对抗是一对矛盾体，矛盾的双方既互相对立制约、又相互促进发展。为了应对来袭精确制导武器的威胁，军事强国相继发展了多种目

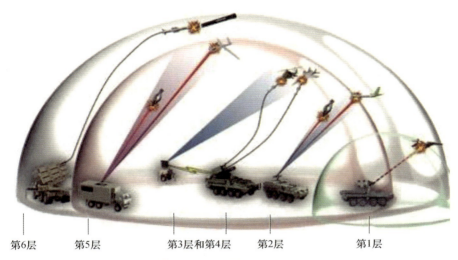

第6层　　第5层　　　第3层和第4层　　第2层　　　　第1层

第1层—综合防御无人机威胁；
第2层——一种防御手段集成，综合防御来袭导弹和无人机；
第3层和第4层—将机动防空拦截技术集成到机动近程防御平台中，综合防御敌机和导弹威胁；
第5层—高能激光战术防御武器，以保护目标免受火箭、火炮、迫击炮和无人机的攻击；
第6层—拦截摧毁系统以应对更大的威胁。

图 1-4　重要目标多层防御体系示意图

标光电防御手段、技术和装备，包括目标主动防御和被动防御，这些防御装备针对精确制导武器的制导技术，实施有效对抗，以有效降低精确制导导弹的命中率和作战效能，如运用激光诱骗技术可有效防御敌方激光制导导弹的概率为90％以上，因此光电防御技术的发展，在很大程度上抑制了精确制导武器的攻击能力的发挥，这就要求人们要发展新型反对抗、抗干扰的更高性能的精确制导技术。所以说光电防御促进了新型抗干扰光电制导武器的技术发展。

　　多模复合制导技术是应对目标防御而发展的新型抗干扰光电制导技术，能提高导弹武器的抗干扰能力。多模复合制导是由多种模式的导引头共同参与制导过程，共同完成对导弹的制导功能，具有较强的反对抗、抗干扰的优点。可适应恶劣弹载环境、不良自然环境和对抗干扰环境使用，大大提高导弹的目标识别能力和抗干扰能力。如美国的"铜斑蛇"空地导弹采用激光/红外复合制导，俄罗斯的 SA-13 地空导弹采用红外线/光学图像对比复合制导，以及法国的 TACED 制导炸弹采用毫米波/红外复合制导。当然复合制导武器的发展反过来又促进现代防御技术的创新。

参考文献

[1] 房凌晖,郑翔玉,汪伦根,等.坦克装甲车辆主动防护系统发展研究[J].装备环境工程,2014(1):68-72.

[2] 任晓刚.国外坦克装甲车辆主动防护系统[J].火力与指挥控制,2010(S1):7-9.

[3] 鄢歆.高峰值功率高脉冲能量Nd:YAG激光器研究[D].北京:北京工业大学,2008.

[4] 薛模根,韩裕生,朱一旺,等.一个基于激光的小型综合光电对抗系统[J].现代防御技术,2006(2):60-63.

[5] 董军章.光电对抗与电磁空间安全[J].电子信息对抗技术,2015(1):7-9.

[6] 刘松涛,高东华.光电对抗技术及其发展[J].光电技术应用,2012(3):5-13.

[7] 庄振明.光电对抗的回顾与展望[J].飞航导弹,2000(2):56-60.

[8] 韩志鹏,李保霖.舰载光电对抗系统发展趋势及其关键技术[J].舰船电子工程,2013(1):140-142.

第 2 章
光电防御的基本原理与系统结构

光电防御的目的是削弱、破坏敌方攻击性武器的使用效能，保护己方相关武器系统和人员的作战效能正常发挥。所以光电防御有两个目标：一个是防御目标（防御对象），是敌方来袭的威胁目标；另一个是被保护目标，是己方要点要地目标。本章从研究两个目标特性开始，以防御的视角研究来袭目标的工作原理，并给出目标防御的技术途径和光电防御的作用机理。

2.1 辐射源及其特性

自然界中辐射源大体分为三类：
(1) 背景辐射源，也称自然辐射源，如太阳、海洋、云等；
(2) 目标辐射源，指目标的核心辐射，如飞机、导弹等；
(3) 人造辐射源，如黑体、钠灯、能斯特灯、假目标等。

这三种辐射源存在于同一个时空内，交错复杂，难以界定和准确描述，要探测目标必须要搞清楚空间辐射源的光谱辐射特性、目标的辐射特性，方可从背景辐射中有效地探测到目标的光谱辐射，进而运用信号处理理论和方法，发现目标并告警。有关人造辐射源（如激光干扰源、假目标等）将在后续光电干扰技术内容中阐述，下面主要介绍背景辐射源和目标辐射源。

2.1.1 背景辐射源

背景辐射可以是自身的辐射、表面的反射或来自天空、陆地、海面等其他辐射源的混合辐射环境产生的散射。它们既可能是探测目标时的辐照源（如可见光成像目标探测），也可能是一种干扰探测的背景（如激光成像目标探测），理论上背景辐射光谱的分布曲线如图 2-1 所示。因此了解这些自然辐射源的特征是十分重要的。

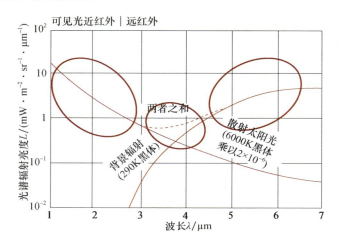

图 2-1　理论上背景辐射光谱的分布曲线

图 2-1 中两条曲线分别是背景散射和反射太阳光谱的分布曲线、背景自身辐射光谱的分布曲线。两条曲线混合即为理论上的目标背景的光谱分布，可以看出：

（1） 3μm 以下的光谱是以背景散射和反射的太阳辐射光为主，此时谱辐射分布可以用 5900K 黑体辐射分布代替（近红外波段及以下波段，背景辐射几乎是太阳辐射）；

（2） 4.5μm 以上的光谱分布主要是地球、空气和目标的自身热辐射，其温度在 300K 左右（远红外波段，以环境目标热辐射为主，少量太阳辐射）；

（3） 3～4.5μm 之间光谱的背景辐射处于最低值区间（中红外波段，太阳辐射和目标热辐射两者交叠，但其背景辐射总量处于最低区间）。

背景辐射源一般可分为太阳辐射、陆地背景辐射、海洋背景辐射和天空背景辐射。

1. 太阳辐射

太阳是天然、稳定的辐射源，卫星遥感仪器的可见光和近红外波段的地面辐射定标就是利用太阳作为标准的辐射源。通常假定太阳的辐射与 5900K 的黑体一样，即它的辐射温度为 5900K，辐射温度不是真实温度，是表示它与该温度的黑体有相等的辐射功率。太阳辐射温度不能作出单一的假定，该值会随波长的增加而降低，精确测量表明，太阳的辐射温度在 $4\mu m$ 处为 724K，$5\mu m$ 处为 579K，而在 $11\mu m$ 处仅为 263K。

太阳的辐射能量用太阳常数表示，太阳常数是指在平均太阳距离上（地球到太阳），在地球大气层外测得的太阳照度值。目前公认的太阳常数值为 $0.140W/cm^2$。在地球表面的照度，大约是这个值的三分之二，即 $0.09W/cm^2$。由于许多红外系统设计的最小探测照度可低达 $10^{-10}W/cm^2$ 量级，太阳一旦进入探测视场，其能量将使系统"致盲"。[1]

在平均地-日距离上太阳辐射的光谱分布曲线如图 2-2 所示，其中阴影部分是大气所产生的吸收。太阳辐射通过大气时，由于大气的吸收和散射，照射至地球表面的辐射多在 $0.3\sim 3.0\mu m$ 的波段，其中大部分集中于 $0.38\sim 0.76\mu m$ 的可见光波段。

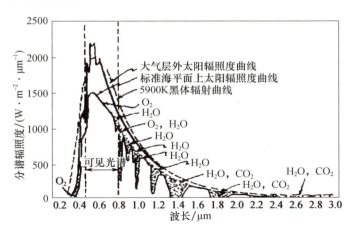

图 2-2 在平均地-日距离上太阳辐射的光谱分布曲线

图 2-2 是大气层外太阳辐照度曲线、标准海平面上太阳辐照度曲线、5900K 黑体辐射曲线，从这三条曲线及其相关性分析可知：

（1）太阳辐射通过大气时，由于大气的吸收和散射，照射至地球表面的辐射在 $0.3\sim 3.0\mu m$ 的波段，其中大部分集中于 $0.38\sim 0.76\mu m$ 的可见光波段。

（2）经大气层和地表环境对太阳辐射衰减后，太阳辐射的光谱分布于大气层外辐照度曲线总体相似，但有的波段范围性能衰减变化较大（大气层穿透性）。

(3) 太阳对地球表面形成的照度变化范围很宽，与大气环境成分有关，在天空晴朗且太阳位于天顶时（90°），地面照度高达 $1.24×10^5$ lx。

(4) 目标探测告警运用该特性，可以扬长避短，寻找途径。如太阳的紫外线进入大气层到达地面基本衰减的特性，发展了紫外告警技术。

表 2-1 是太阳照射到地球表面的照度。从表中可以得出：随着太阳实际高度角的加大，无论气象如何变化，地球表面的照度都在增大，且阴影或阴天相对于晴朗天气条件下地球表面照度增加的幅度小。

表 2-1 太阳照射到地球表面的照度

太阳中心的实际高度角/(°)	地球表面的照度/10^3 lx			阴影处和太阳下之比	阴天和太阳下之比
	无云太阳下	无云阴影处	密云阴天		
5	4	3	2	0.75	0.50
10	9	4	3	0.44	0.33
15	15	6	4	0.40	0.27
20	23	7	6	0.30	0.26
30	39	9	9	0.22	0.23
40	58	12	12	0.21	0.21
50	76	14	15	0.18	0.20
55	85	15	16	0.18	0.19

2. 陆地背景辐射

陆地背景辐射的特性主要取决于地球地表物的反射和地表的热辐射。白天地球表面的辐射主要由反射和散射的太阳光以及自身热辐射组成。因此，光谱辐射有两个峰值：一个是位于 $0.5\mu m$ 处由太阳辐射产生；另一个是位于 $10\mu m$ 处由自身热辐射产生。对于陆地背景辐射有如下特点。

(1) 白天由于太阳照射的原因，小于 $4\mu m$ 波长的太阳光反射占优势。

(2) 地面地物反射率变化很大；地球表面有相当广阔的水面，水面辐射取决于温度和表面状态，无波浪时的水面，反射良好，辐射很小；只有当出现波浪时，海面才成为良好的辐射体。

(3) $4\mu m$ 以上波段的辐射则是地面地物自身温度产生的辐射，夜间太阳的反射辐射就观察不到了，地球辐射光谱分布就是其本身热辐射的光谱分布。

(4) 地面地物的热辐射率都比较高，地球的热辐射主要处于波长 $8\sim14\mu m$ 大气窗口，这一波段大气吸收很小，因此，成为热成像系统的主要工作波段。

(5) 地面地物是一个好的吸收体，也是一个好的辐射体；地球表面的热辐射取决于它的温度和辐射发射率。地球表面的温度根据不同自然条件而变化，大致范围是 $-40 \sim 40$ ℃。

1) 植被的光谱反射特性

绿色植被的光谱反射率如图 2-3 所示。其特征是在可见光波段，对于正常的绿色植被，中心波长在 $0.45\mu m$ 的蓝光谱带和中心波长在 $0.65\mu m$ 的红光谱带的反射率都非常低。这就是叶绿素吸收带，在两个叶绿素吸收带之间，即在 $0.45\mu m$ 附近形成一个反射峰，这个反射峰正好位于可见光的绿色波长区域，所以人眼看植被是绿色的。

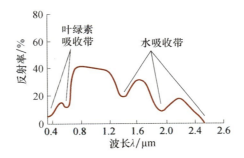

图 2-3 绿色植被的光谱反射率

当植被患病或成熟时，叶绿素和水分含量减少，两个叶绿素吸收带的吸收减弱。在上述红色吸收区的反射率增高，所以患病植物或成熟庄稼呈黄色或红色。从波长 $0.7\mu m$ 开始，植被反射率迅速增加，形成近红外反射峰。与可见光波段相比，植被在近红外的光谱特征是反射率很高，透过率也很高，但吸收率很低。大多数植被在近红外波段的反射率和透过率均为 $0.45 \sim 0.50$，但吸收率小于 0.05。

在波长大于 $1.3\mu m$ 的近红外区域，植被的光谱反射率主要受 $1.4\mu m$ 和 $1.9\mu m$ 附近的水吸收带支配。植被的含水量控制着这个区域的反射率。在这两个吸收带之间的 $1.6\mu m$ 处有一个反射峰。

2) 冰雪的光谱反射特性

如图 2-4 所示为地球表面冰雪的光谱反射特性，从图中可以看出白色冰雪的反射率高达 $30\% \sim 80\%$，主要是因为白色冰雪的固态冰晶是由若干镜面组成，镜面光滑，且背景为白色，所以反射率高。

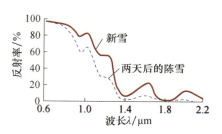

图 2-4　地球表面冰雪的光谱反射特性

（1）白色新雪在光波段内的反射率最高，且可见光波段最大，在 $0.6\mu m$ 左右波段的光反射率接近于 1（所以大雪天要戴墨镜保护眼睛，雪天披上白色外罩可伪装自己等）。

（2）白色新雪在近红外波段反射率会明显下降，且波段越长反射率越小，对于长波红外，目标的红外特征主要表现为自身的热辐射。

（3）积雪老化后反射率会下降，但主要是红外波段的反射率下降，可见光波段的反射率下降不大，大于 $0.8\mu m$ 波段的反射率下降明显。

3. 海洋背景辐射

海洋是我国国家安全防御的天然屏障，来自海洋背景的辐射主要是由海洋本身的海面热辐射和它对太阳与天空辐射的反射组成。海上威胁是国家安全防御的重点，所以研究海洋辐射特性意义重大。

海面辐射取决于海水表面几毫米厚海水温度和海水辐射率，确定海洋背景辐射特性的主要因素有：

（1）海水的光谱特性，与波长有关，从图 2-2 分析可知，海水对 $3\mu m$ 以上的光辐射基本不透过，吸收多，反射小；

（2）海面的几何形状和波浪分布，与海面态势有关，一般气候海面的反射率是平坦海面的 20%；

（3）海面的温度分布，与温度场有关，温度高辐射强；

（4）海洋的浮游生物、藻类悬浮物等分解的黄色物的影响，近来由于人类造成的污染出现的大面积赤潮，使得海洋背景有较大的变化；

（5）海底物质的分布和海底地质情况影响，沙砾和岩石的影响较小；

（6）海底石油渗出形成油膜影响大，地下石油渗出、海洋石油开采和加工或倾卸废油及舰船事故都使比水轻的石油浮在海面形成油膜，它明显地改变了海洋背景辐射。

如图 2-5 所示为水面反射率和发射率（在 2~15μm 内的平均值）与入射角的关系，如图 2-6 所示为不同粗糙度 σ 下的海面反射率 ρ 与入射角 θ 的关系。所以海水的反射率和发射率与海水的粗糙度有关，越靠近水平方向影响越大。

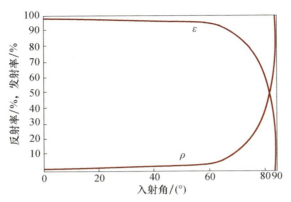

图 2-5　水面反射率和发射率（在 2~15μm 内的平均值）与入射角的关系

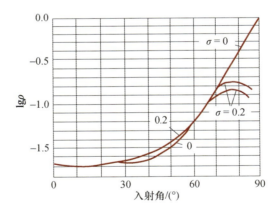

图 2-6　不同粗糙度 σ 下的海面反射率 ρ 与入射角 θ 的关系

4. 天空背景辐射

在探测空中的飞行物（如飞机、火箭和导弹）时，主要考虑中、低空背景辐射的影响，此时太阳光和月光的光学特性，及其在大气中的散射和自身的辐射将是不能忽略的影响因素。

1）中、低空背景辐射

白昼天空背景辐射是由大气对太阳光的散射和大气成分的自身热辐射引起的，可划分成小于 3μm 的阳光散射区和大于 4.5μm 的热辐射区两个区域描述。太阳的散射是晴空无云的散射和日耀云的反射。热辐射可用 300K 黑体辐射近似表示。如图 2-7 所示为阳光散射和大气自身对背景辐射的影响。

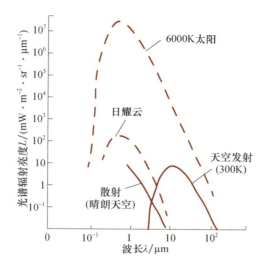

图 2-7 阳光散射和大气自身对背景辐射的影响

在紫外频段，天空中大气辉光覆盖了从 $0.1\sim0.39\mu m$ 整个紫外频谱（图 2-8）。大气辉光是大气在夜间的发光现象，是地球大气中的主要发光现象。这里是指太阳紫外辐射在高层大气中产生的大气辉光。

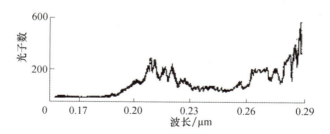

图 2-8 天空背景的紫外辐射谱

相对于高空背景辐射而言，中、低空背景辐射复杂，目标辐射的光信号成分多，光辐射检测技术难度较大。

2）云的辐射特性

在目标探测告警过程中，云的影响不可低估。云层对天空背景辐射有较大的影响，它在近红外区有强烈的前向散射。在昏暗的阴天，云层的前向散射会减小。浓云应看成良好的黑体。云层的自身辐射范围是 $8\sim14\mu m$，但具体的光谱曲线与云的结构、厚度、高低、温度及观测角度有关。

云对探测系统的影响有以下两个方面：

（1）云层或云边缘对太阳反射、散射以及云自身辐射，辐射光谱范围很宽，在宽波段范围内对探测系统的工作都会受到很大干扰，有时可能会严重影响系统指标；

（2）云层如同一个很大的屏障，部分甚至全部遮断来自目标与探测系统之间的辐射，使探测系统探测不到目标或丢失已跟踪目标。

云对目标探测性能的影响较大，因此研究和了解云的辐射特性对于光电防御是很重要的。

云可以分为 10 个不同种类，云的辐射很难用统一的数学模型去描述。这里仅介绍云的基本辐射特性：

（1）云层对天空背景辐射有较大的影响，它在近红外区有强烈的前向散射，即光在传播方向上的散射（散射角小于 90°）；

（2）在昏暗的阴天，云层的前向散射会减小；

（3）波长大于 $4\mu m$ 云的辐射主要是云的自身辐射，波长为 $8\sim13\mu m$（长波红外）的云有较高的反射率；

（4）波长低于 $4\mu m$ 云的辐射主要是云对入射太阳光的反射或散射。

上面介绍的太阳辐射、陆地背景辐射、海洋背景辐射、天空背景辐射特性等，有时也会称为环境辐射特性。

2.1.2 目标辐射源

针对光电防御系统研究的需要，这里主要介绍几种典型目标的辐射特性。包括地面目标、海上目标和空中目标三类。这些目标辐射特性可以通过数学建模计算、专用仪器检测获得。实际过程中常常是这两种方法综合运用。

1. 地面目标辐射

地面目标包括机场、发射场、军工厂等固定军事设施和坦克、运输车、火炮、人等活动目标，目标特点是温度低、辐射能量小，且辐射多集中在 $8\sim14\mu m$ 波段。

1) 地面运动目标

地面上运动的典型目标主要是指坦克、装甲车辆及人等。这些目标的红外辐射特征较明显，敌方可以利用这些特征制造出诸如红外制导反坦克导弹等武器攻击之。所以从防御角度来说，可以通过采用如伪装、隐身技术、光谱转换技术或无源干扰等手段，掩盖、转移、遮挡目标的红外辐射特征，免受或降低被对方摧毁的概率。

要了解和分析地面上运动军事目标的红外辐射往往有两个途径：一是通过了解温度分布及表面材料辐射率并假定它们是一个灰体，经过不太复杂的理论计算就可得到该辐射源的红外辐射参数，如有必要还要进行大气传输修正、背景辐射的修正；二是利用各种仪器设备进行近场、远场测试，必要时对测试结果加上大气传输理论修正，也可得到所需红外辐射参数。这些方法和技术十分成熟，但应当指出的是，无论哪一种方法得到结果，在实际运用中都应考虑目标运动及它所处环境的实际情况。

例如，坦克在全速行进时，由于功率变得很大，排气口温度突然升高，与坦克两边的红外辐射相差很大。测试时坦克的状态与作战时坦克的状态可能大不一样。又例如，坦克大部分表面蒙上了一层泥或灰，此时坦克的红外辐射和对阳光的反射率就不是钢铁的辐射率和反射率了，而是泥或灰的辐射率和反射率。再比如，快速行进中的坦克在其后方形成一片扬尘区，扬尘区本身对红外有很大的衰减，尤其是坦克群作战时，前面坦克掀起的扬尘，对后面坦克群是一个很好的掩护。美国利用这一原理，设计并在坦克上安装了一个设备，该设备的作用是当坦克行进在泥沙地段时，从地上挖取适量沙土，经筛、滤、研粉、干燥等工序把泥沙变为粒径仅几微米的微粒，然后在高压气体作用下向左右两侧前方喷出，使坦克三面处在被大量悬浮粒子包围的状态之中，对可见光、红外、激光制导武器是一种极好的干扰手段。表 2-2 给出了几种坦克和人员等目标在 $0.7\sim12\mu m$ 范围内的每球面度的红外辐射强度。

表 2-2　几种目标在 $0.7\sim12\mu m$ 范围内的每球面度的红外辐射强度

目标名称	方向	辐射强度/(W/sr)	等效黑体温度/℃	国别、型号、状态
M-24 坦克	后向	56	100	美国 M-24 轻型 停下不运动
	两侧	35	100	
	前向	10	25	
	满载后向	100	100	
	顶部	65	150	

续表

目标名称	方向	辐射强度/(W/sr)	等效黑体温度/℃	国别、型号、状态
M-26 坦克	后向	74	100	美国 M-26 重型 停下不运动
	两侧	48	100	
	前向	12	25	
	满载后向	150	10	
	顶部	68	100	
T-34 坦克	后向	20	50	苏联 T-34 中型 停下不运动
	两侧	16	50	
	前向	12	25	
	顶部	40	50	
	满载后向	50	100	
人	站立	1.4	25	
	俯伏前向	0.3	25	
	俯伏侧向	0.8	25	
	冬天站立	2.2	25	
炮	停后冷 1h 测试	320	250	中国 155mm 炮连续射击

由于地面目标背景辐射特性通常比较复杂,既有各种山形地貌(山谷、河流、树林、沙漠等)的差异,又有季节变化带来的背景变化(雪地、植被等),因此它们的辐射特征会随环境的变化而发生变化,但其红外特征较明显。

(1) 地面车辆的表面辐射。以地面装甲车辆为例,装甲车的表面辐射由自身辐射和反射辐射组成。

① 自身辐射:得到装甲车整体温度分布后,该部分红外辐射能量可以从普朗克公式出发,通过对红外波段范围积分得到,计算公式如下:

$$E_{\lambda_1-\lambda_2} = \int_{\lambda_1}^{\lambda_2} \varepsilon(\lambda, T) \cdot \frac{C_1}{\lambda^5 [\exp(C_2/\lambda T) - 1]} d\lambda \tag{2-1}$$

式中:λ_1、λ_2 为红外波段范围的上、下限;T 为该单元表面温度;$\varepsilon(\lambda, T)$ 为表面发射率,与波长 λ 和温度 T 有关;C_1 为第一辐射常数,$C_1 = 3.742 \times 10^8 \text{W} \cdot \mu\text{m}^4/\text{m}^2$;$C_2$ 为第二辐射常数,$C_2 = 1.439 \times 10^4 \mu\text{m} \cdot \text{K}$。

②反射辐射：反射辐射部分主要包括单元表面对太阳、天地背景以及其他单元表面辐射的反射，具体计算表达式如下：

$$E_{\text{sf}}^{\inf ra} = \rho_{\text{sun}}^{\inf ra} \cdot q_{\text{sun}}^{\inf ra} + \rho^{\inf ra} \cdot \left(q_{\text{sky}}^{\inf ra} + q_{\text{grd}}^{\inf ra} + \sum_{j=1}^{N} q_{j}^{\inf ra} \right) \quad (2\text{-}2)$$

式中：$\rho^{\inf ra}$ 为单元表面红外波段范围的反射率；$\rho_{\text{sun}}^{\inf ra}$ 为单元表面红外波段范围的太阳反射率；$q_{\text{sun}}^{\inf ra}$ 为单元表面接收的红外波段范围内的太阳辐射能量；$q_{\text{sky}}^{\inf ra}$ 为单元表面接收的红外波段范围内的天空背景辐射能量；$q_{\text{grd}}^{\inf ra}$ 为单元表面接收的红外波段范围内的地面背景辐射能量；$q_{j}^{\inf ra}$ 为单元表面接收的红外波段范围内的单元表面辐射能量；N 为单元表面总数。

装甲车辆表面任一单元总的辐射通量为自身辐射与反射辐射之和，即

$$E = E_{\lambda_1 - \lambda_2} + E_{\text{sf}}^{\inf ra} \quad (2\text{-}3)$$

计算单元的红外辐射通量需要求解太阳的直射辐射、散射辐射以及地面反射辐射等，求解过程涉及太阳、地球、物体三个坐标系。

(2) 地面车辆的内热源（发动机）辐射。地面车辆的内热源主要包括发动机及其散热器散热热源、排气散热热源、乘员舱内人员及空调装置热源、轮胎与地面摩擦生热热源以及各种泵阀的散热热源。以特种车辆为例，分析考虑车辆处于运动状态时发动机及其散热器的散热热源。

考虑到实际情况下发动机散出的热量损失主要通过散热器向发动机舱前部散热，而发动机壳表面向发动机舱其他表面的散热要较前部低，并且发动机和机舱实体接触较少，忽略导热作用，所以在计算中采用将发动机散热转换为等效热流加载到发动机舱不同表面的方法来处理该内热源。将发动机舱简化为一个六面体空腔，等效热流的具体计算方法如下：

①由于实际情况下散热器内冷却液的温度维持在 80～90℃，而且散热器与环境的热量交换以对流换热为主，所以车辆前部的散热器散热热流 q_1 可按下式估算：

$$q_1 = h \times (T_{\text{san}} - T_{\text{f}}) \quad (2\text{-}4)$$

式中：h 为对流换热系数 [W/(m² · g · K)]；T_{san} 为散热器表面温度，可认为与冷却液温度相等（℃）；T_{f} 为环境温度（℃）。

②由于发动机工作中其外表面温度要比发动机舱内表面温度高得多，所以发动机舱其他表面的散热热流以发动机表面与发动机舱内表面间的辐射换热热流为主，发动机舱其他表面的散热热流 q_2 可按下式估算：

$$q_2 = \varepsilon_{\text{fw}} \sigma (T_{\text{fw}}^4 - T_{\text{fn}}^4) \quad (2\text{-}5)$$

式中：ε_{fw} 为发动机外表面平均发射率；T_{fw} 为发动机外表面平均估算温度（℃）；T_{fn} 为发动机舱内面平均估算温度（℃）。

2）人体的辐射

人体是一个红外辐射源。人的皮肤辐射发射率很高，在波长 4μm 以上的平均辐射发射率为 0.99，且与肤色无关，在波长 2μm 以上的辐射与黑体基本一致。由于皮肤温度是与周围环境之间辐射交换的复杂函数，因此皮肤温度可随周围环境温度变化，在皮肤剧烈受冷时，其温度可降低至 0℃。在正常室温环境中，若空气温度为 21℃，则露在外面的脸部和手的皮肤温度约为 32℃。因此，人体峰值辐射波长约在长波红外 8～14μm 波段，但在中波红外波段也有相当高的辐射水平，短波红外波段辐射水平较低。人体的光谱能量分布如图 2-9 所示。

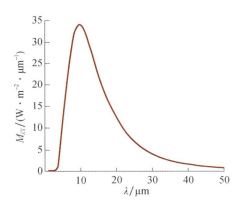

图 2-9　人体的光谱能量分布

虽然人体目标在长波红外波段具有最多的辐射能量，但由于背景（温度不高）在该波段同样具有较多的辐射能量，因此该波段范围内的目标和背景的辐射对比度是最低的，不利于目标探测；在中波红外波段具有比较高的人体目标和背景的辐射对比度，有利于目标探测，是对人员目标探测的关注波段选择。

3）炮口闪光

火炮射击时炮口喷出的热燃气以及伴随的微粒物质，在高温条件下发出可见光并产生红外辐射，称为初次闪光；其可燃气体与大气混合后而点燃产生亮的火焰称为二次闪光。为了抑制二次闪光，往往在炮口上套特定装置，以阻挠冲击波的形成。在某些情况下，推进剂中加入化学抑制剂，也可防止炮口处可燃气体的点火。

炮口闪光中包含大量的红外辐射，图 2-10 给出在 60m 的距离处，测量 155mm 口径火炮炮口闪光得到的相对光谱曲线。初次闪光主要是近红外波段 3.5μm，二次闪光主要是中红外波段 4～5.5μm。

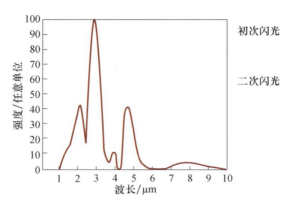

图 2-10　炮口闪光得到的相对光谱曲线

2. 海上目标辐射

海上目标包括各种舰船类目标，这些目标排气口部分温度较高，其他部分温度低，其辐射特性与背景辐射特性差异大，有利于目标探测。

海上舰船类目标的光辐射包括舰船本身红外辐射、舰船表面的反射、发动机排气口辐射以及运动产生的红外辐射等。其产生辐射的特点如下：

（1）舰船表面的红外辐射光谱集中在 8～10μm 范围的长波红外。

（2）发动机排气口（如烟囱）是舰船上强烈的辐射源，红外辐射光谱集中在 5～5.7μm 范围的中波红外。

（3）舰船本体的红外辐射光谱主要集中在 2～5μm 范围中波红外。

（4）白天在太阳光照射下，舰船表面温度将高于海水温度，而夜间舰船表面温度会低于海水温度。

（5）阴冷天气环境，在 8～14μm 红外探测器下，舰船目标相对于海背景表现为暗目标。

（6）对于水域背景舰船，当水雾浓度较大时，受环境中大气辐射传输的影响，使得目标的红外辐射较偏振辐射衰减更严重，因此利用偏振信息在雾天进行舰船目标探测具有一定优势。在不同探测角度条件下，探测角为 100°时，舰船目标偏振度最大，有利于舰船目标检测和表面属性分析；在目标探测空间内，水域背景舰船的偏振优势方向主要集中在 110°附近；复杂环境下，大部分偏振参量图中的舰船目标与水域背景的对比度大于强度图中的对比度，且偏振度图中目标与背景对比度最大，最利于分析舰船目标的表面属性及目标检测。

对于海上目标而言，探测不同波段的光辐射即是在探测目标不同的位置，所以海上目标探测大多运用多波段探测技术。

3. 空中目标辐射

空中目标包括各种类型的飞机、导弹、无人机、照明弹和其他飞行器，目标共同特点是速度快、体积小，大多红外特征明显，但随着技术的发展，空中目标还表现为弱小目标特性，如无人机、隐身飞机等。光电防御的主要对象是来袭的精确制导导弹。

（1）导弹的助推段作为一个红外源主要有羽烟的红外辐射和导弹尾焰的紫外辐射两部分辐射。

导弹作为一种辐射源，很难笼统地用某一个数学模型表达，但可以把它的飞行全过程分为几个阶段来描述。从点火发射到发动机熄火（初始段或加力段），这个过程目标辐射主要是尾焰及羽烟的辐射，如果从火箭后面向发动机尾部观察，从火箭发动机的燃烧室及喷口处可直接观察到高温发光体。废气中大量高温固体微粒不但本身是一个辐射源，而且它们还反射来自燃烧室内的辐射。机载紫外导弹逼近告警的原理，就是利用大量存在于废气团内固体微粒反射或散射来自高温燃烧室辐射出来的紫外光子，被反射或散射的紫外光子在空中 4π 球面有一个立体角分布，安装在飞机上的紫外光子传感器，正是因为接收到了前向反射或散射的这部分光子而发出警报信号的（以导弹飞行方向为前向）。

导弹熄火后，导弹利用惯性向前运动，此时导弹作为一个红外源主要有两部分辐射：一部分是火箭助推加力往往把导弹加速到超过声速几倍，超声速物体与空气摩擦产生蒙皮的气动加热，它是一个红外辐射源，蒙皮温度高低与导弹飞行速度、飞行高度及加速时间长短有关；另一部分是火箭发动机工作时的高温，使尾管温度也升高，虽然发动机已熄火，但它的温度还是远远高于环境温度，因此尾管及喷口表面也是一个红外辐射源。由于战术导弹一般工作时间为几十秒到几分钟，导弹一旦熄火其红外辐射强度下降好几个量级，因此熄火后的导弹探测的难度可想而知。而目标防御的对象往往是熄火后的导弹，必须要解决目标探测问题。

导弹主动段飞行，由于羽烟内存在大量粒子，羽烟的光谱分布是在高温粒子辐射和散射的连续谱上叠加分子带光谱组成的，表2-3给出了通常燃烧产物的主要辐射带的中心波长，主要集中在红外波段。固体推进剂火箭或导弹的近场光谱分布见图2-11。从图中可以明显看到羽烟中粒子辐射和散射的连续谱（虚线）对整个辐射起了很大作用，辐射峰值在中波红外光谱波段。

表2-3 燃烧产物的主要辐射带的中心波长

产物	辐射带的中心波长/μm
H_2O	1.14，1.38，1.88，2.66，2.74，3.17，6.27
CO_2	2.01，2.69，2.77，4.26，4.82，15.0
HF	1.29，2.52，2.64，2.77，3.44
HCl	1.20，1.76，3.47
CO	1.57，2.35，4.66
NO	2.67，5.30
OH	1.43，2.80
NO_2	4.50，6.17，15.4
N_2O	2.87，4.54，7.78，17.0

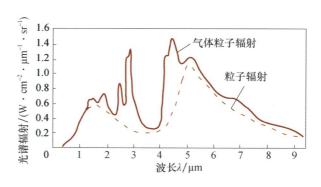

图2-11 固体推进剂火箭或导弹的近场光谱分布

在固体或液体燃料的导弹尾焰中，产生紫外辐射的主要原因有温度辐射、化学发光、探照辐射、粒子辐射和分子辐射等，其中最主要的是温度辐射和化学发光。图2-12是美国AFGL实验室测得的导弹尾焰辐射光谱，在$0.263\mu m$附近出现了吸收峰。

（2）导弹被动段飞行（导弹攻击末端）的红外辐射由四部分组成：导弹头部与空气摩擦产生的热；原来热的表面；由熔蚀物形成的导弹外部的一层外套；尾流热空气形成轨迹。

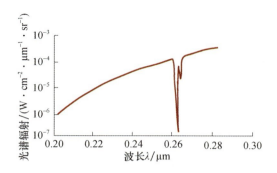

图 2-12 导弹尾焰辐射光谱

主要表现为红外光谱特性（第二种热占主要部分），同时兼有辐射的可见光和紫外光谱特性（以被加热的空气为主）。

3）导弹蒙皮辐射

飞行导弹的蒙皮由于与空气的摩擦使温度升高，实验表明蒙皮温度 T_s 可以表示为

$$T_s = \left(1 + \frac{\gamma - 1}{2}\beta M^2\right) T_a \qquad (2-6)$$

式中：T_a 为环境温度；M 为飞机飞行的马赫数；$\gamma \approx 1.4$，；$\beta = 0.75 \sim 0.98$。

由式（2-6）可以看出，蒙皮温度与环境温度的相对温差 $(T_s - T_a)/T_a$ 是以 M^2 的关系正增长的。

加热的蒙皮（弹体表面）辐射对 $8 \sim 14\mu m$ 红外波段具有重要影响，而高马赫数的飞行导弹蒙皮则在 $3 \sim 5\mu m$ 也有相当高的辐射水平。

一般地，导弹辐射主要来自主动助推段排出的热气流、推力发动机部位和弹体表面等。排出的热气流辐射峰值在中波红外光谱波段；推力发动机部位辐射在 $3 \sim 5\mu m$ 中波红外光波段；弹体表面辐射在 $8 \sim 14\mu m$ 红外波段具有重要影响。

4）无人机目标辐射

无人机属于典型的低小慢目标，已经成为目标防御的主要对象之一。目前在无人作战、农林监测、警用执法、电力巡检等领域应用广泛。对于低空探测无人机目标，雷达易受天气及杂波干扰，探测盲区较大且回波较小，而对其光学成像探测具有技术优势。对于光学特性而言无人机目标具有以下特点：

（1）若无人机依靠电池提供能量，则其发热主要来自螺旋桨运行时产生

的热量，发热量很小，具有无强热源的特征。因此，目标温度与周围环境温度相近，表面不同区域的温度差异不大，表面温度相对均匀，目标红外特征不明显。目标红外强度分布呈柱形，非中心对称，与背景中的景物具有类似的分布模式。因此在强度分布方面可利用的信息更少，更容易受到背景的干扰，难与背景进行有效区分。

（2）若无人机依靠油机提供动力，则其发热主要来自油机工作和螺旋桨运行时产生的热量，发热量较小，目标红外特征主要表现为中波红外辐射。

（3）无人机目标在距离较远时，其外形特征不明显，所占的像素较少，表现为小目标的特征；而当探测距离较近，无人机具有峰值速度高，运动轨迹难以预测等特点。

（4）无人机是一种人造目标，其表面光滑，使得目标辐射信息具有一定的偏振度，随着入射角的增大目标偏振度逐渐增大，当入射角增大到一定值时偏振度会达到一个峰值，此后再增大入射角，偏振度会减小；而背景天空的偏振度不仅较低，且随入射角变化的不明显。因此对于天空背景无人机，可以选择 $3\sim4\mu m$ 中红外波段红外偏振探测方法，其目标偏振度较大，在大多数情况下偏振 U 参量对比度较高，能较好抑制天空云层等杂波，有利于目标检测与识别。

2.2 光电防御的基本原理

光电防御对象主要考虑对防御被保护目标构成严重威胁的采用光电技术的观瞄器材（侦察装备）、精确制导武器和末端武器平台等，包括：光电精确制导武器（导弹、制导炸弹、制导炮弹及多模复合制导等）；光电观瞄器材（光电侦察和测距设备）；末端武器平台（直升机、无人机）；敌方光电对抗系统（无人机光电对抗载荷等）。光电防御对象简易图谱如图2-13所示。

光电防御的主要对象是光电精确制导武器，光电精确制导武器是运用光电制导技术的精确制导武器。精确制导武器，是指武器系统直接命中目标的概率在50%以上的制导导弹、制导炸弹、制导炮弹等的总称。

因此，对于精确制导武器的打击，不防就是被摧毁，所以在体系对抗作战中必须要防，而且要防得住。知彼知己百战不殆，要防得住就要先搞清楚光电制导武器的原理，它是如何做到精确打击的。

第 2 章 • 光电防御的基本原理与系统结构

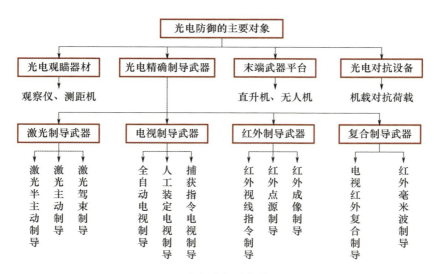

图 2-13 光电防御对象简易图谱

2.2.1 光电制导武器的制导原理

在光电制导武器中，通常是采用光学探测设备接收对方目标反射及辐射的光学特征信息，通过光电转换将此信息转化为包含有目标特征的尺度信息、目标位置信息和目标运动信息的电信号，并对该信号进行数据处理进而产生制导信号，控制导弹飞向目标实施有效攻击。

光电制导是将由光电传感器所获取的目标特征信息经处理后形成制导指令，控制导弹击中目标的一种制导方式，如图 2-14 所示。光电制导武器一般包括激光制导武器、电视制导武器、红外制导武器和复合制导武器等[6]。

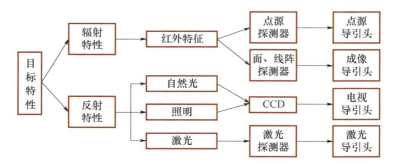

图 2-14 从目标到光电导引头构成了光电制导信息链路

1. 激光制导的工作原理

激光制导是利用激光探测元件接收目标反射的激光照射器发射的激光信号，并进行信息处理产生目标位置信息及控制信号，从而引导导弹飞向目标[7]。

激光制导方式主要有激光驾束制导、激光半主动寻的制导和激光主动寻的制导。

激光主动寻的制导的激光照射器与寻的器一同装在导弹上，利用弹上激光照射器向目标发射激光，激光束经目标漫反射后，进入弹上的激光寻的器并产生制导控制信号。由于激光照射器置于弹前部，结构复杂，技术难度大。因此，目前激光制导武器大多采用激光半主动寻的制导方式。

1) 激光驾束制导

激光驾束制导是利用导弹发射系统的目标探测和跟踪模块对目标实现精确跟踪照射，并且形成指向目标的等强或等值的信号线，导弹尾部接收装置敏感出偏差等值线的大小和方位，以此形成制导控制指令，控制导弹飞行。

（1）激光驾束制导的结构组成与工作原理。

激光驾束制导具有地面瞄准与跟踪、激光发射与编码、弹上接收与译码、（角）误差形成与控制等功能。一般由激光束发射器和弹上尾部接收系统组成。

激光驾束制导是激光制导的一种指令制导方式。驾束可以理解为激光制导武器是"骑"着光束去寻找攻击目标。

激光驾束制导的基本工作原理如图 2-15 所示。由地面激光发射系统的瞄准具瞄准目标并向目标发射扫描编码脉冲激光，形成指向目标的等强或等值的信号线，发射导弹且导弹沿瞄准线飞行，当导弹偏离瞄准线时，弹上激光接收机和解算装置检测出飞行偏离误差，采用导引律模型计算出制导控制信号，控制导弹沿瞄准线飞行。

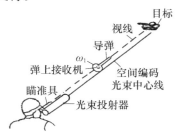

图 2-15　激光驾束制导的工作原理

(2) 激光驾束制导的特点。

①发射的引导激光光束发散角较小,导弹制导精度高。

②发射的引导激光功率低,导弹制导作用距离较近。

③瞄准和发射共平台,激光束要始终照射目标,导弹发射机动性和隐蔽性差。

④制导系统弹上接收机安装在导弹尾部,不易受敌方干扰。

⑤瞄准激光光束中心线与导弹攻击线一致,操作方便。

激光驾束制导是指令制导的一种方式,指令在弹上形成,常用于攻击慢速运动目标,如反坦克导弹铁拳 3(Panzerfaust3)、玛帕斯(Mapats)等。

2) 激光半主动寻的制导

激光半主动寻的制导方式的指示激光器与导引头分离,工作时指示激光器锁定照射被攻击目标,激光束经目标漫反射后,进入导引头光学接收窗口。

(1) 激光半主动寻的制导的结构组成与工作原理。

激光半主动寻的制导具有激光指示器目标瞄准与跟踪、激光编码与发射、弹上目标反射信号接收与译码、(角)误差形成与制导控制四大功能。一般由弹外激光指示器和弹上前端光电接收系统组成,通常认为由激光指示器(照射器)、光电导引头和弹上控制系统三部分构成,如图 2-16 所示。某型空地制导炸弹的激光半主动寻的制导导引头结构,如图 2-17 所示。

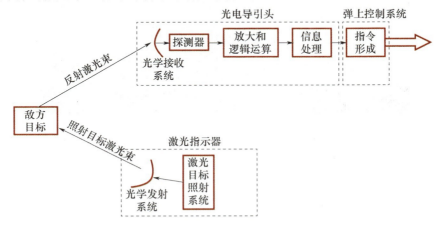

图 2-16 激光半主动寻的制导系统组成框图

激光半主动寻的制导武器主要有激光半主动寻的制导导弹、激光半主动寻的制导炸弹和激光半主动寻的制导炮弹 3 类,无论哪一种其结构组成和基本工作原理大致相同。

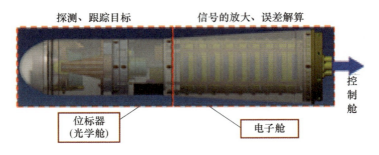

图 2-17　某型空地制导炸弹的激光半主动寻的制导导引头结构

激光半主动寻的制导的工作原理为：发射平台（如火炮）发射激光制导武器，同时通过同步信号激活前沿观察所的激光目标指示器，激光目标指示器瞄准攻击目标，并发射带有编码的激光束始终照射目标，制导武器飞行至末端自动激活弹上制导系统工作，弹上激光寻的器即时接收目标漫反射激光回波信号，制导系统计算制导武器攻击目标的飞行误差，形成制导控制信号，引导制导武器调整姿态自主飞行攻击目标。激光半主动制导炮弹的工作原理如图 2-18 所示。

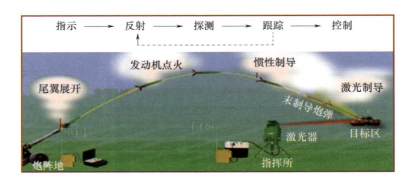

图 2-18　激光半主动制导炮弹的工作原理

"半主动"可以看作激光目标指示器不装在制导武器上（装在另一个平台），制导功能不能由制导武器自主完成，需要弹外设备配合完成目标指示功能。激光目标指示器可以置于地面，也可以是机载或舰载。

（2）激光半主动寻的制导的特点。

①发射的引导激光光束发散角较小，制导武器制导精度高。

②激光目标指示器发射的引导激光功率可控，制导武器制导作用距离较远。

③弹外照射器直接瞄准且激光束要始终照射目标,制导武器发射机动性受到限制。

④制导系统弹上设备相对简单,接收机装在前部,易受光电干扰。

⑤光束中心线与攻击线不一致,使用有较严格条件限制,操作较复杂。

为了更好地了解其工作原理和特点,下面简单介绍激光目标指示器和激光半主动寻的器。

(1) 激光目标指示器。激光目标指示器是激光半主动制导系统的重要组成部分,要具有瞄准目标能力、发射激光能力、跟踪测距能力。一般由可见光瞄准具、激光发射机、激光测距机、电视摄像机、电源组件构成,可对目标搜索与稳定跟踪,发射特定频率的激光脉冲,完成目标指示功能。其主要指标是激光有效照射距离 R_m。相关参数的表达式为

$$P_t = \frac{\pi(R_d+R_m)P_S}{t_t \mathrm{e}^{-\sigma(R_d+R_m)}\rho_t\cos\theta_r t_r A_r} \tag{2-7}$$

式中:P_t 为激光器发射功率,它是激光脉冲能量 E 和脉冲宽度 τ 的函数,$P_t=E/\tau$;P_S 为寻的器或测距机接收到的功率;t_t 为激光发射系统的透过率;t_r 为寻的器或测距机接收系统的透过率;σ 为大气衰减系数;R_d 为指示器或测距机至目标的距离;R_m 激光有效照射距离,为寻的器至目标的距离;ρ_t 为目标反射率;θ_r 为目标反射角;A_r 为接收孔径面积。

从式 (2-7) 中可以看出,制导系统自身的性能参数将会影响目标指示器激光有效照射距离,当然制导系统研制定型后,激光有效照射距离指标就确定了;目标和背景光学特性即光学参数(主要是反射率)将会直接影响激光有效照射距离;大气衰减系数将会显著影响激光有效照射距离。所以,要保证制导系统的光电探测器能可靠接收目标反射的光信号,当目标和背景,特别是大气环境发生变化时,必须相应地调整激光目标指示器位置,增大或减小激光有效照射距离。

(2) 激光半主动寻的器。激光半主动寻的器也称为导引头,是激光半主动制导的核心,其探测、导引和控制作用使得弹体能准确命中目标[8]。该寻的器主要完成目标搜索、目标跟踪、产生飞行控制信号。

①四象限光电探测。导引头探测目标的激光漫反射信号是采用四象限(光电)探测器完成光电转换的。四象限探测器的结构是 4 只硅光电二极管(S_A、S_B、S_C、S_D),均匀分布在以导引头光学系统的光轴为垂直面、交点为原点的、对称轴的 4 个象限内,如图 2-19 中白色圆形所示。

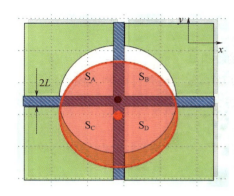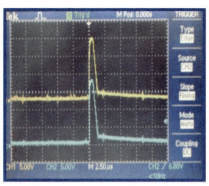

图 2-19　四象限光电探测器及探测器的光电流信号

被目标反射的照射激光由导引头光学系统汇聚到四象限探测器上，形成一个近似圆形的光斑，探测器的光电流大小与对应象限被光斑覆盖区域的面积成正比。

特别地，当 4 个探测器的光电流大小相等时，则说明进入 4 个象限的激光能量相同，探测的激光光斑圆心与光学系统轴心重合，即目标方位处于飞行轴线的轴心位置，可以认为激光制导武器攻击目标的运动方向准确，没有误差。这是制导方式所追求的最好状态（理想状态）。

当然，一般情况下，探测器所探测到的激光光斑圆心与光学系统轴心不会重合（图 2-19 中的红色圆形），即目标方位与轴心位置有偏差（x，y），需要解算出这个偏差（弹目偏差），以便为制导控制系统提供目标修正信息。所以，导引头四象限探测器能准确探测到目标方位信号是实现精确制导的重要前提。

②解算弹目偏差。四象限探测器的本质是，把对光斑面积变化的测量转换成对各探测器输出电流变化量的测量。通过对 4 个象限的能量偏差的检测，解算得到瞬时的位置偏差。

运用和差运算方法，四象限探测器弹目偏差解算示意图，如图 2-20 所示。

$$x = \frac{(I_A + I_C) - (I_B + I_D)}{I_A + I_B + I_C + I_D} \tag{2-8}$$

$$y = \frac{(I_A + I_B) - (I_C + I_D)}{I_A + I_B + I_C + I_D} \tag{2-9}$$

式中：I_A、I_B、I_C、I_D 为 4 只光电二极管（探测器）输出；(x，y) 为弹目偏差，作为导弹控制系统输入，进而完成激光制导武器飞行误差修正。

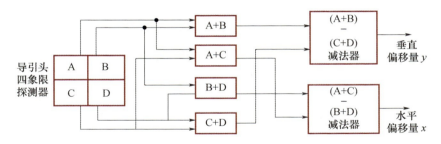

图 2-20 四象限探测器弹目偏差解算示意图

导引头目标搜索跟踪一般是由其大小视场配合完成的。当导引头工作时，先在较大视场范围内寻找激光照射器的目标反射信号（大视场搜索），视场一般在 10°以上；当发现信号时（发现目标），导引头随即转入小视场（2°~5°），探测目标偏差量，修正制导武器飞行偏差（小视场跟踪）。一旦目标丢失，导引头则及时转入大视场搜索状态运行。

2. 电视制导的工作原理

电视制导是利用电视 CCD 作为制导系统的敏感元件，获得目标图像信息，并运用图像处理技术获取目标方位信息，从而形成制导控制信号，以控制导弹飞向目标的制导方式。采用 CCD 器件设计制导探测器，获取的是目标图像；通过图像处理技术，方可检测到目标位置信息（通常 CCD 的特性响应频率可从可见光到近红外波段）。

电视制导按功能可分为全自动电视制导、人工装订电视制导和捕控指令电视制导。

（1）全自动电视制导：无须人工参与，当导弹飞到目标区时，电视导引头自动开机、自动搜索目标，当在电视 CCD 的视场范围内发现有目标时，导引头就自动捕获目标。一旦目标被捕到，导引头就由搜索状态转换为自动跟踪状态。

（2）人工装订电视制导：其导引头在发射前已开始工作，导弹在发射平台上先由人工参与手控波门将目标套住（装订目标参数），然后发射导弹，导弹就自动跟踪与攻击被套住的目标。

（3）捕控指令电视制导：在导弹飞临目标区时，导引头开机搜索目标，同时弹上的图像发射机将图像信号传输给载机，飞行员从监视器上观看图像，一旦发现目标，就向导弹发出停止搜索命令，导引头停止搜索，驾驶员移动波门套住目标并发出捕获指令和跟踪指令，导引头根据此指令及自身的能力锁定目标,进而引导导弹飞向目标并摧毁。

电视制导按制导方式可分为电视遥控指令制导和电视寻的制导。

(1) 电视遥控指令制导:用电视 CCD 探测和信号处理方式作为目标捕获、识别、定位手段,导引系统的部分设备不在导弹上,而是位于导弹发射点(地面、飞机或舰艇)上,由在导弹发射点的相关设备组成指控站,遥控导弹飞向目标。电视遥控指令制导的原理如图 2-21 所示。

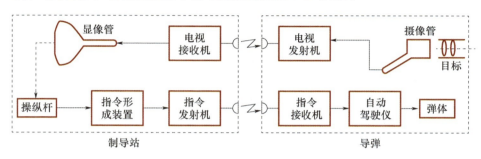

图 2-21　电视遥控指令制导的原理

制导系统中包括两条无线电传输线路,即导弹到制导站的目标探测图像传输线路和从制导弹到导弹的制导遥控指令传输线路。所以,电视遥控指令制导的优点是弹上控制设备简单、近程制导精度高;缺点是制导精度随射程远而降低、传输线路容易受到敌方的电子干扰,以及制导系统复杂、成本高等。

(2) 电视寻的制导:是由弹上的电视寻的器根据目标反射的可见光信号成像,实现目标捕获、定位、跟踪,并导引导弹命中目标的。

①电视寻的制导组成与工作过程。电视寻的制导导引头一般由电视 CCD、光电转换器、误差信号处理器、伺服机构和导弹控制系统组成,如图 2-22 所示。

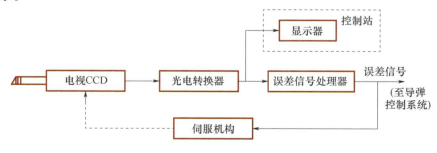

图 2-22　电视寻的制导导引头组成框图

电视 CCD 敏感的目标和背景光信号通过光电转换器转换成电信号，在显示目标和背景 CCD 图像的同时，误差处理器运用目标检测和误差解析算法解算出弹目偏差，输送给控制系统以修正导弹飞行偏差。整个寻的过程在弹上自动完成，即弹上构成制导信息链路，具有"发射后不管"的特性。

② 电视寻的制导的原理。目标检测和误差解析算法是电视自动寻的制导的关键技术。电视寻的制导以置于导弹头前部的电视摄像机获取目标和背景的图像，运用图像处理方法从中选出目标，并借助跟踪波门技术对目标实施跟踪（图 2-23）。

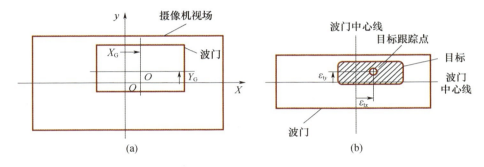

图 2-23　电视寻的制导波门的几何示意图

波门就是摄像机所接收到的整个景物图像中围绕目标所划定的范围，如图 2-23（a）所示。这个范围是由制导系统预先设定的，其大小影响制导系统的整体性能，波门大，目标搜索速度快，但帧图像处理花费时间长，存在延时，影响目标探测精度；波门小，目标搜索速度相对较慢，但帧图像处理花费时间短，延时小，目标探测精度高。

当目标偏离波门中心时，产生偏差信号，可解算出弹目偏差，形成引导指令，控制导弹飞向目标，如图 2-23（b）所示。

③ 电视寻的制导的特点。制导过程仅处理波门内的图像信息（也称为选通波门），避免图像信息量过大处理速度慢，同时能部分去除虚假信息；在整个搜索过程中，波门按 x、y 方向进行扫描，获取的是扫描帧图像，帧内进行目标检测处理；一旦帧图像检测到目标，则在波门范围内锁定跟踪目标；解算目标中心与波门中心偏差，并作为制导控制系统输入。

因此，电视寻的制导技术先进，精度高，具有自主攻击功能，抗干扰能力强。但对目标信息特别是图像信息处理性能要求高，预先技术保障较难（难以获得攻击目标装订参数）。

3. 红外制导的工作原理

红外制导技术是利用红外探测器探测目标自身辐射的能量以捕获和跟踪威胁目标，实现寻的制导的技术。利用这种技术的导弹称为红外制导导弹，其导引头称为红外导引头[9]。

红外制导方式可分为3类：红外视线指令制导、红外点源自寻的制导（红外非成像制导）、红外成像制导。红外视线指令制导是利用目标或导弹的红外辐射来实现对其精确跟踪的光学视线指令制导，其运用方式与激光驾束制导类似，人在回路中，通过红外探测器发现、确定和瞄准目标，发射导弹攻击目标。下面主要介绍红外点源自寻的制导和红外成像制导。

1）红外点源自寻的制导

红外点源自寻的制导是一种被动的红外自寻的制导方式，红外点源自寻的制导导引头由红外光学系统、调制器、光电转换器、误差信号处理器和角跟踪系统等组成，如图2-24所示。

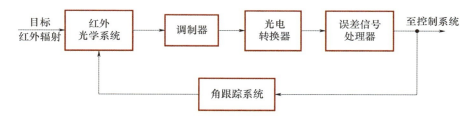

图2-24　红外点源自寻的制导导引头组成示意图

这种制导方式是把被攻击目标当作一个点源红外辐射体，导引头以被攻击目标的高温部分红外辐射作为制导探测的信号源，利用红外探测器俘获和探测被攻击目标自身所辐射的红外能量，光学聚焦并转换成可表征被攻击目标空间位置信息的电信号，继而解算出弹目偏差，形成制导控制信号，导引导弹飞向目标。

红外点源自寻的制导的特点如下：

（1）红外穿透能力好，制导精度高，可夜间工作，抗干扰能力较强；

（2）发射后不用管，被动检测主动寻的，隐蔽性好；

（3）不依赖火控系统，使用方便，配置使用简便；

（4）体积小、质量轻、成本低、工作可靠；

（5）对目标红外辐射强度有要求，受沙暴不良天气影响较大；

（6）易受其他红外热源干扰；

（7）受红外探测器件性能影响，制导作用距离有限。

红外点源式自寻的制导系统广泛应用于空空导弹、地空导弹，也应用于某些反舰和空对地武器。例如，美国"响尾蛇"（Side Winder）系列空空导弹、"小槲树"（Chaparral）、"尾刺"（Stinger）防空导弹及苏联的"SAM-7"防空导弹等。红外点源制导集中在提高制导精度和灵敏度，以及加强抗干扰能力、扩大攻击目标范围等方面加以研究与改进。

2）红外成像制导

由于第一代红外点源自寻的制导从点源获得的目标信息量很少，它只有一个点的角位置信号，而且不能反映目标的形状，因此对目标的识别能力较差。于是，人们又研发了新一代红外成像制导。

与电视寻的制导中电视 CCD 成像制导的原理类似，红外成像制导导引头可分为实时红外成像器件和视频信号处理器件两部分，一般由红外摄像头、图像处理电路、图像识别电路、跟踪处理器和摄像头跟踪系统等部分组成，如图 2-25 所示。

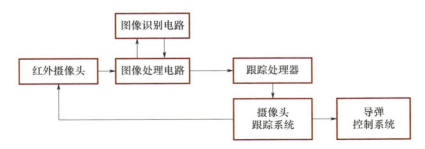

图 2-25　红外成像制导导引头组成框图

红外成像制导是红外成像接收设备接收由于目标体表面温度分布及辐射的差异而形成的目标体"热图"。信息处理器对目标体"热图"进行处理与分析，给出导弹飞行的控制信号，控制导弹飞向目标。

根据红外探测器成像原理，红外成像制导可分为红外光机扫描成像制导和红外凝视成像制导。光机扫描成像是利用单元或多元线阵探测器，通过光机在二维平面扫描实现成像，在扫描方式上又可分为串扫、并扫和串并扫 3 种方式。凝视成像是在接收光学系统的焦平面上配置多元面阵红外电荷耦合器件实现成像。

红外凝视成像制导具有制导精度高、灵敏度高、抗干扰能力强、智能目标识别功能等优点，所以现代精确制导导弹争相采用这种制导方式寻的。例如，美国的反坦克导弹"坦克破坏者"（Tank Brcaker）采用 64×64 元焦面阵长波红外凝视成像的制导，美国海军装备的 AGM-84 斯拉姆（SLAM）空射巡航导弹末端采用红外凝视成像制导。从技术发展和应用效能等角度来看，红外凝视成像制导无疑将是今后精确制导武器十分重要的发展方向。

红外成像制导的特点如下：

（1）抗干扰能力较强；

（2）发射后不用管，隐蔽性好；

（3）灵敏度和空间分辨率较高；

（4）探测距离较远；

（5）命中概率高，能识别敌、我双方的目标；

（6）昼夜工作，穿透烟雾能力较强；

（7）成本较高，全天候工作能力仍不如微波和毫米波制导系统。

红外成像制导具有电视 CCD 成像制导和红外点源制导两者的优势，随着红外摄像技术和小型高速数字信号处理技术的发展，红外成像制导正广泛用于各种导弹。由于红外凝视成像制导灵敏度高、结构简单、体积小、质量轻、耗电少，因此已成为当前精确制导技术发展的主流。

2.2.2 光电观瞄设备的工作原理

光电观瞄设备主要应用于目标探测、识别、瞄准与跟踪，其关键部件是光电转换器件。前面介绍过，光电防御对象包括光电观瞄设备，如高空侦察相机、电视 CCD 和红外成像侦察设备、激光测距机、瞄准具（镜）等。由于侦察相机、电视 CCD 和红外成像侦察设备都是由光学系统、光电探测器和图像处理与显示功能模块组成的，从光电防御角度分析，它们与光电制导武器的导引头原理组成基本类似，因此本节主要介绍激光测距机、瞄准具（镜）的工作原理。

1. 激光测距机的工作原理

激光测距是运用激光器技术主动发射激光并接收其回波，通过计算激光传输时间来间接测距的一种方法。与传统的光学测距仪和微波测距仪相比，激光测距机具有远、准、快、小等特点，已被广泛应用于地形测量、战场测距等。

随着激光测距机的广泛应用和不断发展，激光测距机的种类也越来越多。按测距原理区分，激光测距有脉冲漫反射测距法和相位测距法两类。相位测距法结构较复杂,测量距离近,主要用于室内测距,所以下面主要介绍脉冲漫反射测距法。

脉冲漫反射测距的精度比传统的光学测距精度高得多,且无须合作目标,结构简单,操作方便,适合战场上使用。这种脉冲测距的精度大多为米量级,适用于军事及工程测量中精度要求不高的场合。

激光脉冲测距是通过测量激光测距机发出的激光脉冲在测距机与被测目标间的往返时间来实现的。激光测距机是以激光为光源对目标进行距离测量的装置。它在工作时,由测距机内的激光器发出一道细细的光束,射向被瞄准的目标,当其碰到目标时就被漫反射,其中沿原路返回的激光被测距机内的光电探测元件接收,计时器测出激光束从射出到接收的时间 t,然后按照公式 $l=0.5ct$(其中 c 为光速,约为 30 万 km/s)就可以计算出从观测者到目标的距离 l。时间 t 是通过"时标振荡器"和"脉冲计数器"构成的专门装置间接测量的激光脉冲测距计时原理图如图 2-26 所示。

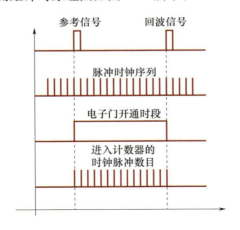

图 2-26 激光脉冲测距计时原理图

如图 2-27 所示为一种典型的脉冲激光测距机的侦察框图,它由发射、接收、距离计数显示及电源等部分组成。发射部分由激光器和发射望远镜组成;接收部分由放大器、光电转换器和接收望远镜组成;距离计数显示部分由计时器和距离显示器组成。

脉冲激光测距机的工作过程是:测距机一接通电源并激活测距后,激光器产生一束光脉冲,通过发射望远镜射向被测目标,同时用反射镜取出一小样本(称为参考信号)送至接收望远镜,并由光电转换器把光信号转换成电信号,经放大器放大后启动计时器开始计数;射向目标的激光束到达目标后

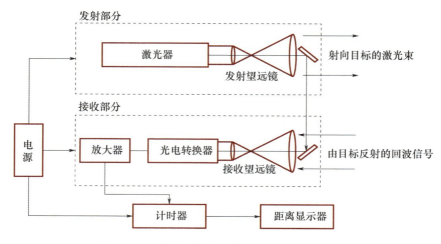

图 2-27 一种典型的脉冲激光测距机的侦察框图

被反射回来,接收望远镜接收到由目标反射的回波信号后,经过光电转换后关闭计时器停止计数,将计数器的数值转化成时间 t,即可计算得出目标距离。

激光测距机的特点如下。

(1) 测距距离远,测距精度高。一般的激光测距仪测量范围为 200m～50km,误差为 ±5m,有的可达 ±1m。

(2) 操作简便,测量速度快。单次激光测距机,一般可做到 8 次/min;重复频率激光测距机,可做到 20 次/s。

(3) 测距仪器体积小,重量轻。由于激光方向性好,因此手持式激光测距机一般总重小于 1kg,测程大于 5km,最小只有 0.36kg。

(4) 抗干扰能力强,保密性好。激光单色性好、光束发散角小,不受电磁干扰和地波干扰,抗干扰能力强。

所以,从激光测距的原理和特点可以得出,计数准确是保障测距精确的重要前提。激光测距机的性能指标主要是测量距离和测距精度,此外还有重复频率、距离分辨率、虚警率、体积和重量等性能参数。激光测距机的形式多种多样,主要有手持式、脚架式、车载式和机载式。

2. 瞄准具(镜)的工作原理

以步枪光学瞄准镜为例。步枪光学瞄准镜是在枪械(如狙击步枪)上用来直接瞄准射击单个目标的。

如图 2-28 所示为枪械光学瞄准镜的结构示意图。

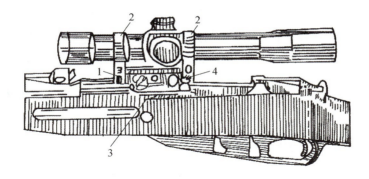

1—支架；2—固定环；3—底座；4—固定螺钉。

图 2-28　枪械光学瞄准镜的结构示意图

由于光学瞄准镜的光学部分有放大作用，因此能对较远目标进行射击，在低照度光条件下（如黎明、黄昏或太阳落山时），仍然能保证瞄准射击。

光学瞄准镜的光学系统是一个具有透镜转像系统的单筒望远镜（图 2-29），在物镜后焦平面上有一瞄准线（十字形），此瞄准线既能相对于光轴做上下和左右移动，又能由瞄准线的移动来带动枪械瞄准角变化。此时，系统的透镜使瞄准镜在目镜焦面上获得射击目标的正立像和瞄准十字线，从而给射击手提供目标瞄准像。所以，快速、稳定、清晰地形成目标瞄准像是瞄准具性能的唯一要求。

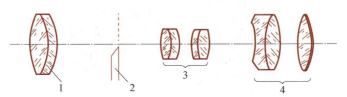

1—物镜；2—分划板；3—转像透镜；4—目镜。

图 2-29　枪械光学瞄准镜的光学系统原理图

一般情况下，要求瞄准镜能保证射击距离（最大射程和最大瞄准角），在步枪上快速安装瞄准镜时，还要必须保证其光轴和枪身轴线的平行性。

2.2.3　光电防御的技术途径

光电信息从目标到光电导引头构成了光电制导信息链路，可以看出，目标辐射和反射的光信号包括自然可见光、人工照明白光、激光和红外线，经大气传输，进入相应探测器的光学窗口，并由探测器转换成电信号，通过导引头的数字信号处理模块解算出弹目偏差，继而形成制导控制指令，控制导弹修正飞行姿态。整个制导信息链路的安全可靠工作是正确完成精确制导功能的前提，所以主动攻击该光电制导信息链路的链接和节点，是光电防御的关键点和技术途径。其中，光信号在大气中的传输过程（制导链路开放环节）是目标防御寻找对抗手段的重点环节。

以光电制导武器为防御对象来分析光电防御的技术途径。对光电制导武器实施目标防御光电对抗，就是企图让被保护目标尽可能地不被对方探测器探测到（挡住眼睛），或者迫使对方光电探测器失效，探测不到被保护目标（眼睛失明了），主要技术途径有以下几种。

1. 伪装

直接减小被保护目标的反射和辐射强度，即在被保护目标的表面采用吸波材料、隐身材料和伪装涂料、伪装网、变形伪装等技术进行伪装，尽可能地做到被保护目标与其背景环境在光电特性方面达到表征一致、两者融为一体，使光电导引头探测器无法从接收到的目标和背景的光电信号中提取目标、发现目标，从而起到隐真示假、保护目标的效果（图2-30）。

图 2-30　狙击手目标伪装效果

伪装方式造价低，效果明显。但随着现代光电探测技术的发展，对伪装的技术要求越来越高，传统的伪装方法对于机动目标的防御，效果不佳，先进的伪装技术还有待进一步研究和检验。

2. 遮蔽

在被保护目标反射和辐射光的大气传输环节，采用人工烟幕、人工造雾等遮蔽技术，在光电导引头探测器和被保护目标之间形成宽波段的屏障，使目标的光电信号尽可能地被人工屏障反射、散射或吸收，从而使光电导引探测器接收不到被保护目标的光电信号，以达到目标防御的目的（图 2-31）。

图 2-31　目标上空烟幕遮障效果示意图

这是目前较常用的一种防御方法，防护效果明显。但是在使用烟幕屏障的同时，影响己方光电火控系统的光电跟踪装置正常工作，而且烟幕屏障易受环境（如风力、温度等）影响。

3. 欺骗

在被保护目标反射和辐射光的大气传输环节，利用人工假目标、红外干扰弹、激光干扰源等技术，模拟一个或多个与被保护目标的光电特性相似的假目标，这时光电导引头探测器同时接收到由真假目标反射或辐射的光信号，以致导引头难以从接收到的信号中辨别出真实目标，达到目标防御的目的（图 2-32）。

图 2-32　飞机空中释放干扰弹效果

这种方法是目前机载平台武器自主防御及固定目标防御的主要方法。

4. 致眩

在被保护目标反射和辐射光的大气传输环节，利用中、小功率激光或其他非相干光源等光源产生技术，产生定制的光信号（探测器可响应的），并直接照射光电导引头的光学窗口，使导引头光电探测器瞬间产生饱和现象，在短时间内无法正常工作，探测不到目标，从而丧失制导功能，达到目标防御的目的（图 2-33）。

图 2-33　电视导引头 CCD 被致眩效果

目前，小型化的中、小功率激光器技术、高精度伺服跟踪技术已逐渐成熟，由此而发展的定向干扰技术在机动发射平台的自主防御系统中得到应用，也是近期和未来一段时期内机动目标自主防御技术的发展方向。

5. 致盲

在被保护目标反射和辐射光的大气传输环节，利用大功率干扰激光源技术直接照射光电导引头的光学窗口，激光能量集中导引头探测器并致其微器件烧毁或击穿，使光电探测器致盲，不能恢复正常状态并永久失效，以致导引头搜索不到目标而不能正常工作，达到目标防御的目的（图 2-34）。

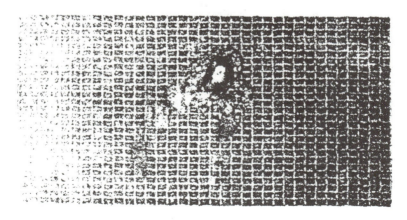

图 2-34　红外导引头焦平面探测器被致盲效果

利用大功率干扰源，使光电导引头探测器烧毁、击穿而不能正常工作，这是最彻底的目标防御方式，是未来自主防御系统发展的方向。但从技术上来说，特别是受激光器件发展的限制，致盲装置受体积和功耗指标的影响，还难以满足机动平台自主防御的需求。

2.2.4 光电防御的作用机理

本书重点介绍光电防御，尤其是光电自主防御。因此被动防御的伪装方式内容不做介绍，另外，致盲方式对激光干扰源的能量需求、体积结构要求等较高，且一般归属于激光武器范围，在此也不做作用机理的介绍。下面主要介绍光电遮障干扰、光电欺骗干扰和光电致眩干扰3种光电防御方式的作用机理。

1. 光电遮障干扰的作用机理

在保护目标遇到威胁时，施放烟幕等化学气溶胶形成一道光电屏障，使制导探测器接收不到目标信息或接收错误信号，从而使导弹无法命中目标。如图2-35所示为坦克发射宽波段烟幕形成遮蔽。

图 2-35 坦克发射宽波段烟幕形成遮蔽

若不考虑光传输过程中大气衰减的影响，根据目标到制导探测器间的光辐射传输原理，假设到达制导探测器接收器接收孔处的光谱辐射功率为 $P_{2\lambda}$，则当考虑插入大气粒子（大气粒子或气溶胶粒子）的衰减影响时，能到达探测器接收器接收孔处的光谱辐射功率 $P_{3\lambda}$ 可描述为

$$P_{3\lambda} = P_{2\lambda} e^{-\int_0^R \delta(\lambda,x) dx} \tag{2-10}$$

其中，插入大气的光谱衰减系数为

$$\delta(\lambda, x) = K(\lambda, x) n_K(x) + \sigma(\lambda, x) \cdot n_\sigma(x) \tag{2-11}$$

式中：$K(\lambda, x)$、$\sigma(\lambda, x)$ 分别为插入大气粒子的光谱吸收截面和光谱散射截面；$n_K(x)$、$n_\sigma(x)$ 分别为大气的吸收粒子浓度与散射粒子浓度。

当坦克发射宽波段烟幕形成遮蔽时，则坦克目标到制导探测器间的光辐射受到烟幕的遮蔽。插入烟幕的大气粒子的光谱吸收截面 $K(\lambda, x)$ 和光谱散射截面 $\sigma(\lambda, x)$ 变大（成倍增加），大气的吸收粒子浓度 $n_K(x)$ 与散射粒子浓度 $n_\sigma(x)$ 变大（成倍增加）。由式（2-11）可知，插入大气的光谱衰减系数 $\delta(\lambda, x)$ 迅速变大。由式（2-10）可知，$P_{2\lambda}$ 和 $P_{3\lambda}$ 是指数变化关系，所以能到达探测器接收器接收孔处的光谱辐射功率 $P_{3\lambda}$ 呈指数衰减，导致探测器接收不到坦克目标光辐射，从而探测不到目标，烟幕起到遮蔽作用。

（1）光电遮蔽主要是烟幕屏障，相当于在目标与被保护目标之间设置了一道不透明的墙，企图切断制导信息链路中的探测链路，削弱或丧失其目标探测能力，是一种简便、经济、有效的光电对抗手段，广泛适用于各种光电制导武器的目标防御光电对抗。

（2）烟幕遮蔽通过吸收目标辐射（或反射）的光能量减少光透过率（衰减系数增大），改变了被探测目标的对比特性，降低了探测器探测目标的对比度，以致发现不了目标，从而丧失制导能力（也称为被动式遮蔽效应）。

（3）烟幕遮蔽通过自身的强烈辐射能量抑制目标辐射能量，改变了探测目标的对比特性，降低了探测器探测目标的对比度，以致发现不了目标，从而丧失制导能力（也称为主动式遮蔽效应）。

（4）形成烟幕的烟幕剂的光学特性，确定了其形成屏障的遮障效果，一般来说会同时出现被动式遮蔽效应和主动式遮蔽效应，一种发烟剂只对某个频段光遮蔽效果好，如红外烟幕只遮蔽红外波段光。当然，宽波段烟幕遮障是技术发展方向，其意义在于物美价廉，可同时对抗多种光电制导武器或光电复合制导武器。

2. 光电欺骗干扰的作用机理

光电欺骗干扰是把敌方导弹引向假目标。采用的手段有回答式干扰、诱饵式干扰、光斑式干扰和散射式干扰等。在光电防御中常用诱饵式干扰。

诱饵式干扰是利用以假示真技术，用与目标特性相似的假信号或假目标使来袭光电制导武器偏离正确的方向而失效，根据工作波段不同，诱饵式干扰又分为激光诱饵和红外诱饵两种方式。

1) 激光诱饵

当目标受到敌方激光半主动制导武器攻击时，己方目标受敌方指示激光照射后，立即捕获制导信号并快速译出该信号的特性参数和编码规律，然后发射与制导武器激光指示信号一致的（波长、重复频率、编码相同）假信号激光束，照射远处一个反射较强的角反射体（或自然物）作为假目标（激光诱饵），假目标产生一个更强的制导漫反射光束，引诱激光制导武器去攻击假目标，以达到防护真目标的目的（图 2-36）。

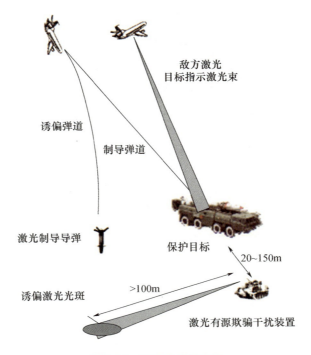

图 2-36 激光诱饵示意图

关于激光诱饵的技术问题，将在后续章节中详细论述。在图 2-36 中，可以从机理上进一步认识激光诱饵的技术特点。

(1) 快速准确地完成激光探测—激光解码—复制编码—同步转发过程，确保激光制导探测器响应目标特征激光假信号。

(2) 激光制导武器探测器视场角性能指标决定了激光假目标位置的设置不能离开真目标一个视场角距离，所以欺骗距离有限。

(3) 以假示真技术难度较大，但经多次实弹检验，目标防御效果好。

2) 红外诱饵

红外诱饵是防御红外制导武器的重要手段之一，释放红外诱饵弹是一种简单、有效的红外波段目标防御手段。

当被保护目标受到敌方红外点源制导武器攻击时，说明目标辐射的红外特性信号已被敌方捕捉跟踪，即目标被锁定在导引头搜索跟踪视场角范围内，此时应立即释放与敌方红外制导武器工作波段一致的红外干扰弹，在离被保护目标一定距离处，自动形成具有较高强度红外辐射的红外干扰源（干扰源应在导引头视场角内），即红外诱饵，引导红外制导武器飞向红外诱饵（假目标）干扰造成的红外等效中心，以达到防护真目标的目的（图 2-37）。

图 2-37　模仿飞机发动机红外特性的红外诱饵

关于红外诱饵干扰的技术问题，将在后续章节中详细论述。在图 2-37 中，可以从机理上进一步认识红外诱饵的技术特点。

（1）红外诱饵弹释放的红外诱饵光谱特性要与被保护目标的光谱特性基本一致或相近，一般地，飞机目标主要表现为 $3\sim5\mu m$ 的红外特性。

（2）红外诱饵弹释放的红外诱饵的辐射强度应远高于目标的红外辐射强度，对于红外点源导引头，当其视场角内有两个光谱特性相近的点源目标时，则导引头跟踪两者的能量中心，所以红外诱饵辐射强度大，导弹就会偏离目标越远。

（3）保证释放的红外诱饵在导引头的视场角内，且形成时间短、持续时间长，要有足够的时间使得导引头响应并偏离目标，一般要求红外诱饵的持续作用时间为 $3\sim5s$。

3. 光电致眩（压制）干扰的作用机理

光电致眩（压制）干扰是指使用强激光束（重频或连续波激光束）直接照射敌方威胁导弹或冠冕设备，使敌方武器的光电探测器饱和、过载或性能下降以致丧失，从而导致导引头失效。当然，也能使人眼产生致眩。

1) 重频激光干扰

前面介绍过激光制导四象限探测器，为了提高探测器的抗干扰能力，在技术上定义一个时间波门，即激光目标指示器和导引头探测器只在同一个时间波门内完成发射制导激光脉冲与探测目标漫反射的转制导激光脉冲,波门之外激光信号均为干扰信号被滤除。

因此,在时间波门开启时,产生与导引头工作中心频率一致的杂波(或称为干扰波),扰乱正常回波(重频干扰),使导引头探测器获取不到准确的目标漫反射制导回波信号,以达到致眩的目的。

重频干扰是通过施放较高重频的干扰激光,在全时域充满相近波形的激光脉冲信号。当导引头时间波门开启时,导引头探测器接收窗口充满大量的激光干扰脉冲信号,使各信道放大器及信号处理器产生堵塞,无法接收正常激光导引回波信号,并产生信号错乱现象,进而产生错误的制导控制信号,使导弹丧失制导功能而丢失目标。

假设激光导引头时间波门为 $20\mu s$,指示激光脉冲宽度为 10ns、频率为 50Hz,与时间波门相关,干扰激光脉冲宽度为 10ns、频率为 100kHz 时,对于每个波门相对于正常激光脉冲信号而言,将随机产生 3 种干扰时序,即超前、滞后和重叠(图 2-38)。这 3 种方式都不同程度地使导引头接收的信号产生相位、峰值、能量方向的变化,起到淹没其正常导引回波信号的作用。

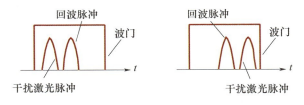

图 2-38 重频致眩干扰示意图

从激光重频干扰与激光欺骗干扰的机理分析可知,两种方式均可实现对激光导引头的干扰,它们的特点比较如下:

(1)激光欺骗干扰发出的激光与激光制导指示激光时序必须一致,技术实现难度大,同时需要设置(或利用激光反射性好的自然物)假目标,所以影响机动性能。但导弹受干扰后落点可控(假目标附近),附带毁伤小,适用于区域防御。

(2)重频激光干扰需要产生一个较高重频干扰激光,且直接照射导弹导引头,不需要设置假目标,所以机动性好。但导弹受干扰后落点不可控,可能会造成附带毁伤(一般落点为近弹),适用于点目标机动防御。

(3)重频激光干扰的激光光束和激光欺骗干扰所设置的假目标,都必须与导引头探测器视场角关联(产生对眼现象),因此重频干扰激光发射有方向性,激光欺骗干扰假目标布设要在导引头探测器视场内。

有关重频激光干扰技术将在后续章节中详细介绍。

2) 电视致眩干扰

光电探测器件都存在最大负载值,即当照射闪光超过最大负载值时,将发生闪光饱和现象,使光电探测器件的功能暂时失效。当然,对不同的光电传感器,闪光饱和阈值也不相同。以 CCD 图像传感器为例,当 CCD 图像传感器在成像光学系统的像平面上时,远处的闪光源经成像光学系统后,辐照在 CCD 图像传感器上的光斑仅占光敏面的一小部分;当闪光照射时,被光照射的区域达到了饱和,出现光斑,而未被光照射的区域还有有效图像信号输出。但是,当光足够强时,整个探测器都处于饱和状态,没有有效图像信号输出,这时的闪光功率密度为此类光电器件的闪光饱和阈值。

目前,电视制导导引头上采用的均为面阵 CCD。根据 CCD 在不同波长的饱和功率密度曲线(图 2-39)可知,CCD 对 $1.064\mu m$ 的激光具有较强的响应,因此利用激光对 CCD 探测器的破坏/干扰,即电视致眩干扰(图 2-40)。

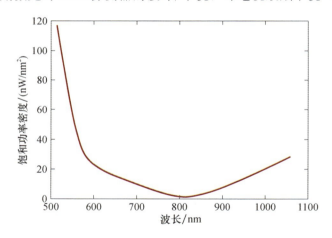

图 2-39　CCD 在不同波长的饱和功率密度曲线

$1.064\mu m$ 对 CCD 的饱和干扰效果即为致眩,当有激光脉冲照射 CCD 时,能量分布集中的区域饱和,图像中呈现耀眼亮斑,无法从图像中亮斑对应位置辨别目标信息。随着 CCD 受到的激光脉冲数目增加,亮斑区域和亮度增加,干扰效果更明显。当停止激光照射时,CCD 可恢复正常工作。

由重频激光对电视 CCD 制导的干扰效果可知:

(1) 大功率脉冲激光器可对 CCD 造成物理损伤,使其丧失制导能力。

图 2-40 不同波长光对 CCD 的干扰效果

(a) 未干扰时成像；(b) $0.523\mu m$ 激光干扰时成像；
(c) $0.88\mu m$ 激光干扰时成像；(d) $1.064\mu m$ 激光干扰时成像。

（2）$1.064\mu m$ 波长激光对 CCD 具有较强的干扰能力，电视致眩干扰对导引头制导系统的破坏可分为软杀伤（饱和干扰，暂时丧失制导能力）与硬破坏（过饱和干扰，永久丧失制导功能）。

（3）一般地，重频脉冲干扰激光（闪光）产生致眩效果更好。

3）红外致眩干扰

早期的主动红外对抗所用辐射源多为氙灯、红外曳光弹等，它们能产生数倍于被攻击目标的辐射强度，从而起到诱骗红外制导导弹的目的。这对于点跟踪工作体制的第一代红外制导导弹有一定效果，但随着第二代红外成像制导导弹的应用，这种对抗方式已满足不了作战需求，必须研究新的对抗技术。激光以其高强度、良好的相干特性和极高的空间分辨率成为新一代红外对抗的主导辐射源。例如，美国海军在对两种红外防空导弹的对抗试验中，针对便携式红外防空导弹（如美国的"毒刺"、俄罗斯的 SA-7），研制出基于激光的"机载定向红外对抗装置"（TA-DIRCM），应用激光辐射源干扰各种工作体制的红外制导导弹，并取得了满意的干扰效果。

近年来在蓬勃发展的光电对抗领域中，主动红外对抗技术是研究的重点，尤其是红外有源定向干扰，它采取红外工作波段的激光源或非相干光作为干扰光源，利用跟踪装置使干扰光进入红外导引头接收窗口，以干扰、致眩或致盲红外导引头。

红外有源对抗一是干扰信号处理器，通过调制的红外辐射来破坏信号处理器中的自动增益控制时间常数，使信号处理器无法正常工作；二是干扰目标的光学传感器，用一定的激光功率直接使红外探测器饱和或致盲。

（1）对自动增益控制（AGC）的干扰。自动增益控制回路一般由主放大器、峰值检波和低通滤波等组成，其作用是在红外装备的作用范围内，当目标因距离等因素发生变化而使输入信号的幅度变化时，调节主放大器的增益，使信号处理器输出信号的幅度基本保持不变。自动增益控制回路有两个重要指标，即时间常数和动态范围。时间常数的选取与红外辐射的调制方式有关，一般在点跟踪体制的红外制导导弹中，对目标红外辐射的调制频率较低，AGC 的时间常数较大；而对于红外热成像装备或成像制导导弹来说，数据率较高，AGC 的时间常数小。动态范围的选取与目标特性、信号随目标姿态角的变化、目标间距离有关。由于红外激光源的功率密度远大于红外目标的辐射功率密度，因此由激光照射产生的信号幅度将大大超出 AGC 的动态范围。

对自动增益控制的干扰方法是：按照与 AGC 的时间常数相对应的周期打开和关闭干扰激光源，在无激光信号时，导引头或成像设备的主放大器增益在 AGC 作用下将处于高增益状态，把目标信号提高到工作范围内，这时又突然加入干扰激光信号，而 AGC 的时间常数又来不及反应，这时输出信号就被迫处于饱和状态，使信号处理通道处于错误的工作状态，从而达到干扰的目的。

（2）对红外光电探测器的干扰。对红外光电探测器的干扰分为低能激光饱和压制干扰与高能激光破坏毁伤两种方式。低能激光饱和压制干扰使较低的激光能量打入红外探测器，其信号处理器、主要是前置放大器产生饱和。高能激光破坏毁伤是利用高能激光的能量使红外探测器、调制盘或光学系统炸裂或熔融，产生物理损伤。

对于红外制导或红外成像侦察应用的红外探测器来说，它们的探测灵敏度都很高，如 HgCdTe 探测器，灵敏度可达 1×10^{-9} W，以其动态范围为 10^5 计，探测器的饱和光强为 1×10^{-4} W，这个能量级别的探测器，使用常规战术激光器实施干扰是比较容易达到目标的，但若要使它产生物理损伤则相对较难，这与红外探测器的破坏毁伤阈值大小关系密切。

红外探测器的破坏毁伤阈值与激光波长、辐照时间、探测器结构材料的热学性质等有关。美国海军研究实验室的试验结果表明，当辐照时间很短时（$t<10^{-5}$ s），激光破坏毁伤阈值 E_0（辐照单位 W/cm²）的变化与 t 成反比；在中等辐照时间（10^{-5} s$<t<10^{-2}$ s），E_0 的变化与脉冲时间的平方根成反比；当 $t>10^{-2}$ s 时，E_0 不变。当辐照时间很短时，为使探测器表面温度升至其熔点，所需的能量密度与材料的吸收系数成反比，与比热容及使探测器材料熔化而必须的表面温度增量成反比。

一般地，激光干扰源的输出能量只要大于 1×10^{-2} W 量级，对于应用 HgCdTe 材料的红外探测器来说，就能够起到很好的干扰效果。对于其他材料的红外探测器来说，如 PtSi、InSb 等，由于它们的灵敏度、饱和光强不同，有效的干扰激光能量会有差异，但根据不同材料的红外探测器的饱和曲线来计算，只要干扰激光的连续输出能量达到瓦级就能有效干扰各种材料的红外探测器。这个能量对于目前的战术激光器来说是能够满足的，关键是进一步减小体积、质量和提高可靠性，增加设备应用的普适性，同时要发展主动定向干扰技术，精准引导干扰激光实施对抗。相信随着光电防御技术的不断发展，激光技术在定向红外对抗中必将获得广泛的应用。

2.3 光电防御系统的基本构成

光电防御是主战装备、地面指挥所等要点要地目标主动防御精确制导武器打击的有效手段，实现光电防御功能的设备或武器系统，统称为光电防御系统。

为了实现对信息化战场上各种光电武器威胁的防御功能，光电防御系统一般由目标探测预警、目标识别跟踪、防御系统随动控制平台、综合光电对抗和光电防御指挥控制 5 个部分组成，如图 2-41 所示。光电防御隶属国土防空，是其末端防御，所以防御系统一般需要连接国土防空的空情系统，配置空情接收机，接收国土防空发布的空情信息。

空情接收机接收国土防空发布的空情信息，当有预警信号时，防御系统经过情报处理，判断威胁程度。若存在威胁时，防御系统开机，并启动目标探测预警，综合运用激光、红外等多种探测告警装置，搜索目标。发现目标后，光电防御指控系统立即启动防御系统控制平台，配合目标识别跟踪完成

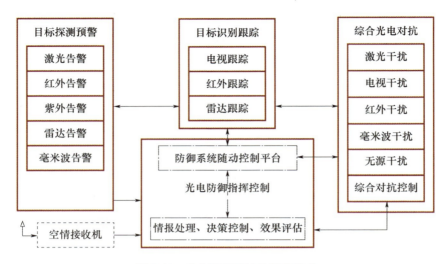

图 2-41 光电防御系统的基本构成

对威胁目标的搜索、识别、跟踪,同时自动生成光电防御对抗方案,启动综合光电控制装置,实施综合光电对抗并进行效能评估。

本书重点介绍的光电防御系统与技术,其中目标探测预警中的雷达告警与目标识别、目标跟踪、火力与指挥控制等内容都有专门理论体系和论著,为便于读者整体把握完整的光电防御系统构成,这里给出一些概念性的基础知识。

2.3.1 目标探测预警

作为防御武器系统,越早发现目标就能为防御作战提供更多的时间准备,因此目标探测预警是光电防御系统作战的关键环节。以对抗光电制导导弹为例,假设导弹末端攻击速度达到 $2Ma$,如能在 $7km$ 处发现目标,给出预警信号,则留给防御系统作战准备的时间约为 $10s$,如在 $4km$ 处就发现目标,则留给防御系统作战准备的时间不足 $6s$。

目标探测预警的功能是:在空情信息支持下,独立实施防区内的威胁目标搜索或依据上级给出的目标指示信息实施指定区域内的特定目标搜索;概略估计搜索到的目标类型、数量、位置、运动参数,显示目标航迹;完成目标威胁度估计;测量目标粗略坐标,并为目标识别跟踪指示目标,引导其截获目标。

实现目标探测预警的设备主要有激光告警、红外告警、紫外告警和偏振告警等告警设备,当然也包括雷达告警、毫米波告警及其复合告警设备。雷达通过发射和接收电磁波,探测空间可疑的目标,是一种比较成熟的目标预警方式,可以做到远距离、低虚警率的目标探测;但对于低空飞行的巡航导弹、低空无人机等目标,由于受地杂波的影响,探测效率不高。目前,绝大多数防御系统,尤其是防空导弹、防空火炮、弹炮结合防御系统等硬毁伤拦截系统都采用雷达设备实现目标预警。

光电告警设备是利用来袭目标光电特性进行探测和预警的设备,按照工作波段的不同,又分为激光告警、红外告警和紫外告警等方式。激光告警设备靠接收来袭的激光威胁,如激光测距机信号、激光指示器信号,实现对来袭激光制导武器或含激光测距机武器系统的识别与告警。红外告警设备靠探测目标与背景的热辐射差异,实现对来袭导弹尾焰等较强热辐射目标的识别与告警,由于现代红外告警设备一般采用面阵器件,因此目标预警的精度很高,甚至可直接用于目标跟踪。紫外告警是依据自然背景中紫外辐射较弱的原理,利用紫外探测器探测威胁目标的紫外辐射特性,是一种效率很高的告警方式,已经广泛应用于远程导弹目标的预警。偏振告警是利用偏振光成像探测技术探测目标的偏振特性信息,是一种目标多维信息探测方法,对弱光电特性目标探测具有较大优势。

2.3.2 目标识别跟踪

由于现代光电防御系统一般采用有源定向干扰方式,是将有限的主动干扰源能量集中定向干扰威胁目标,因此实时高精度的目标跟踪功能不可或缺。

目标识别跟踪的功能是:在目标探测预警给出的威胁目标信息的导引下,快速自动截获目标,并从背景中准确识别出威胁目标、精确地跟踪目标,测量并输出目标当前点坐标(距离、方位角、俯仰角),显示目标与目标航迹,实现光电防御系统目标探测与跟踪通道的独立和稳定。

完成目标识别跟踪的主要装置有各种跟踪雷达、光电跟踪仪(电视/红外双波段)等。对于雷达回波跟踪体制,目标识别靠的是检测回波,应用信号处理技术;对于光电跟踪仪,目标识别采用图像跟踪体制,应用图像处理技术。

2.3.3 综合光电对抗

综合光电防御即是对己方目标已经跟踪锁定的敌方威胁目标实施有效防

御对抗，使之丧失作战能力，达到保护己方目标的目的。

根据所采用光电防御的手段不同，综合光电防御的设备包括光电有源干扰设备、光电无源干扰设备及毫米波干扰设备、综合光电对抗控制器等。光电有源干扰设备根据防御对象和工作波段的不同，又分为激光干扰设备、电视干扰设备和红外干扰设备等；光电无源干扰设备根据防御对象和工作波段的不同，又分为烟幕发射装置、红外干扰弹、宽波段烟幕干扰弹、伪装网等。

综合光电防御的实施是由综合对抗控制器完成的，当综合对抗控制器接收到光电防御指挥控制系统发出的防御对抗方式指令时，随即启动相应的光电对抗手段，分别防御不同类型的威胁武器。例如，当受到红外制导武器攻击时，则控制红外干扰设备发射红外干扰激光或发射红外干扰弹，实施综合对抗。

2.3.4 光电防御指挥控制

光电防御指挥控制系统简称指控系统，是指挥员对所属部队实施作战指挥、控制所必须的软/硬设备及其操作人员的总称[10]。指控系统通常称为 C^3I 或 C^4I（指挥、控制、通信、计算机、情报）系统，计算机是其核心部分。光电防御指控系统的任务就是空情、预警、目标探测识别等战场信息的综合处理、战场态势的分析和预测、目标识别和威胁优先级排序、目标火力分配决策、武器系统的引导、作战效能评估等。

防御火力控制简称防御火控系统，是控制光电防御系统自动处理情报（接收上级或本机获取）、控制跟踪目标、生成防御对抗方案、实施瞄准并发出火力对抗指令等设备的总称。现代光电防御系统中大多配有火控系统，用于提高光电防御的自动化程度，特别是显著提高其瞄准与发射的精度，缩短系统反应时间，增强对各种作战环境的适应能力，从而大大提高光电防御系统的作战效能。

与其他进攻火力武器系统一样，防御火控系统包括火控计算机、目标探测及其坐标测量装置、定位定向设备、稳定系统、随动控制平台及操纵控制台等。火控计算机是火控系统的核心，由它协调火控系统的工作和综合处理各种信息，包括目标坐标变换、求取目标运动参数、执行决策防御行动方案等。

防御系统随动控制平台是火控系统的主要组成部分，随动控制速度快、精度高、稳定性好，需要满足防御手段定向干扰的要求。

2.4 光电防御系统技术

光电防御系统技术是集光电子技术、控制技术、计算机技术、信息处理技术、人工智能等于一体的综合应用技术，光电防御涉及光学、电子学、机械和控制学科，因而是比较典型的光、机、电、信、控一体化交叉学科。

2.4.1 光电防御系统的技术体系

前面描述过，光电对抗技术是为实现光电对抗的作战效能，所涉及的光电防御系统相关技术的总称。构建光电防御系统的技术体系可以从 3 个方面考虑划分。

（1）技术原理：指光电防御理论与技术研究的支撑技术，主要包括光电子学理论和技术、信息处理理论和技术、控制理论和技术等。

（2）基础技术：指实现光电防御技术并可形成光电防御装备的技术，主要包括光电传感器技术、光电探测技术、光电控制技术、光机电系统一体化设计技术等。

（3）应用技术：指运用光电防御技术与装备实现某种防御功能的技术，主要包括光电侦察告警技术、光电目标探测技术、光电有源干扰技术、光电无源干扰技术、光电防御系统运用技术等[11]。

光电防御系统的技术体系主要从应用技术角度细化，所以光电对抗技术体系大的方面主要是光电侦察告警、光电干扰对抗、反光电侦察与对抗等，如图 2-42 所示。

2.4.2 光电防御系统的应用技术

1. 光电侦察告警

光电侦察告警可分为主动侦察告警和被动侦察告警[12]两种方式。

主动侦察告警和被动侦察告警主要是从告警探测原理上来界定的：我方主动发射光电信号，利用目标的光电特性，检测出目标反射的相关光电信号，进而得到情报信息的方式为主动式；利用目标的光电辐射特性，检测出与目标相关的光电信号，进而得到情报信息的方式为被动式。

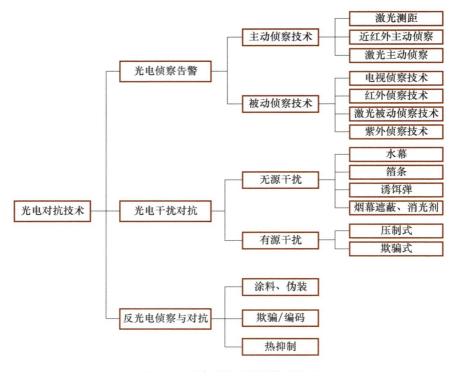

图 2-42　光电防御系统的技术体系

2. 光电干扰对抗

光电干扰对抗是通过发射、反射、散射和吸收光波能量的方法，使敌方光电设备或光电制导武器不能正常工作，丧失作战效能的一种干扰方式，能尽最大可能毁伤威胁。光电干扰对抗主要包括有源干扰（主动干扰）和无源干扰（被动干扰）两种方式。

3. 反光电侦察和反光电干扰（反光电干扰对抗）

反光电侦察和反光电干扰是指为防御敌方对己方光电侦察告警和对己方光电武器装备的探测和干扰所采取的对抗措施。对抗和反对抗是一对矛盾，所以对抗技术是在这一对矛盾的运动中发展的。

从技术体系上讲，还应包含光电对抗指挥控制技术，主要有来袭目标威胁度分析技术、对抗目标智能排序选择技术、对抗火力运用智能决策技术、目标毁伤评估技术、系统一体化集成技术等。

涉及的主要技术问题，在后续内容讨论。

2.5 光电防御系统及其作战运用

随着光电理论与技术的发展完善，光电防御技术逐步成熟，并在发展的过程中逐步形成各种防御装备，成为部队提高战场生存能力、发挥战斗力的有力保障。

面临现代作战环境的光电武器威胁，各国都将提升目标防御能力作为武器装备发展和军队建设的一个重要方向。在此需求牵引下，光电防御技术得到了迅速发展，形成了光电告警、有源干扰、无源干扰、综合光电对抗等不同防御层次的装备，在体系攻防作战中防御各种光电武器威胁方面将发挥重要的作用。

2.5.1 光电防御系统的主要指标

从光电防御系统的功能分析可知，系统主要技术指标包括防御对象、防御空域、作用距离、干扰方式、反应时间、有效防御概率等。

（1）防御对象：防御系统对抗的来袭威胁目标，主要是光电观瞄设备、光电制导武器。例如，空地激光制导导弹、激光制导炸弹、红外制导武器和电视制导武器等。

（2）防御空域：防御系统有效防御来袭威胁武器的上半球空域。例如，方位360°，俯仰0°~60°。

（3）作用距离：防御系统有效防御来袭威胁武器的目标距离。例如，激光重频欺骗干扰有效作用距离不小于7km。

（4）干扰方式：防御系统所具有的光电防御手段。例如，激光定向干扰、红外有源干扰、无源烟雾干扰等。

（5）干扰波段：防御系统的光电防御手段对应的光电设备工作频率范围。例如，可见光、红外波段、毫米波等。

（6）系统反应时间：防御系统从探测到威胁目标再到稳定跟踪目标，并实施对抗火力的时间。一般来说，反应时间越短越好，如小于8s。

（7）系统有效干扰概率：如对激光制导武器的有效干扰概率大于90%。

下面是某光电防御系统的主要技术指标。

①作战对象：光电观瞄设备、光电制导武器。

②防御空域：方位360°，俯仰0°~60°。
③有效干扰距离：不小于7km。
④干扰方式：激光定向干扰、无源烟雾干扰。
⑤干扰波段：可见光、红外、毫米波。
⑥干扰概率：不小于0.7。
⑦反应时间：不大于10.5s（从发现目标到实施干扰）。

对于光电防御系统组成功能模块的技术指标，如告警范围、跟踪精度等，将在后续的相关章节中详细介绍。

2.5.2 陆基作战平台的光电防御

对地面主战坦克、装甲车、指挥车和导弹发射平台等高价值作战平台来说，目前主要装备有激光告警器、红外告警器、烟幕发射装置、红外干扰弹发射装置、红外干扰机和激光压制系统等光电对抗设备，作战平台表面经伪装涂料处理、外挂主动式反应装甲等多层防御系统，以对抗来袭的红外制导反坦克导弹、红外成像制导导弹、电视制导导弹、激光驾束制导导弹、激光半主动制导导弹和各类制导炮弹、巡航导弹及复合制导导弹等。另外，对导弹发射车、部队行进和集结地域等重要保护目标，可配置具有随队防护能力的专用光电防御系统，以对抗光电制导武器的攻击。

目前，用于陆基作战平台的光电防御装备发展迅速，并形成了多种型号装备，在研装备也很多。例如，俄罗斯的Shtora-1装甲战车防御系统、美国的Outrider作战防护系统和移动式高能激光武器HELWS-MRZR、美国"加利克斯"Galix车载自防护系统、全天候多光谱轻型伪装网系统（ULCANS）、斯特瑞克装甲车激光武器、英国的405型激光诱饵系统、法国的Decoys红外干扰发射机、德国的Diehl/LFK高能激光防空装甲车、以色列的ARPAM防御辅助系统、南非的LWS-200CV战车激光告警系统、波兰的WPL-1 Bobrawa激光辐射告警系统、欧洲的CMIC反无人机系统等。

2.5.3 海基作战平台的光电防御

海面舰艇主要包括护卫舰、驱逐舰、巡洋舰、航空母舰、战列舰、导弹艇和登陆舰等。在现代战争中，这些海上作战平台会受到空对舰、舰对舰和岸对舰等光电反舰导弹的攻击，舰载平台的光电防御是舰载作战系统中电子对抗的一个不可缺少的组成部分。目前，国外多数舰船装备了红外搜索与跟踪系统、红外诱饵发射装置和烟幕发射装置,有的装备还有强激光对抗系统,可有效对抗来袭的红外点源导弹、红外成像导弹、激光制导导弹、激光制导炸弹、电视制导导弹、毫米波制导导弹及复合制导导弹等精确制导武器。

国外在研或已用于海基平台的光电防御装备主要有:美国的"海石"光束定向器、MATES 自防卫系统、AN/ALQ99D 和 ALQ/系列红外干扰机,俄罗斯的 5p-42 猫头鹰视觉和光学干扰系统,德国的舰载激光 ESM 系统、MASS 多弹药软杀伤系统,以及瑞典的 AADS 1221 IR/UV 海上监视扫描器等。

2.5.4 空基作战平台的光电防御

空中作战飞机主要包括歼击机、强击机、轰炸机、军用运输机、预警机、侦察机、电子干扰飞机及武装直升机等。在现代战争中,这些作战飞机将面临着来自空中、海上和陆地等光电制导武器的攻击。

目前,歼击机、强击机和轰炸机大都加装了导弹逼近光电告警系统、红外干扰弹与红外有源干扰机,以对抗红外导弹的攻击。导弹逼近光电告警系统和红外对抗装备也用于保护包括预警机、轰炸机和大型运输机在内的各种作战飞机。

低空作战的武装直升机,除加装红外对抗设备之外,为对付激光驾束制导导弹等地空导弹的威胁,还加装了激光告警和烟幕干扰装置。

国外也在研制定向红外对抗装备,以有效对抗新一代红外导弹。而机载激光致盲武器也已经研制成功并已装备部队,如美国的机载先进光学干扰吊舱和机载"贵冠王子"光电对抗武器系统,可侦察敌方的光电传感器,并发射强激光将其致盲。

国外在研或已装备空基平台的光电防御装备主要有:美国 AN/ALQ-204Matador 红外对抗系统、DASS2000 防御辅助分系统、Nemesis 定向红外对抗系统、LAIRCM 红外对抗系统、Startfire 自卫系统、AN/ALQ-214 一体化防御电子对抗射频对抗系统,以色列 PAWS 直升机和运输机用无源空载告警系统、SPS-65 自保护系统,意大利的 Miysis 红外定向对抗系统,英国 GEC-Marconi 机载激光告警系统,南非 MSWS 多传感器告警系统,以及法国 DAL 激光告警接收机等。

2.5.5 天基作战平台的光电防御

空间光电对抗同样包括有源对抗和无源对抗两种方式。有源对抗的主要措施是利用激光反卫星系统或微波等定向能武器攻击低轨光学侦察卫星,致盲或干扰星上光电传感器,或者破坏卫星供电系统等;无源对抗主要包括海外隐身、遮蔽干扰等[13]。

大力发展天基系统是美国构建弹道导弹防御必须和支持空军全球作战的需要,也是构建其空天防御体系的重点内容。以太空监视和预警系统为例,美国现役有天基红外导弹预警卫星系统(SBIRS)、天基红外系统 GEO-5,侦察监视卫星系统有"锁眼"-12 光电成像侦察卫星系统、"长曲棍球"雷达成像侦察卫星系统、"折叠椅""大酒瓶"和"入侵者"等电子侦察卫星系统,以及"白云""海军天基广域监视系统"等海洋监视卫星系统。完善的天基一体化信息系统,为美军实施全球打击、构建空天防御体系提供了有力的全球侦察、监视、通信支持。

2.5.6 要地的光电防御

要地主要是指地面指挥所、机场、导弹发射阵地、交通枢纽等重要设施,是现代作战体系中重点保护的军事目标,也是敌方重点攻击的对象。对这类重点目标,除防空部队实施重点防御之外,光电防御也是重要的一个手段。例如,采用单一手段的光电对抗设备,防御效能有限,通常需用以激光对抗、红外对抗和可见光对抗为主体的光电综合对抗系统,以对抗来袭的多种光电制导武器。所以,防御精确制导武器攻击的光电综合防御系统已成为现代攻防作战体系的重要组成部分。

要地的光电防御由于不受空间体积限制,因此可在陆基光电防御、海基光电防御和空基光电防御技术和装备的基础上,进行合理的功能优化设计,进一步提高防御范围和防御能力,达到要地防御的目的。典型的要地光电防御装备有美国的通用区域防御综合反导激光系统、HELWEPS 高能激光武器系统等。激光定向干扰设备、有源干扰设备等都可以根据防御目标的环境和要求用于构建要地目标的多层防御系统。

2.5.7 光电防御的作战运用

随着现代光电技术的飞速发展,光电观测设备、光电制导武器、光电火控系统大量应用于作战部队,并成为目标侦察和火力攻击的主要力量。因此,针对敌方光电设备的现代光电防御技术应运而生,并逐步形成光电防御技术领域。可以说,现代光电防御技术是伴随着光电制导技术的发展而发展的。

第 2 章 • 光电防御的基本原理与系统结构

光电精确制导武器首次用于实战是在美、越战争期间,1965—1972 年,为了切断越南物资运输通道,美国频频出动了 F-105 歼击轰炸机、F-100 歼击机,动用航炮、空空导弹及"聚能炸弹"对清化大桥进行轰炸。然而,任美军绞尽脑汁,清化大桥依然未损,而美军战机却在越南防空部队猛烈火力面前损失惨重。1972 年,美国将刚刚研制成功的激光制导炸弹——"灵巧炸弹",急急忙忙从本土运往越南战场。1972 年 5 月 13 日,14 架美军战机向清化大桥投下了"灵巧炸弹",随着震天动地的巨响,越南军队耗尽心血守卫了 7 年的清化大桥,毁于一旦。这个"灵巧炸弹"实际上就是一种激光制导炸弹,是用激光束照射到目标上,然后利用目标对激光的反射,使炸弹跟踪到目标上面去,所以它的精度非常高。

1981 年 6 月 7 日,以色列空军出动 6 架 F-15 和 8 架 F-16 战斗机,偷偷越过沙特阿拉伯和约旦领空,长途奔袭伊拉克首都巴格达东南郊 20km 的核反应堆基地。飞抵目标后,领队长机首先发射 2 枚光电制导炸弹,导弹精确地穿透混凝土圆形屋顶后爆炸,后面飞机鱼贯俯冲,将炸弹扔进已炸开的缺口中。仅仅 2min,伊拉克历时 5 年、耗资 4 亿多美元建造的核反应堆顷刻化为废墟。

1991 年 1 月 17 日,在海湾地区的"沙漠风暴"行动开始。凌晨 3 时,2 架美军 F-117A 轰炸机悄然飞抵巴格达上空,投下了海湾战争中的第一枚激光制导炸弹,这颗炸弹从巴格达通信中心大楼的通风孔进入大楼内部爆炸,整个大楼被摧毁。接着另一枚激光制导炸弹也准确击中伊军防空司令部大楼。在整个战争中,伊拉克腹地通往科威特战区交通要道上的 52 座大型桥梁,被光电制导武器摧毁 41 座[14]。

由此可见,光电制导武器在现代战争中被广泛使用,面对光电制导武器的严重威胁,各国竞相开展针对性的现代光电防御技术研究。最先使用的是烟幕技术,由于光波穿透云雾和烟尘的能力比较差,如果在光电设备和目标之间有烟幕遮蔽,光电设备的效能就会大大降低。烟幕可以采用制式器材施效,如烟幕弹、烟幕车等;也可以采用简便器材形式,如燃烧轮胎、燃油、喷放水蒸气等。因此,烟幕是对抗光电制导武器简易而有效的手段之一,也是最早用于实战的现代光电防御技术。

越南战争期间,美军炸毁了清化大桥以后,充分认识到光电精确制导武器的作战能力。于是,使用了电视制导、激光制导炸弹等光电制导武器轰炸越南河内附近的安富发电厂。为了保护电厂,越南采取了卓有成效的光电防御技术，就是利用发电厂四周的热气管道喷放大量水蒸气，使整个发电厂雾气腾腾，导致美军的电视制导、激光制导炸弹不能精确地寻找到目标位置，十几枚炸弹无一命中，从而取得了很好的防御效果。

烟幕防御技术在海湾战争中及科索沃战争也有体现。在海湾战争的第一周，天空阴雨连绵，加上伊拉克故意点燃多处油井和油库，使得许多地区烟云笼罩，美国的照相侦察卫星和飞机很难发现地面目标。更为严重的是，由于烟雾弥漫及其他的一些原因，竟然发生了美军飞机用导弹炸死一批美国海军陆战队队员的误伤事件。在科索沃战争中，南联盟利用燃烧废旧轮胎产生烟幕，有效地降低了采用电视制导的美军巡航导弹的命中率。

红外制导导弹是飞机的最大威胁，据统计，世界上被导弹击落的飞机中约有 85% 以上是由红外制导导弹击落的。为此，人们采用了两种办法来干扰红外导弹：一种办法是使用红外诱饵，发射后就可以出现一个很强的红外辐射，这时导弹就跟着红外诱饵跑，而不是跟着飞机或某一个目标跑；另一种办法是采用红外有源干扰机，模拟红外导弹的制导信号，进行调制以后产生一个错乱的假信息，使导弹偏离目标。

越南战争期间，苏联制造的"萨姆"-7 红外制导导弹，曾经创造了一个月击落美军战机 24 架的战绩。但后来美军使用红外诱饵弹，这种干扰弹可以辐射出强烈的红外线，在作战中，投放到被保护目标周围，"萨姆"-7 的命中率大大降低。"萨姆"-7 很快进行了改进，能够分辨出诱饵弹与飞机的红外辐射差别，并在第四次中东战争中再次扬威，使用从苏联引进的"萨姆"-7 导弹，让以色列的战机吃够了苦头。为了对抗改进后的"萨姆"-7，以色列采用一种新的干扰方法——"喷油"诱饵。由于燃油燃烧时发出的红外线很强，且与飞机尾气产生的红外线特性相同，这就使得"萨姆"-7 导弹分不清哪是飞机哪是诱饵，因此在对抗中再次处于下风。

随着激光技术的发展，以激光为干扰源的有源干扰迅速发展起来，如在英国和阿根廷的马岛之战中，英国军舰就利用激光致眩阿方战斗机的观瞄设备和飞行员，使其致眩发现不了攻击目标，从而丧失作战能力，且瞬间成为英军的活靶子。

以高能激光直接摧毁目标也成为光电防御技术的一个重要发展方向：一是用激光照在人的眼睛上，可以致盲，照在皮肤上，就可以造成烧伤；二是照在武器平台上，如用高能激光可以烧毁飞机上的油箱，并破坏电子设备；三是可以用激光拦截导弹，高能激光照射在导弹的整流罩上，可以烧毁整流罩，并破坏电子设备，使导弹失控；四是可以攻击卫星。因此，光电防御武器在 21 世纪已进入防御武器装备的主流范畴，成为一个重要的发展方向。例如，美国在 2004 年开展了高能激光拦截迫击炮弹、火箭弹的试验，并取得了成功。

参考文献

[1] 张卫国，张则剑，贾娜．海上目标红外辐射特性测量数据处理系统设计［J］．激光与红外，2018，48（7）：860-866.

[2] 林群青．液固颗粒对装甲车辆热辐射特性的影响机制及热模型可信度评估方法研究［D］．南京：南京理工大学，2018.

[3] 杨文彬．红外与微光融合系统对人体目标的探测概率研究［D］．南京：南京理工大学，2014.

[4] 陈彬．海面背景下舰船目标红外辐射特性研究［D］．哈尔滨：哈尔滨工业大学，2015.

[5] 栾韶徽．红外搜索系统中目标探测与识别技术研究［J］．信息技术与信息化，2015（1）：90-91.

[6] 陈本营，余唐旭．军用直升机导弹威胁与电子自卫系统［J］．现代制造技术与装备，2018（3）：2.

[7] 张英远．激光对抗中的告警和欺骗干扰技术［D］．西安：西安电子科技大学，2012.

[8] 常项项．有源和烟幕干扰下激光制导的性能参数分析［D］．成都：电子科技大学，2013.

[9] 汪中贤，樊祥．红外制导导弹的发展及其关键技术［J］．飞航导弹，2009（10）：16-21.

[10] 石章松，董银文，王航宇．从新版《军语》看指挥控制几个概念的变化［J］．海军工程大学学报（综合版），2012（2）：27-29.

[11] 曹立华，陈长青．激光欺骗干扰技术与系统研究［J］．光机电信息，2011（7）：30-35.

[12] 易明，王晓，王龙．美军光电对抗技术、装备现状与发展趋势初探［J］．红外与激光工程，2006（5）：100-106.

[13] 张乐，邵铭，王冰，等．天基红外系统及空间光电对抗装备进展［J］．航天电子对抗，2012（2）：18-21.

[14] 罗艳春，刘国庆，陈宇，等．光电对抗技术研究及发展预测［J］．装备制造技术，2014（5）：297-299.

第 3 章 光电告警技术

光电防御首先就要探测来袭威胁目标，以实现光电告警功能，即要把防御对象搞清楚。光电告警有激光告警、红外告警、紫外告警、毫米波告警、偏振成像告警和组网告警、复合告警等。本章将分别介绍这些光电防御系统告警技术。

3.1 光电探测目标识别技术

光电探测目标识别技术涉及目标光辐射的截获、光电探测器件和光电图像目标探测识别技术等。

3.1.1 光辐射的截获方式

在目标识别中，截获是指按照一定的检测方法来判断目标信号是否存在，并实时地解析目标信号，以得到目标特征信息的过程。所以截获是通过应用检测方法（如探测目标激光漫反射信号）获取目标辐射或反射的光信号，并作为分析判断有无目标的依据（可否截获目标），若存在目标则检测目标信息（包括位置信息）。

目标截获技术很多，包括雷达信号截获、通信信号截获、GPS 信号截获技术等，其中的光辐射截获是主要技术之一。从自动检测角度分析，光辐射截获就是通过光电探测器将携带有待测目标信息的辐射或反射光转化为电信号，以供后续的信号处理、信息解析、输出控制等使用。所以，光辐射探测所采用的光电探测器的性能,将直接影响光电侦察告警系统光辐射截获能力的强弱。随着光电子技术的高速发展,光电探测器性能有了很大的提高,可供光辐射截获选用的光电探测器种类和型号也很多,但在光辐射截获中探测器以下 3 个指标对截获性能影响较大。

1. 灵敏度(响应度)

光电探测器的灵敏度是表示探测器的光电转换特性、光电转换的光谱特性及频率特性的度量。

电压灵敏度:$R_U = U_s/P$(探测器输出信号电压 U_s 与输入光功率 P 之比)。

电流灵敏度:$R_I = I_s/P$(探测器输出信号电流 I_s 与输入光功率 P 之比)。

其中,P 一般是指分布在某一光谱范围内的总功率。

灵敏度高说明探测器对弱小信号的敏感能力强,但该探测器对干扰信号也较敏感,所以灵敏度高的光电探测器的可抗干扰性能较差。探测器对于不同波长的入射光,其灵敏度也不同,灵敏度随波长变化的特性称为光谱灵敏度(曲线)。所以,光电探测器标定的灵敏度参数都是针对一确定波长的入射光而言的。

2. 响应时间

光电探测器的响应时间是表示探测器输出的电信号对入射光变化的响应快慢程度[1]。探测器的响应时间对光辐射截获的性能影响很大。响应时间短,说明该探测器的输出能跟随入射光的变化而变化,可忽略响应滞后;响应时间长,说明该探测器的输出不能跟随入射光的变化而变化,产生响应滞后。

所以,光辐射截获用光电探测器的响应时间,必须短于探测器输入光辐射信号的变化时间(探测器输入信号频率即入射光的变化频率)。

3. 频率响应

光电探测器的频率响应与其响应时间有关,是描述探测器的灵敏度在入射光波长不变时,随入射光调制频率而变化的特性。

频率响应是光电探测器对入射光调制频率的响应度,光电探测器一般有一个截止响应频率。所以光辐射截获探测器输入的光辐射信号频率,必须在光电探测器的响应频率范围内。一般把探测器输入的光辐射信号频率作为探测器响应频率的中心频率。

因此,不同的光辐射源截获探测需要选择相应的满足技术指标要求的光电探测器。灵敏度够不够、响应时间快不快、频率响应不满足要求均影响光辐射截获的质量。

在选择探测器时，除了解光电探测器性能之外，还要厘清所采用的光辐射截获方式。对光电探测告警而言，截获光辐射的方式有以下 4 种。

1）直接截获接收

直接截获接收是光电探测器直接接收来自光源（目标光辐射）的光辐射能量，所以可接收到的能量最强，给出的接收信号也最强，探测距离远，定位精度高。

对于激光辐射来说，直接截获接收可分为主瓣能的直接截获与旁瓣能的直接截获两种。

由于激光束散角小，为了要直接截获激光束主瓣能量，则要求激光发射器与接收器的光轴同轴或平行，且接收器必须处在光束主瓣的截面之内，因此直接截获接收方式对探测器和激光源的光轴对准性要求很高。

2）散射辐射截获接收

散射辐射截获接收是光电探测器接收来自目标的辐射光束，被大气分子或气溶胶粒子散射后的少量目标光辐射能量。光电探测器接收的是经过多次散射后的光辐射能量，所以截获的光辐射信号不包含辐射源光束的方向信号。

这种接收方式探测空域大，探测距离较近，对探测器和激光源的光轴对准性要求低。但对光辐射目标的方向识别能力差，要求探测器有较高的接收灵敏度，所接收的信号强度取决于光束和探测器的相对位置方位及当时的大气条件。

3）漫反射辐射截获接收

漫反射辐射截获接收是光电探测器接收来自目标辐射光经过目标及其周围的物体一次或多次漫反射后的光辐射能量。所以这种方式与散射辐射截获接收一样，截获的光辐射信号不包含辐射源光束的方向信号。

这种接收方式探测空域较大，探测距离近，对光辐射目标的方向识别能力差，截获光辐射能量较弱，要求探测器有更高的接收灵敏度。

4）复合截获接收

复合截获接收是把上述几种光辐射截获方式综合起来，实现直接接收和反射、散射截获接收的复合系统。这种方式综合了各类截获接收方式的优点，且符合各种复杂条件下光辐射截获的实际情况，所以实际应用过程中要考虑光电探测器的转换响应性能，即较宽的灵敏度响应曲线。

下面根据光辐射的不同截获方式,介绍光电防御系统告警装置应用的几种光辐射截获接收的理论计算。

3.1.2 光辐射截获的理论计算

先简单介绍描述光辐射现象的几个主要参数。

(1) 辐射通量:单位时间内辐射体所辐射出的总能量,用符号 Φ_e 表示,单位为瓦特(W)。

(2) 辐射强度:点辐射源在一定方向上单位立体角内辐射通量的大小。

$$I_e = \frac{\mathrm{d}\Phi_e}{\mathrm{d}\Omega} \tag{3-1}$$

式中:I_e 的单位为瓦每球面度(W/sr)。

(3) 辐(射)出射度:面辐射源表面上任意一点处单位面积出射辐射通量的大小。

$$M_e = \frac{\mathrm{d}\Phi_e}{\mathrm{d}S} \tag{3-2}$$

式中:M_e 的单位为瓦每平方米(W/m^2)。

(4) 辐(射)照度:某一表面被其他辐射体照射,表面某一点单位面积被照射辐射通量的大小。

$$E_e = \frac{\mathrm{d}\Phi_e}{\mathrm{d}S} \tag{3-3}$$

式中:E_e 的单位为瓦每平方米(W/m^2)。

辐照度 E_e 与辐出射度 M_e 方向相反。

(5) 辐(射)亮度:辐射表面单位面积 $\mathrm{d}S$ 沿一定 n 方向上的单位投影面积 $\mathrm{d}S_n$ 和单位立体角 $\mathrm{d}\Omega$ 的辐射通量,即沿一定方向上单位面积的辐射强度。

$$L_e = \frac{\mathrm{d}\Phi_e}{\mathrm{d}\Omega \cdot \mathrm{d}S_n} = \frac{I_e}{\mathrm{d}S_n} \tag{3-4}$$

参数辐(射)照度是描述被辐射目标(如探测器)的技术指标,其他都是描述辐射源本身的技术指标。

1. 非相干辐射的直接截获接收计算

设目标是面积为 A_1 的小面源(目标光辐射源),其光谱辐亮度为 L_λ,倾角为 θ_1,接收器入射孔(接收窗口)的面积为 A_2,倾角 θ_2,A_1 与探测器的接收窗口 A_2 相距为 R,探测器内的光电转换器件面积为 A_d,如图3-1所示。

于是,目标 A_1 向探测器的接收窗口所在方向发射的光谱辐射功率为

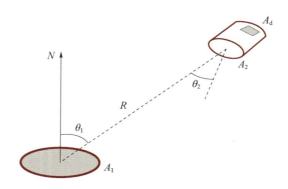

图 3-1　非相干辐射的直接截获接收示意图

$$P_{1\lambda} = L_\lambda \cos\theta_1 A_1 \tag{3-5}$$

若不考虑大气的衰减条件，到达探测器接收窗口 A_2 处的光谱辐射功率为

$$P_{2\lambda} = L_\lambda \cos\theta_1 A_1 \frac{A_2}{R^2} \cos\theta_2 \tag{3-6}$$

若考虑大气衰减的影响，到达探测器接收窗口 A_2 处的光谱辐射功率为

$$P_{3\lambda} = P_{2\lambda} e^{-\int_0^R \delta(\lambda,x)\mathrm{d}x} \tag{3-7}$$

式中：插入大气的光谱衰减系数为

$$\delta(\lambda,x) = K(\lambda,x)n_K(x) + \sigma(\lambda,x) \cdot n_\sigma(x) \tag{3-8}$$

式中：$K(\lambda,x)$、$\sigma(\lambda,x)$ 分别为插入大气粒子（大气粒子或气溶胶粒子）的光谱吸收截面和光谱散射截面；$n_K(x)$、$n_\sigma(x)$ 分别为大气的吸收粒子浓度和散射粒子浓度。

到达光电探测器上的光谱辐射功率为

$$P_{4\lambda} = P_{3\lambda} \tau_\lambda \tag{3-9}$$

式中：τ_λ 为探测器接收器的光谱透过率。

若接收器的工作波长范围为 $\lambda_1 \sim \lambda_2$，则接收器接收到的有效功率为

$$\begin{aligned} P &= \int_{\lambda_1}^{\lambda_2} P_{4\lambda} \mathrm{d}\lambda = \int_{\lambda_1}^{\lambda_2} P_{3\lambda}\tau_\lambda \mathrm{d}\lambda \\ &= \frac{A_1 A_2}{R^2} \int_{\lambda_1}^{\lambda_2} L_\lambda \cos\theta_1 \cos\theta_2 e^{-\int_0^R \delta(\lambda,x)\mathrm{d}x} \mathrm{d}\lambda \end{aligned} \tag{3-10}$$

若光电探测器的电压响应度为 R_V，则探测器的输出电压为

$$U = P \cdot R_V \tag{3-11}$$

这说明探测器的输出电压，对应的是探测器可响应波段范围内的光谱辐射有效功率。例如，对空探测来袭制导武器，其飞机目标的 $3 \sim 5\mu\mathrm{m}$ 中红外辐

射特性明显,当选择中红外透镜和相应频率响应光电探测器时,则探测器输出量 U 是对来袭制导威胁目标光辐射的截获,即是对空中目标中红外辐射特性信息的度量。

2. 激光束主瓣能的直接截获接收计算(相关辐射)

假设激光在大气中传播时遵守几何光学规律,大气是各向同性的均匀介质,探测器接收器与激光发射源的主光轴相互平行且靠近。若激光器输出的光功率为 P_t,则发射激光经过激光源的发射光学系统后,其辐射强度为

$$I_t = \frac{4P_t}{\pi \theta_t^2} \tau_t \tag{3-12}$$

式中:θ_t 为光束主瓣部分的发散角;τ_t 为发射光学系统的透过率。

与激光源相距为 R 远处的光电探测器的接收窗口上的辐照度为

$$E = \frac{\mathrm{d}P_t}{\mathrm{d}A} = \frac{I_t \tau_R}{R^2} = \frac{4P_t}{\pi \theta_t^2} \tau_t \tau_R \frac{l}{R^2} \tag{3-13}$$

式中:τ_R 为 R 路程上插入大气的透过率,$\tau_R = \mathrm{e}^{-\mu R}$,其中 μ 为其衰减系数。

所以,探测器接收器处的辐照度为

$$E = \frac{4P_t \tau_t}{\pi \theta_t^2} \frac{l}{R^2} \mathrm{e}^{-\mu R} \tag{3-14}$$

对于按基模或低阶模工作的激光器,可以近似认为光束内的能量分布是相对于光轴对称的高斯分布,则在与激光源相距 R 远处的像平面上的照度分布为

$$E_t(\theta_1) = \frac{4P_t \tau_t}{\pi \theta_t^2} \mathrm{e}^{-4\frac{\theta_1^2}{\theta_t^2}} \frac{l}{R^2} \mathrm{e}^{-\mu R} \tag{3-15}$$

式中:l 为偏离光轴方向的角度。

若探测器接收器入射孔的面积 A_s 小于主瓣光斑,则该接收器所拦截的激光功率为

$$P_r = \frac{4P_t \tau_t}{\pi \theta_t^2} \cdot \frac{1}{R^2} \mathrm{e}^{-\mu R} \int_{A_1} \mathrm{e}^{-4\frac{\theta_1^2}{\theta_t^2}} \mathrm{d}s \approx \frac{4P_t \tau_t A_s}{\pi \theta_t^2 R^2} \mathrm{e}^{-4\frac{\theta_1^2}{\theta_t^2}} \cdot \mathrm{e}^{-\mu R} \tag{3-16}$$

于是,探测器的光电转换器件所接收到的光辐射功率为

$$P_d = \tau_r \cdot P_r = \frac{4P_t \tau_t \tau_r A_s}{\pi \theta_t^2 R^2} \mathrm{e}^{-4\frac{\theta_1^2}{\theta_t^2}} \cdot \mathrm{e}^{-\mu R} \tag{3-17}$$

式中:τ_r 为光电探测器接收光学系统的透过率。

同样,若光电探测器的电压响应度为 R_V,则探测器的输出电压为

$$U = P_d \cdot R_V \tag{3-18}$$

这说明探测器的输出电压,对应的是探测器可响应激光波段的光谱辐射有效功率。例如,对空探测来袭激光制导武器,其目标指示器发射 1.064μm 激光导引信号,当选择 1.064μm 光学透镜和相应频率响应的光电探测器时,则光电探测器输出量为 U,是对来袭激光制导导弹目标指示器导引激光的直接截获,即是对导引激光特性信息的度量。

3. 激光束的散射辐射截获接收计算

光通过不均匀介质时一部分光偏离原方向传播的现象为散射。

假设激光源与告警接收装置之间的几何关系如图 3-2 所示。

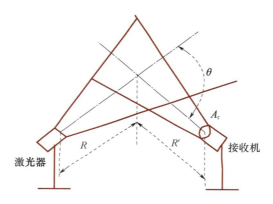

图 3-2 激光源与告警接收装置之间的几何关系

探测原理是因大气组分的散射体造成了照射激光的散射现象,一般可探测的散射激光能量比较低,需要选择高灵敏度的光电探测器。

假设激光源发射的激光束与探测器接收器瞬时视场相交部分的体积为 V,由 V 内的大气介质作为散射体,且散射体中心与激光源相距为 R,与探测器接收器相距为 R',则散射体 V 内的光谱辐照度由前述公式可知为[2]

$$E_\lambda = \frac{4P_{t\lambda}\tau_t}{\pi\theta_t^2 R^2}e^{-\mu R} \tag{3-19}$$

假定激光束在散射体 V 内只有单散射,于是从散射体 V 散射到接收器方向的光谱辐射强度为

$$I_\lambda(V) = E_\lambda V P(\theta) = \frac{4P_{t\lambda}\tau_t}{\pi\theta_t^2 R^2}e^{-\mu R}VP(\theta) \tag{3-20}$$

式中:$P(\theta)$ 为散射相角函数,它表示每单位体积、每单位立体角的散射截面,对于瑞利(Rayleigh)散射有 $P(\theta)=3/4[1+\cos(2\theta)]$,$\theta$ 为散射角。

探测器接收器截获到的光谱辐射功率为

$$P_{r\lambda} = I_\lambda(v)\Omega_r\tau_{R'} = \frac{4P_{t\lambda}\tau_t}{\pi\theta_t^2 R^2}e^{-\mu R}VP(\theta)\frac{A_r}{R'^2}e^{-\mu R} \qquad (3\text{-}21)$$

式中：A_r 为接收器入射孔的面积（同样可以得到探测器的输出电压）。

4. 激光束的漫反射辐射截获接收计算

光线照到不平的表面而发生光路变化的现象称为漫反射。激光器发出的激光，经目标表面漫反射后，有一部分漫反射激光进入光电探测器光学窗口，即接收器。

假设目标与激光源相距为 R，与探测器接收器相距为 R'，目标面积为 A_r，接收器接收孔面积为 A_s，激光源与垂直线夹角为 φ，接收器与垂直线夹角为 φ'。

激光器发射的光功率为 P_t，发散角为 θ_t，于是发射立体角 $\Omega_t = \pi/4\theta_t^2$，设 Ω_r 表示目标 A_r 对激光器所张的立体角，则目标接收到的光功率为

$$\begin{cases} P_r = \dfrac{P_t\Omega_r}{\Omega_t}e^{-\mu R} & (\Omega_r < \Omega_t) \\ P_r = P_t e^{-\mu R} & (\Omega_r > \Omega_t) \end{cases} \qquad (3\text{-}22)$$

式中：μ 为激光器与目标之间插入大气的衰减系数。于是，目标面积 A_r 上的辐照度 E_r 可表示为

$$\begin{cases} E_r = \dfrac{P_r}{A_r} & (\Omega_r < \Omega_t) \\ E_r = \dfrac{P_r}{A_t} & (\Omega_r > \Omega_t) \end{cases} \qquad (3\text{-}23)$$

式中：A_t 为激光束投射到 A_r 上的光斑面积。

假设目标 A_r 上的漫反射系数为 ρ（大多数漫反射目标的 $\rho \leqslant 0.2$），则目标面的漫反射辐射亮度为

$$L = \frac{\rho}{\pi}E_r \qquad (3\text{-}24)$$

因此，投射到接收器上的漫反射辐射功率为

$$\begin{aligned} P_p &= L\cos\varphi' A_r\Omega_s e^{-\mu' R'} = \frac{\rho}{\pi}E_r\cos\varphi' A_r\Omega_s e^{-\mu' R'} \\ &= \frac{\rho}{\pi}\frac{P_t\Omega_r}{\Omega_t}e^{-\mu R}\cos\varphi'\Omega_s e^{-\mu' R'} \end{aligned} \qquad (3\text{-}25)$$

式中：Ω_s 为接收器通光孔对目标所张的立体角；μ' 为目标与接收器间插入大气的衰减系数。

把所有立体角的计算公式代入，当 $\Omega_r < \Omega_t$ 时，则 P_p 可写为

$$P_{\mathrm{p}} = \frac{\rho P_{\mathrm{t}}}{\pi} \frac{4}{\pi \theta_{\mathrm{t}}^2} \frac{A_{\mathrm{r}} \cos\varphi}{R^2} \frac{A_{\mathrm{s}}}{R'^2} \cos\varphi' \mathrm{e}^{-\mu R} \mathrm{e}^{-\mu' R'}$$

$$= \frac{4\rho P_{\mathrm{t}} A_{\mathrm{r}}}{\pi^2 \theta_{\mathrm{t}}^2 R^2} \frac{A_{\mathrm{s}}}{R'^2} \cos\varphi \cos\varphi' \mathrm{e}^{-\mu R} \mathrm{e}^{-\mu' R'} \tag{3-26}$$

若 $\Omega_{\mathrm{r}} > \Omega_{\mathrm{t}}$，则 P_{p} 可改写为

$$P_{\mathrm{p}} = \frac{\rho P_{\mathrm{t}} A_{\mathrm{s}}}{\pi R'^2} \cos\varphi' \mathrm{e}^{-\mu R} \mathrm{e}^{-\mu' R'} \tag{3-27}$$

若目标 A_{r} 并非理想的漫反射体，则反射辐射将集中在一个不太大的立体角 Ω_{f} 内。于是，接收器所能接收到的功率为

$$P_{\mathrm{p}} = \frac{\rho P_{\mathrm{t}}}{\Omega_{\mathrm{f}}} \Omega_{\mathrm{s}} \mathrm{e}^{-\mu' R'} = \frac{P_{\mathrm{r}}}{A_{\mathrm{r}}} \Omega_{\mathrm{s}} \sigma_{\mathrm{r}} \mathrm{e}^{-\mu' R'} \tag{3-28}$$

式（3-28）中引入了目标反射截面 σ_{r} 的概念，其定义为 $\sigma_{\mathrm{r}} = \rho A_{\mathrm{r}}/\Omega_{\mathrm{f}}$。当 $\Omega_{\mathrm{r}} < \Omega_{\mathrm{t}}$ 时，有

$$P_{\mathrm{p}} = \frac{4 P_{\mathrm{t}}}{\pi \theta_{\mathrm{t}}^2} \frac{A_{\mathrm{s}}}{R^2} \frac{\sigma_{\mathrm{r}}}{R'^2} \cos\varphi \mathrm{e}^{-\mu R} \mathrm{e}^{-\mu' R'} \tag{3-29}$$

当 $\Omega_{\mathrm{r}} > \Omega_{\mathrm{t}}$ 时，只要令 $A_{\mathrm{r}} = A_{\mathrm{t}} = \frac{\pi}{4} R^2 \theta_{\mathrm{t}}^2 / \cos\varphi$，代入上面的 σ_{r} 即可。

上面分析了4种光辐射截获方式与计算方法，一般地，在光辐射探测过程中，对激光辐射的截获，可能会同时出现多种截获方式，如对半主动激光制导的引导激光截获时，会同时存在散射、漫反射甚至直接辐射等情况。当然，这3种截获方式对光电探测器来说，所能截获的激光功率，量级差别较大（以直接截获方式截获能量最大），当3种方式同时截获时，检测模块对光电探测器的性能要求高，所以采用哪种方式，需要根据实际环境要求选择一种或多种方式综合实现光辐射截获计算。

3.1.3 奈曼-皮尔逊准则及其应用

大家知道，通过截获技术可以实现对来袭威胁目标的侦察告警。在截获方式的计算中，我们做了一些简化和假设（如大气环境影响、不考虑探测器的灵敏度精度等），实际上这些假设都会直接影响到告警的真实状态，也就是简化和假设会最终产生告警装置的输出误差，即出现假报警（虚报警），从而影响告警装置的性能。显然，对于光电侦察告警系统来说，设计者总是期望其目标检测的概率高且目标报警的虚警率低，当然如何从技术上解决这一对矛盾需求，是本节要讨论的问题。下面介绍一种评价光电侦察告警系统性能优劣的判定准则，即奈曼-皮尔逊准则。

讨论判定准则之前，首先介绍几个与探测告警有关的基本概念。

1. 正确报警

当目标信号与噪声信号同时存在时，系统检测到目标信号存在，并做出目标存在的判断（报警）。正确报警的概率用 P_d 表示，有时也称为检测概率[4]。正确报警的风险因子用 C_{11} 表示。

2. 虚警

当只有噪声存在的条件下，系统误检测而做出目标存在的判断，虚警率用 P_f 表示，虚警带来的风险因子用 C_{10} 表示。

3. 虚警时间

虚警时间是指在这一段时间内系统平均只给出不大于一次的虚警，用 τ_f 表示。下面讨论虚警时间 τ_f 和虚警率 P_f 之间的关系。

一个噪声脉冲不引起虚警的概率为 $(1-P_f)$，那么 n 个独立的噪声脉冲皆不引起虚警的概率为

$$P_0 = (1-P_f)^n \tag{3-30}$$

当 $P_f \ll 1$ 时，有

$$P_f \approx (1/n) \ln (1/P_0) \tag{3-31}$$

例如，取 $P_0 = 0.5$ 时，则 $P_f \approx (1/n) \ln 2 = 0.693/n$，其中 n 为独立的噪声脉冲数。

若放大器的频带宽度为 Δf，则在 τ_f 时间内的独立噪声脉冲数 $n = \tau_f \Delta f$。按脉冲技术，Δf 一般取信号持续时间 Δt 的倒数，就是系统瞬时视场 $\tilde{\omega}$ 扫过目标所经历的时间，即

$$\Delta t = \frac{\tilde{\omega}}{\Omega} T_f \tag{3-32}$$

式中：Ω 为系统总视场；T_f 为帧时间。因此，有

$$n = \tau_f \frac{\Omega}{\tilde{\omega} T_f} \tag{3-33}$$

把此结果代入式（3-32），有

$$P_f = \frac{0.693}{\tau_f} \frac{\tilde{\omega} T_f}{\Omega} \tag{3-34}$$

4. 漏警

漏警是指当目标信号与噪声信号同时存在时，系统未检测到目标信号，而做出目标不存在的错误判断（报警）。漏警率用 P_l 表示，其风险因子用 C_{01} 表示。

5. 正确不报警

当只有噪声存在的条件下，系统做出目标不存在的正确判断，正确不报警率用 P_c 表示，其相应的风险因子用 C_{00} 表示。

于是系统检测，并做出判断的总的错误概率 P 可表示为

$$P = P_{H_1}P_1 + P_{H_0}P_f \tag{3-35}$$

式中：P_{H_1} 为目标信号与噪声同时出现的概率；P_{H_0} 为只有噪声出现的概率。可以理解为：系统告警错误概率＝总的信号漏警率＋噪声信号虚警率，且系统做出判断而带来的平均风险为

$$\overline{C} = P_{H_1}(C_{11}P_d + C_{01}P_1) + P_{H_0}(C_{10}P_f + C_{00}P_c) \tag{3-36}$$

目标和噪声出现的总风险＝探测概率的正确报警风险＋漏警的风险；噪声出现的风险＝探测概率的正确不报警风险＋虚警的风险。

这几个与探测告警有关的基本概念的含义是相互联系的，而且存在制约且矛盾关系。例如，正确报警和漏警、正确不报警和虚警等，一般在告警应用系统中都会给出告警率（正确告警率）、虚警率和虚警时间。

奈曼-皮尔逊准则（简称 N-P 准则）的基本思想是：在给定一个允许的虚警率 P_f 的条件下，使系统的探测概率 P_d 尽可能地大。该准则与贝叶斯准则（置信度）表达上不同，但实质上是一致的（可以理解为在允许的误差范围内，完成一项任务所追求的最大概率。）

假设允许的虚警率值为 P_f，则根据 N-P 准则应使探测概率 P_d 尽可能地大，或者漏警率 P_1 尽可能地小。按 N-P 准则，有

$$\begin{cases} P_f = 常数值 \\ P_1 \text{尽可能地小} \end{cases}$$

构造一个函数：

$$K = \lambda P_f + P_1 \tag{3-37}$$

式中：λ 为待定乘子。根据 N-P 准则，K 应尽可能地小。另外，平均风险可用下式表述：

$$\overline{C} = C_0 + [(C_{10} - C_{00})P_f P_{H_0} + (C_{01} - C_{11})P_1 P_{H_1}] \tag{3-38}$$

式中：$C_0 = P_{H_0}C_{00} + P_{H_1}C_{11}$ 为不可去除的风险。

式（3-38）右边方括号的内容用 C' 表示，则有 $\overline{C} = C_0 + C'$，按贝叶斯准则应有 $\overline{C}$ 最小，则 C' 尽可能地小，令 $\dfrac{(C_{10} - C_{00})\ P_{H_0}}{(C_{01} - C_{11})\ P_{H_1}} = \eta_0$，于是有

$$C' = (\eta_0 P_f + P_1)(C_{01} - C_{11})P_{H_1} = C''(C_{01} - C_{11})P_{H_1} \tag{3-39}$$

其中，$C'' = (\eta_0 P_f + P_1)$，按贝叶斯准则，C'尽可能地小，即要求C''尽可能地小。

将C''的表示公式与N-P准则中的构造函数K表示公式相比可知，奈曼-皮尔逊准则与贝叶斯准则本质上一致。

3.1.4 光电探测器件

对于光电告警系统来说，能否迅速、准确、灵敏地探测并截获系统周围的电磁辐射是判断其性能是否优良的关键，也是它能否完成作战使命的关键。因此，要选择性能优良的光电辐射探测/截获光电系统。

光电辐射的探测/截获实际上就是通过探测器将携带待测目标信息的电磁辐射转换为电信号，供电子系统进一步处理、检测、控制和输出。而光电探测器件是光电系统中实现电磁辐射探测/截获的核心部件，其种类很多，目前应用最多的是光电探测器和热电探测器两大类。光电探测器件的性能直接决定着光电告警系统对电磁辐射的探测和截获的能力，本节主要介绍光电导探测器件、光伏探测器件、真空光电器件及光电成像探测器件。

1. 光电导探测器件

利用光电导效应工作的探测器称为光电导探测器。光电导效应是指由辐射引起被照射材料电导率改变的一种物理现象，如图3-3所示。

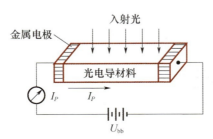

图3-3 光电导材料电导率变化原理图

利用光电导效应工作的探测器称为光电导探测器。光电导效应是半导体材料的一种体效应，无须形成PN结，又称为无结光电探测器[4]。这种器件在光照下会改变自身的电阻率，光照越强，器件的电阻越小，故又称为光敏电阻。光敏电阻对光线十分敏感，无光照射时，呈高阻状态，暗电阻达1.5MΩ；有光照射时，电阻值迅速减小，亮电阻可小到1kΩ以下。

光敏电阻种类繁多，有对紫外线敏感的，有对可见光敏感的，有对红外线敏感的。由于光敏电阻没有极性，可把它当作阻值随光照强度变化的可变电阻使用，因此，在电子线路、仪器仪表、光电控制、计量分析，以及光电制导、激光外差探测等领域中获得广泛的应用。目前，广泛使用的光敏电阻主要品种有硫化镉（CdS）、硒化镉（CdSe）、硫化铅（PbS）、硅（Si）、锗（Ge）、锑化铟（InSb）等。

光敏电阻与其他半导体光电器件（如光伏探测器）相比，有以下特点。

（1）光谱响应范围宽。根据材料不同，灵敏探测的范围覆盖紫外到远红外的广域光谱。

（2）工作电流大，可达数十毫安。

（3）所测光强范围宽，既可测强光，又可测弱光。

（4）灵敏度高，通过对材料、工艺和电极结构的适当选择和设计，光电增益可大于1。

（5）无极性之分，使用方便。

光敏电阻的缺点是：在强光照射下光电性能较差，光电弛豫时间较长，频率特性差，因此它的应用领域受到了一定限制。

光敏电阻均制作在陶瓷基体上，光敏面制作成蛇形，目的是要保证有较大的受光表面，上面由带有光窗的金属管帽或直接进行塑封，封装的作用是尽可能减少外界有害气体（主要是湿气）对光敏面及电极的破坏，使光敏电阻长期稳定地工作。如图3-4所示为光敏电阻及光敏面的结构。

图3-4 光敏电阻及光敏面的结构

光敏电阻的光谱响应特性主要是由所用的半导体材料所决定的。光敏电阻可用于与人眼有关的仪器，如照相机、照度计、光度计等，它们的光谱响应曲线形状与人眼的光谱光视效能 $V(\lambda)$ 曲线还不完全一致。在使用时，必须加滤光片加以修正。

Si 和 Ge 是重要的可见光和近红外探测材料，它们的本征吸收的长波限 λ_{th} 分别为 $1.1\mu m$ 和 $1.7\mu m$，峰值探测率分别为 $5\times10^{10} \text{cm}\cdot\text{Hz}^{\frac{1}{2}}\cdot\text{W}^{-1}$ 和

$1\times10^{13}\,\mathrm{cm\cdot Hz^{\frac{1}{2}}\cdot W^{-1}}$，如图 3-5 所示。

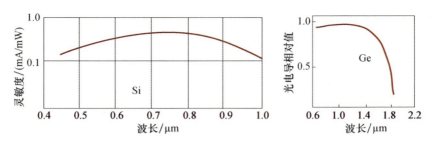

图 3-5　Si 和 Ge 的光谱响应曲线

CdS 是在可见光区用得非常广泛的一种光电导材料。单晶 CdS 的响应波段为 $0.3\sim0.5\mu m$，多晶 CdS 的响应波段为 $0.3\sim0.8\mu m$，如图 3-6（a）所示。它的光谱响应曲线与人眼匹配。

CdSe 的响应范围为 $0.3\sim0.85\mu m$，CdSe 与 CdS 相比，响应时间较快。在强光下灵敏度相差不大，但是在弱光下要比 CdS 低得多，CdSe 的主要问题是灵敏度随温度而变化。图 3-6（b）所示为 CdSe 的光谱响应曲线。

PbS 在室温下响应波长为 $1\sim3.5\mu m$，是较早采用的一种红外光电导材料，主要以多晶形式存在，具有相当高的响应率和探测率，其响应光谱随工作温度而变化。PbS 光敏电阻在冷却情况下，相对光谱灵敏度随温度降低时，灵敏范围和峰值范围都向长波方向移动，如图 3-6（c）所示。在 195K 下，阈值波长 $\lambda_{th}=4\mu m$，峰值波长 $\lambda_m=2.8\mu m$；在 77K 下，阈值波长 $\lambda_{th}=4.5\mu m$，峰值波长 $\lambda_m=3.2\mu m$。

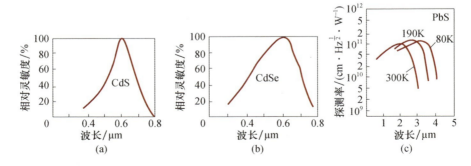

图 3-6　CdS、CdSe 和 PbS 的光谱响应曲线

PbS 的主要缺点是响应时间长，在室温下为 $100\sim300\mu s$，在 77K 下为几十毫秒。单晶 PbS 的响应时间可以缩短到 $32\mu s$ 以下，另外光敏面不容易

制作，低频噪声电流也较大。PbS 主要用于制作光敏电阻，也可用于光伏器件。

PbSe 在室温下工作时，阈值波长 $\lambda_{th}=4.5\mu m$；在 195K 时，阈值波长 $\lambda_{th}=5.2\mu m$；在 77K 时，阈值波长 $\lambda_{th}=6\mu m$。PbSe 可在高温下工作，如在 100℃时，归一化探测率 $D_\lambda^*=8\times10^8 cm\cdot Hz^{\frac{1}{2}}\cdot W^{-1}$。

InSb 是用得非常广泛的一种红外光电导材料，其制备工艺比较成熟和容易，主要用于探测大气窗口（3～5μm）的红外辐射。在室温下，阈值波长 $\lambda_{th}=7.5\mu m$，峰值波长 $\lambda_m=6\mu m$；在 77K 下工作时，阈值波长 $\lambda_{th}=5.5\mu m$，峰值波长 $\lambda_m=5\mu m$。红外探测的光电导还有砷化铟（InAs）、碲镉汞（HgCdTe）等材料，几种红外探测的光电导的光谱响应曲线如图 3-7 所示。表 3-1 给出了几种常见的光敏电阻的灵敏度、响应时间和光谱响应范围。

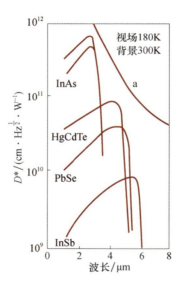

图 3-7　红外探测的光电导的光谱响应曲线

表 3-1　几种常见的光敏电阻的灵敏度、响应时间和光谱响应范围

种类	灵敏度/（A/lm）	响应时间/μs	光谱响应范围/μm
CdS	0.1（单晶）	$10^3\sim10^8$	0.3～0.8（常温）
	50.0（多晶）		
CdSe	50	1500～10^8	0.5～0.8（常温）

续表

种类	灵敏度/（A/lm）	响应时间/μs	光谱响应范围/μm
PbS	在约 10^{-12} W 时，$S=N$①	100	1～3（常温）
PbSe	在约 10^{-11} W 时，$S=N$	100	1～5（常温），约为 7（90K）
PbTe	在约 10^{-12} W 时，$S=N$	10	约为 4（常温），约为 5（90K）
InSb	在约 10^{-11} W 时，$S=N$	0.4	5～7（常温，77K）
Ge:Hg	—	30～1000	约为 14（27K）
Ge:Au	在约 10^{-13} W 时，$S=N$	10	约为 10（77K）
HgCdTe	—	<1	8～14（77K）
HgSdTe	—	15×10^{-3}	11～20（77K）
Ge	在约 10^{-13} W 时，$S=N$	10	—

注：①$S=N$ 表示电阻器外接负载中产生的信号等于内部噪声。

2. 光伏探测器件

利用 PN 结的光伏效应制成的光电探测器称为光伏探测器。

光伏探测器无光照射时，PN 结区内存在内部自建电场；有光照射时，在 PN 结区及其附近产生少数载流子（电子、空穴对）。载流子在结区外时，靠扩散进入结区；在结区中时，因电场的作用，电子漂移到 N 区，空穴漂移到 P 区，使 N 区带负电荷，P 区带正电荷，产生附加电动势。光伏探测器的光电效应，如图 3-8 所示。

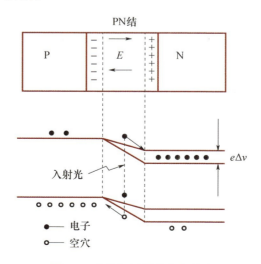

图 3-8　光伏探测器的光电效应

光伏探测器与光电导探测器相比较，主要区别在于以下几方面。

（1）产生光电变换的部位不同，光电导探测器是均质型，无论光照在哪个部分，受光部分的电导率都要增大；而光伏探测器是结型，光只有照射到结区附近，才能产生光伏效应。

（2）光电导探测器没有极性，工作时必须外加偏压；而光伏探测器有确定的正负极，不需要外加偏压也可以把光信号转变为电信号。

（3）光电导探测器响应速度慢，频率响应性能较差；而光伏探测器响应速度快，频率响应特性好。

基于上述特点，光伏探测器的应用非常广泛，一般多用于光度测量、光开关、报警系统、图像识别、自动控制等方面。光伏探测器典型器件有光电二极管、光电三极管、光电池等。

1）光电二极管

光电二极管是基于 PN 结光生伏特效应的器件，其光照特性的线性范围很宽，适合检测等方面应用。光电二极管主要有硅光二极管和雪崩光电二极管（APD），其特点如下。

（1）体积小，稳定性好。

（2）灵敏度高，响应速度快。

（3）易于获得定向性。

（4）光谱响应在可见和红外区。

2）光电三极管

光电三极管又称为光电晶体管，它的伏安特性与普通三极管类似。光电三极管的灵敏度比光电二极管高，是后者的数十倍，故输出电流要比光电二极管大得多，一般为毫安级。但在较强的光照下，光电流与照度呈非线性关系，响应速度、频率特性和温度特性也变差，故光电三极管多用作光电开关或光电逻辑元件。

3）光电池

光电池是利用光生伏特效应把光直接转变成电能的器件，俗称太阳能电池。目前，光电池有硒光电池、硅光电池、砷化镓电池和锗光电池四大类，广泛应用在人造卫星、灯塔、无人气象站，以及光度、色度等光学性质的精密测量和测试中。

3. 真空光电器件

真空光电器件是基于外光电效应的光电探测器，它的结构特点是有一个真空管，其他元件都放在真空管中。真空光电器件包括光电管和光电倍增管两类。由于光电倍增管具有灵敏度高、响应迅速等特点，在探测微弱光信号及快速脉冲弱光信号方面是一个重要的探测器件，因此广泛应用于航天、材料、生物、医学、地质及光电对抗等领域。

真空光电器件的光谱响应波段主要取决于光电阴极的材料，常用光电阴极的材料主要有以下几种。

1) Ag-O-Cs

Ag-O-Cs 材料具有良好的可见和近红外响应，使用 Ag-O-Cs 材料的透射型阴极的光谱响应可从 300nm 到 $1.2\mu m$，反射型阴极的光谱响应略窄一些，从 300nm 到 $1.1\mu m$。与其他材料的光电阴极相比，Ag-O-Cs 阴极在可见光区域的灵敏度较低，但在近红外区的长波端灵敏度较高，因而 Ag-O-Cs 光电阴极主要应用于近红外探测。

2) 单碱锑化物

金属锑与碱金属，如锂、钠、钾、铷、铯中的一种化合，都能形成具有稳定光电发射的发射体。其中，以 CsSb 阴极最为常用，在紫外和可见光区域的灵敏度最高。由于 CsSb 光电阴极的电阻相对于多碱锑化物光电阴极的电阻较低，适用于测量较强的入射光，这时阴极可以通过较大的电流。

3) 多碱锑化物

多碱锑化物是指锑（Sb）和几种碱金属形成的化合物，包括双碱锑材料 Sb-Na-K、Sb-K-Cs 和三碱锑材料 Sb-Na-K-Cs 等。其中，Sb-Na-K-Cs 是最实用的一种光电阴极材料，具有高灵敏度和宽光谱响应，其红外端可延伸到 930nm，适用于宽带光谱测量仪。

4) 负电子亲和势光电阴极

负电子亲和能材料主要是第Ⅲ-Ⅴ族元素化合物和第Ⅱ-Ⅵ族元素化合物。最常用的是 GaAs（Cs）和 InGaAs（Cs）。其中，GaAs（Cs）光电阴极的光谱响应覆盖了从 300～930nm，光谱特性曲线的平坦区从 300nm 延伸到 850nm，900nm 以后迅速截止。InGaAs（Cs）光电阴极的光谱响应较 GaAs（Cs）光电阴极向红外进一步扩展。此外，在 900～1000nm 区域 InGaAs（Cs）光电阴极的信噪比要远高于 Ag-O-Cs 光电阴极。

5) 紫外光电阴极

在紫外探测过程中，为了消除背景辐射的影响，要求光电阴极只对所探测的紫外辐射信号灵敏，而对可见光无响应，这种阴极通常称为"日盲"型光电阴极。目前比较实用的紫外光电阴极材料有碲化铯（CsTe）和碘化铯（CsI）两种。CsTe 阴极的长波限为 320nm，而 CsI 阴极的长波限为 200nm。

4. 光电成像探测器件

光电成像探测器件是基于光电效应对物体成像或进行图像增强与转换的器件。光电成像探测器件的历史悠久，发展迅速，种类很多。其中，电荷耦合器件（CCD）是 20 世纪 70 年代开始发展起来的一种新型的半导体固体成像器件，光谱响应波段一般为可见光/近红外（0.4～1.1μm）。

随着新型半导体器件材料的不断涌现和器件微细化技术的日趋完善，CCD 的光谱响应波段已向紫外方向延展，光谱响应范围为 0.1～1.1μm。目前可用于紫外成像的固体 CCD 器件有两种：一种是对普通 CCD 光敏元表面加膜 CCD（UV-CCD）；另一种是薄型背照式 CCD（BT-CCD）。CCD 都是由半导体硅材料制成的，光谱响应范围为 0.1～1.1μm。UV-CCD 是通过在 CCD 表面覆盖一薄层荧光材料，荧光膜层先吸收紫外光再发射出可见光，完成紫外到可见光的光谱转换。UV-CCD 的光谱响应曲线如图 3-9 所示。BT-CCD 除在可见光谱区域有极高的量子效率之外，在紫外光谱区也有很高的量子效率。BT-CCD 通过减薄方法去除 CCD 基片的大部分硅材料，仅保留含有电路器件结构的硅薄层，使成像光子从 CCD 背面无须通过多晶硅门电极，即可进入 CCD 进行光电转换和电荷积累，克服了通常前照式 CCD 的性能限制[5]。如图 3-10 所示为日本滨松公司新产品 S9060 型 CCD（1044×256）的光谱响应曲线。

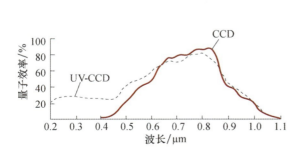

图 3-9　UV-CCD 的光谱响应曲线

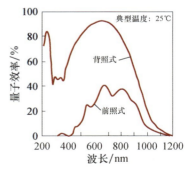

图 3-10　前照式与背照式 CCD 的光谱响应曲线

在光电侦察告警系统中，选择光电探测器需要关注以下因素。

（1）实际光谱测量范围，这是选择光电探测器首要问题。

(2) 光电倍增管是高灵敏度探测器，使用波长通常到 900nm，价格高。

(3) 光伏型探测器响应快、灵敏度高。

(4) 光电导型探测器响应较慢，使用时要求信号光必须调制。

(5) 高性能红外探测器需要配套制冷装置。

(6) 注意选择配套的前置放大器，发挥最大探测效益。

3.1.5 光电图像目标探测识别

目标探测识别即获取目标，就是对目标所在位置的探测和辨别[6]。

1. 目标探测、识别和跟踪的概念

来自于景物的辐射是目标的材料性质、热源和大气状态的复杂函数。由景物发射和反射的辐射通过大气向着成像器件行进，其中某些辐射被吸收了。背景辐射也能被散射朝着进入成像器件的同一路径行进。沿着路径的湍流在相邻射线的折射量引起的差异导致了成像器件上图像的失真。

入射辐射通过光学部件收集，并在系统的像面上形成景物的图像。像增强器及单个探测器或多个探测器阵列将入射辐射转换为图像信号或电信号，然后被处理和显示。对微光夜视来说，图像通过像增强器显示，或者经过真空或固体摄像器件以视频形式显示；对热成像来说，图像能以不同的途径进行抽样；单个探测器或探测器阵列能迅速地扫描图像，或者以二维阵列简单地凝视图像；作为观察者的人观察图像时，便需要对目标的存在、位置和辨别做出判定。这样，一个目标探测模型便需要对成像链的各部分及判定的过程进行叙述。

目标截获是将位置不确定的目标图像定位，并按所期望的水平辨别它的整个过程。目标获取包括搜寻过程（这一过程的结果是确定出了目标的位置）和辨别过程（这一过程的结果是目标被捕获）。搜寻是利用器件显示或肉眼视觉搜索含有潜在目标的景物以定位捕获目标的过程。位置确定是通过搜寻过程确定出目标的位置。辨别是指物体（目标）在被观察者所察觉的细节量的基础上确定看得清的程度。

辨别的等级可分为探测、识别、确认。探测可分为纯探测（pure detection）和辨别探测（discrimination detection）两种。纯探测是在局部均匀的背景下察觉一个物体，如感觉到在晴朗天空中有一架直升机或非杂乱背景中有一辆坦克，而在完成辨别探测时，需要认出某些外形或形状，以便将军事目标从背景中的杂乱物体中区别出来。识别是指能识别出目标属于哪一类别

（如坦克、车辆、人）。确认是指能认出目标，并能足够清晰地确定其类型（如 M1A1 坦克、吉普车）。

跟踪是保持锁定的目标始终处于光电观瞄器件的视场中心，需要对动态的目标图像进行实时处理，由随动伺服系统配合实现目标跟踪。

目标探测与识别中主要提取的特征包括以下几种。

（1）形影（图像）特征：一架飞机和一辆坦克的图像，人一看就能正确区分，这是因为两者的形状不同。这是一种形影（图像）识别，即依据目标的形状特征完成识别。

（2）波谱特征：不论是天然还是人造物体，它们无时无刻不在向外界发射或反射电磁波谱，而且一般都有自己特定的发射谱和反射谱特征。通过对这些特征谱的提取和分析，有可能识别军事武器的类别与型号等，如雷达技术就是利用无线电波的特征进行目标的探测和识别的。

2. 图像中的目标探测与识别

图像中的目标探测与识别，本质上属于图像处理的范畴。一般图像处理的各种算法，如点处理方法、帧处理方法及几何处理方法等，都可以在图像目标识别中得到应用。对图像目标识别算法的基本要求是简单、有效、快速、适应性强。

1）预处理

由红外探测器、CCD、成像雷达输出的图像信号只有首先进行预处理，包括：信号的阻抗匹配、幅度调整、模数转换，以及图像的滤波、分割、增强处理技术，然后才能进行识别、跟踪等后续功能处理。预处理的关键是图像的数字化、滤波和分割。通过这些预处理工作，提高信噪比（SNR），达到对信号优化处理的目的。

对于空间域的预处理，通常使用中值滤波器完成，该滤波器的主要优点是不影响图像的边缘。此外，卷积滤波也是一种比较有代表性的处理方法。图像分割是预处理中最重要的一环，其结果直接影响后续处理。通过图像分割，可使目标从背景中分离，或者将一个物体与另一个物体区分开来。通常可按幅度不同来分割不同区域，也可按边缘、形状或灰度分布特征等来分割不同区域。常用的方法有利用灰度特征的直方图法、利用边缘特征的差分法、利用已知图形的掩模法和利用邻点特征的跟踪法等。

2）目标识别算法

目标识别的基础是要找出目标和背景的差异。要识别目标，首先要进行特征提取；其次才是比较，即选取最佳结果特征，进行决策分类处理。在识别算法中，最关键的是目标特征提取。特征参数很多，如灰度、边缘、纹理、轮廓等。一般地，是以目标物理特征为主，如考虑目标温度分布特征、目标形状特征（包括目标外形、大小、面积、周长、长宽比、圆度等）、目标灰度分布特征（目标对比度、目标统计分布）、目标运动特征（目标相对位置、相对速度、相对加速度等）、目标图像序列特征等。在处理时，图像特征应与亮度、位置、取向和比例等因素的变化无关，即具有不变性。定义不变性的重要方法是规范化，如灰度、几何、变换等的规范化。在几何规范化时，利用矩的不变性，求出各阶的原点矩和中心，用矩表示特征。目前目标识别较成熟的方法主要有以下 3 类[7]。

（1）相关法：即提取目标扫描图像和标准图像的相关值，找出与标准值类似的物体（目标）。在识别时，把相关值高的坐标作为目标，相关值包括积相关值和差相关值。这是一种直接识别的方法。

（2）矩不变法：不变矩组是常见的一种特征函数，它描述了目标图像函数在 X、Y 平面上的分布。如果灰度函数是一个二值函数，那么不变矩只描述目标点在 X、Y 平面上的空间排列信息，即目标形状信息。由于不同目标的这种矩不变量有所不同，因此可用来识别目标。

（3）投影法：即将二维图像的数据投影在某一方向的轴上，然后根据位置探测和投影像的特征来进行识别。

3）自动目标识别技术

自动目标识别（ATR）技术是国内外信息处理技术发展的重点。近 10 年来，由于超大规模集成电路、超高速集成电路、神经网络、光计算机、多传感器集成、人工智能等技术的快速发展，ATR 已由理论探索、实验室仿真逐渐走向实际应用。目前 ATR 方法主要有以下 5 种。

（1）经典的统计模式识别方法。经典的统计模式识别方法主要利用目标特征的统计分布，依靠目标识别系统的大量训练和基于模式空间距离度量的特征匹配分类技术，在较窄的场景定义域内获得较有效的识别。此方法已应用于某些武装直升机的自动目标识别器。

经典的统计模式识别方法是早期使用的方法，仅在很窄的场景定义域内，且在目标图像和周围背景变化不大的情况下才比较有效，难以解决目标姿态变化、目标"污损变模糊"、目标部分被遮蔽等问题。

（2）基于知识的自动目标识别方法。20 世纪 70 年代末，人工智能专家系统开始应用到自动目标识别的研究，形成了基于知识的自动目标识别，即知识基（knowledge-base，KB）系统。基于知识的自动目标识别方法在一定程度上克服了经典的统计模式识别方法的局限性和缺陷。

国外曾研制成一个能判读热图像中目标的知识基战术专家仿真系统（TESS）。该系统有两个处理阶段：图像分析和知识基处理。图像分析利用计算机视觉技术计算景象中所有物体的分类可信度，然后以语义框架知识表示形式存储起来，供知识基处理。利用专家系统工具进行推理，来推断某些信息并改进对目标图像总的理解和判读。该方法目前存在的主要问题是可供利用的知识源的辨识和知识的验证很困难，同时难以在适应新场景中有效地组织知识。

（3）基于模型的自动目标识别方法。基于模型的自动目标识别方法即模型基（model-based，MB）系统，首先将复杂的目标识别的样本空间模型化，这些模型提供了一种描述样本空间各种重要变化特性的简便途径。典型的模型基系统抽取一定的目标特性，并利用这些特性和一些辅助知识来标记目标的模型参数，从而选择一些初始假设，实现目标特性的预测。一个模型基系统的最终目的是匹配实际的特性和预测后面的特性。若标记准确，匹配过程则会成功和有效。基于模型的自动目标识别方法目前尚限于实验室研究阶段。

（4）基于多传感器信息融合的自动目标识别方法。单一传感器的导引头在有光、电干扰的复杂作战环境中，目标搜索和识别的能力、抗干扰能力及其工作可靠性都将降低。当单一传感器损坏或出现故障时，将无法提供目标信息。20世纪80年代兴起的基于多传感器信息融合（multi-sensor information fusion-based，MIFB）的自动目标识别方法克服了单一传感器系统的缺陷，提高了导引头在复杂场景下的自适应能力。导引头多模传感器工作方式的互补性及其协同作用，提高了导引头目标捕获和识别能力。信息数据的融合处理可在决策层、特征层或数据层等各层次进行。实验证明，在决策层融合处理后，对目标识别性能有显著的提高，但数据层的融合处理受影响因素太多，实现难度较大。

（5）基于人工神经网络和专家系统混合应用的自动目标识别方法。专家系统是以逻辑推理为基础模拟人类思维的人工智能方法。人工神经网络（ANN）是以神经元连接结构为基础，通过模拟人脑结构来模拟人类形象思维的一种非逻辑、非语言的人工智能方法，它们是两种相互补充的方法。近年来，人工神经网络在模式识别和分类方面获得很多成功的应用。人工神经网络自底向上的训练与归纳判断特性和专家系统的积累知识的自顶向下的利用特性，可以实现很好的互相补充结合，提供更强的处理信息能力，可以解决以往单独专家系统无法解决的问题与困难。两者混合使用的结构形式有并接结构、串接结构和嵌入结构 3 种。并接结构可并列使用专家系统和神经网络；在串接结构中，各模块独立工作，实现各自特定功能串联相接；嵌入结构是在专家系统内嵌入小型神经网络或在人工神经网络内嵌入小型专家系统以改善系统性能。人工神经网络技术可以提供自主目标识别方法固有的直觉学习能力。在目标分类处理中，许多方法都可以由人工神经网络有效地实现。

3.2　激光告警技术

以激光为信息载体，发现敌方光电装备，获取其方位、种类、工作状态、性能参数、运行状况等"情报"并及时报警的技术就称为激光告警技术。研究激光告警技术的目的是快速探测激光威胁的存在，尽可能确定出其方位、波长、强度、脉冲特性（脉宽、重频、编码特性等）等信息，并进行声光报警，以便己方能及时采取规避、防护、干扰等措施，从而使己方人员或武器装备免遭杀伤、干扰或破坏[8]。

实施激光告警功能的装备即为激光告警器，其战术技术性能通常由以下几项指标来衡量。

（1）告警距离：当告警器刚好能确认威胁存在时，威胁源至被保护目标的最大距离，有时也称为作用距离。

（2）探测概率：当威胁源位于告警器视场内时，告警器能对其正确探测并发出警报的概率。

（3）虚警与虚警率：虚警是指事实上不存在威胁而告警器误认为有威胁并错误发出的警报，发生虚警的平均时间间隔的倒数称为虚警率。

（4）告警空域：告警器能有效侦测威胁源并告警的角度范围，也称为视场角。

（5）角分辨力：告警器恰能区分两个同样威胁源的最小角间距。

激光告警器的作战效果是十分显著的，它能大大提高所保卫目标的生存能力和杀伤力。在典型的作战情况下，一枚马赫数为 2 的激光制导导弹，从 3～4km 以外米格-24 直升机上发射，从发射到击中目标仅需 6.4～6.8s，这就要求光电对抗系统反应迅速。而系统的反应时间与告警器的方位分辨精度有关，当告警精度为 90°～360°时，由炮手瞄准具捕获目标需 4～10s；告警精度为 8°时，由十字准线捕获目标需 3～4s；告警精度为 1°～2°时，捕获目标需 1～2s；当告警精度为 0.1°时，目标被定位仅需 0.1s，留给火控系统的反应时间则达 6～8s。

3.2.1 激光告警的基本原理

激光告警就是尽可能地确定出目标的方位、波长、强度、脉冲特性（脉冲宽度、重频、编码特性等）等信息[9]。

1. 激光目标探测

与激光雷达的目标基本原理相似，激光目标探测是采用激光作为光源去照射目标，通过对目标反射回波的探测，获取目标回波的强度、频率、相位、偏振态、吸收光谱、反射光谱及拉曼散射光谱等信息，从而判别目标的距离、角位置、种类、属性、浓度、速度、运动轨迹及外形等。所探测的激光目标回波信号都是十分微弱的光信号，尤其是对非合作目标的探测更是如此（或者低到 10^{-7}～10^{-8}W），有时还会低到光子计数水平，如何从混杂的噪声中提取出有用的激光信号就是激光目标探测要解决的关键技术。

在激光目标探测中应用较多的是光子探测器，包括：外光电转换型器件，如响应波段从紫外到近红外的光电倍增管、强流管等；由锗、硅或多元合金制作的光电二极管、锗掺杂光探测器（内光电转换器件）等，其覆盖波段范围宽、使用方便，主要性能已达理论极限，是当今激光目标探测系统中不可替代的关键元件。

所有的光电探测系统都无一例外地要受到各种固有噪声的干扰影响，甚至会受人为干扰的影响（光电干扰）。在实际使用中，常用系统的最小探测功率（等效噪声功率（NEP））来表征该系统的探测能力（系统的 NEP 就是信噪比 SNR=1 时的信号功率）。

由于背景噪声、探测器噪声及信号放大电路噪声等的存在，在实际的激光目标探测中，因接收信号极其微弱，有时甚至会出现信噪比小于 1 的情况。因此，在系统设计时，首先应确保系统能接收到尽量大的信号，获得尽可能高的信噪比，使信噪比达到设计要求值。一般来说，适当增加发射功率，减小发射激光束发散角，可以提高回波信号强度，但这有一定的限度。因此，最好的办法是减小接收系统的噪声，提高系统的接收灵敏度。减小接收系统噪声的方法如下。

(1) 合理选择接收视场，插入窄带滤光片，抑制背景光的干扰。

(2) 合理选择发射激光的调制波型，以获得最好的信噪比。

(3) 采用抗干扰能力强的探测方法，如外差探测方法。

(4) 在信号的处理过程中，采取适当的措施，如低噪声前置放大器，并合理选取放大器的带宽。如果上述各项措施都不足以达到信噪比大于1，还可以利用信号与噪声在时间特性上的差异，实现信噪比小于1的情况下提取淹没在噪声中的信号，可采取的方法有相关检测、取样积分、光子计数方法等。

2. 激光目标识别

激光目标识别是通过发射激光光束照射未知目标，然后检测目标回波信号的强度、频率变化量、相位移动值、偏振态改变情况、目标反射光谱与吸收光谱的特征或外形图像来判别目标的种类和属性。如果这些目标的特征属性是唯一的，就可以通过与数据库的数据进行对比来鉴别目标。广义地说，这些目标的独特属性，就像人的外貌、声音、指纹和DNA一样都可以用作区分和识别的判据[10]。

激光雷达可以测量目标的特征振动频谱、特征反射光谱、特征吸收光谱和特征散射光谱（拉曼散射）、目标飞行速度、目标滚转特征等，这些都是激光雷达目标识别的依据。成像激光雷达的最大优点就是可以获得高分辨率的目标三维图像。把获得的图像数据送入计算机中，经一定的算法程序对图像数据进行处理，使因地物背景或其他干扰噪声造成的模糊图像变得清晰，显现出具有一定对比度、有清晰边缘轮廓和外形细节的图像。然后与计算机数据库中的目标数据进行对比，将场景内各种各样的目标加以区别。例如，对敌我双方的目标、民用建筑物、工事、背景植物（树木、草丛）等一一加以识别、区分，然后选择出需要打击的目标，实现场景中目标自动识别（ATR）。常用的目标自动识别算法有Maximal Clique算法、Alignment算法、Relaxation Labeling算法、归一化Hough变换算法和Indexing算法等。

在军用战车、军舰和飞机上也常常采用多个传感器进行目标探测，以提高目标识别能力。多传感器包括主动传感器和被动传感器。为了最大限度地发挥多传感器的作用，提高目标识别效果，必须对多传感器数据进行数据自动融合处理。在选择数据融合系统时，以成像激光雷达与前视红外传感器融合系统最为有效，有研究结果表明，两个传感器数据融合后，图像识别能力大大提高。图像数据融合可以采用以下3种融合级别。

（1）像素级融合：这种融合有可能获得其他融合级中不能显示出的许多细节。

（2）特征级融合：从各传感器中取出特征数据，如外形、边缘、方向、矩，将这些特征在分类处理之前融合。

（3）决策级融合：目标分类由各传感器独立完成，对分类判断采用置信度值融合。成像激光雷达和前视红外组合系统适合采用特征级融合或决策级融合，这两种传感器的数据融合已应用于目标自动识别系统。

3. 激光告警方式

激光告警的原理如图 3-11 所示。激光告警具有探测概率高、虚警率较低、反应时间短、动态范围大、覆盖空域广、工作频带宽等优点。激光告警按其工作方式的不同，一般可分为主动式激光告警和被动式激光告警两类。

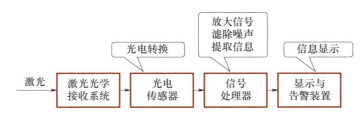

图 3-11　激光告警的原理

主动式激光告警是通过主动发射激光来扫描目标所在空间区域，分析和提取目标的回波，从而在人工和自然背景中获得目标的信息，主要设备有激光雷达和激光相机等。

被动式激光告警是利用光电探测元件，接收敌方各种激光设备与武器所发射的激光束并进行后处理获得目标的信息。按后处理方式不同，它又分为激光威胁告警和激光侦察监视两类。激光威胁告警是探测到敌方激光信号后，确定其来袭方向，测定光束的主要技术参数，并及时发出警报。为实时识别敌方激光辐射源和为情报系统提供决策信息，激光告警技术要求系统带有依据平时情报侦察建立的激光威胁数据库或智能决策系统。激光侦察监视则是能最大限度连续不断地获取敌方各种激光武器和装置的战术技术情报。

3.2.2　激光告警的关键技术

激光告警技术涉及激光、信息处理、编码识别等多个学科领域，多波长探测、微弱信号处理、虚警抑制、多元相关探测、杂光干扰抑制等必须解决的关键技术。

1. 多波长探测技术

20 世纪 90 年代初，随着激光技术军事应用的深入，激光器发生了许多重大变化。工作在 $1\sim3\mu m$ 波段的人眼安全激光器开始取代对视力有害的红宝石和钕玻璃激光器；可调谐可见和近红外激光器消除了红宝石和钕玻璃激光器易被对抗的弱点；用于对抗热寻的和红外搜索跟踪系统（IRSTs）的 $3\sim5\mu m$ 的激光器，以及用于对抗 $8\sim12\mu m$ 前视红外的激光器已出现；CO_2 和其他高相干激光器系统已应用于激光雷达和通信。鉴于激光威胁频谱的日益扩展，激光告警的工作波段也必将因此而不断拓展，只能探测单一波长的激光告警器已不能满足使用要求，必须发展多波长探测装备。

2. 微弱信号处理技术

在复杂的战场环境中，由于可探测到的激光信号是经多次反射或漫反射的信号，非常微弱，处理不好将会出现被噪声淹没的情况。例如，对于空间物体的检测，常常伴随着强烈的背景辐射；在光谱测量中，特别是吸收光谱的弱谱线更容易被环境辐射或检测器件的内部噪声所淹没。为了进行稳定和精确地检测，需要有从噪声中提取、恢复和增强被测信号的技术措施。通常的噪声（闪烁噪声和热噪声等）在时间和幅度变化上都是随机发生的，分布在很宽的频谱范围内。它们的频谱分布和信号频谱大部分不相重叠，也没有同步关系。因此，降低噪声、改善信噪比的基本方法可以采用压缩检测通道带宽的方法。当噪声是随机白噪声时，检测通道的输出噪声正比于频带宽的平方根，只要压缩的带宽不影响信号输出就能大幅降低噪声输出。此外，采用取样平均处理的方法使信号多次同步取样积累。由于信号的增加取决于取样总数，而随机白噪声的增加却仅由取样数的平方根决定，因此可以改善信噪比。根据这些原理，常用的弱光信号检测可分为光纤耦合、锁相放大器、取样积分器和光子计数器几种方式。

3. 虚警抑制技术

由于激光信号的长重复周期性，甚至在一场战斗中激光测距机只发射一个激光脉冲，因此对激光告警设备提出了凝视性能要求，即要求激光告警器能够长时间警戒整个空域。然而，由于光电探测元件的白噪声、阳光、炮火闪光、宇宙射线、电磁干扰及背景光干扰等，因此必须解决激光告警器的虚警问题。虚警率实质上是系统噪声大于探测阈值的概率，灵敏度越高，微弱信号处理能力越强,作用距离也越远,但出现虚警的概率也越大。

采用多元相关探测技术、时序控制、设置波门、软件处理等技术手段可有效地抑制虚警。

4. 多元相关探测技术

利用激光优异的相干性是探测激光威胁的最好方式,能剔除阳光、火光、曳光弹、探照灯等光干扰。

激光告警接收机已成功地应用了多元相关探测技术,即在一个光学通道内,采用两个并联的探测单元,并对探测单元的输出进行相关处理。由于在两个探测单元中噪声干扰脉冲瞬时同时出现的概率几乎为零,因此该电路几乎能滤除全部的噪声干扰信号,并且能保证告警器有较高的探测灵敏度。多元相关探测技术可使激光告警器的虚警率下降达两个数量级,多元相关探测技术兼顾了探测灵敏度和虚警率这两个技术参数,它使激光告警器在具有最大探测灵敏度的同时,保证具有极低的虚警率。

5. 杂光干扰的抑制技术

为消除或抑制自然光及灯光、火焰、炮火闪光等可能对激光告警性能的影响,常采取以下措施。

(1)光谱滤波:利用置入探测光路中的窄带滤光片,只允许特定波长的激光威胁信号通过,摒弃其他光辐射,可取得很好的效果。

(2)电子滤波:根据威胁激光信号的脉冲特征也可以抑制干扰。例如,敌方测距激光的脉冲宽度常为纳秒量级,据此设计滤波器就可减少干扰。

(3)门限控制:威胁激光的幅值通常很高,设计阈值比较器能剔除低于阈值的噪声。

6. 激光主动探测回波识别技术

光电系统一般是通过一定口径的光学系统将目标反射回来的光信号汇聚到一个高灵敏度的光电传感器上或是将目标成像到位于焦点的CCD传感器上,这些传感器又与一高放大倍数的电路相连接组成一信息系统。光电传感器在接收光学信号的同时,会将部分入射的光信号按原路反射。由于该部分反射能量较为集中,其功率密度远大于漫反射目标,因此在一定距离上根据两者的能量差异足以区别出目标和背景。

根据光学镜头的后向反射特性,激光回波信号强度、脉冲宽度等特征,通过设置阈值、正交相位检波技术能够实现目标识别。

7. 到达角（AOA）测量技术

从战场使用来说，都希望告警器能准确提供激光威胁源的方向信息，但实际情况常影响这种信息的可靠性。例如，告警器收到的激光能量不是由威胁源直接传来的，而是经由中间某物体的散射后进入告警器；另外，大气传输造成激光波前畸变和光束抖动，使进入告警器的光束方向不是威胁激光的真实走向；加之某些军用激光器的单脉冲特性，可能造成"漏检"，等等。

采用凝视成像技术能够克服以上困难。它把视角范围内的场景和入射激光聚焦光斑成像于探测器面阵，并通过屏幕直观显示，以便于判断和准确测向。而且，凝视系统不会像扫描系统那样有漏掉单脉冲的可能。

8. 宽动态范围的实现技术

战场上激光威胁的能量可能相差好几个量级，加之告警器收到的激光既可能直接从激光器射来，也可能经过一个或多个漫反射体散射而来，因此射入告警器的能量密度可能有 10 个量级以上的变化，这就要求告警系统具有很宽的动态范围[11]。尽管许多光电探测器的线性动态范围可能很宽，但前置放大器及偏置电路往往只有 3~4 个量级的线性动态范围，故全系统宽动态范围的实现也是关键。

3.2.3　主动式激光告警技术

主动式激光告警技术是利用光学系统后向反射的"猫眼"效应，对战场上敌方的光电装备进行定位和识别的技术手段。它兼具激光测距和目标识别两种功能，应用脉冲激光测距的原理得到目标的距离信息，利用激光回波强度同时辅助于回波宽度与数量进行目标识别[12]。

1. "猫眼"效应探测的原理

光电装备的光学系统在受到激光束辐照时，由于光学"准直"作用，产生的"反射"回波强度比其他漫反射目标（或背景）的回波高几个数量级，就像黑暗中的"猫眼"，如同猫的眼睛反应，因此称为"猫眼"效应。黑暗中的猫眼照片及其光学原理图如图 3-12 所示。

如图 3-13 所示为"猫眼"效应原理示意图。图 3-13 中，L 是光学物镜，其像方焦点为 F，焦面上有分划板 G（或光探测器）。若有激光束沿 AA' 方向射至 L，则 L 使之沿 $A'F$ 射向 G，经过 G 的反射，一部分光能沿 FB' 返回 L，经 L 后沿 $B'B$ 射出。同理，沿 BB' 射来的激光束经光学系统后会有一部分

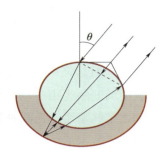

图 3-12　黑暗中的猫眼照片及其光学原理图

沿 $A'A$ 方向射出。由于透镜 L 的聚焦功能和 G 的镜面反射,系统产生了光学"准直"作用。由于这种作用,反向传播的激光回波能量密度比其他目标(或背景)的回波能量密度高得多。

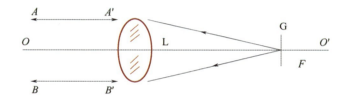

图 3-13　"猫眼"效应原理示意图

当主动式激光告警设备工作时,由激光发射系统以扫描搜索方式向目标空域发射激光束,当激光束射到敌方光电装备视场之内时,"猫眼"效应造成的激光回波携带了此光电装备的许多信息,接收这些信息并做相应处理,就能得到敌方光电装备所在的方位、距离、探测器种类、工作波长、运动状态等参数,进而依据常设数据库和专家系统确定敌方光电装备的属性(甚至型号),发布指挥决策信息和告警信号,向火控系统、对抗系统发出指令。

总之,主动式激光告警是通过主动发射激光扫描目标所在的空域,检测、分析和提取目标的回波信号,从而在自然背景中获得目标的信息。在扫描到存在光学和光电观瞄设备时,由于其"猫眼"效应,目标对入射激光产生的后向反射激光比漫反射强得多。通过对回波信号特性进行分析,达到侦察光学和光电观瞄设备的目的。如图 3-14 所示为美国 Mriage-1200 便携式双筒激光主动探测器及其探测效果。

图 3-14　美国 Mriage-1200 便携式双筒激光主动探测器及其探测效果

2. 激光对"猫眼"类光学镜头的作用距离

激光对漫反射小目标的激光测距方程为

$$P_r = \frac{4P_t A_r A_s \tau_t \tau_r \tau^2 \rho}{\pi^2 \theta_t^2 R^4} \tag{3-40}$$

激光对漫反射大目标的测距方程为

$$P_r = \frac{P_t A_r \tau_t \tau_r \tau^2 \rho}{\pi R^2} \tag{3-41}$$

式中：P_t 为激光器输出功率；θ_t 为入射激光束散角；τ_r 为接收光学系统透过率；R 为告警系统光学镜头与目标光学镜头之间的距离；A_r 为告警系统光学窗口面积；A_s 为目标光学窗口面积；τ_t 为发射光学系统透过率；τ 为单程大气透过率。

假设反射束散角为 θ，为分析方便假定激光从接收光学镜头中心发出，并且只考虑大气衰减对激光传输的影响，不考虑大气扰动的影响，则主动式激光告警"猫眼"类光学镜头的距离方程为

$$P_r = \frac{16 P_t A_r A_{s0} \rho_0 \tau_t \tau_r \tau^2 \tau_s^2}{\pi \theta_t^2 \theta^2 R^4} \tag{3-42}$$

"猫眼"效应适合探测迎头光学目标，产生"猫眼"效应的条件如下：

(1) 光源主动照射检测目标光学窗口。

(2) 照射光进入目标光学窗口的频率波门。

(3) 目标光学系统产生焦平面反射（光轴对准要求）。

所以，若没有观察到"猫眼"效应，也不能说明在观察视场内没有镜头类光学目标。

3. 回波信号的目标识别

目标识别就是区分出镜头目标信号和漫反射背景信号。根据激光大气传输特性和光学镜头与漫反射体后向反射特性，回波信号反射到告警系统时输出信号的幅度、脉冲宽度和目标数量等不同。识别方法有以下几种，这些方法或单独运用，或综合运用。

1) 激光回波信号波长识别法

通过改变主动照射激光的波长及相应更换接收激光回波滤光片，根据"猫眼"效应原理，通过观察检测到激光回波光斑的变化，可以判断出光学目标的工作波段。例如，主动照射激光的波长由 $1.06\mu m$ 改变为 $10.6\mu m$ 时，检测到的光斑由微弱变强时，则在光斑处产生了"猫眼"效应，即可判断出，强光斑即是一个光学目标且其工作波段为 $10.6\mu m$。

2) 激光回波信号强度识别法

根据以上分析可知，镜头与背景回波信号强度相差较大，这给目标识别带来了极大的便利。应用脉冲激光发射源，对回波信号采用双回路接收：第一回路为漫反射回波信号检测放大电路（高增益放大电路），增益与带宽根据对漫反射目标的理论计算及实验数据设计；第二回路为镜头回波信号检测放大电路（低增益放大电路），增益与带宽根据对光学类目标的理论计算及实验数据设计，然后分别进行阈值检测，可以判断出目标类别。

3) 回波信号脉冲宽度识别法

由光的传播速度可以算出，距离每增加1m，传输时间增加约6.7ns，如果背景为有一定纵深的曲面，激光作用到背景表面上的时间将不同，反射时刻也不同，经接收探测器的累积将是一个展宽的激光回波信号。纵深越大，展宽越大，即纵深每增加1m，脉冲宽度将增加6.7ns。

一般地，漫反射小目标的纵深都不大，所以它对激光的反射信号的宽度都很窄；而漫反射大目标不仅面积大，其纵深也大，所以它对激光的反射信号的宽度都比较宽。

在接收通道设计回波信号脉冲宽度检测电路时，比较不同目标激光反射信号的脉冲宽度可区分大小目标。

4) 回波信号追踪识别法

在某些条件下，大气或背景后向散射信号与镜头目标信号幅度脉冲宽度相当，采用上述两种方法无法识别目标。激光在传输和反射过程中，因大气湍流的影响和漫反射激光之间的随机相互干涉导致激光光强的随机起伏变化，并且大气微粒的飘忽不定使得对激光的后向散射处于不定状态，所以回波波形、幅度会产生无规则的变化。这种现象虽然会对激光侦察产生干扰且影响侦察概率，但可以利用回波信号的随机性采取时间追踪法来识别回波信号的特性。具体方法就是对第一次回波进行记忆，下次回波到来后重新对幅度或脉冲宽度进行比较，若两者时间相关、幅度或脉冲宽度相符则为目标。

4. 主动式激光告警系统

主动式激光告警系统一般包括：高重复频率的激光器、激光发射/接收系统、光束扫描系统、信号处理器、伺服机构、声/光/电示警单元等主要硬件和相应数据库，以及软件系统。

主动式激光告警通过主动发射激光来扫描目标所在空间，分析和提取目标的回波，从而在人工和自然背景中获得目标的信息（利用"猫眼"效应原理）。主动式激光告警在工作过程中始终需要发射激光，易暴露。

毫无疑问，主动式激光告警系统的激光波长应与被侦测对象的工作波段相兼容，否则就不能产生明显的"猫眼"效应。目前，主动式激光侦察主要使用 $1.06\mu m$ 和 $10.6\mu m$ 两个波长，因而只能探测工作波段也包含这两个波长的光电装备。

美制"虹鱼"激光武器系统作战时，先以波长为 $1.06\mu m$ 的高重频低能激光对其所覆盖的角空域进行扫描侦察。一旦搜索到光电装备，就启动致盲激光进行攻击。

美国空军的"灵巧"定向红外对抗系统作战的主要对象是红外制导导弹。使用时，它首先发射激光并接收由导引头返回的激光回波，据此判断敌方导弹的方位、距离及其种类等，以确定最有效的调制方式实施干扰，这就是"闭环"定向干扰技术。

3.2.4 被动式激光告警技术

被动式激光告警是利用光电探测器件接收敌方各种激光设备与武器所发射的激光束，确定其来袭方向，测定光束的主要参数，并及时发出警报。

需要注意的是，探测器只接收响应频率一致的威胁目标发射的激光信号；探测器光学接收窗口可接收直接照射、漫反射、散射的同频激光信号；探测器光学接收窗口接收的大多属于漫反射和散射激光信号，因此被动式激光告警属于弱信号检测技术领域。

常见的被动式激光告警技术有传感器阵列型激光告警技术、相干识别型激光告警技术、摄像型激光告警技术。

1. 传感器阵列型激光告警技术

传感器阵列型激光告警技术是利用光电检波阵列作为探测元件,探测来袭激光武器发射的激光束,从而确定敌方激光武器的型号、类型、参数的被动式激光告警技术[13]。传感器阵列型激光告警器由激光探测头、微弱信号放大、信号处理器及报警/显示器、信息传输等部件组成。图 3-15 所示为传感器阵列型激光告警系统及其内部结构示意图,每个探测器都由保护玻璃、滤光片、视场光阑和光电探测器组成。如图 3-16 所示为传感器阵列型激光告警系统单个探测单元结构框图。

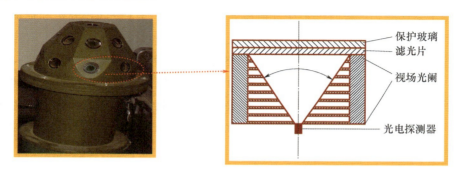

图 3-15 传感器阵列型激光告警系统及其内部结构示意图

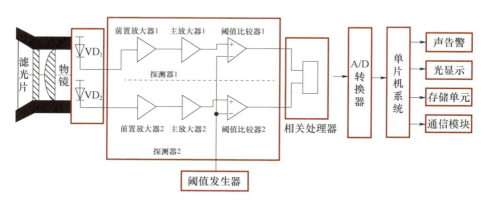

图 3-16 传感器阵列型激光告警系统单个探测单元结构框图

其中,激光探测头由物镜、滤光片及光电转换器件组成;信号处理器包括阈值发生器、阈值比较器、前置放大器、主放大器、相关处理器、A/D 转换器及计算机等;报警/显示器则有声/光/电警示装置、监视器和存储电路。其基本原理是传感器探测阵列接收告警空域任何角度的来袭激光信息,通过光纤束耦合到激光告警信息处理单元,经光电检波转换为电信号,由微弱信号放大阵列进行大动态范围的放大处理后送信号处理器完成角度分选、威胁类型判识、虚假信号剔除形成告警通信报文传送其他指控单元,共享告警信息。

1) 多元相关探测机理

从图 3-16 中可以看出,每个阵列单元物镜焦平面的同一聚焦点上有两个相同的并联探测器 VD_1、VD_2,且 VD_1、VD_2 各有独立的前置放大器、主放大器及阈值比较器。当有敌方激光进入该阵列单元时,信号经放大后由两路阈值比较器进行比较,把低于阈值的噪声滤除,然后送至相关处理器。因为同一单元中两个并联探测器同时出现白噪声的概率近乎为零,而敌方激光脉冲信号在两个探测器中具有相同的振幅和相位。因此,对两者做相关处理可确保目标信号被顺利提取,而探测器自身的噪声被有效地去除。

2) 传感器阵列及其告警方位确定

为了保证覆盖足够大的角空域,通常以多个阵列单元按一定方式组合,称为阵列型系统。例如,在水平面内按圆对称方式排布 n 个相同的阵列单元,以确保水平面内具有 $360°$ 的视场角。另外,在此圆形阵列的中央铅垂轴线上安置一个阵列单元,使其光轴指向天顶,以保证铅垂面内有一定的视场角。如图 3-17 所示为某激光告警传感器阵列布局图。

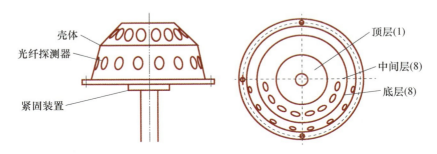

图 3-17 某激光告警传感器阵列布局图

该激光告警设备包括两个激光告警头,每个激光告警头包含 17 个探测器,其中顶部 1 个,另外 16 个分两层均匀分布,以实现方位 $180°$(1 个半圆激光告警头)、俯仰 $0°\sim90°$ 的探测。相对安装的两个激光告警头能实现方位 $360°$、俯仰 $0°\sim90°$ 的上半球探测空域。

(1) 壳体外形由带有锥度的棱形锥体和圆柱体构成,表面有 17 个探测器,与光纤探测单元对应布置,窗口安装保护玻璃。壳体整体防水密封,底盖为安装面,如图 3-18 所示。

图 3-18　某激光告警头外形图

（2）16 个探测器分两层均匀分布时，探测器的视场角设置为 45°，其告警角度分辨率最优（≤22.5°）；光纤探测单元由光阑、光纤插芯、锁紧环构成。光阑用来保证光纤探测具有 45°×45°的圆形视场；光纤插芯作为光纤安装的载体；锁紧环用于把探测单元固定在壳体上。

（3）紧固装置主要由光纤紧固夹、护罩和光纤护管构成。

激光信号导入是由光路中的光学镜头、传输光纤、光电耦合器等部件来完成的。光学镜头将激光指示器能量或漫反射激光能量耦合进传输光纤，其视场角为 45°，光学损耗率≤5%。相配套的传输光纤对 1064nm 透过率≥99.9%/m。光电耦合采用焦光斑小于探测器光敏面的聚焦透镜将光纤出射光会聚于探测器光敏面上完成，其耦合效率＞95%。

为实现告警角度分辨率≤22.5°的指标要求，则 16 个探测器分两层均匀分布时，探测器的视场角应设置为 45°，其视场分割如图 3-19 所示。

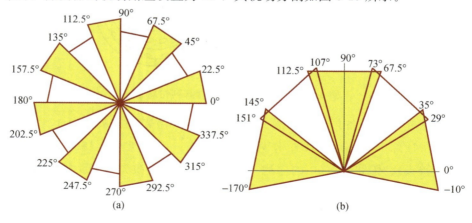

图 3-19　16 个探测器告警视场分割示意图

(a) 方位 360°分割；(b) 俯仰 90°分割。

当 8 个探测器均匀分布在告警器水平方位上时，其探测器激光告警视场分割如图 3-20 所示。

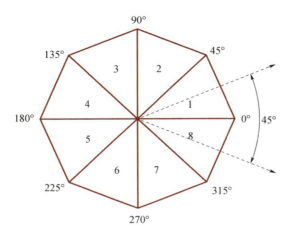

图 3-20　8 个探测器激光告警视场分割示意图

假设光电探测器视场角为 67.5°，相邻两个光电探测器的视场角有重叠角 22.5°，则 8 个探测器分两层均匀分布时，其视场角分割如图 3-21 所示，可实现告警角度分辨率≤22.5°的指标要求。

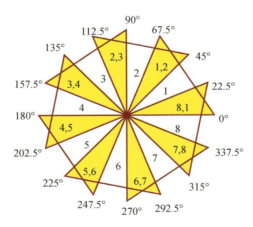

图 3-21　8 个探测器告警视场角分割示意图

通过上述分析可知，告警器阵列单元的数量与其探测器视场角的设计会直接影响告警系统的角度分辨率，应该说适当增加阵列单元的数量可以提高告警角度分辨率，但增加阵列单元的数量不一定都能提高系统告警角度分辨率，其结果还要取决于探测器的视场角大小。

3) 威胁激光信号参数确定

激光告警器不仅要确定威胁激光源的方位，还要确定威胁源的基本参数。例如，工作波长、脉冲宽度、脉冲重复频率、能量幅度等。

一般来说，激光测距机发出的脉冲宽度为 6～10ns 的单脉冲激光，其脉冲宽度小、重复频率低；而激光制导目标指示器的指示激光束与测距激光相似，但重复频率高，脉冲宽度为 10～20ns 的编码高重频脉冲激光；致盲式激光武器的激光也与测距激光相似，但能量密度高；通信用的激光是调制的连续波或重复频率很高的脉冲串；"硬破坏"用的激光武器常采用连续波激光或脉冲宽度较大的脉冲光，其能量密度极高。这些典型特征都是判断威胁种类的基本依据。所以，激光告警器具有来袭方位告警和威胁目标类型判定两个功能。

挪威和英国合作研制生产的 RL1 型激光告警接收机是已批量装备部队的阵列型激光告警系统。它包含激光探测传感器和显示控制器两大部件，供装甲车辆使用（激光探测传感器伸出车顶，显示控制器装于车内）。全系统有 5 个激光探测单元，其中 1 个指向天空，4 个在水平面内对称分布。每个单元的视场角均为 135°（无物镜），相邻单元视场有 45°的重叠区。系统采用了有效抑制二次反射的技术。其主要性能如下。

(1) 探测波段：0.66～1.1μm。

(2) 探测器：硅光电二极管。

(3) 覆盖空域：水平 360°，俯仰 180°。

(4) 角分辨率：45°。

(5) 虚警率：10^{-3}/h。

属于此类的激光告警器还有英国与挪威联合研制的 RL2 型、英国 SAVIOUR 型、法国 THOMSON-CSF 型、以色列 LWS-20 型、中国的 LWR-1 型等。它们的共同优点是结构简单、成本较低；缺点是定向精度不高。一般来说，此类告警器可用来启动烟幕干扰装备。

适当增加阵列单元的数量可以提高角分辨率。例如，英国卜莱塞雷达公司在水平面内以圆对称形式布置 12 个探测单元，每个单元具有 45°的视场角，每隔 30°安置一个这样的单元，使每相邻两个单元具有 15°的视角重叠区，这就把水平方位的角分辨率提高到 15°。

2. 相干识别型激光告警技术

相干识别型激光告警技术基于法布里-珀罗（Fabry-Perot）标准具（F-P

标准具）或迈克尔逊球面镜干涉原理而工作，从技术应用成熟度考虑，这里只介绍法布里-珀罗干涉仪型激光告警技术。

法布里-珀罗干涉仪型激光告警设备是利用法布里-珀罗标准具对激光的调制特性来探测和识别来袭激光的，此时的法布里-珀罗标准具被称为相干分析器。

1）法布里-珀罗标准具的工作原理

法布里-珀罗标准具是由可摆动的 F-P 标准具、透镜、探测器、鉴频器、计算机、警示装置、记录设备等组成，如图 3-22 所示。

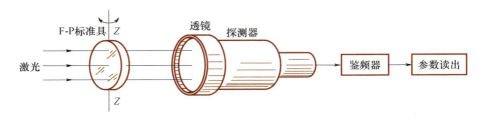

图 3-22　法布里-珀罗标准具的组成

法布里-珀罗标准具可抽象描述为由两个镀有部分反射能力透射膜的平行平面组成，相距为 d，其间的介质折射率为 n。其光路图如图 3-23 所示。

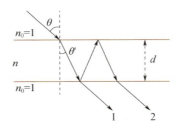

图 3-23　法布里-珀罗标准具光路图

一束光线投射其上，形成直接透射光 1 和经二次反射再透射的透射光 2，这两束相邻光线的光程差为

$$\Delta = \frac{2nd}{\cos\theta'} - 2d\tan\theta' \cdot n_0 \cdot \sin\theta = 2nd \cdot \cos\theta' \tag{3-43}$$

光程差与介质的折射率 n 和法布里-珀罗标准具内入射光的倾角 θ' 有关。通过摆动 F-P 标准具，即周期性改变 θ 角，可得到通过摆动 F-P 标准具的输出光强随倾角 θ 的变化关系。

标准具的出射光强：

$$I = \frac{I_0}{2}\left[1 + \cos\left(\frac{4\pi nd}{\lambda}\right)\cos\theta'\right] \qquad (3\text{-}44)$$

式中：I_0 为入射光强；λ 为入射光线的波长。并可得到出射光强 I 与倾角 θ' 的关系曲线如图 3-24 所示。

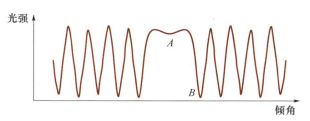

图 3-24　标准具中出射光强 I 与倾角 θ' 的关系曲线

可见，出射光强信号 I 是一个随 θ' 变化的调频波，对称分布于以 $\theta'=\theta=0$ 的两侧。由标准具的工作过程可知，A 和 B 间的夹角与入射光线的波长 λ 有关；标准具的摆动角与入射激光的角度有关（方向）。所以，该方法可测激光波长和入射光方向，且虚警率低。但需要机械转动扫描探测，不能截获单纯的激光短脉冲。

2）法布里-珀罗干涉仪型激光告警的原理

法布里-珀罗干涉仪型激光告警的原理图如图 3-25 示。入射激光从某一个方向通过光阑 1 投射到分级法布里-珀罗标准具 2 上，该分级式标准具的上半部比下半部高（或低）出 $\lambda/4n$ 的奇数倍，并使标准具围绕垂直于光轴的轴线匀速摆动。

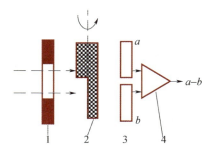

1—光阑；2—法布里 珀罗标准具；3—a，b 为两个探测单元；4—运算器。

图 3-25　法布里-珀罗干涉仪型激光告警的原理图

于是，透过标准具的出射光强 I 可表示为

$$I = \frac{I_0}{2}\left[1 + \cos\left(\frac{4\pi d}{\lambda}\sqrt{n^2 - n_0\sin^2\theta}\right)\right] \qquad (3\text{-}45)$$

并可测得 I-θ' 曲线，当 $\theta'=\theta=0$ 时，有

$$I = \frac{I_0}{2}\Big[1+\cos\Big(\frac{4\pi nd}{\lambda}\Big)\Big] \qquad (3\text{-}46)$$

此时，即为 I-θ' 曲线中的 A 点位置。

（1）入射光的方向。若在标准具摆动的角范围内有激光入射，则可测出一条 I-θ' 曲线，从此曲线上定出 A 点，即激光束垂直入射标准具的位置，那么可从此时标准具所摆动到的角度位置精确定出入射激光束的方向。

ϕ 为相邻两光线的位相差。由出射光强的公式可知，光束垂直于标准具受光面时，$\theta'=\theta=0$（图 3-24 中的 A 点位置）。

$$\phi = \frac{2\pi\Delta}{\lambda} = \frac{4\pi n}{\lambda}d\cos\theta' = \phi_0 = \frac{4\pi n}{\lambda}d \qquad (3\text{-}47)$$

（2）入射光线的波长。I-θ' 曲线上的 B 点位置（$\theta'=\theta'_B$）出射光强极小，即

$$\phi_B = \phi_0 - \pi = \frac{4\pi n}{\lambda}d - \pi = \frac{4\pi n}{\lambda}d\cos\theta'_B \qquad (3\text{-}48)$$

于是：

$$\cos\theta'_B = 1 - \frac{\lambda}{4nd} \qquad (3\text{-}49)$$

式（3-47）说明只要测出 I-θ' 中 A、B 两点的角度差 θ'_B，就可测定入射光线的波长，即

$$\lambda = 4nd(1-\cos\theta'_B) \qquad (3\text{-}50)$$

（3）抑制杂光干扰。采用分级法布里-珀罗标准具的目的是消除背景光的干扰。当背景光（非相干光）投射到分级标准具上时，上下两部分均有光输出，并投射到各自的光电探测器 3 上，这两个探测器的偏置极性相反，所以它们输出信号的极性相反，送到求和放大器 4 中相加而抵消，即相加器 4 在背景光入射情况下，其输出为零，消除了背景光干扰。

所以，当有激光入射到分级标准具上时，标准具上、下半部分厚度有 $\lambda/4n$ 的奇数倍的差异，激光干涉结果使上、下半部分的输出一个是亮纹，一个是暗纹，所以相加后不影响对相干光的测量结果，这样就使系统的虚警率大大降低。

美国 AN/AVR-2 是最典型的法布里-珀罗干涉仪型激光告警器，也是世界上第一种批量装备部队的法布里-珀罗干涉仪型激光告警器。它有 4 个探测头和 1 个接口比较器，可实现 360°方位角空域覆盖，常与 AN/ALR-39 雷达

警戒接收机联用，平均无故障时间（MTBF）为1800h。

美军将AN/AVR-2装在AH-1型直升机转子附近的机身两侧，每侧有两个激光探测头，实现水平方位360°周视。当敌方激光照射直升机时，激光探测头把光信号转换为电信号送到AH/ALR-39雷达警戒接收机的显示器，从显示器中可以判断来袭方位角，还可大致知道威胁的能量等级。

3. 摄像型激光告警技术

阵列型激光告警技术受传感器数量的限制，角分辨率不可能很高（一般为十几度到几十度），不适用于装备在歼击机类的作战平台上，一般也不适合单独用作激光有源干扰装备的配套设施。

摄像型激光告警技术的工作原理是广角凝视成像体制，角分辨率比低精度阵列型激光告警技术约高一个量级。摄像型激光告警器一般包含摄像探测头、显示/控制器两大部件。前者主要由超广角物镜或鱼眼镜头、CCD面阵、窄带滤光片、分光镜、光电转换元件、数据处理单元及计算机组成（图3-26）；后者主要包括激光光斑显示器、警示信号装置、控制部件、指令传送接口及信息存储单元等。

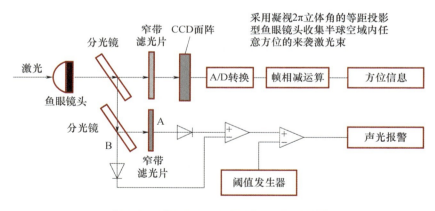

图3-26　摄像型激光告警系统的工作原理

成像探测型激光告警系统主要利用鱼眼镜头的超大空域覆盖特性。鱼眼镜头视场角一般大于90°，实时性好、定位精度高。一般地，标准镜头视场角为45°～60°，广角镜头视场角为60°～80°，超广角镜头视场角为80°～120°，鱼眼镜头视场角大于120°。

当鱼眼镜头，$2\omega=160°$，$f'=22.86$，$D/f'=1/2$，可用作超广角照相、电影放映镜头，如图3-27所示。

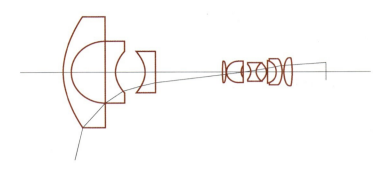

图 3-27　鱼眼镜头（1）

当鱼眼镜头，$2\omega=220°$，$f'=6.3$，$D/f'=1/2.8$，可用作超广角照相机、投影仪镜头，如图 3-28 所示。

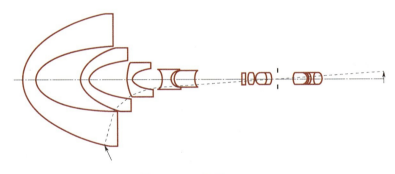

图 3-28　鱼眼镜头（2）

如图 3-29 所示为 $2|\omega|\geqslant 90°$ 时，鱼眼镜头成像效果。从图中可以看出，图像明显变形像。

图 3-29　$2|\omega|\geqslant 90°$ 时，鱼眼透镜成像效果（变形像）

LAHAWS 摄像型激光告警器是美军 20 世纪 70 年代末期的装备，它采用凝视 2π 立体角的等距投影型鱼眼镜头收集半球空域内任意方位的来袭激光束，将其成像于（100×100）像元的 CCD 面阵上予以显示。工作波长为 $1.06\mu m$，覆盖空域为半球范围（方位 360°，俯仰 0°～90°）；威胁定向精度为 3°。

LAHAWS 摄像型激光告警器采用了一系列抑制干扰的措施，其工作过程为：鱼眼镜头后面的 4:1 分光镜把入射光能量分送两个通道，80% 的能量通过窄带滤光片，经光谱滤波后聚集于 CCD 面阵光敏面，20% 的能量又经分光镜和窄带滤光片进入两条通道（能量比例为 1:1）A 和 A′。A 和 A′各有一支硅光电二极管，但 A 通道中有威胁激光信号和背景信号，而 A′中只有背景信号。A、A′两通道的输出经过相减运算后放大，使背景信号被去除。因此，在没有威胁激光时，相减后输出为零；当有威胁激光时，相减后输出不为零。经过放大和高速阈值比较器处理，检测出威胁激光信号，驱动声/光指示器报警。同时，CCD 面阵输出的视频信号经过 A/D 转换和帧相减运算，也去除了背景，突出了威胁激光光斑影像。此光斑在 CCD 面阵上的位置经过解算，可以准确标示激光威胁源的方位，并由监视器显示出来。为防止强激光造成器件饱和，系统还采用了自动增益控制措施。其本质是产生威胁激光报警信号、解算威胁目标方向信息，工作过程可简化描述如下。

（1）激光经过鱼眼镜头后，4:1 分光镜把入射光分送到两个通道，80% 的能量通过窄带滤光片，经光谱滤波后聚集到 CCD 面阵光敏面。

（2）其余 20% 的能量又经过 1:1 分光镜又分成两个通道，A 路经过滤光片，滤掉威胁信号（威胁激光频率信号），只保留背景信号。

（3）B 通道中有威胁信号和背景信号。A、B 两通道输出经过帧相减运算后放大，去除背景信号。

（4）再经过阈值比较器比较，提取信号。若有威胁信号，则驱动声光报警。

（5）同时，CCD 面阵的视频信号经过 A/D 转换和帧相减运算，得到威胁激光光斑，可解算出威胁方位。

由于利用了鱼眼镜头（或超广角镜头）的超大空域覆盖特性，以及 CCD 面阵的光电转换/信号处理与传送性能，此类告警器具有实时性好、定位精度高（误差为零点几度到几度）等优点，是一种中精度告警器。但该类探测器光学结构较复杂，会影响目标探测灵敏度；鱼眼镜头产生成像变形现象，需后续图像校准。随着光电器件性能的发展，该方式将大量应用。

3.2.5 光纤延时编码激光告警器

光纤延时编码激光告警器是美国率先研制的一种新型激光告警器（图 3-30），其主要部件是半球形传感头和以光纤延迟时间编码的分布式传感器阵列，系统的角分辨率可达 1°。在半球的顶部中央置有鱼眼镜头（覆盖上半球 2π 立体角空域），探测上半球空域内来自任意方位的激光辐射信号（产生告警信号，但无方位信息）；顶部以下按纬线高度布置圆对称传感器阵列，每个传感器的物镜都位于同一个半球面上，并以光纤与之耦合；所有光纤集束与同一光电转换器件相连，光纤的长度随传感器物镜所处方位的不同而不同，实现以光纤延迟时间来表示的方位编码，即方位角与光纤的延迟时间有一一对应关系。

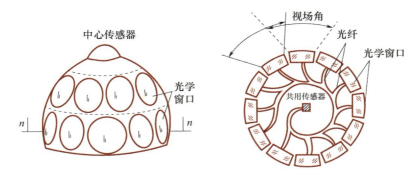

图 3-30　光纤延迟时间编码激光告警器原理图

当有威胁激光信号辐射告警器时，系统以顶部鱼眼镜头截获接收的激光辐射信号为起始计时信号（产生告警信息并启动计时），以相应方位传感器输出的激光信号为计时终点信号，根据延迟时间判定来袭威胁目标方位，并分布告警信息。系统的角分辨率可达 1°。光纤延迟时间编码激光告警器的特点如下。

（1）实时性好，目标探测告警精度、灵敏度高。

（2）要检测信号光纤传输时间，对检测精度要求高。

（3）光路结构复杂，对微系统设计要求高。

随着光电器件性能的发展，该告警方法将会被大量地应用。

前面主要介绍了对激光威胁信号的激光告警技术，传感器阵列型、法布里-珀罗干涉仪型、CCD 摄像型 3 种典型激光告警方法的共同点，是采用被动探测方式来对来袭激光威胁目标进行方位探测、威胁类型判定和激光波长识别。3 种方法性能的比较如表 3-2 所列。

表 3-2 3 种激光告警方法性能的比较

激光告警方法	主要功能	优点	缺点	发展状况
传感器阵列型	以 15°的分辨力大致判断来袭激光的方向	简单、成本低、灵敏度高	测向精度太低、不能测激光波长	已装备部队
法布里-珀罗干涉仪型	测定来袭激光的方向和波长	①使用一个单元的光电接收器；②虚警率低	①需有机械扫描装置；②不能截获单次激光短脉冲	AN/AVR-2 已装备美军直升机
CCD 摄像型	测定来袭激光的方向，并可显示图像	①直接成像在 CCD 上，探测灵敏度比相干型高；②图像直观；③视场大、可凝视侦察、虚警率低、角分辨率角高	不能测定激光波长	室内原理性试验

3.3 红外告警技术

红外告警技术是利用红外传感器探测目标的红外辐射信号，依据目标辐射特征和预设数据库进行分析处理、目标类型判别，以确定目标类型和方位信息并实时报警的技术手段。探测告警目标对象应具有显著的红外辐射特征，如敌方来袭导弹（包括战术导弹、洲际导弹、巡航导弹等）、飞机或其他重要威胁目标。

目前，红外告警装备绝大多数采取"被动"式工作体制，但也有附带红外照明装置以构成"主动"式系统，如俄罗斯坦克上的一种红外告警器为了提高对目标的探测能力，采用了主动红外照明手段。

红外告警的功能包括连续观察威胁目标的活动，探测并识别出威胁导弹，确定威胁导弹的详细特征，并向所保护的平台发出警报[14]。告警的应用可分为战术与战略两类。机载、舰载、车载导弹逼近告警系统就是一种战术应用系统，而星载红外预警接收机是一种战略应用预警系统，是用来保护一个大的区域或国家，如可用于战略导弹防御系统来探测洲际弹道导弹。

3.3.1 红外告警的基本原理

红外告警按探测波段可分为中波告警、长波告警及多波段复合告警，中波一般指 3～5μm 的红外波段，长波指 8～14μm 的红外波段。红外侦察告警系统必须从背景中把目标检测出来。它提取目标的特征有目标的瞬时光谱特征、目标辐射的时间特征、多光谱特征和利用图像特征。

1. 目标的瞬时光谱特征

某些重要目标在特定时刻的辐射具有明显的特征，由此可以识别此类目标。例如，导弹发射时，尾焰在红外波段 2.7μm 处有一个辐射峰值，在 4.2μm 处附近有"红"（4.35～4.5μm）与"蓝"（4.17～4.2μm）两色的辐射峰值，如图 3-31 所示。而背景辐射不具备这种特征，所以依据特定时刻的这种光谱特征可以感知导弹的发射态势。

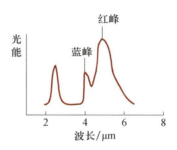

图 3-31 导弹尾焰波谱曲线图

综合考虑大气对特定波段光辐射的吸收作用因素的影响，导弹来袭时，红外告警系统主要探测 1～3μm 和 3～5μm 的红外波段辐射光信号，以识别导弹尾焰的红外辐射特征。其中，采用信号处理技术探测峰值和时序，图像处理技术识别其波形。

2. 目标辐射的时间特征

有些目标的辐射强度随时间而变化，且这种变化遵循着一定的规律，即目标在特定时刻的辐射具有明显的特征，据此告警系统可以识别此类目标类型。而背景辐射不具备这种特征，所以依据特定时间段的目标辐射光谱特征可以感知目标特征。

以导弹为例，它在刚发射时的红外辐射强度很高；在助推段时，其辐射强度相对下降；降至惯性飞行段时，则辐射强度更弱。根据红外辐射强度随时间变化的这种规律，可以识别导弹和判定其运动状态[15]（在时序上针对目标运动过程光辐射的红外特征识别方法）。

3. 多光谱特征

任何物体都有相应的红外辐射光谱曲线。不同物体在某一波长附近的辐射强度可能相同或相近，但不可能在各波段都有相同或相近的辐射强度。

如果同时获取红外区域多个波段的辐射，并进行信息融合处理，就能更充分地表现特定目标的特征，从而发现和识别目标。

4. 利用图像特征

目标的红外图像不仅包含了其红外辐射强度信息，而且直观展现了它的几何形体，其总信息量比只利用辐射强度时要大得多，因此利用红外图像提取目标是迄今为止目标探测最可靠的方式。不仅如此，有了图像就可以充分运用先进的图像处理技术，可准确识别目标，精密标定目标方位，并可利用帧相减运算提供目标运动参数，建立航迹预测其坐标和实施跟踪（基于图像的目标探测跟踪技术）。

3.3.2 红外告警系统的组成

红外告警系统一般包括红外探测单元、信号处理单元、告警信息发布单元，如图 3-32 所示。

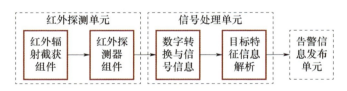

图 3-32 红外告警系统的组成框图

（1）红外探测单元：一般由外罩、光学系统、滤光片、探测器、制冷器和预处理电路等组成（扫描型探测系统中还有光学的、机械的或光学/机械扫描部件）。其功能是搜集目标的红外辐射，并将其转换为电信号，经过一定的预处理后传输给信号处理单元。可以说，它相当于全系统的眼睛。

（2）信号处理单元：把信号进一步放大，实行 A/D 转换后进行数字信号处理。运用预存数据库和各种软件进一步提取和识别目标，提供其所属种类、运动参数、方位角、俯仰角等信息。

（3）告警信息发布单元：接收上述信息后以声、光、电信号报警并显示目标信息，同时启动相应机构实施防御。

红外告警按成像方式可分为扫描型红外侦察告警和凝视型红外侦察告警。扫描型红外探测器采用线列器件，靠光机扫描装置对特定空间进行扫描，以发现目标。凝视型采用红外焦平面阵列器件，通过光学系统直接搜索特定空间。

3.3.3　红外告警的关键技术

1. 重要目标及典型背景的红外辐射特征数据库的建立

掌握重要目标（如导弹、飞机、导弹发射场等）和典型背景（例如天空、云层、林地、沙漠、雪地、水面）的红外辐射特征及这种特征随时间的变化规律，利用两者的差异，重点检测目标的暴露特征，准确地快速探测目标和识别目标。

另外，研究大气对红外辐射的传输特性也很重要，因为它直接影响告警装备所接收到的目标红外辐射能量。

由于光电对抗技术的发展，许多重要目标在不断提高隐蔽性和改进性能，这使得现有的经验和规律可能过时和失效。例如，更高性能的导弹加速度比以往大得多，使其在被发射时很快就结束了助推过程，此后便靠惯性滑行至目标。这使得助推段的探测比以往要困难，且过去的时间规律不能照搬。

2. 外场试验与内场仿真技术

红外告警系统的内场仿真是系统设计的重要方法，先进的外场试验则是检验系统性能的必要手段。它要真实地仿照实战条件，如作战对象及其运动方式、电磁环境、背景条件、干扰与噪声、载体的速度、过载、振动及天候情况等。

3. 光学系统设计与制造技术

为了提高红外告警系统的光学增益，合理的光学系统设计必不可少。光学系统设计一方面是提高对光辐射的频率选通能力，采用加滤光片、透镜镀膜等技术减少对探测器敏感波段信号的衰减，同时对其他波段光辐射进行抑制；另一方面是设计合理的光学聚焦系统，使入射光信号能够有效地汇聚到探测器接收面上，减少光路中的信号衰减。

4. 探测器技术

目前，探测器的性能、尺寸普遍成为红外系统发展的重大制约因素。毫无疑问，优质的集成度高而成本相对较低的红外探测器，尤其是大面积、高分辨力的红外 FPA 已成为红外告警装备的核心部件。当前还特别需要高性能的非制冷探测器，它们的使用将使红外告警装备面目一新。

5. 信息处理技术

红外告警系统探测器的输出信号（一般为微伏量级）常与噪声相仿。要把有用信号检出并放大至几十毫伏到上百毫伏，要求前置放大器具有优良的噪声抑制能力和较高的放大系数。同时，为保证系统的工作距离、高探测概率和低虚警率等性能，需要一系列先进的信号与信息处理技术。例如，高增益/低噪声的放大技术、自适应门限检测技术、时/空滤波技术、扩展源阻隔技术、目标识别/分选技术、目标跟踪技术、模糊模式识别技术与数据融合技术等。

6. 图像处理技术

红外告警系统在刚捕获到目标时，由于距离较远，目标在"图像"中通常只占据很少几个像素，且表现的红外辐射强度也很低。相比之下，背景辐射却可能较强。如何在这种情况下把弱小目标检出并达到实时性要求就成为首要难题，此即弱小目标检测问题。

同时，战场情况非常复杂，人为的和自然的干扰因素很多，许多重要目标可能同时出现，其运动状态又可能各不相同，加之天候条件的影响等，对多目标的快速识别和处理更加困难。

红外侦察告警设备可以安装在各种固定翼飞机、直升机、舰船、战车和地面侦察台站，用于对来袭的威胁目标进行告警，目前以这种用法构成了多种自卫系统。同时，它可以单独作为侦察设备和监视装置，这时一般都配有全景或一定区域的显示器，类似于夜视仪或前视装置。此外，还可以与火控系统连接作为搜索与跟踪的指示器。

红外告警接收机的典型参数，如表 3-3 所列。红外告警技术具有如下优点。

（1）具有全球角空域（4π 立体角）覆盖能力。

（2）能全天候、全时日地工作，告警反应时间短，虚警率低。

（3）能在复杂背景和战场环境下工作，与雷达形成双通道探测告警功能。

（4）探测距离足够远（对战术导弹的探测距离为 10～15km）。

（5）测角精度高（精度为 0.1～1mrad），能提供目标运动参数，告警识别率高。

（6）通用组件模块化，能携载于多种平台。

（7）体积小，质量轻，成本低，易维修。

表 3-3　红外告警接收机的典型参数

技术参数	指标
探测概率 P_D	0.95～0.99
虚警率（FAR）	1.0～0.1/h
探测距离	1～10km
警戒视场	0°～360°
探测到报警的时间	0.5s
工作高度	0～10km

3.4　紫外告警技术

紫外告警技术是指利用紫外探测器件截获接收和处理目标自身的紫外辐射信号，实施探测和识别，指示目标角方位并发布警报的技术手段。紫外告警技术是一种先进的用于导弹告警的技术，是光电告警技术的一个重要组成部分。与红外告警相比，紫外告警设备具有虚警率低、不需要制冷、体积小和质量轻等优点。

在 20 世纪 60 年代至 70 年代初，国外已开始进行紫外波段探测洲际导弹发射的研究工作，一些基础研究工作取得进展，掌握了紫外波段大气传输特性，开发了大气传输计算程序，其中一项关键技术就是紫外传感器。经过几年的开发，美国洛勒尔公司研制成功了世界上第一台导弹逼近紫外告警系统，在 1988 年装备部队并在海湾战争中成功地应用。目前，紫外告警设备已成为光电告警技术开发的新热点。

3.4.1　紫外告警的基本原理

紫外告警系统在中紫外波段（0.2～0.29μm）工作，如图 3-33 所示。由于臭氧层的吸收等原因，因此该波段的太阳紫外辐射被阻隔而不能到达低空，于是形成"太阳光谱盲区"（或称为光谱"黑洞"）。这使得该波段的紫外探测系统有效地避开了最强大的自然光所造成的复杂背景，剔除了一个最棘手的干扰源，使虚警显著减少，还大大减轻了告警系统的信号处理难度和工作量。

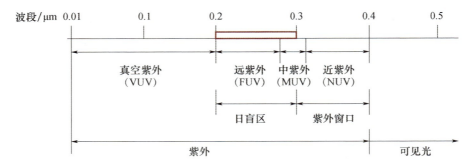

图 3-33　紫外告警工作在中紫外波段（0.2～0.29μm）工作

系统采用光子检测方法，充分利用目标光谱辐射特性、运动特性和光辐射的时间特性，运用数字滤波、模式识别、自适应阈值等方法，保证高信噪比探测，提高了系统的灵敏度[16]。

紫外告警系统有概略型紫外告警系统和成像型紫外告警系统两种。概略型告警系统通过紫外物镜接收导弹羽烟的紫外辐射，以单阳极光电倍增管为探测器件做光电转换。相对于成像型紫外告警系统而言，它体积小、质量轻、功耗小，但角分辨率低，灵敏度也较差，而它能引导烟幕弹、红外干扰弹的投放。成像型紫外告警系统通过大相对孔径的广角紫外物镜接收导弹羽烟的紫外辐射，以面阵探测器形成光电图像，基于此提取目标。相比之下，它探测和识别目标的能力更强，角分辨力很高，不仅能引导烟幕弹、红外干扰弹的投放，还能指引定向干扰机，并且有良好的目标态势估计能力，是紫外告警的主导潮流。

3.4.2　紫外告警系统的组成

紫外告警系统包括紫外探测单元、信号处理单元、显示/控制单元。其中，显示/控制单元可与其他光电设备共用，功能与红外告警器中的一样。紫外探测单元通常包括几个（如机载系统为4～6个）紫外传感器，组合起来构成全方位、大空域的覆盖（如360°×92°），每个传感器均以凝视工作体制收集紫外辐射，经光电转换和多路传输把信号送至信号处理单元。信号处理单元先对信号做预处理，再送入计算机做统计判断，确定有无威胁源。若有，则解算其角方位并向显示/控制单元发送信息，若有多个威胁源，则还要排定威胁程度的次序。紫外告警系统组成如图 3-34 所示。

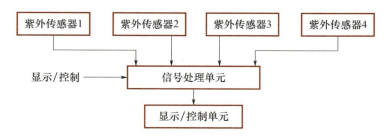

图 3-34 紫外告警系统的组成

每个传感器都有光学整流罩、紫外物镜、窄带滤光片、光电转换器件（对成像型紫外告警系统是增强型 CCD-ICCD 面阵，如 512×512 或 256×256 像元；对概略型紫外告警系统是非制冷光电倍增管）。成像型紫外告警系统不仅能准确指示目标所在方向，还能大致估算其所处的距离。如图 3-35 所示为成像型紫外告警系统的组成示意图。

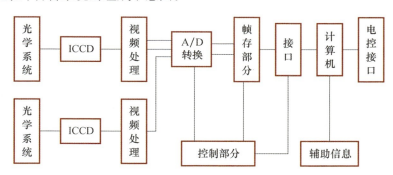

图 3-35 成像型紫外告警系统组成示意图

3.4.3 紫外告警的关键技术

1. 紫外线在大气中的传输特性

大气对紫外线传输产生影响的主要因素有氧分子的吸收、臭氧分子的吸收、瑞利散射、气溶胶的吸收和散射[17]。在波长 $0.2\sim0.3\mu m$ 的紫外辐射区，氧有很强的吸收带。在 $0.25\mu m$ 以上，氧的吸收效应与其他衰减效应相比已不明显。臭氧是大气中吸收紫外辐射的重要气体，臭氧主要分布在 $10\sim50km$ 高度层，极大值在 $20\sim25km$ 高度层。臭氧在 $0.253\mu m$ 附近有强吸收带。瑞利散射可描述为大气分子和原子对电磁波的弹性散射，发生在粒子的半径比指定波长小得多的情况下。因为单个分子和原子的直径为 0.001～0.01μm 量级，对波长 0.2～0.3μm 波段的紫外辐射，瑞利散射是一种较强的机制。气溶胶是悬浮于大气中的固体或液体粒子，包括水滴、冰晶、灰尘微粒、各种凝结核。气溶胶对紫外的衰减包括吸收和散射两种过程，但吸收比散射弱得多。

研究表明，大气对 0.2～0.3μm 波段的透过率很低。因此，在低层大气中，形成了日盲区。对于军事紫外探测设备而言，若工作在 0.2～0.3μm 的日盲波段，由于军事目标（如飞机和火箭的尾焰）的紫外辐射强度高于太阳的紫外辐射，则目标会在背景上形成亮点，因此 0.2～0.3μm 紫外波段适用于紫外告警的重要波段。

2. 目标和背景紫外辐射特性

（1）导弹尾烟的紫外辐射特性。在固体或液体燃料的导弹尾焰中，产生紫外辐射的主要原因有温度辐射、化学发光、探照辐射、粒子辐射、分子电辐射，其中最主要的是温度辐射和化学发光[18]。如图 3-36 所示为美国 AFGL 实验室测得的导弹尾焰光谱，在 0.263μm 附近出现了吸收峰。在观测和假设的基础上，对导弹尾焰建立了数学模型。此模型把气体分为空气和导弹尾焰喷射气流，将粒子按大小划分为 5 种类型，并对每种粒子的辐射进行计算。根据这些模型计算出 4 个时间点的流场，再计算出由流场中的粒子产生的辐射信号，而把流场模型与辐射模型相结合，就可以得到导弹在不同高度、不同速度下的辐射强度。

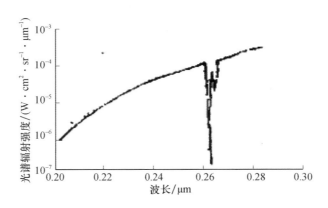

图 3-36　导弹尾焰辐射光谱

（2）天空背景紫外辐射特性。天空中大气辉光覆盖了从 0.1～0.39μm 整个紫外频谱。大气辉光主要是由不能到达地面的太阳紫外辐射在高层大气中激发原子并与分子发生低概率碰撞产生的。大气辉光由钠原子、氧原子、氧分子、氢氧根离子及其他连续发射谱组成。如图 3-37 所示为天空背景的紫外辐射谱。

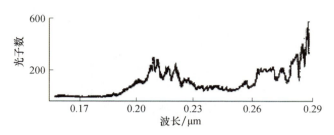

图 3-37 天空背景的紫外辐射谱

3. 紫外探测器件

（1）真空器件。日盲型紫外光电倍增管与一般光电倍增管的不同点在于紫外光电倍增管光窗透紫外线，并且其光阴极对可见光不敏感[19]。常用的光电阴极有 Rb_2Te、Cs_2Te 或 KbrCsI。通常光窗采用石英和 MgF 材料。自 20 世纪 80 年代以来，随着微通道板（MCP）技术的发展，带有 MCP 结构的光电倍增管（MCP-PMT）和聚焦型紫外像管相继出现（图 3-38）。与传统的结构相比，MCP 具有响应快、抗强光、分辨率高、体积小等优点，而且可得到信号的二维图像，实现高分辨率成像探测。

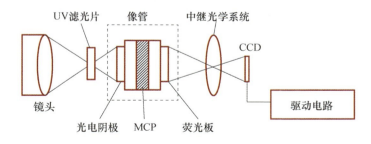

图 3-38 采用普通 CCD 器件对紫外源成像原理图

紫外电子轰击型 CCD（UV-EBCCD）是一种灵敏度极高的探测器件，UV-EBCCD 的工作原理如图 3-39 所示。紫外线照射到紫外光阴极上产生光电反射，光电子通过电场（磁场）的聚焦和加速，以高能量轰击 CCD 器件，经 CCD 控制电路输出视频信号。

（2）固体紫外探测器件。固体紫外探测器件是一种新研制的紫外探测器件，包括紫外增强型硅光电二极管、紫外雪崩二极管、GaAsP 和 GaP 加膜紫

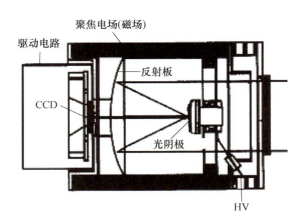

图 3-39 UV-EBCCD 的工作原理

外光电二极管、GaN 单晶紫外光电二极管、GaN 和 GaAlN 探测器、紫外 CCD 等。固体紫外探测器件在实际应用中有许多优点，如体积小、耐劣环境、工作电路简单等。

目前可用于紫外成像的固体 CCD 器件有两种：一种是对普通 CCD 光敏元表面加膜 CCD（UV-CCD）；另一种是薄型背照式 CCD（BT-CCD）。CCD 都是由半导体硅材料制成的，光谱响应范围为 $0.1\sim1.1\mu m$。UV-CCD 是通过在 CCD 表面覆盖一薄层荧光材料，荧光膜层先吸收紫外光再发射出可见光，完成紫外到可见光的光谱转换。其光谱响应曲线如图 3-40 所示。

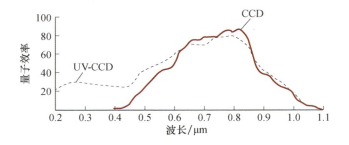

图 3-40 紫外 CCD 光谱响应曲线

一般地，紫外告警系统的主要作战对象是导弹，其响应波段必须在小于 290nm 的波长范围内。由于高空臭氧层对中紫外辐射具有很强的吸收作用，使到达地面的太阳光在 290nm 波长附近中断，自然光辐射在波长小于 290nm 的光谱波段内非常微弱，波长超过 290nm 后将迅速增大。紫外告警系统的使用高度在 12km 以下的中低空最为有效。紫外告警的特点如下：

① 虚警率极低。
② 测角精度高（可达 0.5°）。
③ 空域覆盖好。
④ 无电磁辐射。
⑤ 与其他告警器能很好兼容。
⑥ 对太阳、外来电磁辐射、载体发动机等具有优异的抗干扰能力。
⑦ 不用制冷器，也不需要预热时间。
⑧ 成本较低，体积较小，维修性较好。

紫外告警的缺点是：在导弹发动机熄火后就不能截获导弹了，而且无法获得距离信息。表 3-4 列出了三类导弹告警设备的性能比较。

表 3-4 三类导弹告警设备的性能比较

告警设备	紫外	红外（扫描）	红外（凝视）
探测距离	好～适中	好	好
虚警率	很低	很高	很高
探测精度	高	高	高
导弹发动机熄火探测	不能	不能	不能
视场覆盖	很好	很差	很好
距离数据	无	无	无
对太阳敏感度	低	高	高
可靠性	高	低	低
产品价格	一般	高	很高

由德国 Daimler-Benz 航天公司和美国 Litton 应用技术公司联合研制的 MILDS Ⅱ型导弹探测系统，可用于探测来袭导弹的逼近，指示导弹的到达方向和时间。其关键技术与 AN/AAR-60 相同，也是成像型体制。系统对导弹告警的响应时间约为 0.5s，指向精度优于 1°，告警距离约为 5km，威胁数据通过数据链接到电子战总线上。目前已设计研制了一种以 MILDS Ⅱ型为基础的、可在国际市场上销售的导弹来袭告警子系统（MAWS）。

针对战斗机、直升机和运输机的导弹预警，以色列装备开发局的 Rafael 公司研制出紫外波段被动导弹预警系统 Guitar-350，探测导弹尾焰发出的紫外辐射，当探测到威胁源时发出警告并激活飞机上的红外对抗系统。Guitar-350系统的单个探测器视场角为 120°，系统处理部分包含内部惯性角度单元（internal inertial angle unit），可补偿飞机的摆动操作。利用大口径物镜，该系统比现有的导弹告警系统灵敏度高，且拥有更远的预警距离。可对飞行中的导弹进行追踪，系统的复杂算法可排除假目标（闪光弹等）的干扰。装备于直升机的 Guitar-350 系统有 4 个探测器，覆盖水平 360°、俯仰 120°的可攻击视场；装备于战斗机的 Guitar-350 系统有 6 个探测器，覆盖全球形空间视场。Guitar-350 导弹预警系统能提前 4～6s 进行预警，总质量不超过 15kg，总功率不超过 200W。如图 3-41 所示为 Guitar-350 展示图。

图 3-41　Guitar-350 展示图

3.5　毫米波告警技术

毫米波雷达以其体积小、跟踪精度高、穿透战场烟雾能力强等特点，已广泛地应用于直升机机载雷达、导引头末制导雷达等武器平台中。毫米波告警技术是以毫米波雷达为侦察对象，判断其信号的频率、方位、脉冲特征等参数的技术。

3.5.1　毫米波告警的基本原理

1. 对威胁信号频率的测量

毫米波频率覆盖范围宽，以 Ka 波段为例，其频段范围为 26.5～40GHz，频谱宽段在 10GHz 以上。同时，覆盖这么宽的频段可采用信道化的方式接收威胁信号，对威胁信号的频率进行粗引导，再利用频率综合器生成参考信号将威胁信号下变频至中频，通过瞬时测频接收机进行频率的精测量。频率测量原理如图 3-42 所示。

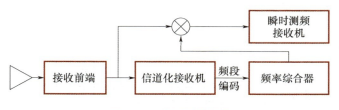

图 3-42　频率测量原理

信道化接收机是一组可连续设置通带的固定频率接收机，前一个接收机的通带下限与后一个接收机的通带上限重合[20]，如图 3-43 所示。

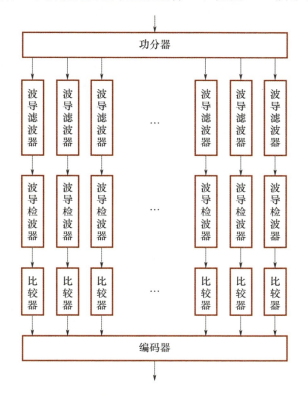

图 3-43　信道化接收机

编码器将产生信号幅度最强信道所对应频率范围的二进制频率码，用于控制频率综合器生成参考信号。

瞬时测频接收机的组成如图 3-44 所示，输入信号经过限幅放大器和功分器之后，一路送到延迟时间线鉴相器完成频率到相位的转换，鉴相器输出视频电压，极性量化器完成对视频电压的极性量化，之后将信号送入编码器完成编码，最后送往处理机。

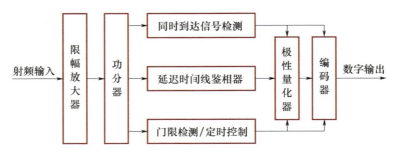

图 3-44 瞬时测频接收机的组成

2. 对威胁信号方位的测量

毫米波告警系统通常要求响应速度快，更适合利用振幅对威胁信号的方位进行测量，通过告警天线接收到威胁信号功率的大小来计算判断方位。最简单的实现方式是通过信号最大法来判断威胁方向，如图 3-45 所示，可通过单天线机械扫描或多天线开关电扫描的方式对威胁方位进行判断。

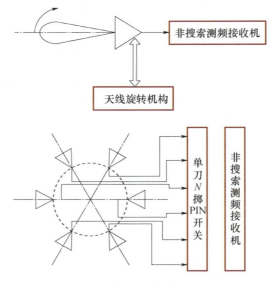

图 3-45 单天线机械扫描或多天线开关电扫描

当接收机输出信号幅度大于检测门限时，即产生告警信息，根据此时的电线波束指向和波束宽度就可以知道威胁方向的测量值和测量误差。这种方式的优点是系统实现简单、信噪比较高；缺点是测向精度低。为了提高测向精度，还可以通过等信号法和信号比较法来实现威胁信号的方位测量。

3. 对威胁信号脉冲参数的测量

威胁信号的脉冲特征参数有很多，其中脉冲到达时间、脉冲宽度、脉冲幅度和脉内调制特征等参数通常可以直接测量得到，还有些脉冲参数可以从上述这些参数中间接获得，如脉冲重复周期等。获取这些脉冲特征参数有助于分析威胁对象的性能指标，对威胁对象进行识别，选择有针对性的干扰对抗策略。

3.5.2 毫米波告警系统的组成

毫米波告警系统主要由天线、测频前端、信道化测频接收机、变频组件、瞬时测频接收机、信号处理机、高速可变频综、检波对数视频放大器（DLVA）视频检波组件和电源模块等部分组成，如图 3-46 所示。

毫米波接收天线截获来袭导弹的毫米波制导信号后，经过低噪放大、驱动放大，将信号功分两路：一路馈入信道化测频接收机；另一路馈入变频组件进行频率变换，通过高速可变频率综合器下变频至固定中频。信道化测频接收机则把威胁频段划分为 N 个频带通道，每个频带通道带宽固定，各通道经过波导滤波器、波导检波器，再经过固定参考的比较器后，形成频段编码，控制高速可变频综，使之产生固定带宽的中频信号。经过滤波、放大后的中频信号功分两路：一路经窄带瞬时测频接收机测量信号的载频频率；另一路经检波对数视频放大器输出幅度信号包络和同步信号，由信号处理机测量信号的脉冲宽度、重频、幅度等参数。毫米波告警系统最终测量的结果通过串口上传至情报中心。

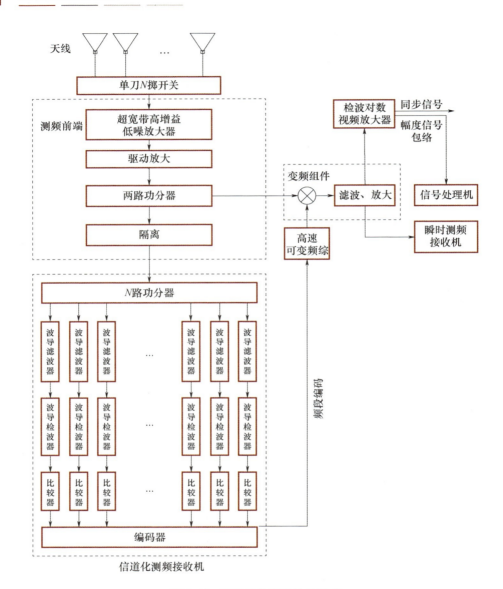

图 3-46 毫米波告警系统的组成

3.6 偏振成像告警技术

偏振成像告警技术是利用偏振光成像探测方式获取目标与背景的偏振图像，进行图像分析处理、目标信息解析，探测并识别目标特征、发出告警的技术手段。偏振成像告警技术在不良天气条件、弱光/强光条件、隐身伪装等弱小目标的清晰成像和有效探测具有一定的优势，是目标被动探测告警领域前沿技术之一。

3.6.1 偏振成像告警的基本原理

偏振成像告警的基本原理如图 3-47 所示。截获目标光辐射信号（一般为可见光或红外辐射），通过检偏光学模块获取目标辐射的偏振光信号（通常是 0°、60°、120°三个方向），采用 CCD 探测器分别获得 3 个方向的目标偏振光图像信息，应用目标偏振图像反演模型计算获得目标偏振图像，并进行偏振信息解析与目标识别，得到目标的方位信息、运动信息、几何信息，完成告警信息发布。

图 3-47　偏振成像告警的基本原理

根据三个方向的目标偏振光成像方式不同，偏振成像告警可分为如下技术体制。

1. 单路旋转分时偏振成像体制

单路旋转分时偏振成像体制采用一套成像探测器，在其成像光路上设置高精度电动切换装置，装置上安装多个不同方向的偏振分析器，通过切换装置的高速转动和精确定位，异步获取多方向偏振图像[21]，其结构如图 3-48 所示。

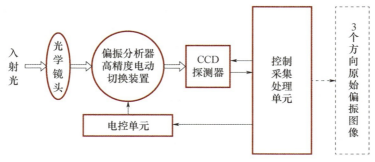

图 3-48　单路旋转分时偏振成像体制结构

2. 多路平行同时偏振成像体制

多路平行同时偏振成像体制采用多套性能一致的成像探测器，各探测器分别对应参数相同且光轴平行的成像光学系统，在多个成像光路中分别设置不同方向的偏振分析器，在时序控制下同步获取多个方向偏振图像，其结构如图 3-49 所示。

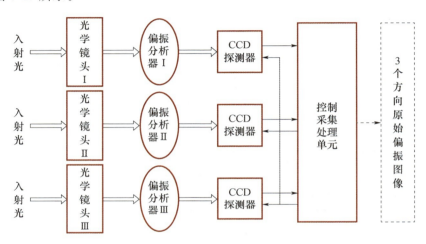

图 3-49　多路平行同时偏振成像体制结构

3. 单路分光同时偏振成像体制

单路分光同时偏振成像体制采用多套性能一致的成像探测器，共用一套成像光学系统，光学系统采用两级结构，Ⅰ级光学系统为汇聚光路，Ⅱ级光学系统为分光光路，对汇聚的入射光进行能量均分，保持偏振态不变，各探测器前设置不同方向的偏振分析器，在时序控制下同步获取多个方向偏振图像，其结构如图 3-50 所示。

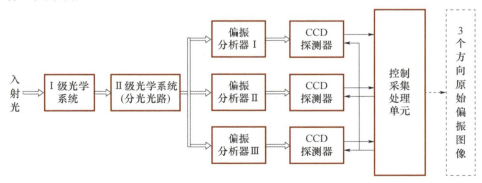

图 3-50　单路分光偏振成像体制结构

4. 像元耦合偏振成像体制

像元耦合偏振成像体制采用一套成像探测器和一套成像光学系统，通过将偏振微栅阵列耦合至探测器光敏面，实现 0°、45°、90°、135°四个偏振方向同时成像，其结构如图 3-51 所示。

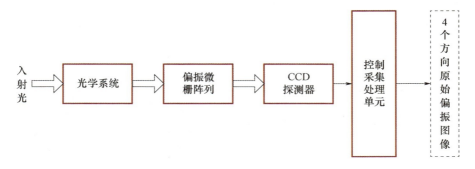

图 3-51　像元耦合偏振成像体制结构

4 种偏振成像告警技术体制的特点，如表 3-5 所列。

表 3-5　4 种偏振成像告警技术体制的特点

类别	偏振成像体制			
	像元耦合同时	单路旋转分时	多路平行同时	单路分光同时
获取方式	异步获取	分孔径同步获取	分振幅同步获取	分焦平面同步获取
光学系统	单路	多路	Ⅰ级：单路 Ⅱ级：分光光路	单路
配准要求	低	高	低	低
适用目标	静态目标	动、静态目标	动、静态目标	动、静态目标
系统成本	低	高	较高	较高
系统体积	大	较大	小	小
解析复杂度	小	小	小	较大

3.6.2　偏振成像告警系统的组成

基于以上偏振成像体制，分别讨论分孔径红外偏振成像告警、像元耦合红外偏振成像告警两种偏振成像告警系统。

1. 分孔径红外偏振成像告警

分孔径红外偏振成像告警系统由红外图像生成模块、图像同步实时采集模块、图像信息预处理模块、随动平台等组成,如图 3-52 所示。红外图像生成模块主要由红外成像光学镜头、红外偏振器、红外成像探测器等部件组成;图像同步实时采集模块主要对红外成像探测器输出的 4 路电信号同步实时采集,形成电子学图像;图像信息处理模块主要由图像信息预处理模块、红外偏振/强度信息融合处理模块组成,主要完成偏振信息解析、目标检测识别;随动平台用于承载红外偏振成像单元,实现对目标可能存在区域的搜索。

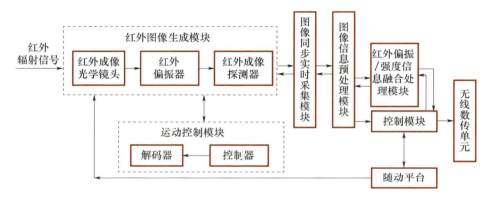

图 3-52　分孔径红外偏振成像告警系统的组成

其具体工作过程如下。

(1) 接收到工作命令后,接收设备发送控制指令,初始化并启动设备工作。

(2) 未发现目标期间,红外偏振成像单元在随动平台的带动下,进行指定区域的搜索或全区域的搜索。

(3) 当搜索至疑似目标区域时,红外图像生成模块粗略确定方位,并在随动平台作用下对该区域进行偏振成像侦察。

(4) 红外偏振成像单元同时获取目标原始偏振图像和辐射强度图像后,与随动平台一起将得到的相关偏振信息和姿态信息传送至图像信息处理单元进行处理,然后传送至接收设备,使用目标检测算法提取并识别目标。

进行了两种复杂环境下,涂有荒漠红外伪装漆的军用目标(坦克、装甲车等)偏振成像检测试验。为保证试验具有一定代表性,第一组环境温度为 15℃,第二组环境温度为 30℃,涂有荒漠伪装漆的电动坦克、装甲车模型为目标,固定成像角度为 65°,成像距离大约为 50m,试验环境在内蒙古某地处荒漠的军事基地。两组试验分别获取一次目标运动视频,约 5s,每秒 25 帧。

将所用方法与高斯混合模型、光流法、背景差方法进行比较,以便评估其性能。为了更直接地对比各方法,计算 4 种方法的接收机工作特性(ROC)曲线[23],如图 3-53 所示。ROC 曲线是一种分析判断和决策性能的定量指标,可以动态客观地评价方法的优劣性。ROC 曲线的横坐标为虚警率(false positive rate,FPR),纵坐标为检测率(true positive rate,TPR)。该曲线用以描述横、纵坐标之间的相关性,当较小的横坐标对应较大的纵坐标,也就是曲线越靠近左上方,则说明该方法检测效果好。

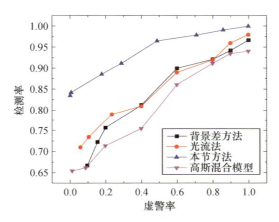

图 3-53 两组试验的 ROC 曲线

试验结果表明,分孔径红外偏振成像告警系统能实现伪装干扰条件下对目标的清晰成像和探测识别。

如图 3-54 所示为分孔径红外偏振成像告警系统示意图。该系统可搭载于各种陆基机动和固定平台,遂行侦察告警任务,并对隐身/伪装目标有良好的探测效果。

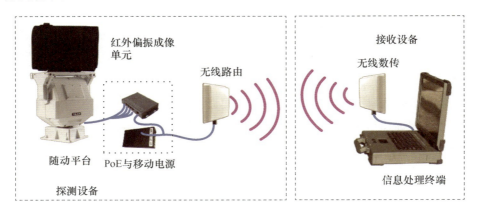

图 3-54 分孔径红外偏振成像告警系统示意图

分孔径红外偏振成像告警系统的主要技术指标如表 3-6 所列。

表 3-6　分孔径红外偏振成像告警系统的主要技术指标

成像方式	凝视偏振成像
工作模式	多路独立平行同时成像
光谱波段	8~12μm
偏振方向	0°、60°、120°
光学系统参数	焦距 35mm/100mm
面阵分辨率	像元数 640×512
像元尺寸	17μm×17μm
量化精度	14bits
NETD	≤70mK
帧频	7Hz

2. 像元耦合红外偏振成像告警

为解决现有红外偏振成像体制中能量损失、光路保偏一致性设计难、多探测器成本高、体积大等难题,研究发展了像元耦合红外偏振成像告警技术。

像元耦合红外偏振成像告警系统由同时偏振光视频生成模块、偏振视频采集处理模块等组成,如图 3-55 所示。其中,同时偏振光视频生成模块用于实现地面目标和背景等景象的探测,获得目标、背景的实时偏振光视频信号,偏振视频采集处理模块集成在电子舱内,主要完成目标偏振图像的高速采集和预处理、目标检测识别等功能。

将像元耦合红外偏振成像告警系统架设在高楼顶,在不同天气条件下对飞行中的民航飞机和无人机连续成像,进行偏振成像侦察试验。为了对比所用检测算法的优劣性,将该算法与 Top-Hat 滤波算法、Max-mean 滤波算法及传统 IPI 算法进行对比试验,结果如表 3-7 所列。抽取 3 组图像序列,分别统计不同图像序列的检测率与虚警率,分析对比结果如表 3-8 和表 3-9 所列。

第 3 章 • 光电告警技术

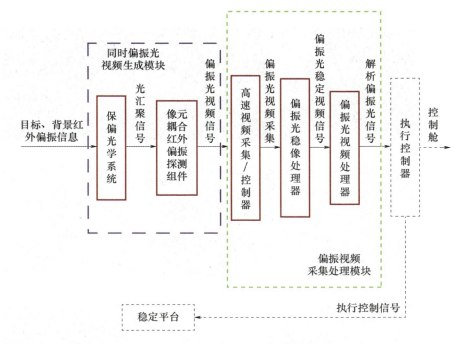

图 3-55 像元耦合红外偏振成像告警系统的组成

表 3-7 不同算法的检测结果对比

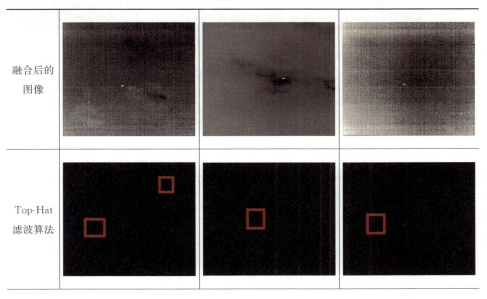

续表

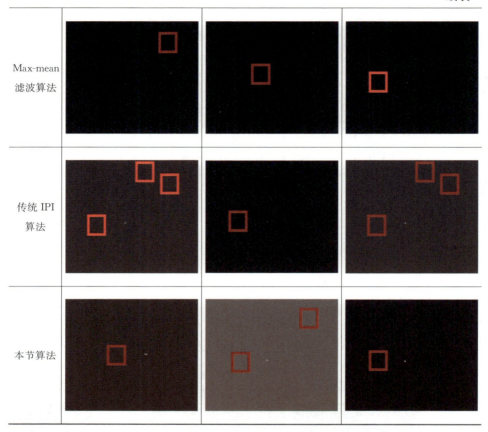

表 3-8　检测率统计结果

算法	Max-mean 滤波算法	Top-Hat 滤波算法	传统 IPI 算法	本节算法
第一组数据	82.7%	86.8%	98.2%	97.6%
第二组数据	78.5%	76.8%	85.3%	94.3%
第三组数据	66.4%	79.8%	82.2%	92.8%

表 3-9　虚警率统计结果

算法	Max-mean 滤波算法	Top-Hat 滤波算法	传统 IPI 算法	本节算法
第一组数据	50.6%	36.1%	7.4%	1.4%
第二组数据	58.3%	38.8%	28.3%	4.4%
第三组数据	70.2%	66.7%	39.3%	9.6%

试验表明，像元耦合红外偏振成像告警系统能克服不良天气条件的影响，实现对弱小目标的探测和识别。

像元耦合红外偏振成像告警系统的主要技术指标如表 3-10 所列。

表 3-10　像元耦合红外偏振成像告警系统的主要技术指标

成像方式	凝视偏振成像
工作模式	分焦平面同时成像
光谱波段	$8\sim12\mu m$
偏振方向	$0°、45°、90°、135°$
光学系统参数	焦距 35mm/100mm
面阵分辨率	像元数 640×512
像元尺寸	$17\mu m×17\mu m$
量化精度	14bits
NETD	≤70mK
帧频	25Hz

3.6.3　偏振成像告警的关键技术

1. 偏振成像光机电一体化设计技术

偏振成像光机电一体化设计技术包括像方远心光路整形优化设计、偏振光三路均分棱镜设计与光路保偏设计、多核 DSP 的偏振图像处理模块设计、时序控制的偏振图像同步采集和多光轴一致性校正等技术。

2. 目标偏振信息解析技术

目标偏振信息是描述目标纹理、物化等特性的细节信息，具有方向敏感性的特点，即在不同目标和场景下，用于表征目标偏振信息的最佳偏振方向是变化的。偏振成像系统得到的 3 个方向上的目标偏振特性，但这 3 个方向不一定是最佳偏振探测方向。因此，为了准确反演目标全方向偏振信息，需要开展偏振图像校正与配准、偏振图像去噪、多偏振参量自适应融合等技术研究。

3. 偏振成像系统定标技术

偏振光成像探测系统由多个光电元器件组合而成，在系统装配前，各器件和部件测量的不确定性将直接影响系统最终偏振探测精度。因此，对系统进行定标可以确保偏振探测不确定度保持较低水平，实现高精度偏振信息反演。对偏振成像系统进行定标主要进行两个方面的工作，即辐射定标和偏振定标。辐射定标是为了校正各通道的辐射响应差异，为后续偏振度定标提供基础。偏振定标是为了校正光学系统的偏振效应及相关器件的非理想特性导致的偏振探测误差，从而得到入射目标光束的真实偏振度[22]。

对于分时型、分振幅型、分孔径型偏振成像系统，它们在成像时都是在单个探测器的整个像面上获取同一偏振方向图像，而像元耦合型偏振成像系统其微偏振片阵列中每 4 个像元组成一个偏振像元。现有偏振定标方法大都是通过建立大规模方程组的形式，进行整个像面的偏振片米勒矩阵的计算，即整个像面的偏振片米勒矩阵各元素值的计算结果未细化至单个像元，因此，现有的对整个像面非均匀响应校正的方法（如一点法、两点法、恒定统计法等）均不适用于偏振光像元耦合成像系统这种对单个像元进行的定标。因此，需要研究一种适用于偏振光像元耦合成像探测系统的定标方法。

4. 典型目标偏振特征分析技术

针对目标偏振信息具有角度和光谱敏感性等特点，开展车辆、舰船、飞机等典型目标的米勒矩阵测量和目标全偏振参量检测，研究典型目标偏振特性与角度、波长等因素的关系，获取典型目标的偏振光谱、偏振参量、偏振方向的变化规律，以及最优偏振光谱波段、最优偏振参量、最优偏振方向数据，积累典型目标的大量偏振特性数据，为目标识别提供基础数据支撑。

3.7 光电综合告警技术

以上介绍了单波段告警技术，总体上说，这些告警设备结构和性能优化、体积小、功耗低，使用简便，在目标防御中发挥了重要作用。但其感应波段单一、感应距离近，不符合大区域防御要求。尤其在现在多维复杂战场环境下，工作在各种不同电磁谱下的复杂装备混合使用，初显了电磁战争规模特点，如不同方向、不同工作波段的制导武器攻击同一个目标，察打一体化无人机精确攻击目标等，很显然，单一波段的告警设备已不能满足类似战场的要求，往往需要具有多波段、大区域的目标告警功能的告警系统，这就发展了光电综合告警技术与组网告警技术。

可以说，信息作战环境和要求使光电综合告警技术应运而生，如激光制导导弹攻击目标时，它不仅表现有制导波束的激光辐射特征信息，还表现有导弹发动机工作时的羽烟紫外辐射特征信息、红外辐射特征信息等。多种信息的综合利用不仅可以准确地探测这类导弹、精确地指示其位置，准确地判明其导弹类型，如是红外制导导弹还是激光制导导弹等，而且能有效地剔除假目标，显著降低虚警率。同时，可依据不同波段获得的数据比对处理获取目标距离信息。

3.7.1 光电综合告警的分类及其特点

光电综合告警可对红外、激光、紫外及毫米波等不同波段的光电威胁目标的辐射信息进行复合探测、综合处理，即在探测头上有机组合，在数据处理上有效融合，并充分利用所有告警信息资源，实现数据处理优化、功能相互支援及任务综合分配。近几十年来，国外出现了激光、红外、紫外、雷达、毫米波等多种工作波段的单一告警器综合应用的激光装备。例如，美国 F-22 战斗机上的告警设备，可对毫米波、红外、可见光一直到紫外波段内的威胁进行告警。美国直升机上的红外、紫外、雷达多波段的综合告警系统。英国普莱西雷达公司研制的复合光电告警器能有效探测识别红外探照灯和两种波长激光。

光电综合告警技术是把两种或多种单一波段侦察告警在结构和信息处理层相融合，从结构上采用"共孔径"或部分"共孔径"一体化设计技术，在数据处理上采用多光谱信号处理和信息融合技术，实现工作任务统一分配、单一告警功能互补、单一设备优化配置，以提高总体防御作战效能为目的的技术总称。光电综合告警主要体现在多波段告警性能上，包括激光、红外、紫外、毫米波等各种波段告警形式的综合，典型告警装置是红外/激光复合告警、紫外/红外复合告警、红外/毫米波复合告警等。光电综合告警的优点如下。

（1）补充和完善目标探测信息，显著提高告警判决的准确性和可靠性。多波段告警技术综合探测可以获得威胁目标的多波段相关信息，如红外/激光复合告警，可以获得目标的红外特征信息和激光制导信息；不同波段光辐射对应的大气衰减不同，依据大气传输衰减理论，利用两个不同波段实施目标探测时，运用数据处理技术可以有效地进行距离估计，从而感知目标距离这一重要告警信息。光电综合告警系统利用获得更多的信息，运用信息融合方法会使判决结果更加准确和可靠。

(2) 目标告警反应快速高效，明显提高综合告警系统的反应时间和作战能力。光电综合告警一体化包含共形设计、光路复用、资源共享、信息融合和多探测器数据并行处理等诸多相关技术。相对于单个波段独立工作的分离激光系统而言，其信号获取和信号处理能力在时效性上有了很大提高，因而可实现目标告警的快速反应，高效发布，提高了防御系统的整体作战能力。

(3) 综合告警系统集成化设计，大大提高系统的性价比和适用性。集成化设计可以使系统性能优化、结构精小、减小机动平台安装的占空比及设备的体积、质量，降低设备造价，性价比高、适用性强，特别适用于高价值平台（如导弹发射车、舰船等）的末端防御系统。

3.7.2 红外/激光综合告警技术

红外/激光综合告警技术主要是探测红外和激光特征信号的威胁目标。例如，红外告警用于导弹发射和飞行主动段的目标探测；激光告警用于探测激光制导系统的激光辐射。既可同时完成对激光威胁目标和红外特征明显的威胁目标的感知，又可对激光制导导弹做红外/激光复合探测。

红外/激光综合告警系统通常采用共孔径、探测器分立设置的结构方式，接收的辐射经过同一光学系统会聚和分束器分光后，分别送到不同滤光片上，经滤光片频率滤波，送至相应的红外和激光探测器。探测器每个像素视场内的光学信号随后转换成电信号。告警设备一般采用凝视型，以多元探测器件实现对光电威胁的精确探测，同时可抑制假目标（激光告警的特点）。以共孔径结构凝视空间能形成大视场范围，体现出高度集成化的结构优势，减少了体积、质量，增加了可靠性，便于实现双波段探测器空间视场配准及在时间上的同步。

红外/激光信息量较大，通常采用分布式计算机系统进行数据综合处理。探测器的红外、激光威胁信息分别处理后，送到告警信息融合处理单元，实时进行特征提取并对目标威胁程度进行综合处理判断，如威胁目标分类、多目标处理、目标等级识别及威胁程度自动排序等，对激光、红外威胁目标的方向、种类自动进行战场威胁态势图显示，实施优先告警。例如，德国埃尔特罗公司的 LAWA 激光告警器，它能探测红宝石激光、Nd：YAG 激光、CO_2 激光和普通红外辐射。

3.7.3 红外/紫外综合告警技术

一般来说，在导弹威胁目标告警过程中，红外/紫外综合告警是采用大视场紫外告警发现目标和小视场红外告警跟踪目标的结合。紫外告警由多个成像型探测头构成,对空域进行全方位监视;红外告警则是一个小视场的探测跟踪系统。紫外告警截获、探测并发现威胁目标后,把威胁目标的方位信息传给中心处理控制器,中心处理控制器通过控制专用装置完成对红外告警的目标引导。由于导弹发动机燃烧完毕后,导弹飞行继续存在较低的红外辐射能量,红外告警还可对目标继续跟踪,表现了极高的灵敏度和分辨率,能在任何方式下跟踪导弹。因此,紫外告警是对威胁目标进行截获、探测,红外告警则是对目标进行跟踪,两者以"接力"方式进行工作,从而完成综合告警。

红外/紫外综合告警采用单独的光学系统和分立的探测器件,对现有紫外、红外探测头进行复合设计,通过数据相关处理,尽早、尽快发现目标,提高战场态势估计水平。紫外告警完成对导弹的发射探测,红外告警对导弹进行跟踪,以提供定向红外干扰机等干扰设备的目标数据。同时,二者做信号相关处理,可大大降低告警虚警率,完成对导弹类目标的可靠探测,由于红外告警的角分辨率可达 1mrad,因此对导弹的定向精度可优于 1mrad。

红外/紫外综合告警效能互补,为先进红外对抗提供了一种新的行之有效的告警形式,它通过探测、截获、跟踪威胁目标,可使干扰装备更加有效地对抗红外制导导弹。美国 1997 年推出的 AN/AAQ-24 红外定向对抗系统采用的即是这种告警系统,后来莱昂纳多 DRS 公司开发的双色先进告警系统(2C-AWS)也采用了红外/紫外综合告警技术。

3.7.4 紫外/激光综合告警技术

单独的紫外告警不能区分来袭的光电制导导弹是红外制导还是激光制导,只有与激光告警的数据相关后,才能做出判断;另外,紫外/激光告警可对激光制导弹进行复合告警,通过数据相关降低激光告警的虚警率。紫外/激光综合告警通常以成像型紫外告警和四象限探测激光告警构成综合一体化系统,以结构紧凑、安装灵活的阵列探测头实现紫外、激光威胁目标的定向探测,满足机动平台定向干扰的需求[23]。

紫外/激光综合告警设备由探测头、信号处理器、显控盒等组成。每个探测头的紫外、激光光学视场完全重叠且均为 90°,4 个探测头形成 360°×90° 的监视范围。紫外探测器对空间进行准成像探测。4 个不同波长的激光探测器均分布在紫外探测通道周围,对激光波长进行识别。当激光威胁源或红外制导导弹出现在视场内时,产生告警信号并在显示器上显示出相应的位置。

紫外/激光综合告警不仅在探测头结构形式上有机结合、在数据处理上有效融合,而且由于探测头输出信号均为纳秒级脉冲信号,因此接口、预处理电路及电源等方面可资源共享。另外,它可对激光驾束制导进行复合探测,这是因为两者视场完全重叠,当驾束制导导弹来袭时,紫外告警通过探测羽烟获得数据,激光告警通过探测激光指示信号获得数据,两者做相关处理,能获得导弹来袭角信息和激光特征波长。

20世纪80年代末期,美国LORAL公司研制带有激光告警的AAR-47紫外告警机改进型,将探测头更新换代,采用4个激光探测器,装在现有紫外光学设备周围,同时使用了一个小型化实时处理设备。激光探测器工作波长为$0.4\sim 1.1\mu m$,可对类似于瑞典博福斯公司生产的RBS70激光驾束制导导弹告警[24]。

近年来,国际上相继出现了激光、红外、紫外、毫米波等多种告警技术相综合的实用告警系统,明确地指向了光电综合告警技术不断地被拓展工作波段、主动/被动工作体制相结合的一体化、智能化发展趋势。

美国F-22战斗机装备的告警系统可利用紫外辐射、可见光、红外辐射实施多波段侦察告警;英国普莱西雷达公司研制的复合光电告警器能有效探测红外探照灯和两种波段激光。美国海军的综合电子战发展工作经历了两个阶段:第一阶段是研制和演示"最佳对抗响应软件";第二阶段是将导弹逼近告警、激光告警和"最佳对抗响应软件"综合在单一处理器模块上,形成综合告警功能,并通过综合一体化集成控制,提高干扰效果。此外,美国珀金埃尔默公司把激光、毫米波告警装置与AN/ALR-46A雷达告警接收机相结合的DOLRAM计划项目也正表现了综合告警的技术优势。

参考文献

[1] 孙立锐. 碳化硅雪崩紫外探测器结构仿真研究 [D]. 西安:西安电子科技大学,2015.

[2] 杨雨川,龙超,谭碧涛,等. 大气后向散射对主动探测激光脉冲的影响 [J]. 激光与红外,2013(5):10-13.

[3] 张磊. 激光告警技术研究 [D]. 长春:长春理工大学,2010.

[4] 李丽艳. 用于多普勒干涉测振的光学系统研究 [D]. 长春:长春理工大学,2010.

[5] 谢剑锋，王英瑞. 微光 CCD 成像器件性能比较研究 [J]. 红外与激光工程，2006 (S5)：68-71.

[6] 赵宝珠. 烟幕对微光夜视器材影响的研究 [D]. 南京：南京理工大学，2008.

[7] 嵇盛育. 基于计算机视觉的无人机自主着舰导引技术研究 [D]. 南京：南京航空航天大学，2008.

[8] 杨帆. 激光告警多路信号同步控制系统研究 [D]. 长春：长春理工大学，2009.

[9] 张英远. 激光对抗中的告警和欺骗干扰技术 [D]. 西安：西安电子科技大学，2012.

[10] 胡新权. 近红外激光雷达目标后向散射特性实验研究 [D]. 南京：南京理工大学，2008.

[11] 张元生. 机载光电告警系统技术发展分析 [J]. 电光与控制，2015 (6)：56-59.

[12] 马浩洲. 激光主动侦察技术的原理研究 [J]. 电光系统，2003 (3)：4.

[13] 蒲凯. 光纤阵列激光告警系统的信号处理模块的研究与实现 [D]. 成都：电子科技大学，2009.

[14] 付伟，侯振宁. 国外红外侦察告警设备的新进展 [J]. 红外技术，2001 (3)：3-5.

[15] 张继勇，叶宗民. 舰载红外警戒探测系统效果评价方法综述 [J]. 红外，2012 (3)：11-14.

[16] 杨承. 日盲型紫外探测和直升机着舰光电助降技术的研究 [D]. 成都：电子科技大学，2010.

[17] 王淑荣，曲艺，李福田. 紫外波段大气背景与目标特性研究 [J]. 红外与激光工程，2007 (S2)：441-443.

[18] 赵勋杰，张英远，高稚允. 紫外告警技术 [J]. 红外与激光工程，2004 (1)：7-11.

[19] 丁健文. 基于 4HSiC 雪崩光电二极管的日盲紫外单光子探测系统设计 [D]. 南京：南京大学，2015.

[20] 詹露华. 低截获概率雷达波形设计及性能分析 [D]. 南京：南京理工大学，2013.

[21] 黄勤超，刘晓诚，毛宝平，等. 基于矩阵恢复的红外偏振图像快速配准算法研究 [J]. 红外技术，2014 (6)：65-70.

[22] 张海洋. 分振幅偏振成像系统定标研究 [D]. 北京：中国科学院大学（中国科学院长春光学精密机械与物理研究所），2018.

[23] 王铁红，李莹. 光电信息系统多传感器数据融合模型研究 [J]. 光电技术应用，2006 (5)：9-15.

[24] 孙铭礁，赵辰霄，杨阳，等. 装甲车辆主动防护系统威胁探测告警技术及发展趋势 [J]. 机电信息，2019 (17)：64-65.

第4章
光电防御有源干扰技术

光电防御有源干扰技术是指利用己方光电系统发射或转发某种与敌方光电系统工作波段相应的光波或光波信号，并对其实施压制或欺骗式干扰的技术和方法的总称[1]。光电防御有源干扰是指通过发射或转发光波或光波信号阻止或削弱敌方有效使用光电系统所采取的所有行动。光电防御有源干扰一般分可为欺骗式干扰和压制式干扰，如图 4-1 所示。它们都需要有一台光频辐射源或激光器作为干扰源，故称为有源干扰。一个防御系统是否运用了有源干扰技术主要看是否具备 3 个要素：使用己方光电装备、发射或转发激光干扰信号，以及实施欺骗式干扰和压制式干扰方式。

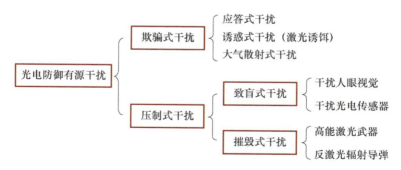

图 4-1　光电防御有源干扰的分类

现役装备和在研的光电防御有源干扰系统中的压制式干扰系统，根据辐射光源输出能量的大小，可分为低能致盲式干扰和高能摧毁式干扰。低能致盲式干扰是利用低能激光辐射暂时或永久致盲敌方武器中的光学瞄准镜、电视、像增强器、热像仪、激光测距机和激光雷达中的光学探测器、红外侦测系统和红外导引头中的红外探测器等光学系统、光电传感器或探测器（包括操作人员的眼睛），使敌方武器系统不能瞄准、跟踪目标，从而丢失或偏离真目标，达到实施压制式干扰的目的。用作低能致盲式干扰的激光器的工作波长必须选择在敌方光学系统、光电传感器或探测器的响应波长范围内。高能摧毁式干扰是利用高能激光发射的高能量、高功率激光辐射，软或硬摧毁敌方的飞机或导弹，使之偏离目标、失去控制，达到实施压制式干扰的目的。软摧毁是指破坏飞机或导弹上的光学器件或光电仪器、夜视仪、光电火控系统、导弹整流罩和导引头上的光学探测器等部分；硬摧毁是指破坏飞机或导弹上的金属外壳、油箱或燃料仓等易毁部分。

从干扰作用对象角度分析，光电防御有源干扰又可分为激光制导武器有源干扰、电视制导武器有源干扰、红外制导武器有源干扰、毫米波制导武器有源干扰、复合制导武器有源干扰和光电观瞄器件有源干扰等。

本章首先介绍几种光电防御激光干扰源及光电有源定向干扰技术，然后从激光制导武器有源干扰、电视制导武器有源干扰、红外制导武器有源干扰、毫米波制导武器有源干扰、光电观瞄器件有源干扰等几个方面论述光电防御有源干扰的作用原理及相应有源干扰系统的一般组成和干扰技术。

4.1　光电防御激光干扰源技术

不同的干扰方式需要选择不同的激光干扰源，影响激光干扰源作战性能的因素很多，如跟踪精度和环境适应性等。但最关键的因素还是到达目标的远场激光功率及其密度，这是对目标实施干扰或损伤的基础，因而高能量、高光束质量的激光干扰源技术是光电防御有源干扰的关键技术之一。

4.1.1　光电干扰激光器技术

激光器的基本结构由工作物质、泵浦源和光学谐振腔三部分构成，如图4-2所示。其中，工作物质是激光器的核心，是激光产生的源泉所在。要产生高能量、高光束质量的干扰激光，需要关注激光工作方式、泵浦源和热管理等激光器技术。

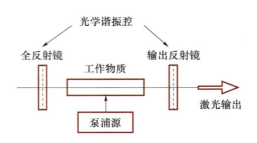

图 4-2 激光器的基本结构

1. 激光工作方式

各种在研的 100kW 级的高能固体激光计划，在技术路线上大致分为两类：一类是单口径输出方式，包括热容激光器、薄片激光器等，通过增加增益介质口径和模块数目进行定标放大；另一类是多链路合成方式，包括板条激光器和光纤激光器等，通过多条链路能量叠加的方式进行定标放大[2]。

1）热容激光器

严格地说，热容激光器不是一种新构型的激光器，"热容"是指一种工作模式，即在激光激射过程中不对激光介质进行冷却，而是在两个激射过程的间隙进行强制冷却。采用热容方式工作时，由于不进行散热，激光介质内部的温度梯度较小，在理论上带来的热畸变也比较小；另外，由于表面温度高于内部温度，激光介质表面的应力表现为压力，激光介质能承受的压力比张力至少强 5 倍，激光介质的破坏阈值大幅度提高，因此使得允许的泵浦强度也大幅提高。

如图 4-3 所示为二极管泵浦的热容激光器光学结构示意图。从图 4-3 中可以看出，为了校正光束质量，激光器中添加了比较复杂的自适应光学系统。

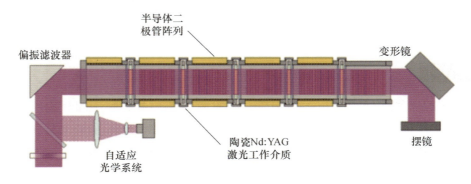

图 4-3 二极管泵浦的热容激光器光学结构示意图

热容激光器的工作原理从本质上讲是增益介质表面的压应力设计，主要优点是增加了增益介质的抗损伤能力，从而使得输出功率比常规的散热方案大幅度增加。但是，热容工作模式存在两个致命缺点：①激光的光束质量随着出光时间的增加迅速退化；②热容激光的工作机制决定其不能长时间出光，冷却需要几十秒至数分钟，难以符合实用要求。因此，热容激光器虽然具有定标放大至100kW的能力，但应用前景并不乐观。

2）光纤激光器

光纤激光器具有低阈值、高效率、全固化和结构紧凑等优点，且其比表面积大，因此具有更好的热管理性能。为实现高功率激光输出，通常采用双包层增益介质光纤的主振荡功率放大（MOPA）结构[3]。

双包层增益介质光纤的基本结构如图 4-4 所示，由纤芯、内包层、外包层及保护层组成。信号激光在纤芯中传输，传输条件和普通光纤一致。内包层尺寸和数值孔径比纤芯大，折射率小于纤芯，多模泵浦激光在其中传输；外包层由折射率较内包层小的材料构成；保护层则由聚合物材料构成，起到保护光纤的作用。此外，在纤芯和外包层之间形成了一个大截面、大数值孔径的光波导，使得更多的多模泵浦激光能耦合进入光纤，泵浦激光在内包层中传输，多次穿越掺有稀土离子的纤芯，实现高效泵浦。

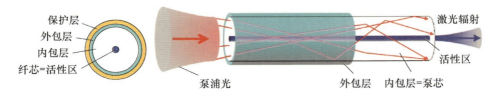

图 4-4 双包层光纤结构及包层泵浦原理示意图

MOPA 技术就是采用性能优良的小功率激光器作为种子源，种子激光注入单级或多级光纤放大器系统，最终实现高功率放大的激光技术。MOPA 光纤激光器结构示意图，如图 4-5 所示。它的优势在于整个系统输出激光的光谱、频率和脉冲波形等特性由种子源激光器决定，而输出功率和能量大小则依赖于放大器增益特性。因此，采用 MOPA 技术较易获得高重复频率、超短脉冲和窄线宽的高功率激光[4]。

固体激光器、光纤激光器及半导体激光器均可作为种子源。通常情况下，种子源只需要提供较低功率或能量的激光输出，但是要求种子激光具备较好的光束质量、较窄的线宽及较高的稳定性。功率放大器（主放大级）是

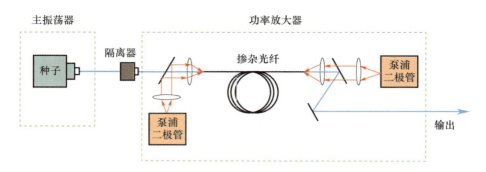

图 4-5 MOPA 光纤激光器结构示意图

MOPA系统的核心组成部分，其性能直接决定输出激光的光束质量和功率大小。简单地说，MOPA 光纤激光系统的主放大级即"高功率光纤放大器"，通常由种子源、泵浦源、增益介质光纤、光隔离器及耦合系统等部分组成。为了获得高增益，通常采用包层泵浦技术，泵浦激光通过耦合系统进入双包层光纤内包层，被掺杂离子吸收，形成粒子数反转以提供增益；信号激光从端面注入到纤芯，沿光纤传输，并被有效放大，最终实现高功率（能量）的激光输出。

高功率 MOPA 光纤激光系统在体积、质量、效率、结构等方面优势明显，可进一步提高激光输出特性。因此，在战术激光武器、光电防御等军事领域，高功率 MOPA 光纤激光系统展现出很强的应用潜力。

2. 激光泵浦技术

激光泵浦一般采用光泵浦、电泵浦、化学泵浦及热泵浦等方式。其中光泵浦是利用外界光源发出的光照射激光工作物质，以实现粒子数反转，如激光测距装置中常用的氙灯泵浦电光调 Q 脉冲 Nd^{3+}:YAG 激光器及前面介绍的热容激光器和光纤激光器等。电泵浦是以气体放电方式泵浦激光工作物质，如 He-Ne 激光器和 CO_2 激光器等；或者是以结电流注入的方式泵浦激光工作物质，如半导体激光器等。化学泵浦是指利用化学反应释放的能量来泵浦激光工作物质，如战术激光武器早期使用的氧碘激光器。热泵浦是指利用外界产生的热能或小型核反应释放的能量来泵浦激光工作物质，如核泵浦 He-Ar 激光器等。

当今，战术激光武器和光电防御技术领域中应用的高功率激光器大多采用光泵浦方式，下面以半导体激光器泵浦光纤激光器为例进行简要介绍。

1) 端面泵浦

端面泵浦方式包括透镜组耦合和直接熔接耦合。

如图 4-6 所示为透镜组耦合端面泵浦方式。半导体激光器出射的激光经过透镜组整形后，聚焦或直接耦合进光纤内包层。该耦合系统最突出的特点是能承受较高的功率，但受光学系统像差等因素影响严重，需要对光束进行控制和整形，使聚焦光斑与光纤内包层良好匹配。透镜组耦合端面泵浦方式简单可靠，是目前实验室最常用的方法，也是最成熟的技术，目前文献报道的最高耦合效率大于 90%。

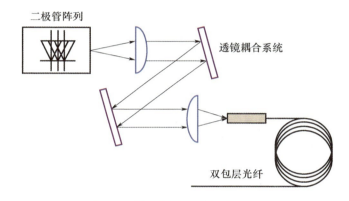

图 4-6　透镜组耦合端面泵浦方式

直接熔接耦合的端面泵浦方式如图 4-7 所示。若干个泵浦二极管发射出的多模泵浦激光通过多模光纤注入光纤合束器实现模场匹配，使得多束光纤输出的激光能有效地从双包层光纤端面注入内包层。合束器所有器件均为波导

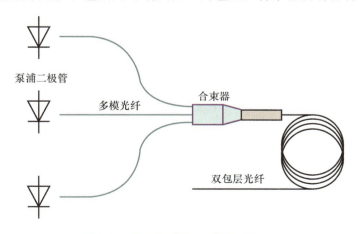

图 4-7　直接熔接耦合端面泵浦方式

结构，方便熔接，可实现光纤激光系统全光纤化。但高功率激光系统中合束器对熔接工艺的要求较高，且插入损耗较大，可承受功率有限。因此，该泵浦方式虽然在光通信系统和 MOPA 系统前级有广泛的应用，但是否满足高功率泵浦的要求仍需深入研究。

2）侧面泵浦

侧面泵浦技术的提出解除了端面泵浦方式对光纤端面的限制，使泵浦激光在光纤中的分布更均匀，可实现多点泵浦，功率扩展性较好。侧面泵浦技术发展至今，最具代表性的有多模熔锥侧面耦合、V 形槽侧面耦合、嵌入反射镜侧面耦合和光纤斜抛侧面耦合等。

如图 4-8 所示为多模光纤熔锥侧面耦合方式。它是将多根裸光纤和去掉外包层的双包层光纤缠绕在一起，高温加热使之熔化，同时在两端拉伸光纤，使光纤熔锥区成为锥形过渡段，能够将泵浦激光通过多模光纤由双包层光纤侧面导入内包层，实现定向侧面耦合。此耦合器不同于端面泵浦合束器，整个过渡区由石英光纤拉伸而成，没有熔接点，因此可承受较大功率；同时，侧面耦合可以实现光纤激光系统多点泵浦，降低光纤端面的压力，该技术的耦合效率能达到 80% 以上。

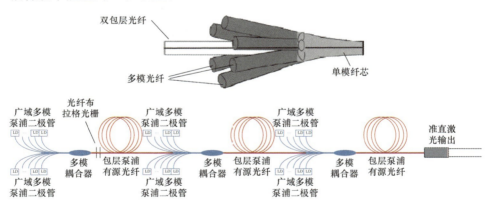

图 4-8　多模光纤熔锥侧面耦合方式

V 形槽侧面泵浦方式如图 4-9 所示。先将双包层光纤外包层去除一小段，在裸露的内包层上刻蚀出一个 V 形槽，槽的斜面用作反射面，泵浦激光由半导体激光器经微透镜耦合，使其在 V 形槽侧面汇聚，反射进入内包层，实现泵浦。该技术耦合效率可达 75% 以上。

相比而言，最简单可靠的透镜䏻耦合端面泵浦方式则是目前构建 MOPA 系统主放大级的最佳选择。

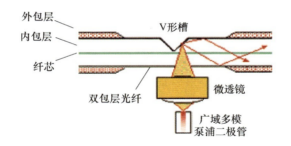

图 4-9　V 形槽侧面泵浦方式

3. 热管理技术

泵浦效率、热管理和光束质量是决定光电防御激光干扰源将高功率激光束传送到来袭目标的效率的 3 个主要因素。提高泵浦效率可以降低对输入功率的要求，同时减少废热、激光介质吸收泵浦辐射而产生的热，与由冷却过程造成的热流结合起来导致的热透镜、应力、退偏、双折射等热效应。随着泵浦功率的增加，热效应随之加剧，使激光器的阈值升高，效率降低，并导致折射率分布不均，产生光学畸变，严重劣化光学质量，甚至会损坏激光介质，严重影响固体激光器的最大输出功率，因此，激光器的有效热管理十分必要。减少激光器废热的方法一般包含以下五种。

（1）强迫冷却技术。强迫冷却技术包括强迫风冷和强迫液冷，是借助外界能力使气体或液体进行被迫流动，通过流体与热源表面接触将热量带走，表现为增大对流换热系数。

（2）辐射冷却技术。辐射冷却是应用热量以电磁波形式向外辐射的原理，在元器件周围放置吸热材料来进行元器件的散热。

（3）相变冷却技术。相变冷却技术就是应用材料在相变的过程中吸热和放热的原理，实现对热源进行制冷和加热的功能。

（4）热管散热技术。热管散热技术是应用液体在冷凝段和蒸发端进行液-气来回的相变和回流，实现将热量从蒸发端传递到冷凝段的散热装置。其特点是具有较高的传热能力，且均温性较好。

（5）热电制冷技术。热电制冷技术是热电制冷器件的一种功能，它可实现沿温度梯度相反的方向进行泵浦，以达到制冷的目的。其优点是结构紧凑，无运动件，可用于低温下工作，控制温度精确。

对热管理要求较高的设备，单独的热设计技术并不能满足散热要求，需要采取多种方式相结合的方法，来达到要求的散热条件。

4.1.2 激光合成技术

当单台激光干扰源输出功率不能满足光电防御要求时,需要利用激光合成技术将多束干扰激光合成一束以提高干扰激光功率。激光合成技术是近年来激光技术研究领域的热点问题,不仅可以获得更高的输出功率,还能优化激光光束质量,并得到多波段激光输出。激光合成技术可分为激光相干合成和激光非相干合成[5],两者的主要特点和对比如表 4-1 所列。

表 4-1 激光相干合成与激光非相干合成的主要特点和对比

合成方式	激光相干合成	激光非相干合成
激光波长	必须严格相同	无严格要求
合成后总功率	$N^2 \times W$	$W_1+W_2+\cdots+W_N$
相位控制	严格的相位控制	无须控制
适用范围	多见于半导体激光器和光纤激光器	适用于不同种类激光器

1. 激光相干合成

在激光相干合成中,各路激光进行振幅叠加。要实现各路激光的稳定干涉,需要满足以下 3 个条件:各路激光的频率分布相同(空/时域合成)或频率差恒定(频域合成)、各路激光的偏振态相同或关系保持恒定、各路激光的相位差恒定。因此,需要复杂的激光相干合成关键技术,来满足各路激光在空间/时间上的重合、在光谱上的匹配和在相位上的锁定[6]。

1) 空域相干合成

空域相干合成又称为空间分束相干合成,连续激光相干合成一般都采用空域相干合成技术。一个典型的超短脉冲激光空域相干合成系统结构如图 4-10 所示。锁模飞秒种子激光经过脉冲展宽后,再由空间分束器分为多路。每一路激光经过放大后,由相位控制系统锁定为同相,再由合束器对阵列光束进行高效合束。最后用脉冲压缩器将合成后的激光压缩为飞秒激光。该系统中的关键技术主要有高效合束、光程控制和相位控制等。

(1) 高效合束。与连续激光的相干合成一样,要获得好的合成效果,需要进行孔径压缩,实现高效的光束合成。根据光束合成的排布特点,光束合成可以分为分孔径合成和共孔径合成两大类,如图 4-11 所示。分孔径合成中,采用压缩占空比的方式,提高阵列光束远场光斑的能量集中度,主要采用光

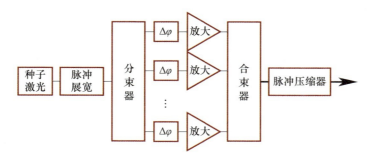

图 4-10 典型的超短脉冲激光空域相干合成系统结构

束传输因子（BPF）描述合成效果。共孔径合成中，各路激光在空间上完全重合，形成一束激光输出。共孔径合成的关键是减小合束过程中的功率损失，常采用合成效率（η）来描述系统性能。

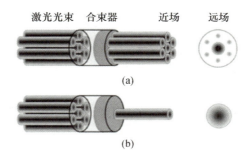

图 4-11 光束合成

(a) 分孔径；(b) 共孔径。

（2）光程控制。在脉冲激光相干合成中，由于光程差的存在，一方面各脉冲存在时域误差，使脉冲激光不能在时域上完全重合；另一方面会存在群延迟时间，使单元光束的相位差存在频域啁啾。如图 4-12 所示，当中心频率（ν_0）的光波被锁定到同相时，其他频率（如 ν_1）的光仍然存在相位差。

$$\Delta\varphi_{\text{delay}}(\nu_1) = 2\pi\Delta L(\nu_1 - \nu_0)/c \tag{4-1}$$

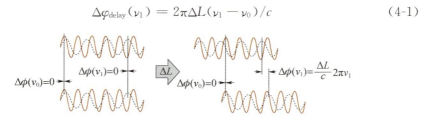

图 4-12 光程差导致群延迟时间

式中：c 为光速。以两路傅里叶变换极限脉冲的相干合成为例，为了获得大于 95% 的合成效率，当脉冲 3dB 光谱宽度为 7nm 时，光程差必须控制在 ±25λ 以内；当脉冲 3dB 光谱宽度增大到 13nm 时，光程差的控制要求进一步提高，需控制在 ±14λ 以内。

目前，光程控制的方法主要有空间光路调节、被动光纤调节、光纤延迟器件调节等。可以根据合成系统的要求，采用大行程低精度与小行程高精度相结合的方法，或者静态调节与动态调节相结合的方法，也可以利用同时对多个频率成分的激光进行锁定的方法，实现高精度的光程控制。

（3）相位控制。在激光放大器中，由于热效应和外界环境扰动等因素的影响，输出的激光存在相位噪声。为了消除各路激光之间的相位差，实现各路激光的同相输出，需要对各路激光的相位进行实时控制。按照相位控制的物理机制，主要分为被动相位控制和主动相位控制。

被动相位控制是通过一定的能量耦合机制或非线性相互作用实现各路激光相位起伏的自动补偿，达到相位锁定的目的。被动锁相的方法主要有外腔法、倏逝波耦合法、全光纤自组织法和相位共轭法等。但试验结果在合成效率和数目可扩展性方面的性能并不令人满意。以 CO_2 激光相干合成为例，最高的合成效率为 Vasil'tsov 利用腔内空间滤波实现的 85 路激光相干合成，在输出功率为 500W 时合成效率为 40%，该合成系统的结构如图 4-13 所示。而通过理论计算，可以得出被动相位控制相干合成效率不超过 50%。在数目扩展方面，大量试验结果表明，随着激光路数的增多，被动相位控制方案的锁相效果降低，甚至不能实现锁相输出，相干合成的效率也随着激光数目的增多而下降。

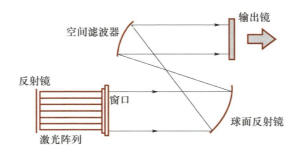

图 4-13　85 路激光相干合成系统的结构

主动相位控制利用相位检测和控制系统对各路激光的相位起伏进行补偿，从而达到各路激光同相输出的目的。

2）时域相干合成

时域相干合成又称为时序相干合成，是近年来为了进一步提升脉冲峰值功率而发展起来的一种新技术。其核心思想是对高重频的脉冲序列进行功率放大后，再通过时序合成降低激光的重复频率，提升输出激光的峰值功率，避免低重频激光放大过程中高峰值功率引起的各种非线性效应。目前，常用的时序相干合成方法主要有脉冲分割放大和脉冲堆叠两大类。

(1) 脉冲分割放大。典型的脉冲分割放大时序相干合成系统的结构如图 4-14 所示。通过自由度为 $N-1$ 的脉冲分割器将一个脉冲分割为 N 个脉冲，各脉冲的强度依次增加。该脉冲序列经过放大后，各脉冲的峰值功率和非线性相移基本保持一致，再由脉冲合束器将其合为一束。

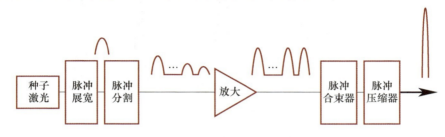

图 4-14 典型脉冲分割放大时序相干合成系统的结构

由于脉冲分割和合成采用的是两套器件，因此需要通过一个主动控制系统对脉冲分割器中各延迟线的光程进行精密控制，确保各子脉冲在相干合成时的光程和相位保持一致。

但是，随着脉冲数目的增加，对脉冲分割放大系统中延迟线的数目和长度、单脉冲稳定性与饱和增益效应控制提出了更高的要求，因此脉冲分割放大技术一般只能将脉冲能量提高一个量级左右。

(2) 脉冲堆叠。脉冲堆叠技术可以进一步提升参与合成的脉冲数目。脉冲堆叠时序相干合成系统的结构如图 4-15 所示。高重频的种子激光经过放大后，通过一个脉冲堆叠器来实现成百上千个脉冲的相干叠加。

一个典型的脉冲堆叠器的结构如图 4-16 所示。高重频的脉冲激光经过耦合镜（IC）进入到增强腔中，经过多面高反镜（HR）进行反射，与腔内运行的堆叠脉冲进行相干叠加。每个来回脉冲能量都会得到增强，同时存在一定的能量损失（主要来自 HR 的透射等）。当耦合和损失的能量相等时，腔内的能量达到平衡。在平衡态时，腔内的脉冲能量一般比入射的单脉冲能量高几个量级。

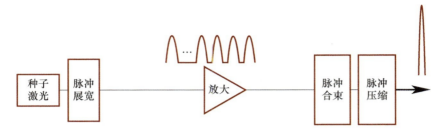

图 4-15　脉冲堆叠时序相干合成系统的结构

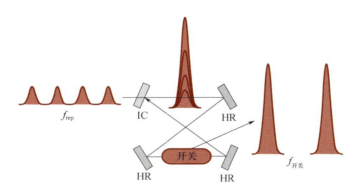

图 4-16　典型的脉冲堆叠器的结构

3）频域相干合成

通过空域和时域的相干合成，可以提升系统的平均功率和脉冲能量，但是无法避免光纤激光的增益带宽限制及脉冲放大过程中的增益窄化效应。因此，普通飞秒光纤激光系统难以实现小于 100fs 的激光脉冲输出。频域相干合成是获得短脉冲宽度高能量脉冲输出的有效技术途径。频域相干合成和空域/时域相干合成相比，在时频域和相位误差的探测与控制方面技术难度更大。光纤激光的频域相干合成可以通过两种方式实现：多种子频域相干合成和单种子频域相干合成。

（1）多种子频域相干合成。多种子频域相干合成的核心思想是对多个锁模激光器输出的激光进行"相干光谱拼接"，使多路激光在实现光谱展宽的同时，保持单个锁模激光器的频率和相位特性，达到压缩脉冲宽度的目的。

两个锁模激光器的频域相干合成原理，如图 4-17 所示。首先，将两个激光器的腔长控制到一致，实现两个激光器的重复频率（或纵模间隔）相等。通常利用平衡交叉相关仪（balanced cross-correlator）来探测两路激光因腔长不一致而引起的重复频率抖动（通常称为时间抖动），作为腔长控制的反馈信号。其次，通过精密控制两路激光的光程差（ΔL），实现各脉冲包络在时域上重合。最后，对两路激光的载波-包络相位（$\Delta \varphi_{\text{CEP}}$）进行控制。由于 $\Delta \varphi_{\text{CEP}} = f\text{rep}(\delta f / 2\pi)$，通常采用声光移频器对锁模激光器的频移量进行控制，达到载波-包络相位锁定的目的。

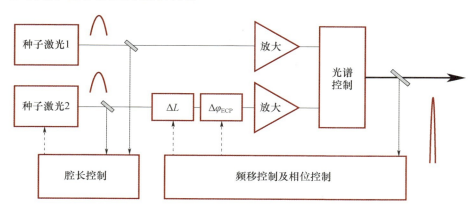

图 4-17　两个锁模激光器的频域相干合成原理

（2）单种子频域相干合成。单种子频域相干合成的工作原理如图 4-18 所示。先用光谱分束元件将锁模种子激光分为多束，通过多个放大器对不同光谱成分的脉冲光进行放大，再对不同波段的高能量脉冲进行相干合成。由于采用了多个放大器，降低了单个放大器中的光谱窄化效应，能够降低光谱窄化效应对脉冲展宽的影响。如果各放大器的增益带宽范围不同，还可以消除单个放大器的增益带宽对输出脉冲宽度的限制。

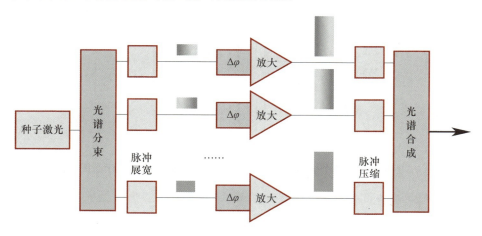

图 4-18　单种子频域相干合成的工作原理

2. 激光非相干合成

外场激光相干合成受大气湍流影响严重,在实际运用中难度很大。激光非相干合成是各路激光进行强度叠加,与激光相干合成相比,具有更高的可靠性及实用意义。此种合成方式对各路激光束的偏振情况和彼此相位关系没有要求,只要被合成的激光的波长能够适用于合成过程所涉及的光学元件,就都能实现合成过程,达到辐射功率的叠加。激光非相干合成相对来说,结构较为简单,工作稳定性强,而且便于控制改组,已成为近年来获取高功率激光的研究热点[7]。激光非相干合成技术包括空间交叉合成和脉冲激光同步合成等几种技术体制。

1) 空间交叉合成技术

空间交叉合成技术是利用棱镜、光学直角立方体等光学元件或其组合,对多个光束进行合成,进而增加光输出功率密度,还可以提高输出光的光束质量。

如图 4-19 所示为用两个棱镜将 3 个阵列的激光光束进行合成的示意图。激光阵列 1 的光束通过两个棱镜直接输出,而激光阵列 2 经过 1 号棱镜反射、激光阵列 3 经过 2 号棱镜反射与激光阵列 1 的光束在同一光路上输出。此结构可以在不改变每个组件光束质量的情况下,将输出光功率密度提高 2 倍。该技术还可用于泵浦固体激光器、光纤激光器。

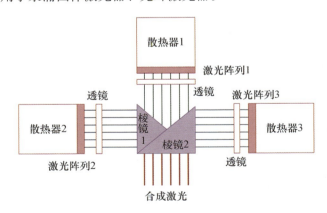

图 4-19 用两个棱镜将 3 个阵列的激光光束进行合成的示意图

2) 脉冲激光同步合成

对于脉冲激光合成,不仅要满足空间合成,还需实现时间上同步。以氙灯泵浦电光调 Q 脉冲 Nd:YAG 激光器为例,激光脉冲宽度一般约为 10ns,脉冲在大气中传输时的延伸总长度约为 3m。要使多个激光脉冲在传输过程中能很好地同步叠加，必须在时间上满足高精度同步条件，否则叠加合成的总光束脉冲强度将很难达到理想增强。

如果两个激光脉冲的强度叠加合成，脉冲形状一般可近似为长椭球形，沿传输方向光轴（纵轴）的截面形状为长椭圆形（图 4-20（a）），长椭圆形中灰度的深浅表示脉冲光强的大小，即功率密度的大小。最理想的情况是两个激光脉冲完全同步强度叠加（图 4-20（b）），为了区别，虚线椭圆表示一个脉冲，实线椭圆表示另一个脉冲。此时，两个激光脉冲的峰值强度恰好重叠，合成脉冲的峰值功率可得到最大增强。如果两个激光脉冲同步不好，如时间前后相差 8ns（图 4-20（c）），那么此时两个激光脉冲的叠加部分已变得很小，特别是两个激光脉冲的光强最强部分基本上没有重叠，而只有两个激光脉冲强度最弱的头尾部分相叠加了，重叠区长度只有 0.6m，合成脉冲的总光强增强效果很差，已达不到功率增强的目的。如果两个激光脉冲同步较好，如时间前后相差 2ns（图 4-20（d）），那么此时两个激光脉冲的光强最强部分基本上是重叠的，而只有强度最弱的头尾部分没有重叠，重叠增强区长度达 2.4m，合成脉冲的总光强增强效果仍然是很理想的，能达到功率增强的目的。

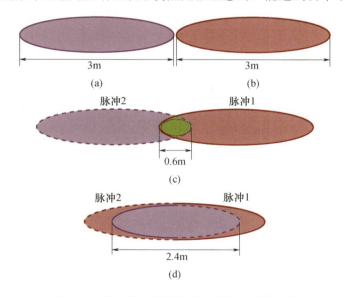

图 4-20　激光脉冲的强度同步叠加合成原理图

（a）激光单脉冲形状；（b）两个激光脉冲完全同步强度叠加；（c）两个激光脉冲前后时间差 8ns 时的强度叠加示意图；（d）两个激光脉冲前后时间差 2ns 时的强度叠加示意图。

一般来说，调 Q 脉冲 Nd:YAG 激光器从触发激励到发射激光的整个过程所需时间约为几十毫秒，且因为受激光器内部的工作物质、工作温度等多种因素的影响，每台激光器激励过程的时间长短稍有不同，所以即便用完全同步的信号去触发各台激光器，也不能保证各台激光器发射的激光脉冲在时间上完全同步。为此，必须首先精确测量各激光器实际发射的激光脉冲的时间差，然后再做相应的精密时间延时补偿。

实现多台调 Q 脉冲 Nd:YAG 激光器同步合成控制的原理框图如图 4-21 所示。假定每台激光器在同样泵浦电压、氙灯触发信号、调 Q 触发信号的条件下，激励出激光过程所需时间是固定的。为了测量各台激光器所发射激光脉冲的时间差，以激光器 1 为参考，分别将激光器 2，3，…，N 发射的激光脉冲波形与激光器 1 的作比较，用精密测时电路测量出它们与激光器 1 的时间差，然后再用精密延时补偿线路对各激光器的触发信号进行时间差补偿，使各台激光器的激光脉冲都与激光器 1 的激光脉冲保持精密同步发射，可以实现 N 台激光器的激光脉冲的强度同步合成控制。

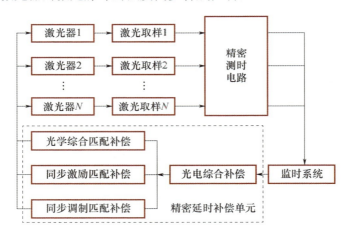

图 4-21 多台调 Q 脉冲 Nd:YAG 激光器同步合成控制的原理框图

激光取样单元用低反射率镜片从每台激光器发射的激光脉冲中反射少量激光能量作为取样光信号，采用光电二极管将激光脉冲转换为电脉冲波形。选用光电二极管作为光脉冲波形探测器，是因为其具有较高灵敏度和响应速度，其时间响应速度 $<0.1\text{ns}$，带宽 $>1\text{GHz}$，且对 Nd:YAG 激光器的 $1.06\mu m$ 近红外波长有非常好的响应。图 4-21 中，监时系统监视各台激光器发射激光脉冲与激光器 1 发射激光脉冲的时间差。

实现如此高的激光脉冲时间同步精度控制是该项目必须要解决的关键问题，也是难点问题。解决问题的技术途径包括：①激光脉冲之间传输时间差的精密测量；②设计精密延时线路对时间差进行精确补偿。

（1）时间差精密测量技术。两个激光脉冲之间时间差的测量方法主要有模拟法、数字法、数字插入法和模拟插入法等。以模拟插入法为例，其原理如图 4-22 所示。单纯用数字法测量时间间隔时只能测得 nT，这样测得的时间值误差较大。误差主要来源于时钟脉冲的上升沿分别与两个被测激光脉冲电信号上升沿之间的时间差 t_a 和 t_b，它们所导致的误差大小为 $\Delta T = t_b - t_a$。模拟插入法就是在单纯数字计时电路中插入电容充放电模拟电路，首先利用模拟电路高精度测量 t_a 和 t_b，然后对数字法所测结果 nT 进行修正，以提高测时精度。

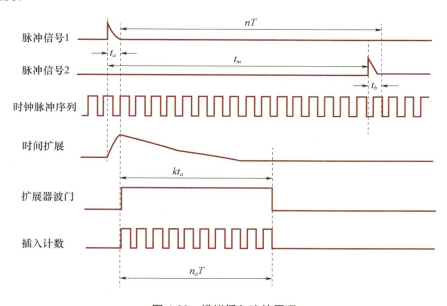

图 4-22　模拟插入法的原理

模拟插入法的关键是利用高精度电容的充放电过程，对时间间隔 t_a 进行 k 倍扩展，即 k 倍时间拉伸。与此同时，时间扩展模块产生一宽度为 kt_a 的门脉冲，用同一时钟计数器对 kt_a 时间段进行计数测量时，测得为 n_a 个时钟周期，即有 $kt_a = n_a T$。利用同样的方法（图中没有画出时间拉伸、计数测量过程，它与对 t_a 的拉伸测量过程一样）对 t_b 可以测得 n_b 个时钟周期，则 $kt_b = n_b T$。于是，可算出 $t_a = n_a T / k$，$t_b = n_b T / k$。最后得到修正后更为精确的测量结果：

$$t_m = nT - \Delta T = nT + t_c - t_b = (n + n_a/k - n_b/k)T \tag{4-2}$$

(2)高精密时间延迟时间补偿。一般情况下,脉冲 Nd:YAG 激光系统所用的调 Q 电路的同步触发延时器,无论在稳定性还是在调节精度上都只能达到激光器工作的一般要求,它的抖动范围可达到 $10\mu s$,延迟时间调节精度只能达到 $10\mu s$,远远达不到同步控制精度 2ns 的要求。光纤延迟时间线或光程可调延迟时间线等作为精密延迟时间调节器件,可调节纳秒精度范围内的延迟时间控制。

如图 4-23 所示为光纤延迟时间线单元示意图。触发电脉冲输入激光二极管(LD),LD 将触发电脉冲转换成光脉冲,通过光接头耦合进入延迟时间光纤。光脉冲经光纤延迟时间后,光电探测器再将光脉冲转换为原来的触发电脉冲。采用光纤作为光脉冲的传输介质而使时间有所延迟,延迟时间长短与光纤长度成正比,如果所用光纤材料的折射率为 $n=1.5$,那么光脉冲在光纤中的传输速度为 $0.667c$(c 为真空中的光速),即在 20cm 长的光纤中光脉冲的传输时间约为 1ns。光纤延迟时间线的延时精度高,可小于 0.5ns,但其缺点是不方便连续可调。

图 4-23 光纤延迟时间线单元示意图

如图 4-24 所示为光程可调延迟时间线单元示意图。触发电脉冲先输入激光二极管(LD),LD 将触发电脉冲转换成光脉冲,实现电光转换(E/O),光脉冲通过一段空气传输到光电探测器,由光电探测器再将光脉冲还原成触发电脉冲,即进行光电转换(O/E)。光脉冲在空气中以光速 3×10^8 m/s 传输,每传输 30cm 需要 1ns,每传输 3cm 需要 0.1ns,因此前后调节光电探测器与 LD 的相对距离,从理论上看其调节精度只要达到厘米量级(容易精确连续可调),就能使触发电脉冲的相对延迟时间精度优于 0.1ns。

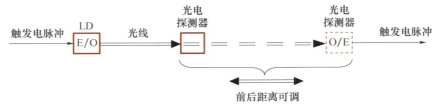

图 4-24 光程可调延迟时间线单元示意图

4.1.3 变频激光产生技术

当单一波长干扰激光难以有效对抗来袭目标时,需要波长可调谐的变频激光对来袭目标实施有效干扰。产生波长可调谐的变频激光光源的主要方法有以下两种。

(1) 激光器的工作介质具有较宽的激光上能级,在腔内调谐元件的作用下,在特定波段范围内输出变频激光。例如,变频范围为 780~920nm 的 Cr:LiSAF 激光器,这类激光器发散角过大,在军事应用中受到限制。而且,这类激光系统不具备多波段调谐能力,不能适用于光电防御系统的需求。

(2) 利用倍频、光学参量振荡等非线性光学频率变换技术,在泵浦激光基础上,变换调谐出各波段变频激光。其中,利用非线性晶体的频率下转换效率的光学参量振荡(OPO)技术,可实现不同波段激光的连续调谐,是产生变频激光的重要手段。

OPO 系统的结构如图 4-25 所示。该系统具有如下特点。

(1) 调谐范围宽:普通的激光器只能输出一种或几种波长的激光,而只要更换非线性晶体,OPO 系统的调谐范围可从紫外到远红外满足不同波段的干扰需求。

(2) 可实现全固化设计:OPO 系统是通过非线性晶体进行激光频率的转换,只需一块或几块晶体即可实现多波段输出,其泵浦光源可采用半导体泵浦的固体激光器,因而整个激光系统可做到小型化、全固化。

(3) 有望实现高功率、窄线宽输出。

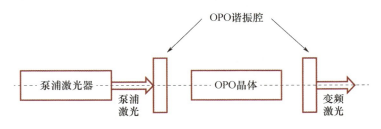

图 4-25 OPO 系统的结构

然而,光学参量振荡过程中能量转换效率较低、光束质量较差,需要对 OPO 系统的泵浦光源和谐振腔进行优化,以满足光电干扰对激光功率密度的需求。

1. 光学参量振荡系统泵浦光源优化技术

根据光学参量振荡的原理可知，要得到较高的能量转换效率，要求泵浦光功率高、线宽窄、光束质量好。可以利用非线性相位共轭波前畸变补偿技术和法布里-珀罗标准具压窄线宽技术等对泵浦激光器结构进行优化设计。

1) 非线性相位共轭波前畸变补偿技术

激光系统中存在光学元件的不均匀性、激光工作介质的内部缺陷，以及各类热效应、退偏效应等，这些都能造成激光波前的畸变，降低输出光束质量。

而相位共轭波恰好是入射波的时间反演，观察相位共轭波就好似对入射波做逆时的回顾。在理想情况下，在任一空间位置上它们均具有相同的波面（波前）形状，只是两者的传播方向相反，因此相位共轭过程又常被称为波前反转过程。

相位共轭过程的波前反转特性的一个重要应用就是补偿光波的波前畸变。利用非线性光学相位共轭技术，让光束两次或多次往返通过同一畸变光路，使光路中的相位畸变得到补偿或改善。在高功率的固体脉冲激光器中，常用带受激布里渊散射（SBS）相位共轭镜的激光谐振腔及带 SBS 相位共轭镜的双程或多程主振荡-功率放大系统来补偿光路的相位畸变。

带 SBS 相位共轭镜的激光器的结构如图 4-26 所示，其实物照片如图 4-27 所示。

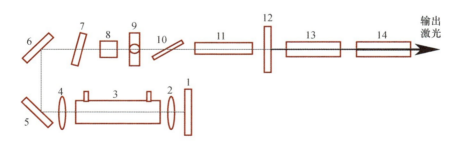

1、12—全反射后腔镜、输出镜；2、4—聚焦透镜；3—SBS介质池；
5、6—45°全反镜；7—标准具；8—KD*P晶体；9—选模光阑；
10—起偏器；11—谐振级；13、14—一级、二级放大。

图 4-26 带 SBS 相位共轭镜的激光器的结构

图 4-26 中，为了获得发散角小、单色性好的基横模、单纵模种子激光，本振级利用 SBS 相位共轭镜（包括两个聚焦透镜和一个介质池）构成相位共

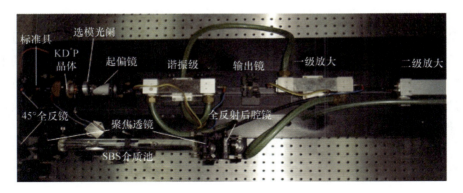

图 4-27　带 SBS 相位共轭镜的激光器的实物照片

轭激光腔，有效补偿激光器系统热畸变导致的光束质量的下降，提高系统工作的稳定性。在光路中安装了选模光阑来进一步优化小发散角基模种子激光的光束质量。在谐振腔中安装电光调 Q 开关（KD^*P 晶体和布儒斯特起偏器）可以有效改善 SBS 相位共轭镜非线性启动过程的稳定性，并使输出激光脉冲宽度稳定。另外，在本振级后面加装了两级放大 Nd:YAG 棒，以提高泵浦激光输出能量。

2）法布里-珀罗标准具压窄线宽技术

为了提高相位共轭镜的反射效率，进一步改善激光的光束质量，增加激光单频点的能量密度，提高 OPO 的能量转换效率，可在激光器中加装 F-P 标准具以压窄激光线宽，如图 4-26 中 7 所示。F-P 标准具的优点在于标准具平行平面板间的厚度可以做得很薄，因而对增益线宽很宽的激光工作物质，如 Nd:YAG、红宝石等激光器，均可获得单频激光输出，且由于谐振腔长没有发生变化，激光器仍可保持较高的输出功率。

3）热致双折射退偏补偿技术

在大功率激光系统中存在热致双折射退偏振现象，导致输出激光线偏振度降低，严重影响后继倍频和光学参量振荡过程的变频能量转换效率。可以采用将 90°石英旋转器和 1/2 波片相结合的热致双折射退偏补偿方法。

热致双折射在固体激光晶体棒截面中的每一点处，感生双折射的主轴都是呈径向和切向的，双折射大小与晶体棒半径的平方成正比，通过激光晶体棒的线偏振光束的退偏振效应严重。补偿原理就是要在激光晶体棒截面上每一点的径向和切向偏振辐射都获得相等的相位迟滞。如图 4-28 所示，激光谐振级输出的线偏振激光束通过一级放大晶体棒时，由于晶体棒内径向温度分布，在相同半径 r 处的径向偏振光和切向偏振光之间产生相位差 $\Delta P_r(r) - \Delta P_\theta(r)$，再经过 90°石英旋转器后，径向偏振光变为切向偏振光，再经过二级放大晶体棒后也产生了相位差 $\Delta P_r(r) - \Delta P_\theta(r)$，由于径向、切向的颠倒，相对于一级放大级中的径向、切向相位差来说，等价于消除了两个方向的相位差，即补偿了线偏振激光束在经过两级放大时的退偏振效应，有效地获得了高保偏效果。

图 4-28　热致双折射退偏振补偿技术框图

2. 高转换效率 OPO 技术

OPO 是一种利用非线性晶体的混频特性实现光学频率变换的器件，同时它是波长可调谐的相干光源。它具有调谐范围宽、效率高、结构简单及工作可靠等特点，可获得宽带可调谐、高相干的辐射光源。随着一批新型优质非线性光学晶体的发明、成熟和大量应用，以及非线性光学频率变换和可调谐激光技术的飞速发展，在光参量振荡器这一研究领域取得了不少十分重要的突破，OPO 已经发展成为变频激光的主流[8]。

1）OPO 晶体的选择

用于近红外 OPO 的非线性晶体主要有 ZGP、KTP、KTA、BBO、PPLN 等。其中，ZGP、PPLN 和 KTA 晶体多用于产生中波红外变频激光，而利用 ZGP、PPLN 实现 OPO 运转是国内外研究的热点。BBO 在空气中易潮解，KTP 由于其具有非线性系数大、抗损伤阈值高、透光范围广、走离角小、允许角大等特点，被广泛应用于近红外光参量振荡器，特别是脉冲泵浦、纳秒量级、可调谐 KTP-OPO 倍受人们的关注。

2）OPO 谐振腔型的选择

OPO 的腔型主要有直腔和环形腔两种，其中直腔又分为外腔和内腔。采用不同腔型设计的 OPO 装置如图 4-29 所示。

相对于直腔来说，环形腔有以下优点：损伤阈值高，能有效地利用晶体长度；不用考虑泵浦激光的后向反射问题；腔型设计能将所需要的闲频光与泵浦激光和信号光分离，降低了对腔镜镀膜的要求。但其缺点是：泵浦阈值较高，效率较低，结构较为复杂，工程实现难度较大。

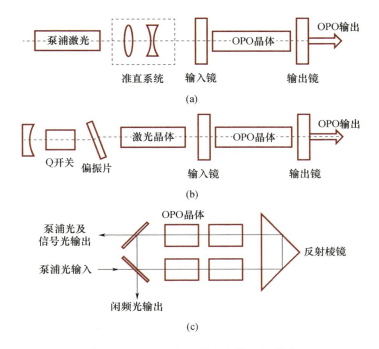

图 4-29　采用不同腔型设计的 OPO 装置
(a) 外腔结构；(b) 内腔结构；(c) 环形腔结构。

相对于外腔泵浦的 OPO 来说，内腔泵浦的 OPO 具有峰值功率密度高、起振阈值低、效率高等优点，而且在结构上比较紧凑，易于小型化；但其输出光束质量较外腔结构差，晶体易损伤。

4.1.4　综合防御激光源技术

激光干扰技术虽然受天气影响大，不具备全天候作战能力，但能够以光速作用目标，目标难以躲避。与传统武器相比，效费比高且无后座力，具备多批次处理能力等特点，在综合光电防御中占据举足轻重的地位。

1. 综合防御中激光干扰的两种干扰机制

对于综合光电防御，要求激光源输出的干扰激光能够准确照射来袭目标，并对来袭目标实施有效干扰。这里干扰一般包括带内干扰和带外干扰两种机制，如图 4-30 所示。带内干扰一般用来打击迎头目标，且激光波长与目标光电传感器的工作波段相匹配，干扰激光可以透过目标光学系统，汇聚到光电传感器上，对传感器实施致盲、致眩等有效干扰，此时较小功率干扰激光即可满足需求。

图 4-30 激光干扰的两种干扰机制

(a) 带内干扰；(b) 带外干扰。

带外干扰对干扰激光波长没有特殊要求，打击目标也不限于迎头目标。干扰激光照射来袭目标的外壳、头罩或光学系统等部件，使之发生破裂、剥落、熔化、气化等损伤而失效。相对于带内干扰而言，带外干扰应用更加灵活，但要求干扰激光功率较大，高功率、高光束质量的热容激光器、光纤激光器等日益受到战场青睐。同时，由于需要持续照射来袭目标，因此，带外干扰对光电防御系统的跟踪精度和稳定性也提出了更高的要求。

2. 综合光电防御对激光干扰源的技术要求

激光干扰源输出的干扰激光对防御半径内的来袭目标实施有效干扰，则激光干扰源一般需要满足以下技术要求。

(1) 激光波长在大气窗口以内。大气衰减是干扰激光功率衰减的主要影响因素，因而干扰激光波长必须在大气衰减相对较小的大气窗口以内，以保证干扰激光经过一定距离大气传输后，到达来袭目标时，仍能满足干扰阈值要求。

(2) 带内干扰激光波长与来袭目标工作波段相匹配。带内干扰的干扰激光要能够透过来袭目标光电传感器的光学系统汇聚到传感器上，即光学系统对干扰激光是透明的。在光电防御技术日益发展的今天，越来越多的光电武器会在其传感器前加装滤光片等抗干扰措施，这就要求干扰激光不仅能够透过光学系统，还要能够避开滤光频段。

(3) 激光功率满足阈值要求。不同的干扰机制、不同的干扰效果需要不同的干扰激光功率密度。带内干扰需要激光功率密度相对较低，但干扰激光经过一定距离大气传输，到达来袭目标光电传感器时，其功率密度至少要大于传感器的探测灵敏度，才能被传感器有效探测而实施干扰。若要达到致眩、致盲或损伤的干扰效果，则激光功率还需进一步增强。带外干扰需要激光功率密度更高。

(4) 干扰激光指向精准，稳定性好。激光光束方向性好，束散角小，能量集中，要实施干扰，激光光束必须准确照射被干扰目标，并持续一段时间，如带外干扰，干扰激光对来袭目标的元部件造成剥落、气化等破坏效应，激光必须持续辐照数秒以上，这就要求激光不仅能够精准照射目标，还要能稳定锁住目标，即不仅照得准，还要照得稳。由于大气湍流对激光光束的折转和光束质量畸变等影响，对于高能激光干扰系统，一般还需要自适应光学系统来补偿光束的折转和光束质量畸变。

(5) 高功率高光束质量一直是激光干扰系统的追求目标。功率越高，光束质量越好，意味着干扰激光能够在更远距离上照射来袭目标，干扰成功概率越高。近年来，已有学者将功率高达太瓦量级的飞秒激光器用于光电对抗，研究飞秒激光对CCD的干扰机理和干扰效果，利用飞秒激光的大气拉丝效应遮蔽成像观瞄系统，已取得值得期待的成果。

(6) 多波段一体化的激光干扰系统更具技术优势。不同的来袭光电制导武器，其工作方式不同，工作波段也不相同，都是综合光电防御的对抗目标。若激光干扰系统具备多波段工作能力，能够自动识别并匹配来袭武器工作波段，实现一机对抗多种不同来袭武器，在战场运用将更具灵活性。

(7) 体积小易维护的激光干扰系统更适合战场要求。恶劣的战场环境、复杂的地理条件要求精密的激光干扰系统稳定性好，易于维护，且便于安装集成，因而体积小易维护的激光干扰系统在实战环境中更具生命力。光纤激光器在发明之初多被应用于通信和信息传输，但随着半导体激光泵浦技术的日趋完善，光纤激光器体积小、功率高、光束质量优，特别是稳定可靠、维护简便的优势，使得其在战场环境中应用越来越广泛。

3. 新型综合光电防御激光干扰源

为适应现代战场对激光干扰源高功率、多波段、微型化的技术要求，越来越多的新型激光系统被应用于综合光电防御，除前面介绍的热容激光器、光纤激光器之外，自由电子激光器（free-electron laser，FEL）和量子级联激光器（quantum-cascade laser，QCL）等新型激光器都是研究的热点。

1) 自由电子激光器

与传统激光器不同，自由电子激光器是利用自由电子束作为激光工作物质的激光器。自由电子束通常是由各种电子加速器获得的，其中最简单的方法就是由直线加速器出来的自由电子束，通过电子枪聚焦成细束，经过磁极周期排列的磁场，产生韧致辐射，当韧致辐射超过阈值后即可辐射激光。

根据固体电子理论，自由电子在周期磁场作用下，产生能带结构，由于没有束缚电子，相当于激光下能级为空，只要注入的电子束能量相近，都认为处于同一激光上能级，而处于粒子数反转状态，只要粒子数反转达到阈值，便可输出激光。

作为新型综合光电防御激光干扰源的研究热点，自由电子激光器具有以下特点。

（1）宽波段，波长覆盖范围极宽。由于自由电子激光器不依赖于原子或分子的受激辐射，而是将电子动能转换为激光辐射，因此其激光振荡的波长覆盖范围极宽，可实现从毫米波到 X 射线的大范围连续调谐。尤其在毫米波波段，自由电子激光器是目前唯一有效的强相干信号源。

（2）高功率，是强激光武器的主要潜在手段之一。由于不需要从固体、气体或液体激光工作物质中消除废热问题，因此自由电子激光器可以比传统激光器输出更强、功率更高的激光。早在 20 世纪 80 年代，自由电子激光器就成为美国"星球大战"计划中陆基或天基定向能武器中最有希望的候选者。

目前，自由电子激光器的体积庞大、造价昂贵，只能用于陆基平台，随着小型化和实用化器件的不断成熟，自由电子激光器也必将越来越多地应用到综合光电防御领域。

2）量子级联激光器

针对机载平台特别是无人机平台对光电对抗装备小型化、一体化的需求，光电对抗微系统应运而生，量子级联激光器是其核心部件。量子级联激光器是基于量子工程设计的、具有级联特征的、光电性能可调控的新原理激光器，是一种以半导体低维结构材料为基础、基于半导体耦合量子阱子带间电子跃迁的单极性半导体激光器。与传统光电防御激光源相比，量子级联激光器具有以下特点。

（1）电光转换效率高。它的有源区由多级耦合量子阱模块串接组成，可实现单电子注入的倍增光子输出而获得大功率。目前，单个中红外量子级联激光器已能稳定输出平均功率大于 1W，同时具备较高光束质量和较高稳定性，成为中红外波段极具竞争力的光源。

（2）可选波长范围宽。工作波长由耦合量子阱子带间距决定，可实现波长的大范围选择（$2.65 \sim 300 \mu m$），并成为目前唯一实现室温脉冲、连续瓦级工作的多模中红外半导体激光器，其功率比商用铅盐激光器高 3~4 个数量级，在中红外波段输出方面具有较高优势。量子级联激光器是中红外波段光电防御的优选激光干扰源。

（3）体积小、质量轻。量子级联激光器由电激励直接出光，没有中间光-光转换过程，转换效率高，所需电源和温控设备比较小，整机体积小、质量轻，可通过电源直接调制输出脉冲激光，是红外定向干扰装备的理想光源。

4.2 有源定向干扰技术

面临越来越先进的精确制导武器的严重威胁，光电防御技术已由理论走向实践，以激光为干扰源的有源定向干扰技术将成为光电综合防御的重点研究方向。美军研制的车载、机载定向干扰系统，经验证干扰效果明显。

4.2.1 有源定向干扰的基本原理

从技术上讲，有源定向干扰是利用定向设备（平台）实时跟踪瞄准运动中的来袭精确制导武器，并以小发散角激光作为干扰源实施光电有源对抗干扰，使敌方精确制导武器导引头不能接收攻击目标光电特征信号或目标指示信号，难以产生正常的导引信号，从而偏离打击目标，实现目标防御的目的。

为了实现有效防御的目的，作战距离是光电防御有源干扰系统必须保证的关键技术指标。为此，作用于导引头的激光功率密度必须要大于导引头的损伤阈值[9]。仿真及试验结果表明，干扰源对光电导引头的干扰效果主要与两个参数有关：一是作用在导引头上的激光功率密度，由于导引头接收口径固定，因此进入导引头探测器的激光功率越大效果越好；二是有效作用时间，作用时间越长干扰效果越好。因此，在其他条件不变的前提下，有源定向干扰技术可以实现高精度目标跟踪功能，并能以小发散角发射干扰激光，从而提高激光干扰源的输出功率密度和作用在导引头上的连续干扰时间，以达到有效防御的目的。

根据激光功率密度的定义，有两条技术途径可提高激光功率密度值：一是提高激光输出功率；二是减小激光光斑面积，即减小激光发散角。根据激光器的工作原理和现有技术条件，高输出功率的激光器体积也相应加大，不能适应光电有源干扰装备小型化、智能化的发展需求。在距离相同的条件下，激光发散角的压缩倍数与激光功率密度倍数成平方关系，因而压缩激光发散角可显著提高激光功率密度。从技术实现上，发散角的调整技术已经成熟。但是，小发散角的光斑很小，假设激光发散角 1.0mrad，5km 外形成的光斑直径仅达到 5m，因此，为了保证干扰激光能进入导引头视场并提高激光作用于导引头的时间，必须采用高精度的伺服跟踪技术，以确保激光源能够持续作用于导引头。于是形成了有源定向干扰技术，其原理框图如图 4-31 所示。

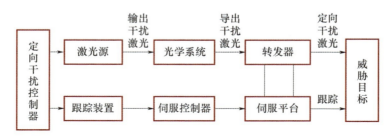

图 4-31　有源定向干扰技术的原理框图

告警系统发出告警信息并将威胁目标方位等信息发送给定向干扰控制器，定向干扰控制器启动并控制伺服装置完成高精度稳定跟踪威胁目标，同时定向干扰控制器控制激光源发出激光干扰信号，通过干扰激光导出光路、激光转发器向威胁目标照射干扰激光，以降低或丧失威胁目标的威胁程度。实现定向干扰的关键指标是随动系统的跟踪精度、干扰激光定向导出的目标照射时间（在上半球空域能快速跟踪并动态照射目标）。

定向干扰的目的是以较小功率的激光干扰源实现对威胁目标的防御。所以跟踪目标越快越准，则理论上所需干扰源功率就越小。但要跟踪目标越快越准，就要投入高性能的跟踪系统，其代价高、技术难度大。因此，有源定向干扰技术就是试图解决激光源功率定向干扰跟踪系统的指标匹配问题。

解决定向干扰技术，需综合采用如下方法。

（1）随动伺服技术。采用高精度的随动伺服技术，将干扰激光转发器安装在伺服平台上。伺服系统实时响应跟踪系统提供的来袭目标信息，引导干扰激光动态瞄准来袭目标。

（2）安装调平技术。为了提高伺服系统精度，必须减小安装误差，提高安装平面的平整度，必要时可采用超薄垫片。

（3）光轴与平台一体化设计。引导数据是相对于某一坐标系的相对值，对于车载平台来说通常采取车载坐标系。因此，设计搭载在伺服系统上的光轴时，应按照安装平台基准进行一体化设计。

有源定向干扰技术解决了有效作用距离、干扰源输出功率、系统小型化要求相互制约的矛盾，为实现小型化综合光电防御系统提供了关键性的技术支持。根据作战对象的不同，有源定向干扰的方式可分为激光制导武器有源定向干扰、电视制导武器有源定向干扰、红外制导武器有源定向干扰等。

4.2.2 有源定向干扰系统的组成

根据有源定向干扰的基本原理可知，要达到有效干扰的目的，有源定向干扰系统至少应包括以下几个部分。

（1）激光源（光频辐射源）：包括控制模块、激光电源、激励源、冷却装置等几个部分，用以产生频谱或激光波长处在被干扰对象干扰带内的干扰源。

（2）随动伺服跟踪系统：包括跟踪设备、伺服控制模块、伺服驱动、伺服平台等几个部分，用于实时跟踪来袭精确制导武器；跟踪设备可以是雷达，也可以是光电跟踪仪或高分辨率的光电告警设备。

（3）光路：指从激光器出口到系统激光出射口之间的激光源信号通道，包括各种棱镜、激光转发器、连接管道（或光纤及光纤耦合器）等。

（4）定向干扰控制器：包括信号接口、干扰控制模式生产模块、干扰时序控制模块等，它是实现定向干扰的控制协调器，主要是上级指令和信息，完成定向干扰功能，上报目标防御过程与效果。

光电防御系统实施光电定向干扰方式的主要指标有以下几个。

（1）有效干扰距离：干扰系统实施光电防御定向干扰，且目标丧失威胁程度时，激光干扰源到威胁目标的距离。

（2）激光干扰源：主要是定向干扰使用的激光源的工作频率和功率。

（3）实施干扰空域：实施定向干扰的空域作用范围，既能跟踪目标又能照射到目标，如某定向干扰系统干扰空域为上半球空域。

（4）目标跟踪精度：发现威胁目标后跟踪系统的目标跟踪精度。

（5）稳定跟踪时间：从发现威胁目标到稳定跟踪威胁目标的时间。

（6）目标照射时间：连续发射干扰激光并照射到威胁目标的时间。

（7）有效干扰概率：一次定向干扰过程，威胁目标丧失威胁程度的概率。

4.2.3 有源定向干扰的关键技术

有源定向干扰装备在设计过程中，为保证主要技术指标，需要综合采取随动伺服跟踪技术、光路定向导出技术、安装调平技术等技术手段。

1. 随动伺服跟踪技术

光电有源定向干扰系统必须将干扰激光的转发器搭载在高精度伺服平台上，

实时响应跟踪系统提供的来袭目标信息，引导干扰激光动态瞄准来袭目标。由于 A-E 型结构设计简单、可靠性高，是光电系统中常见的随动伺服系统结构。

随动伺服跟踪系统由 A-E 型光电平台、测角单元、测速单元、伺服控制单元、计算机单元及 I/O 接口、电源变换器等组成，如图 4-32 所示。

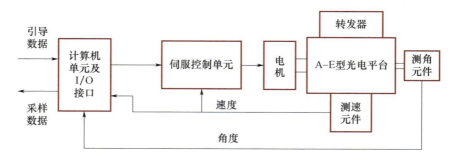

图 4-32　随动伺服系统的结构

1）随动伺服跟踪的原理

假设被保护目标受到敌方精确制导武器攻击，由于来袭导弹威胁目标为高速运动的小目标（一般马赫数大于 2），目标远距离高精度探测原则上依靠其他友邻系统完成，因此，定向干扰的随动伺服一般采用引导跟踪方式，由火控系统、光电告警设备、光电跟踪仪或其他可产生目标引导数据的设备等（包括预警系统、C^3I 系统）提供威胁目标的方位和俯仰指示引导数据，伺服系统实时响应引导数据并转换执行对目标跟踪，计算机控制单元收到引导命令和引导角后，采用双闭环控制方法（速度和角度），运用基于 DSP 结构的高精度目标位置预估和目标实时跟踪算法，控制光电平台随引导角运转，达到实时跟踪目标的目的。其工作原理如图 4-33 所示。

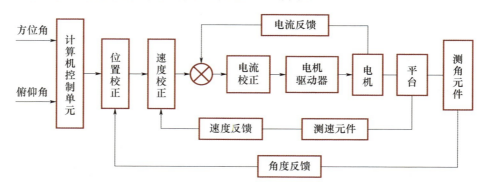

图 4-33　随动伺服系统引导跟踪的工作原理

随动伺服系统跟踪的工作过程（图 4-34）描述如下。

（1）系统加电，伺服平台处于锁零状态（处于零位）。

（2）随动伺服系统自检，并记录自检数据。

（3）计算机控制单元接收并确认外部引导数据，并控制随动系统实施双闭环控制方法，快速调转平台到引导数据指定的位置（目标位置）。

（4）随动平台自动转入威胁目标高精度稳定跟踪模式，计算机控制单元接收目标引导数据，控制随动平台快速稳定跟踪目标。

（5）计算机控制单元回告上级伺服平台位置信息。

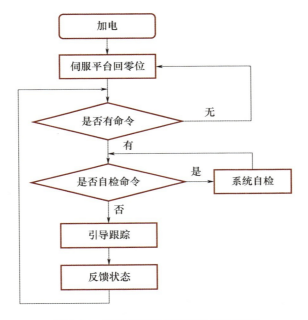

图 4-34 随动伺服系统跟踪的工作流程

2）随动平台

随动平台采用 A-E 型万向框架结构，用套轴式力矩电机直接驱动负载；仰角支路由仰角驱动电机、测速元件、测角元件、轴承及负载等组成；方位支路由方位电机、测速元件、测角元件、方位轴承、支撑架等组成；系统采用高精度、高刚性精密轴系结构。

随动平台的有效负载是干扰激光转发器，该转发器是实现全方位光电防御的关键部件，随动伺服高精度跟踪的最终目的是使该转发器能有效地让干扰激光照射到威胁目标。所以系统安装时，必须尽可能地实现转发器的光轴和随动平台的机械轴一致或平行。

3）随动控制器

定向干扰随动控制器由俯仰驱动模块、方位驱动模块、电源模块、计算机模块、测角模块等组成。接收跟踪目标引导数据，转换成相应的驱动信号，控制随动平台上的俯仰电机和方位电机做相应的动作，实现高精度快速随动跟踪功能。在定向干扰随动控制器驱动随动平台运转的同时，通过接收随动平台上的测角信号，实现闭环控制。

为实现高精度的伺服跟踪，设计过程中一般应考虑如下措施。

（1）采用模糊-变结构智能控制技术保证系统动、静态指标。

（2）采用串联控制技术保证系统调速性能及位置环指标。

（3）采用模块化设计、电路优化设计等技术保证控制单元小型化。

（4）采用双极式PWM-H型集成驱动电路驱动小型伺服驱动器，保证系统高精度，减小功耗。

（5）采用稀土永磁直流力矩电机为驱动元件，保证系统体积小、质量轻。

（6）控制单元以DSP芯片为核心，提高伺服响应速度和实时跟踪能力。

2. 光路定向导出技术

随动伺服系统实时跟踪目标，干扰激光源必须能够通过随动平台上半球空域任意方向定向导出，干扰激光引导数据是相对于某一坐标系的相对值，设计搭载在伺服系统上的光轴时，应按照安装平台基准进行一体化设计。

有源定向干扰随动伺服平台通常有两种方式搭载干扰源，保证干扰源全向输出：其一是将干扰源作为负载直接搭载在伺服平台上，该方式仅适用于体积小、质量轻的干扰源；其二是将干扰源固定不动，干扰激光由导光筒进入随动平台底部中心，与随动平台导光口衔接。在伺服平台俯仰轴中心设置转发棱镜，横截面为直角三角形与梯形结合形状，如图4-35（a）中粗线轮廓所示，激光源走向如图4-35（b）中箭头线所示。在该形状棱镜折射下，可实现俯仰$0°\sim90°$的出光。

3. 安装调平技术

为了实现对高速来袭导弹的高精度跟踪，安装调整与光路调整技术是必须解决的关键技术问题。为此，可采取如下技术措施。

（1）多安装面安装调平技术：包括光机电轴一致性调整技术、瞄星调整技术、安装误差消除技术等。

（2）伺服平台光轴对准技术：包括远场多光轴调整技术、静态光系统安装面测量光轴调整技术等。

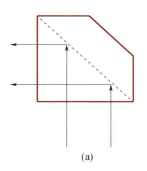 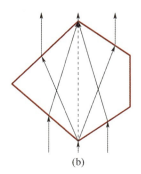

(a) (b)

图 4-35　光路定向导出示意图

(a) 水平 0°时；(b) 俯仰 90°时。

(3) 激光源与伺服平台光路对准技术：包括远场机械轴与光轴一致性调整技术、安装误差消除技术等。

(4) 引导数据误差补偿技术。

4.3　激光制导武器有源干扰技术

激光制导武器的特点是制导精度高，如铜斑蛇激光制导炮弹命中精度可达 1m 以内；抗干扰能力强，它只向反射与之编码一致的激光信号回波方向寻的，昼夜可以使用。由于目标精确打击能力强，是外军对地精确打击的主战兵器，因此激光制导武器自然成为光电对抗的重点对象之一。

4.3.1　激光制导导引头抗干扰技术

在第 2 章中分析了激光导引头的原理，激光制导武器常采用四象限探测器来探测照射到目标上的激光漫散射信号，目标反射的编码脉冲信号被导引头光学系统接收聚焦后，落在四象限光电二极管上。当光斑位于寻的器视场中心时，导引头视轴与目标和导引头间连线夹角等于零，汇聚到四象限探测器上的光斑就落在四象限光敏面的中心，经光电转换及和差处理后，得到的误差信号等于零；否则，误差信号的大小与光斑偏离中心的距离成正比，从而控制舵面，修正舵向，向目标飞行。

激光制导武器系统目标指示器的作用距离一般不超过 7km，当在空中或地面发射激光调制信号照射目标时，照射激光经目标漫反射后被四象限探测器截获接收,且其信号功率为朗伯分布,可被激光导引头探测器接收的信号较弱,因此对激光导引头探测器的响应灵敏度指标要求较高(如光电二极管四象限探测器为 $10^{-6}\,\mathrm{W/cm^2}$、雪崩管四象限探测器为 $10^{-8}\,\mathrm{W/cm^2}$)。当然,探测器响应灵敏度越高,就意味着导引头越容易受环境干扰,所以,随着激光导引头技术的发展,目前激光导引头一般均采取光谱滤波、频率编码、时间波门等抗干扰措施(图 4-36),以提高激光制导武器系统抗干扰性能。

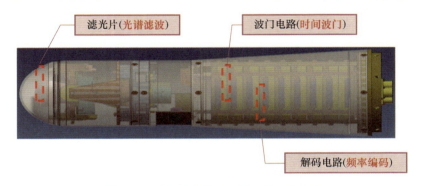

图 4-36　激光制导武器抗干扰措施示意图

1. 光谱滤波技术

光谱滤波技术就是设置一个光谱波门,即在导引头光路中,设置一中心波长与激光指示器激光波长一致的窄带滤光片,滤除其他波长的光信号,使其无法进入探测器,这样就可以减弱太阳辐射、炮火等环境干扰光信号的影响,提高了信噪比。例如,工作波段为 $1.06\mu\mathrm{m}$ 的激光导引头的光谱波门的中心波长设置为 $1.06\mu\mathrm{m}$(图 4-37)。

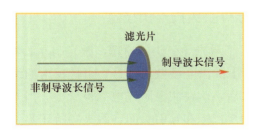

图 4-37　光谱滤波技术抗干扰示意图

2. 频率编码技术

频率编码技术即在导引头信号处理电路中采用高速数据采集模块和软件编程,只有与指示激光编码一致的信号才可能被处理。例如,激光指示器有不同的编码方式，假设以 49ms 的周期发射脉冲激光，激光脉冲宽度为 10ns，导引头接收到光脉冲信号后，则按 49ms 的周期采集，只有当连续数个周期均接收到激光脉冲信号时，才认为是指示信号。如图 4-38 所示，激光编码序列是从编码头"1"位为开始位，编码数字位（8 位编码 8bit），编码间设置"0"位为码间空位。

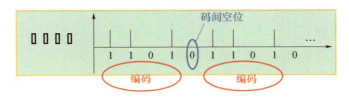

图 4-38　频率编码技术抗干扰示意图

3. 时间波门技术

导引头不一直接收信号，在确认指示信号后，只在周期同步时采用波门电路进行信号采集处理，时间波门是为了进一步提高抗干扰能力，每个开放波门只要确保一个指示激光脉冲信号进入即可，目前激光导引头接收时间波门大约为 10～20μs。设置脉冲录取波门，波门定时开启，波门关闭期间不接受任何信号（图 4-39）。

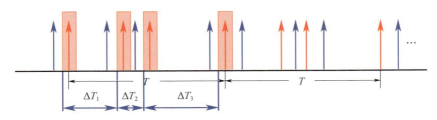

图 4-39　时间波门技术抗干扰示意图

由此可见，激光制导武器采取抗干扰技术可有效提高系统对环境光信号的抗干扰能力，同时，给防御激光制导武器攻击带来了技术难题。

4.3.2　激光制导武器的干扰机理

在第 2 章中分析过激光制导武器干扰机理。激光制导武器干扰方式有以下几种。

（1）遮蔽。降低目标指示激光回波的强度，使敌方导引头探测器不能正常接收到回波。

(2) 诱骗或欺骗。在时间波门开启时，产生与光谱波门中心频率一致的杂波（或称为干扰激光）。

(3) 致眩或致盲。强激光破坏敌方导引头探测器，使其工作失效。

诱骗或欺骗有效干扰激光制导武器的关键就是在时间波门开启时，产生与光谱波门中心频率一致的杂波（或称为干扰激光），并且干扰激光具有足够的峰值功率，可达到导引头探测器响应阈值。所以，能有效干扰激光制导武器寻的的要求如下。

(1) 干扰激光波长与导引头光谱波门中心频率一致。

(2) 干扰激光峰值功率达到导引头探测器响应阈值。

(3) 干扰激光在导引头时间波门开启时进入导引头。

(4) 干扰激光编码与导引头制导激光编码一致（欺骗）。

当与之工作波长一致的干扰激光信号进入导引头寻的器视场式，则根据导引头制导方式的不同，可能形成不同的干扰方式。一是寻的器跟踪目标光斑和干扰光斑的光强重心，于是寻的器将导引制导武器飞向两个光斑的强度重心，诱使激光制导武器偏离真目标而脱靶，这就是激光有源欺骗干扰方式；二是对于先进的复杂编码识别的寻的器，由于高重频干扰激光进入其信号波门，产生大量的脉冲信号将制导回波信号掩盖，使导引头无法提取和识别回波信号，干扰信号处理系统，因此使寻的器无法锁定目标，始终处于搜索状态，从而丧失制导能力，这就是高重频激光欺骗干扰方式。

激光有源角度欺骗干扰和高重频激光有源干扰均可实现对激光导引头的干扰。但激光有源角度欺骗干扰方式中的干扰激光必须与指示激光时序一致，对于复杂编码指示激光的同步复制转发技术难度很大，实现的代价较高，同时从作战使用来说，设置假目标受作战环境的地质条件、时间和地点的限制，机动性能受到影响，不适合机动目标的自主防御。高重频激光有源干扰无须指示激光信号参数，不用设置假目标，对激光制导武器的激光信号频率适应范围宽，而且小型化的高重频激光器技术相对成熟。因此，在机动目标光电对抗中，优先考虑采用高重频激光有源干扰方式实现对激光制导武器的有源干扰，其技术实现的关键是产生高重频干扰激光[10]。

4.3.3 激光欺骗有源干扰技术

激光欺骗有源干扰是通过发射、转发或反射激光辐射信号，形成具有欺骗功能的激光干扰信号，扰乱或欺骗敌方制导系统，使其得出错误的方位或距离信息,从而丧失或降低激光制导武器的精确制导能力,达到保护目标的目的。

1. 激光欺骗干扰的原理与系统组成

根据激光制导的工作原理可知,激光导引头是通过四象限探测器接收激光指示信号的变化来实现制导的,因此,如果受到对方激光照射后,通过激光告警技术提取激光波长信息、编码信息,并发射与指示激光参数一致的干扰激光照射远处假目标,则这种干扰激光一旦进入激光导引头视场,激光导引头将无法辨别真假目标。如果干扰激光信号强度大于漫反射指示激光强度,那么激光导引头接收的信号中干扰激光信号成为产生偏移量的主要因素。激光导引头将控制导弹沿干扰激光方向飞行,从而使导弹偏离攻击目标,实现对来袭激光制导武器的角度欺骗功能[11]。

其中,激光欺骗干扰技术实现的目标就是假目标发射的干扰激光编码与导引头制导激光编码在时间和空间上保持一致。技术路线如下。

(1) 激光告警系统截获并探测激光制导信号。

(2) 对制导激光信号进行快速解码运算,得出制导激光编码。

(3) 根据制导激光编码控制激光器发出制导干扰激光序列。

(4) 照射假目标并反射制导激光信号,欺骗导弹飞向假目标。

因此,对激光制导武器有源欺骗式干扰的预期效果是产生一个具有孪生特征的假目标,以假乱真,欺骗或迷惑激光制导武器。在导弹杀伤半径外的地方设置假目标(确保在导引头视场内),通过假目标反射模拟的激光指示信号,便可实现激光有源角度欺骗干扰对抗激光制导武器,工作原理如图 4-40 所示。

从理论上讲,激光有源欺骗干扰技术可分为回答式和转发式两种。

(1) 回答式干扰是将接收到的激光脉冲信号进行精确的重频测量和编码识别等信息处理,根据接收到的激光编码脉冲,同时考虑激光干扰机的出光延时,精确地复制出与敌方激光制导信号重频与编码完全一致的干扰脉冲,严格超前同步触发激光干扰机向预设的假目标发射欺骗干扰脉冲,从而将敌方激光制导武器引向假目标。

(2) 转发式干扰是将激光告警器接收到的激光脉冲信号自动地进行放大,并由激光干扰机进行转发,从而产生激光欺骗干扰信号。

显然,回答式干扰要求激光的出光延迟时间响应极短,以使干扰脉冲能"挤"入导引头的选通波门内;而激光干扰机的输出功率要远远高于敌方激光

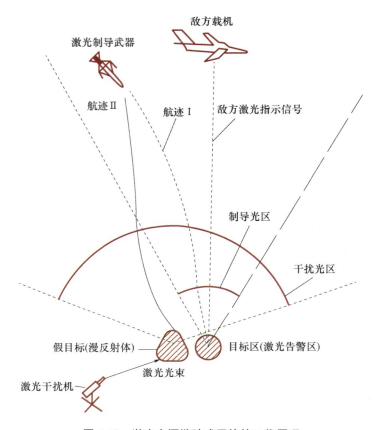

图 4-40 激光有源欺骗式干扰的工作原理

导引头所接收到的目标反射信号功率。同步转发式干扰要求干扰激光器的出光延迟时间尽量短,使激光干扰信号能落入激光制导系统的时间波门内。期间信号处理和激光转发的难度都比较大,所以实际的激光有源欺骗干扰系统往往将转发式干扰和回答式干扰综合应用,即将激光欺骗干扰信号照射一些布设在受敌方攻击的真目标附近,利用假目标比真目标反射的激光回波能量强这一特点,将激光制导武器诱到假目标方向上去。

激光有源欺骗干扰系统由激光告警分系统、信号识别与控制器、激光干扰机及漫反射假目标组成,如图 4-41 所示。

激光告警模块主要功能是探测激光威胁信号及其方位,并确定激光波长。有源干扰模块由信号分选器、测量重频器、编码处理器及同步转发器组成。信号分选器对激光告警分系统接收到的脉冲信号,先依据多个激光威胁源的不同方位进行分选,然后对同一方位的多个激光威胁源,进行重频分选;对

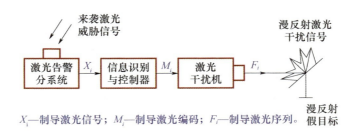

X_i—制导激光信号；M_i—制导激光编码；F_i—制导激光序列。

图 4-41　激光有源欺骗干扰系统的组成

于分选后的单目标脉冲信号，经高精度重复频率测定，识别编码方式，最后同步转发。激光干扰机发射的激光干扰信号的工作波长、脉冲宽度、脉冲重复频率及编码脉冲的码型要与激光威胁信号完全一致。光学假目标是将接收到的激光干扰机的光束能量向半球状空间辐射，并将角度欺骗信号引至导引头角跟踪系统，把导弹引向假目标。

综上所述，激光欺骗有源干扰的关键技术是导引头激光信号编码识别技术和制导干扰脉冲激光超前同步发射技术。

2. 激光编码识别技术

激光制导武器的制导作用时间一般为 20～30s，制导信号的频率为 10～50Hz，编码方式是脉冲间隔编码（PCM）、有限位随机周期脉冲编码和低位伪随机码（如 4 位或 8 位）。目前采用的激光编码识别技术主要包括 3 种：①基于脉冲间隔差异的计时时钟最小周期识别技术；②基于信号自相关的激光编码识别技术；③基于差分自相关矩阵的编码识别技术。

第一种激光编码识别技术主要是针对有限位伪随机码的识别技术，其识别原理是：假设激光告警装置接收到制导脉冲信号的时间为 t，则相邻脉冲之间的时间间隔为

$$\Delta t_i = t_{i+1} - t_i \tag{4-3}$$

当接收到两个制导信号时，假设激光制导脉冲信号的最小周期 T 为 Δt_i（$i=1$），当接收下一个脉冲时，

$$\frac{\Delta t_i}{T} = \frac{A_i}{B_i} \tag{4-4}$$

式中：A_i 和 B_i 均为正整数。

当 A_i 和 B_i 二者之间不存在公约数时，认为制导脉冲信号的最小周期 T 为 $\Delta t_i/B_i$，令

$$C_j = \frac{\Delta t_i}{T} \quad (j=1,\cdots,i+1) \tag{4-5}$$

当C_j中有一个大于或等于寄存器的位数n时，则认定激光制导脉冲信号的最小周期T为真。如果条件不符合，那么继续接收下一个制导脉冲。通常，假设$n \leq 16$。这种编码识别技术可识别出有限位伪随机码产生器的移位时钟周期。

伪随机码具有耗费时间短、编码频率低、码位少等特点，所以应用广泛。下面以伪随机码为例说明编码识别过程。

假设制导激光信号为4位编码，码间停止位为1位，置为"0"，则

① 编码码形为0000～1111，制导码形为0001～1111（15种，0000不能作为编码）；

② 编码相关性分析（以码形1001和1010为例）

1001码发射序列：10010100101001010010010…

1010码发射序列：10100101001010010100…

从数字序列角度来看，二者编码码形一致，因此编码1001和1010称为相关码。

对于4位编码，0001、0010、0100、1000为相关码，0110、0011、1100为相关码，1110、0111为相关码，1010、0101、1001为相关码，1101、1011为相关码。

解码方法1：

（1）在制导信号序列中，找出最先出现的"1"位，并记为a1，顺序记为a2、a3、a4、a5、a6、a7、a8。

（2）若a2=0，则为停止位，编码为a3 a4 a5 a6，否则下一步。

（3）若a3=0，则为停止位，编码为a4 a5 a6 a7，否则下一步。

（4）若a4=0，则为停止位，编码为a5 a6 a7 a8，否则下一步。

（5）若a5=0，则为停止位，编码为a1 a2 a3 a4，否则下一步。

（6）上述得到的编码进行相关码判别，若为同类则确定为编码。

（7）否则无编码，不是4位制导激光编码信号。

若接收的激光信号序列为

…1 0 1 0 0 1 0 1 0 0 1 0 1 0 0…

　 a1 a2 a3 a4 a5 a6 a7 a8

则按算法（1）得到编码1001、0101、1010为互相关码。所以，确定激

光信号序列对应的激光编码为 1001。

解码方法 2：

（1）在制导信号序列中，找出最先出现的 "1" 位，并记为 a1，顺序记为 a2、a3、a4、a5、a6、a7、a8，$i=2$。

（2）$n=ai$，若 $n=0$，则 $k=i-5$，$m=i+5$，否则转步骤（4）。

（3）若 $ak=0\&\&am=0$，则 i 为停止位，转步骤（5），否则转下一步。

（4）$i=i+1$，若 $i<5$ 转步骤（2），否则转步骤（6）。

（5）编码为 $ai+1$、$ai+2$、$ai+3$、$ai+4$，结束。

（6）否则无编码，不是 4 位制导激光编码信号，结束。

若接收的激光信号序列为

…1 0 1 0 0 1 0 1 0 0 1 0 1 0 0…

　a1 a2 a3 a4 a5 a6 a7 a8

则按算法（2）得到编码为 1001。所以，确定激光信号序列对应的激光编码为 1001。

3. 激光欺骗干扰的关键技术

激光欺骗干扰是对抗半主动激光制导武器的一种有效措施，但技术难度很大，主要关键技术有激光威胁目标光谱识别技术、激光威胁信息处理技术、激光欺骗干扰信号转发技术和激光漫反射假目标技术等。

1）激光威胁目标光谱识别技术

随着激光制导技术的发展，目标激光指示信号的频谱将不断拓宽，只具有单一激光波长对抗能力的激光干扰系统将难以适应现代战争的发展。激光威胁目标光谱识别技术是实现多频谱激光对抗的先决条件。采用多传感器综合告警技术可实现对激光威胁目标进行光谱识别。

2）激光威胁信息处理技术

为实现有效的激光欺骗干扰，需要对来袭激光威胁信号的形式进行识别和处理，激光制导信号频率较低，每秒还不足 20 个，通常还采用编码形式。因而，可用来进行信息识别和处理的信息量十分有限。为实现实时性干扰，要求干扰系统要在很短时间内完成信息识别和处理，采用激光威胁信息时空相关综合处理技术可有效解决这一问题。

3）激光欺骗干扰信号转发技术

为实现有效的欺骗干扰，干扰信号的模式是最为关键的，通常要求干扰信号与指示信号相同或相关。相同是指干扰信号与指示信号波长相同、脉冲宽度相同、能量等级相同，而且在时间上同步；相关是指干扰信号与指示信号虽然不能在时间上完全同步，但包含有与指示信号在时间上同步的成分。

4）激光漫反射假目标技术

使用时要求假目标最好是标准的漫反射朗伯体，以保证其全向漫反射和实现全角空域干扰；同时希望它在形体与辐射特征方面都尽量与被保护的目标一致，以干扰敌方的光电侦察，起到"以假乱真"作用；甚至要求它能不怕风吹雨淋、不怕曝晒、冰冻等，能够全天候工作[12]。对构建假目标的要求有以下几点。

（1）假目标（诱骗用）离防护目标的距离要处在导引头捕获的视场中（对眼），并大于导弹落点的杀伤半径。

（2）诱骗激光束能量要足够大。经假目标反射，在保护目标威胁方位的激光辐射度要大于制导激光束在其攻击目标上激光束的辐射亮度，以便有效诱骗入侵导弹。

（3）反射率大于30%以上的物体可以作为假目标。

表 4-2 所列为目标材料在 $1.06\mu m$ 的反射率。

表 4-2　目标材料在 $1.06\mu m$ 的反射率

目标材料	混凝土	草地	树叶（橡树）	冰面	钢板	镍板	铬板	风化铝板
反射率/%	40	47	48	32	58	73	58	55

为了实现激光欺骗式干扰，必须使干扰系统达到以下条件。

（1）特征相关性。激光干扰信号与被干扰目标的工作信号在特征上必须完全相同，这是实现欺骗式干扰的最基本条件。信号特征包括激光的波长、体制（脉冲或连续）、脉冲编码特征、脉宽、能量等级等激光特征参数。

（2）时间相关性。激光干扰信号与被干扰目标的工作信号在时间上相关。这要求干扰信号与被干扰目标的工作信号在时间上同步或包含有与其同步的成分，这是实现欺骗干扰的必要条件。

（3）空间相关性。激光干扰信号与被干扰目标的工作信号在空间上相关。干扰信号必须进入被干扰目标的信号接收视场，才能达到有效干扰的目的，这是实现欺骗干扰的又一个必要条件。

机载激光照射器的半主动激光制导武器攻击目标的工作过程可描述如下。

(1) 机载激光目标指示器照射导弹攻击目标,并向机载导弹发出照射信号。

(2) 目标区激光告警器截获并检测激光制导信号,发出告警,向激光有源欺骗干扰设备传送制导编码。

(3) 激光有源欺骗干扰设备识别解码得到制导激光信号序列,复制产生并发出干扰激光信号,照射假目标。

(4) 假目标漫反射激光信号,产生与制导信号一致的诱骗制导信号,欺骗激光制导导弹攻击假目标。

激光有源欺骗干扰需要设置假目标,影响系统机动性能。但受干扰的导弹落点可控(假目标及其附近),附带二次毁伤很小,该方法适用于固定目标防御。

随着激光制导技术的出现,欺骗式干扰技术也相应出现和发展,国外研制欺骗式激光干扰机是从20世纪90年代初开始的,如:美国的AN/GLQ-13车载激光诱骗系统即属于该类设备;德国和英国联合研制的GLDOS激光对抗系统,具有对来袭威胁目标的方位分辨能力和威胁光谱的识别能力,可测定激光威胁信号的重复频率和脉冲编码,并可自动实施干扰;英国研制的405型激光诱饵系统,最大作用距离为10km,激光脉冲频率为10~20Hz。

4.3.4 高重频激光有源干扰技术

实施激光有源欺骗干扰的两个关键问题是快速识别激光编码和复制激光干扰信号快速转发。如果敌方导引头采用复杂的编码技术进行制导激光编码,就很难快速识别编码,也转发不了有效干扰激光。所以就产生了激光有源干扰的另一种技术,即高重频激光干扰技术。

1. 高重频激光有源干扰的原理

激光制导编码是导弹发射阵地和观察所的激光照射手在射击前双方约定并共同遵守的。例如,编码为1100,对于导引头探测器来说,只有为"1"时,时间波门才打开,接收发射的激光制导信号,"0"和其他时刻时间波门均关闭,不接收任何有用和无用信号,激光制导武器抗干扰的重要方法是在接收信道设置编码窄波门,只对波门内的信号进行检测,波门外的信号不予理睬。所以,波门越窄抗干扰能力越强,一般为10~20ns。

若要实施有源干扰,则干扰脉冲信号只有进入时间波门内才有干扰的可能。那么,干扰脉冲信号怎样才能进入时间波门呢?有一种可能,就是使干扰脉冲和制导脉冲信号保持同步，在波门电路为制导脉冲信号开启波门的时刻，同步发射干扰脉冲信号进入时间波门。但从技术实现角度，这难度很大，同时消耗硬软件资源多，难以得到干扰目的。

这里就采用信号通道堵塞的机理，即发射很多的干扰脉冲信号，时间波门一旦开启就挤进波门内，在探测器前端产生信号拥挤堵塞，让正常的制导信号淹没在干扰信号中，不能正常识别，起到信号堵塞的作用，这就是高重频激光干扰技术。

高重频激光有源干扰是通过施放高重频的干扰激光信号，在全时域充满相近波形的脉冲信号，使干扰激光进入接收时间波门，起到淹没其正常导引回波信号的作用，且相对于激光脉冲宽度而言，其重频频率高淹没的概率也大。如果干扰激光信号重频足够高、峰值功率满足导引头响应阈值要求时，将在导引头时间波门内充满大量的激光干扰脉冲信号，使各信道放大器及信号处理电路产生堵塞，无法接收正常激光导引信号，并产生错乱的导引头目标飞行偏移量，进而产生错误的控制信号，使导弹丧失制导功能而丢失目标，达到有效干扰的目的。

在时间波门开启时，产生与光谱波门中心频率一致的杂波（或称为干扰激光）。

由于弹体移动所造成的光程差、目标指示器频率的抖动，指示器和导引头时间基准的不一致等因素使得导引头的时间波门宽度大于制导脉冲宽度，一般为 $10 \sim 20 \mu s$。

图 4-42 描述了时间波门内干扰信号和制导信号的关系。激光干扰信号脉冲充满整个时间波门，超出传感器的工作范围，产生信道堵塞，扰乱制导探测器的输出信号，不能正常识别编码，找不到目标。

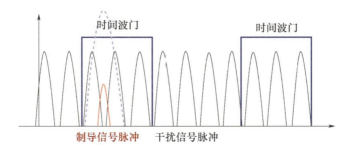

图 4-42 时间波门内干扰信号和制导信号的关系

1) 导引头处于目标搜索状态

导引头只在周期同步时，产生时间波门进行信号采集处理，即检测激光信号脉冲序列、识别制导编码、寻找到目标后，进入目标跟踪状态。

在导引头工作时刻之前，释放激光干扰信号，则导引头检测不到正常制导回波信号，一直处于目标搜索状态，找不到攻击目标，干扰有效。

特别地，导引头为了反干扰，一般采用波门内脉冲信号识别的方法来剔除干扰信号，如检测脉冲宽度，只有符合预定的脉冲宽度信号才有效，其他脉宽信号被剔除。所以要增大干扰信号重复频率，需要在每个时间波门内均有两个以上完整的干扰激光脉冲，才能确保干扰有效。在实际应用中，在激光告警后，系统应尽快实施高重频激光干扰信号，才能在导引头目标搜索状态时形成有效干扰。

2) 导引头处于目标跟踪状态

在确认目标指示信号后，导引头由搜索进入跟踪，导引头并不一直接收信号，只在周期同步解有制导信号时进行信号采集处理（若只在"1"时产生时间波门，则在"0"时不产生），如图 4-43 所示。

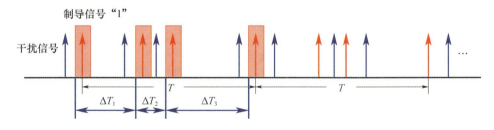

图 4-43　时间波门与检测信号的关系

当干扰信号频率大于制导信号脉冲宽度频率时，如大于 3 倍，则在时间波门内可检测到两个以上干扰信号脉冲（图 4-44），高重频激光干扰效果与激光干扰源的激光平均功率、重频重复频率和脉冲宽度有关。

为提高重频激光对窄波门的干扰效果，采用频率 130kHz、脉冲宽度 6ns 的激光照射模拟激光导引头，模拟激光导引头时间波门选为 $20\mu s$，使用双通道示波器分别监视波门信号和探测器输出信号，如图 4-45 所示。从试验结果可以看出，高重频干扰激光可进入导引头时间波门，而且进入波门内的脉冲分布是随机的，与理论分析结果一致。

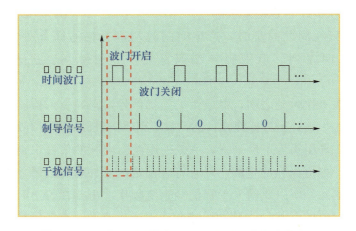

图 4-44　时间波门内可检测到两个以上干扰信号脉冲

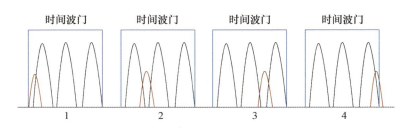

图 4-45　时间波门激光干扰信号有效性分析（干扰均有效）

2. 高重频激光有源干扰系统的组成

高重频激光有源定向干扰装备主要由激光源、激光电源、控制模块、激光光路、转发器和可搭载转发器的伺服平台组成，其组成框图如图 4-46 所示。

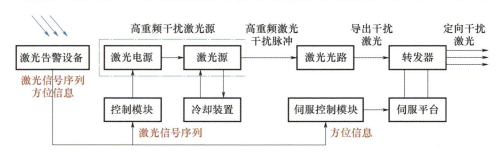

图 4-46　高重频激光有源定向干扰装备的组成框图

控制模块实现实施对抗干扰并对高重频激光有源定向干扰系统各组成模块的控制，包括启动、激光发射、关闭激光源、冷却装置启动等。激光电源主要功能是为激光器提供动力,并对激光输出的功率、波长、工作状态等进行控制。激光器实现电光转换,将电能转换为满足需要的高重频激光信号。冷却装置的功能是给激光器冷却,使其工作温度稳定。激光光路是激光器输出口与高重频激光干扰设备激光转发器之间的连接通路。激光信号沿这条通路传播时,应尽量减小激光信号强度的损失。转发器将激光光路导出的激光干扰信号发射出去,并与激光器、激光光路协调控制激光发散角,以保证激光干扰的作用距离。伺服平台和伺服控制模块是实现定向干扰功能,使小发散角的激光能在数千米处以较大的概率照射高速运动的激光制导武器。

激光告警设备发出告警信息、控制模块对激光信号序列解码,同时按方位信息伺服控制转发器对准来袭目标,若确定来袭目标则发出干扰脉冲,提高转发器实施高重频干扰。

高重频激光干扰效果示意图如图 4-47 所示。

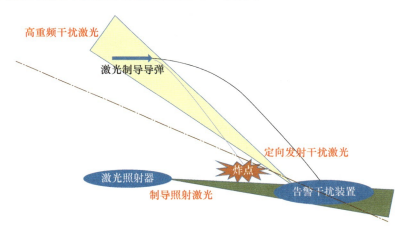

图 4-47　高重频激光干扰效果示意图

3. 高重频激光有源干扰的关键技术

根据高重频激光有源定向干扰装备的组成原理和功能,实施高重频激光有源干扰的关键技术主要有高重频脉冲激光干扰源产生技术、高重频干扰激光定向发射技术、高时效激光告警与激光定向干扰一体化技术。

其中,$1.06\mu m$ 高重频有源干扰激光发生原理如图 4-48 所示。二极管泵浦被动调 Q 激光器产生的高重频激光效率高、体积小、工作寿命长,其工作频率可大于 $100kHz$、激光峰值功率可大于 $1kW$,能实现对激光制导武器的有效干扰。

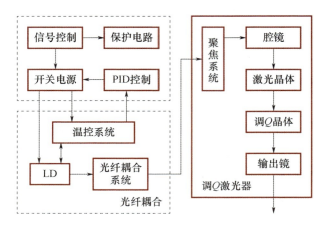

图 4-48 高重频有源干扰激光发生原理

将 808nm 波长的激光二极管巴条输出的激光经快慢轴分别准直形成条形光，条形光再经折射法进一步整形后，通过耦合器耦合进光纤，作为泵浦源，经自聚焦透镜聚焦后，直接对 YAG 激光晶体进行端面泵浦，以输出波长为 1064nm 的干扰激光。在腔内插入调 Q 晶体，即可实现脉冲激光输出。

高重频激光干扰需产生高重频激光，同时干扰激光需一直照射导弹导引头，高精度随动系统跟踪目标实施定向干扰，不需要设置假目标，所以系统机动性好、应用广泛，但受干扰导弹的落点不可控，可能会有附带毁伤；干扰激光波段固定，常用于要点目标的机动防御。激光有源欺骗干扰需布设假目标，且假目标在导引头视场内，高位编码复制技术难度大，干扰激光波段固定，导弹受干扰后弹着点可控，适用于固定目标防护。

4.4 红外制导有源干扰技术

随着红外装备的发展，红外对抗已成为现代战场防御的重要组成部分。红外对抗最主要的对象是红外制导武器，红外制导有源干扰采用导弹寻的头类似的处理方法，给导弹发送假信息，导弹寻的头同时收到真目标和干扰机的信息，使制导的误差信号混乱，从而不能准确导向其目标而使导弹脱靶。

4.4.1 红外制导武器的干扰机理

早期的主动红外对抗所用辐射源多为氙灯、红外曳光弹等，它们能产生数倍于被攻击目标的辐射强度，从而起到诱骗红外制导导弹的目的。这对于点跟踪工作体制的第一代红外点源式制导导弹有一定效果，但随着第二代红外成像制导导弹的应用，这种对抗方式已满足不了作战需要，必须研究新的对抗技术。激光以其高强度、良好的相干特性和极高的空间分辨率成为新一代红外对抗的制导辐射源。例如，美国海军在对两种红外防空导弹的对抗试验中，针对便携式红外防空导弹（如美国的"毒刺"、俄罗斯的"SA-7"），研制出基于激光的"机载定向红外对抗（TA-DIRCM）"装置，应用激光辐射源干扰各种工作体制的红外制导导弹，并取得了满意的干扰效果[13]。

当干扰红外寻的器时，重要的是要考虑寻的器在目标上的驻留时间（或占空比）的影响。对于旋转扫描寻的器来说，除了分划板上不透明的调制扇区之外，目标是被连续观察的，这意味着干扰窗口在所有时间都是打开的。对于圆锥扫描寻的器来说，作为干扰的窗口可能会减小，因为干扰的扰动迫使进动圆在扫描周期一部分时间内离开了分划板。对于单探测器扫描系统来说，如玫瑰花瓣扫描寻的器，在目标上的驻留时间通常比较小，只占扫描周期的百分之几，干扰的机会将急剧下降，而且扫描寻的器使用脉冲信号处理，进一步限制了干扰机的有效性。

1. 对旋转扫描红外导引头的干扰机理

旋转扫描导引头有一个带 50% 定相扇面图像的调制盘，其中典型的是日出式调制盘（图 4-49）。

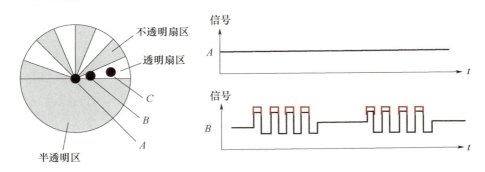

图 4-49　旋转扫描导引头的日出式调制盘示意图

1) 旋转扫描导引头的工作原理

调制盘的作用主要有 3 点，即提供目标空间方位信息、进行空间滤波以抑制背景噪声、调制信号处理能克服"零点漂移"，以提高探测精度和稳定性。

远处目标的辐射经过光学系统汇聚，成为调制盘上一个很小的光斑。光斑成像于调制盘的不同部位代表了远处目标相对于导引头的方位不同，就等价于获得了目标的方位信息，包括目标的方位角和失调角，从而可以引导导弹向目标攻击。具有恒定辐射强度的目标辐射，经过调制盘调制后，被位于调制盘后面的探测器接收，得到调幅信号波形。目标成像于调制盘的不同部位，探测器输出的信号就不同。信号处理过程如图4-50所示。

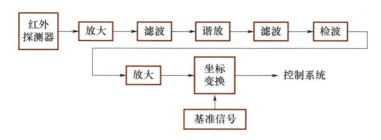

图 4-50 旋转扫描导引头的信号处理过程

将探测器信号进行载波放大后，将载波滤去，恢复其波形的包络，包络的频率就是调制盘的旋转扫描频率。该波形相对于某个基准的相位角，决定了驱动导引头使目标像移到中心处的角度方向。像点离中心越远，波形的幅度越大，对控制系统中导引头施加的扭矩也越大，引导导弹向对准目标的方向偏转，直至目标像点位于调制盘中心。当像点处在调制盘图形的中心处时，对导引头施加的扭矩为零，因为探测器输出信号不产生调制波形。

干扰的目的就是使能控制扭矩变异，远处目标的辐射经过光学系统汇聚，形成调制盘上一个很小的光斑，其盘中位置代表了远处目标相对于导引头光轴的方位，等价于获得了目标的方位信息（Δ）。像点离中心点越远，波形的幅值越大，即偏差越大距离越远，需要对控制系统中导引头施加的扭矩越大，引导导弹向目标飞行（目标像点位于调制盘中心）。

当目标在导引头视场范围内时，调制盘能产生目标调制信号，可探测目标方位和距离，以此控制导弹飞向目标，使目标位于调制盘中心点，此时目标方位和距离值为0；当目标在导引头视场范围外时，调制盘不产生目标调制信号，导引系统不起作用，如图4-51所示。

2）激光干扰旋转扫描导引头

激光干扰旋转扫描导引头的原理如图4-52所示。目标红外辐射信号→产生伪目标调制信号ω→探测伪目标方位距离信息→扰乱干扰红外辐射信号。

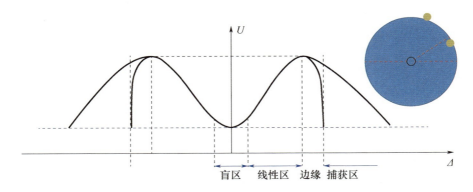

图 4-51　旋转扫描导引头的调制盘特性

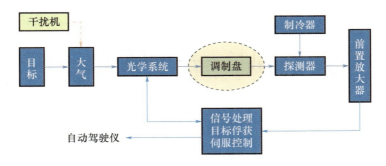

图 4-52　激光干扰旋转扫描导引头的原理

假设目标辐射在调制盘上的入射功率为 A，干扰激光（时间调制）在调制盘的激光功率为 $P_j(t)$，调制盘的调制函数为 $m_r(t)$（图 4-53），则导引头探测器上所得到的总辐射功率 $P_d(t)$ 可表示为

$$P_d(t) = [A + P_j(t)]m_r(t) \tag{4-6}$$

图 4-53　激光干扰旋转扫描导引头探测器光信号

因为调制盘是以角频率 ω_m 旋转的，所以经调制盘调制的光信号是时间的周期函数。其具体形式还与光斑在调制盘上的位置有关，可以用复数形式的傅里叶级数表达为

$$m_r(t) = \sum_{n=-\infty}^{\infty} c_n \exp(jn\omega_m t) \tag{4-7}$$

若激光干扰机发射的功率也是周期性的,角频率为 ω_j,则 $P_j(t)$ 可表示为

$$P_j(t) = \sum_{k=-\infty}^{\infty} d_k \exp(jk\omega_j t) \tag{4-8}$$

因此有:

$$P_d(t) = \Big[A + \sum_{k=-\infty}^{\infty} d_k \exp(jk\omega_j t)\Big] \sum_{n=-\infty}^{\infty} c_n \exp(jn\omega_m t) \tag{4-9}$$

在探测器上,$P_d(t)$ 转变为电压或电流,用载波放大器、包络检波器和进动放大器电路处理,用此信号去驱动导引头。

为进一步了解干扰发射机对导引头的干扰作用,考虑以下例子。调制盘的调制函数如图 4-54 所示。

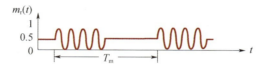

图 4-54 调制盘的调制函数

在正弦近似下(不失一般性)为

$$m_r(t) = \frac{1}{2}[1 + \alpha m_t(t)\sin(\omega_c t)]$$

式中:α 为调制效率,$0 \leqslant \alpha \leqslant 1$,其大小与光斑离中心的距离有关,在中心处为零,在边缘处为 1;$m_t(t)$ 为方波函数,周期与调制盘旋转周期相同(图 4-55);ω_c 为载波频率,与调制盘的旋转频率及各扇区的角宽带有关。

图 4-55 $m_t(t)$ 示意图

$m_t(t)$ 的傅里叶级数表达式为

$$m_t(t) = \frac{1}{2} + \frac{2}{\pi} \sum_{n=0}^{\infty} \frac{(-1)^n}{2n+1} \sin[(2n+1)\omega_m t]$$

假设激光干扰机发射的调制功率也具有频率为 ω_c 的载波形式,并在频率 ω_j 处选通(图 4-56),则有 $P_j(t) = \dfrac{B}{2} m_j(t)[1 + \sin\omega_c t]$。

其中,$m_j(t)$ 具有与 $m_t(t)$ 相同的表达式,但要用 ω_j 替换 ω_m;B 为干扰

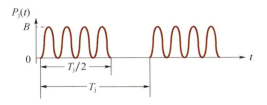

图 4-56　$P_j(t)$ 示意图

发射机的峰值功率。$m_j(t)$ 的傅里叶级数表达式为

$$m_j(t) = \frac{1}{2} + \frac{2}{\pi} \sum_{k=0}^{\infty} \frac{(-1)^k}{2k+1} \sin[(2k+1)\omega_j t + \varphi_j(t)] \qquad (4\text{-}10)$$

式中：$\varphi_j(t)$ 为相对于 $m_j(t)$ 的任意相位角。

在这种特殊情况下，$P_d(t)$ 变为

$$P_d(t) = \frac{1}{2}\left\{A + \frac{1}{2}Bm_j(t)[1+\sin(\omega_c t)]\right\}[1+\alpha m_t(t)\sin(\omega_c t)] \quad (4\text{-}11)$$

假设载波放大器只让具有载波频率或接近载波频率的信号通过，则载波放大器的输出可以用下式表达。

$$S_c(t) \approx \alpha\left[A + \frac{1}{2}Bm_j(t)\right]m_t(t)\sin(\omega_c t) + \frac{1}{2}Bm_j(t)\sin(\omega_c t) \qquad (4\text{-}12)$$

载波调制的包络为

$$S_c(t) \approx \alpha A m_t(t) + \frac{1}{2}Bm_j(t)[1+\alpha m_t(t)] \qquad (4\text{-}13)$$

将包络信号 $S_c(t)$ 用进动放大器做进一步处理，此放大器是被调谐在旋转频率 ω_m 附近工作的。假设 ω_j 与 ω_m 接近，则导引头的驱动信号由下式决定。

$$P_d(t) \approx \alpha\left(A + \frac{B}{4}\right)\sin\omega_m(t) + \frac{1}{2}B\left(1 + \frac{\alpha}{2}\right)\sin[\omega_j t + \varphi_j(t)] \quad (4\text{-}14)$$

显然，当干扰为零（$B=0$）时，导引头所获得的驱动信号为真实的目标信号。当 $B \neq 0$ 时，驱动信号发生畸变，且该畸变随 B 的增大而加深，从而使导引头对目标的光学锁定中断。

为了进一步说明这一点，假定被干扰的对象是"响尾蛇"9B 空空导弹。这种导弹采用惯性稳定导引头跟踪目标，惯性部件为内框架式陀螺。在进动线圈磁场的作用下，陀螺转子上的永久磁铁会受到电磁力作用，其大小 M 与磁铁的磁矩 P 和线圈磁场 H 的乘积成正比（与进动线圈中的电流成正比）。M 将会使陀螺产生进动，进动方向会使 M 趋向于零（对准目标），进动速率

与 $P(t)$ 和 $\exp(j\omega_m t)$ 的乘积中的直流分量或慢变分量有响应，故跟踪误差速率的相位矢量（模及相位角）正比于：

$$\overline{\varphi}(t) \approx \alpha\left(A+\frac{B}{4}\right)+\frac{1}{2}B(1+\alpha)\exp[j\beta(t)] \qquad (4-15)$$

式中：$\beta(t)=(\omega_m-\omega_j)t-\varphi_j(t)$，此相位矢量如图 4-57 所示。

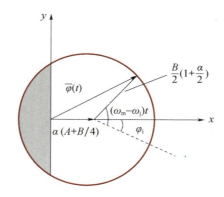

图 4-57　激光干扰旋转扫描导引头相位矢量图

当没有干扰发射时（$B=0$），像点便沿同相的方向和以正比于 αA 的速率被拉向中心。有干扰发射机调制波时，除了有恒定的同相分量，还引入了正弦扰动。这样，平衡点就不再位于中心处。当相位矢量做部分转动时，图像被拉向中心，当处于图 4-57 中的阴影区域时（若 $B>2\alpha A$，便会出现这种情况），图像又从中心处推出。若角度 $\beta(t)$ 的变化速率足够缓慢，则图像有可能被推到调制盘之外。这种情况与目标和干扰发射机的辐射信号、干扰发射机的波形参数及导引头的参数有关。

因此当视场里有红外诱饵时，中心不再是平衡点，导弹不再跟踪目标，跟踪误差变化取决于目标在导弹响应波段内的辐射功率 A 与诱饵在导弹响应波段内的辐射功率 B 的比值及红外诱饵和目标的相位差 φ_j。由于红外诱饵不断地远离目标，该误差变化率也变得越来越大。

总之，旋转扫描导引头激光干扰必要条件是：①干扰激光调制频率与调制盘信号调制频率基本一致；②干扰激光功率 B 足够大，能与目标的红外辐射能量相匹配。

2. 对圆锥扫描调制盘的干扰机理

1）圆锥扫描导引头的工作原理

与旋转扫描导引头不同，圆锥扫描导引头采用圆形对称的调制盘，如

图 4-58 所示。

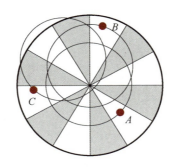

图 4-58　圆锥扫描导引头圆形对称的调制盘示意图

当目标图像处于视轴上时,此调制盘产生恒定的载波信号。圆锥扫描导引头在很小的跟踪误差时做频率调制。

当目标像点的扫描环在扫描周期的部分时间内扫出调制盘外面有很大的跟踪误差时,做振幅调制。跟踪误差的有关相位信息,由扫描环的中心相对调制盘的运动方向提供。若没有目标视线的转动速率,当扫描环与调制盘同心时导引头便达到了一个平衡点。当有视线转动速率时,扫描环偏离中心,直到因视线的转动速率引起的跟踪误差产生必要的对导引头的驱动力矩为止。这就是跟踪回路的平衡原理,即在驱动导引头产生的扭矩与视线的运动达到平衡之前,跟踪点(扫描环的中心)将在调制盘上移动。信号处理过程包括宽带放大、带宽限幅、鉴频、低通滤波、坐标变换等。

其中,主要部分的功能实际上是一个频率检波器和一个频率解调器,其作用是将红外探测器的瞬时频率检出,最终使经低通滤波后的输出信号与瞬时频率成正比。

该波形相对于某个基准(由基准信号提供)的相位角,决定了驱动导引头使目标像移到中心处的角度方向。

2) 激光干扰圆锥扫描导引头机理

若将分段某种调制的激光辐射叠加到目标上,导引头便力图使像点在调制盘上建立新的平衡点。平衡点在调制盘上也不可能是静止的,这与干扰的波形有关[14]。为了解这种平衡过程,考虑干扰发射机在部分扫描周期内打开,而其余部分关闭的情况,这种干扰的波形如图 4-59 所示。

干扰发射机的周期 T_j 与导引头圆锥扫描的周期 T_m 相同。在这种情况下,当干扰发射机打开、扫描圆环的一部分离开调制盘时,导引头将建立一种伪

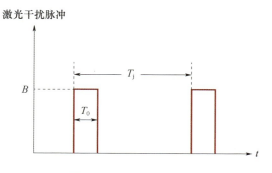

图 4-59 激光干扰波形

平衡状态。如果扫描圆环被进一步外推，直到干扰发射的调制信号不再处于调制盘上为止，则出现跟踪误差，它将章动环拉向调制盘的中心。在圆环被拉向中心时，干扰发射机调制信号就会产生一个将圆环向外推的误差。这样，当由于干扰发射机引起的误差与偏轴目标产生的误差平衡时，便达到伪平衡点。

从上面的分析可以看出，由干扰机引起的扰动在导引头跟踪回路中可能会产生相当大的影响，进而影响导弹的跟踪性能，最终使导弹的脱靶距离增加。

对幅度为 A 的红外干扰弹辐射信号，通过调制盘调制输出的大小记为 $A_m(t)$，这里

$$m(t) = \sum_{n=-\infty}^{\infty} d_n \exp[jn\omega_m(t-T_s)] \tag{4-16}$$

式中：T_s 为导弹到达干扰弹与到达目标的时差，

$$d_n = \frac{1}{T_m}\int_0^{T_m} m(t)\exp(-jn\omega_m t^*)dt^* = (T_r/T_m)t \tag{4-17}$$

式中：T_r 为调制盘的时间；T_m 为扫描周期，$\omega_m = 2\pi/T_m$。

假定被保护目标的辐射功率 A 为常数，且红外干扰弹的功率 B 也是常数，那么，红外寻的器上所接收到的总能量可以用功率函数 $P_d(t)$ 来表示：

$$P_d(t) = A\Big[\sum_{n=-\infty}^{\infty} d_n \exp(jn\omega_n t)\Big] + B\Big\{\sum_{n=-\infty}^{\infty} d_n \exp[jn\omega_n(t-T_s)]\Big\} \tag{4-18}$$

可以得出红外干扰弹和目标信号间的相互干扰函数

$$P_d(t) = A[d_0 + d_1\exp(j\omega t) + d_{-1}\exp(-j\omega t)]$$
$$+ B\{d_0 + d_1\exp[j\omega(t-T_s)] + d_{-1}\exp[-j\omega(t-T_s)]\}$$

$$\tag{4-19}$$

所以，当进入寻的器调制盘的红外干扰辐射功率 B 较小时，$P_\mathrm{d}(t)$ 较小，对导弹跟踪误差率的影响也会较小；当进入寻的器调制盘的红外干扰辐射功率 B 较大时，导弹的跟踪误差率也将增加，当跟踪误差率足够大之后，红外干扰弹便能成功地干扰红外导弹。

由 $P_\mathrm{d}(t)$ 函数可知，当红外干扰弹离开目标时，它产生的跟踪误差将使寻的器重新计算其位置，这会使寻的器沿着错误的方向跟踪，从而造成红外导弹脱靶。因此，红外干扰弹是能够成功干扰圆锥调制盘系统的[15]。

3. 对红外成像导引头的干扰机原理

红外成像导引头的工作原理如图 4-60 所示。根据其成像方式可分为红外凝视成像制导和机械扫描成像制导两类。下面主要描述红外凝视成像制导的干扰机理。

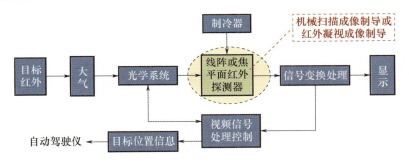

图 4-60　红外成像导引头的工作原理

对于采用焦平面阵列（FPA）的红外凝视成像导引头来说，导引头的窗口对激光干扰机在所有时间都是打开的，一旦干扰则不会直接影响跟踪功能。干扰该类导引头的基本着眼点是设法破坏寻的器的运转。一是干扰寻的器的信号处理器，通过调制的红外辐射来破坏信号处理器中的自动增益控制时间常数，使信号处理器无法正常工作；二是干扰寻的器的光学传感器，用一定的激光功率直接作用于红外探测器使其饱和，达到致盲或硬摧毁的目的。

1）对自动增益控制电路的干扰

自动增益控制（AGC）在红外系统及其他电子设备中得到广泛的应用。根据使用情况一般对自动增益控制电路提出静态特性和动态特性的要求。例如，自动增益控制起控所需要的最小信号和相应的输出信号幅度；输入信号的动态范围；输出信号的动态范围；自动增益控制回路有足够的稳定裕度和较好的动态品质等。

一般地，自动增益控制电路的控制电压是将主放输出经检波 RC 网络滤波变换成直流信号后再去控制主放的前级工作点，实现主放增益闭环控制。由于采用 RC 网络滤波使得自动增益控制时间常数达到几百毫秒。为了实现主放增益的快速控制，不宜采用储能元件（电容器）产生控制信号。自动增益控制电路采用多级门限同时检测前放输出幅值，经逻辑电路处理转换成控制码分别控制多路电子开关，完成主放增益自动分级控制的目的。由于控制通道中没有 RC 网络，只有数字逻辑控制电路，因此获得快速自动增益控制特性。

自动增益控制电路一般包括主放大器、峰值检波和低通滤波等几部分。当目标因距离等因素发生变化而使输入信号的幅度变化时，调节主放大器的增益，使信号处理器输出信号幅度基本保持不变。自动增益控制电路有两个重要指标，即时间常数和动态范围。时间常数的选取与红外辐射的调制方式有关，一般在点跟踪体制的红外制导导弹中，对目标红外辐射的调制频率较低，AGC 的时间常数较大；而对于红外热成像装备或成像制导导弹来说，数据率较高，AGC 的时间常数小。动态范围的选取与目标特性、信号随目标姿态角的变化、目标间距离有关。

干扰自动增益控制的一种方法是：按照与 AGC 的时间常数相对应的周期打开和关闭干扰发射机。这类干扰发射的目的是在尽可能大的工作周期内使导引头不能接收正确的目标跟踪信号。当干扰发射机辐射突然关闭时，导引头必须增加其增益，使目标信号提高到工作范围内。当干扰发射机再打开时，导引头信号就被迫处于饱和状态。若干扰发射机的辐射电平相对于目标很大，AGC 的干扰则可能破坏导引头的跟踪及导弹的制导功能。这类干扰发射机的效果与干/信比、用于提高和降低信号的 AGC 的时间常数及信号处理的类型等因素有关。

如果干扰信号的重复频率为自动增益控制电路的时间常数的倒数，且干扰信号的功率比探测信号的功率大 m 倍，则自动增益控制电路将根据干扰信号来选通放大通道。显然，其选通的放大通道不能满足对探测信号的处理要求。这种利用信号的饱和现象进行干扰的方式，对处理与幅值有关的信号探测系统，如旋转扫描式导引头比较有效。不过，对具有比较大的自动增益控制动态范围（如 10^5）的光电探测系统，要使信号达到饱和状态，所需的干扰信号强度可能较大。例如，若红外导引头的等效噪声输入（NEI）电平为 $10^{-11}\mathrm{W\cdot cm^{-2}}$ 数量级时，这种导引头可能要在信号电平达到 $10^{-6}\sim 10^{-5}\mathrm{W\cdot cm^{-2}}$

时才开始饱和。为了将足够的辐照强度送到2km远的导引头处，所需的干扰发射机的强度为 $40\sim400$ kW·sr^{-1}。

2) 对红外探测器的干扰

对于制导或成像侦察应用的红外探测器来说，它们的探测灵敏度都很高，如 HgCdTe 探测器，其灵敏度可达 1×10^{-9} W，其动态范围为 10^5，探测器的饱和光强为 1×10^{-4} W。红外探测器材料的光吸收能力一般比较强，其峰值吸收系数一般为 $10^3\sim10^5$ cm^{-1}，入射在探测器上的辐射大部分被吸收，结果引起温度的上升，造成不可逆的热破坏。因此，对红外探测器的干扰主要分为低能激光饱和压制性干扰与高能激光破坏性干扰两种方式。低能激光饱和压制性干扰使较低的激光能量打入红外探测器，其信号处理器、主要是前置放大电路产生饱和。高能激光破坏性干扰是利用高能激光的能量，使红外探测器、调制盘或光学系统产生物理损伤，使之炸裂或熔融。

红外探测器的破坏阈值与激光波长、辐照时间、探测器结构材料的热学性质等有关。一般地，激光干扰源输出能量只要大于 1×10^{-2} W 量级，对于应用 HgCdTe 材料的红外探测器来说，就能够起到很好的干扰效果。对于其他材料的红外探测器来说，如 PtSi、InSb 等，由于它们的灵敏度、饱和光强不同，有效的干扰激光能量会有差异，但根据不同材料的红外探测器的饱和曲线来计算，只要干扰激光的连续输出能量达到瓦级就能有效干扰各种材料的红外探测器。

美国海军研究实验室的试验结果表明，当辐照时间很短时（$t<10^{-5}$ s），激光破坏阈值 E_0（辐照单位为 W/cm^2）与 t 成反比[16]；在中等辐照时间（10^{-5} s$<t<10^{-2}$ s），E_0 与 t 的平方根成反比，当 $t>10^{-2}$ s 时，E_0 不变。投射到光学传感器上的激光功率为

$$P=\frac{4P_1\tau_1\tau_2 A_c}{\pi\theta_t^2 R^2} \tag{4-20}$$

式中：P_1 为发射激光的功率（W）；θ_t 为激光发散角（rad）；τ_1 为大气传输衰减系数；τ_2 为光学系统透过率；A_c 为目标的有效激光面积（m^2）；R 为干扰激光源到目标距离（m）。

激光器输出功率为 10W，激光发散角为 2mrad，红外热成像设备的有效集光直径为 80mm，可计算出在 1km 距离上的有效干扰激光功率为 1.01×10^{-2} W，干扰效果如图 4-61 所示。

4. 激光干扰红外导引头的作用分析

当对红外导引头进行激光干扰时，由于干扰源与目标是并置的，因此导

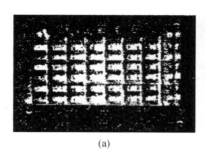 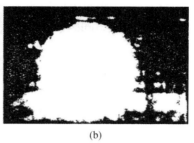

(a) (b)

图 4-61 干扰效果

(a) 红外干扰前图像；(b) 红外干扰后图像。

引头在目标上的驻留时间（或占空比）就是一个重要的特征值，它涉及激光干扰信号有多大的机会进入导引头。

对于旋转扫描的导引头，除了处于调制盘的不透明调制扇面上之外，它对目标是做连续观察的，这意味着导引头的窗口在所有时间对干扰机都是打开的。

对于圆锥扫描导引头而言，尽管扫描像点在一个周期的部分时间内可能会离开调制盘，可能会使干扰激光束进入探测器的机会减小，但这并不影响激光干扰机的有效作用，扫描圆环离开平衡位置正好说明干扰机发挥了干扰作用。

对于采用单探测器的亚像元扫描系统（如玫瑰花瓣扫描式）的导引头来说，它在目标上的驻留时间通常很小（为扫描周期的百分之几），在这种情况下干扰的机会就会大大降低。另外，扫描式导引头采用脉冲处理技术，进一步限制了干扰机的作用。干扰机只可能会在信号幅值上引入偶然的扰动。一般地，人们无法预测这种不大的随机幅值扰动会怎样影响导引头的性能。这种脉冲也许能干扰导引头自动增益控制电路的工作，也有可能降低导引头及导弹的性能，但对于这种干扰作用不能抱什么期望，因为产生这种作用的概率实在太小了。线性扫描阵列的导引头的情况与此非常相似。

对于采用红外焦平面阵列探测器的凝视成像型导引头的情况，导引头的窗口对激光干扰机在所有时间都是打开的，但激光欺骗干扰对这种导引头基本上是无效的，因为其对目标方向的判别方式不依赖于某一个或几个探测单元的强度，而是目标对应单元在阵列上的位置。对这些导引头采用致盲式干扰，可能效果更好。

4.4.2 红外制导有源干扰系统

红外制导有源干扰系统是针对红外导弹寻的器的工作原理而采取相应措施的有源干扰设备,其干扰机理与红外制导导弹的导引机理密切相关,其主要干扰对象为红外制导导弹和红外侦察设备[17]。

1. 红外干扰机的组成及工作原理

按干扰光源的调制方式来分,可分为热光源机械调制红外干扰机和电调制放电光源红外干扰机两种典型形式。前者采用电热光源或燃油加热陶瓷光源,红外辐射是连续的;后者的光源通过高压脉冲来驱动。

1) 热光源机械调制红外干扰机

热光源机械调制红外干扰机由红外光源、光学增强系统、机械调制式高速旋转部件等组成。红外光源发出能干扰红外点源导引头的红外辐射(4～5μm波长)。热光源机械调制红外干扰机的光源是电热光源或燃油加热陶瓷光源,其红外辐射是连续的。由干扰机理得知,要想起到干扰作用,必须将这些连续的红外辐射变成闪烁、调制的红外辐射。能起到这种断续透光作用的装置,就称为调制器,它由控制机构、斩波控制、旋转机构、陶瓷红外光源和斩波圆筒构成。可控调制器有多种形式,较为典型的是开了纵向格的圆柱体,它以角频率 ω_j 绕轴旋转,辐射出特定的调制函数的红外辐射。如图4-62所示为热光源机械调制红外干扰机的组成。

2) 电调制放电光源红外干扰机

电调制放电光源红外干扰机由显示控制器、光源驱动电源和辐射器三部分构成。其光源是通过高压脉冲来驱动的,它本身就能辐射脉冲式的红外能量,因此不必像热光源机械调制红外干扰机那样需要加调制器,而只需通过显示控制器控制光源驱动电源改变脉冲的频率和脉冲宽度便可达到理想的调制目的。这种干扰机的编码和频率调制灵活,如用微处理器在编码数据库中进行编码选择,可更有效地对多种导弹起到理想的干扰作用。这种干扰机的缺点是大功率光源驱动电源体积、质量较大,而且与辐射部分的结构相关性较小。

这种类型红外干扰机常选择超高压短弧氙灯、铯灯、蓝宝石灯等强光灯作为光源。典型产品如AN/ALQ-204"斗牛士"(Matador)干扰机,由洛拉尔公司研制,已装备在美国总统专机、英国女王座机和其他国家的首脑级重要人士专机上,它采用脉冲调制灯和复合干扰码。基本系统包括:能够同步工作的多部发射机和控制器单元,每部发射机具有4～12kW的红外辐射能力。光

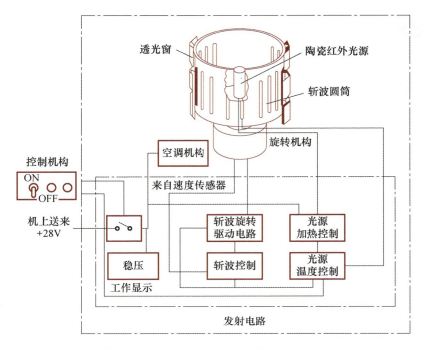

图 4-62 热光源机械调制红外干扰机的组成

源采用非相干调制的氙弧光灯,只能干扰工作在 $1\mu m$ 和 $2\mu m$ 波段的第一代红外制导导弹,对工作在 $3\sim5\mu m$ 波段的新一代红外制导导弹则无能为力。

3) 定向红外干扰机(相干光源)

人们从红外对抗的实践中得出规律,红外干扰机产生的光辐射越强,导弹偏离飞机的距离就越大。而随着更先进导弹的不断问世,也迫使人们加大干扰机的输出功率。但是干扰机的输出功率不能无限增大,它受到干扰机体积、输出孔径尺寸和基本功率消耗的限制。这就促使人们开发出定向红外对抗(DIRCM)技术,即将红外干扰能量集中到狭窄的光束中。当红外导弹逼近时,导弹逼近报警系统(MAWS)将光束引向来袭导弹方向,使导弹导引头工作混乱而脱靶。

定向红外对抗是以系统的复杂性为代价的,主要采用红外激光器作为干扰源,运用定向干扰技术实现目标探测告警和干扰于一体的功能。为使红外干扰光束及时准确指向来袭导弹,必须跟踪导弹并给出导弹的方位数据。这项功能是由导弹逼近报警系统完成的。一般采用无源红外或紫外探测的导弹逼近报警系统,它具有 360°覆盖范围。由于导弹逼近报警系统无源探测,且红外干扰能量定向发射，因此大大提高了载机的隐蔽性。最典型的定向红外对抗装备是"复仇女神"定向红外对抗系统，如图4-63所示。

图 4-63　"复仇女神"定向红外对抗系统

定向红外对抗系统第一代采用弧光灯作为干扰机，对工作于 $3\sim5\mu m$ 波段的新一代红外制导导弹则无能为力；第二代采用激光干扰机，以替代现有型号下使用的氙灯干扰机。定向红外对抗系统现已交付使用，每架大型飞机安装两部干扰机，机身两侧一边一部。当用于直升机上时，采用一部干扰机即可满足要求。定向红外对抗系统为模块化结构，重123磅（1磅=0.4536kg），可组合成各种形式来保护约14种不同类型的飞机。"复仇女神"定向红外对抗系统的告警系统是 AN/AAR-54PMAWS 导弹逼近紫外告警系统，可无源探测导弹尾焰的紫外能量，跟踪多重能源并按照杀伤导弹、非杀伤导弹或杂波对辐射源进行分类。它的探测距离是现导弹逼近报警系统的两倍，虚警率也大大降低。该系统使用宽视场传感器和小型的处理器。根据覆盖范围要求的不同，可以使用 $1\sim6$ 个传感器。

当导弹来袭时，告警系统确定导弹对所保护目标是否构成威胁，跟踪并启动以大功率弧光灯为主的对抗措施以干扰导弹。四轴炮塔可方便地与激光器相结合。而用于固定翼飞机和直升机上的定向红外对抗发射机已经开发出来。该发射机包括带有准确跟踪传感器和红外干扰机的指示炮塔。Rockwell公司正在生产位于方位轴上的准确跟踪传感器。这种传感器采用高灵敏度的碲镉汞中波焦平面阵列技术。当导弹告警系统告警时，发射机跟踪来袭导弹，并向导弹发射高强度红外光束，其跟踪系统是四轴的。在导弹威胁情况下，准确跟踪传感器处理来袭导弹图像，供"复仇女神"定向红外对抗系统使用，发射机锁定并跟踪目标，持续干扰来袭导弹。

光源采用相干的定向红外光源即激光器，可干扰新一代的红外制导导弹。干扰新一代的红外制导导弹的要求是干扰能量要足够大，以便使聚焦在红外导引头探测器上的能量尽可能高,还要求干扰光源的效率高、体积小、重量轻、寿命长、发射波长与导弹的工作波长匹配。其干扰机理与激光干扰旋转扫描导引头的机理一致。

2. 红外干扰弹的组成及工作原理

红外干扰弹也称为红外诱饵弹或红外曳光弹。红外干扰弹已有 50 多年的实战运用历史,其优点是有效、可靠性高、廉价、效费比高。几十美元的红外诱饵弹,往往能使几万、十几万美元的红外点源制导导弹失效。

红外干扰弹按其装备的作战平台划分,可分为机载红外干扰弹和舰载红外干扰弹。按功能划分,可分为普通红外干扰弹、气动红外干扰弹、微波和红外复合干扰弹、可燃箔条干扰弹、可见光红外干扰弹、红外和紫外双色干扰弹、快速充气的红外干扰气囊等具有特定或针对性干扰功能的红外干扰弹。

红外干扰弹一般由弹壳、抛射管、活塞、药柱、安全点火装置和端盖等零部件组成。弹壳起到发射管的作用,并在发射前对红外干扰弹提供环境保护。抛射管内装有火药,由电底火起爆,产生燃气压力以抛射红外诱饵。活塞用来密封火药气体,防止药柱被过早点燃。安全点火装置用于适时点燃药柱,并保证在膛内不被点燃。

如图 4-64 所示为红外干扰弹干扰示意图。

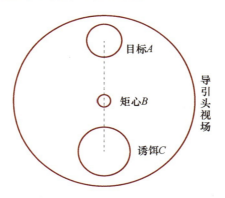

图 4-64 红外干扰弹干扰示意图

1) 红外干扰弹的工作原理

红外干扰弹是一种具有一定辐射能量和红外光谱特性的干扰器材,用来欺骗或诱惑敌方的红外侦测系统或红外制导系统。投放后的红外干扰弹可使红外制导武器在锁定目标之前锁定红外干扰弹,致使其制导系统跟踪精度下降或被引离攻击目标。

这种干扰方式又称为质心干扰，用于对抗红外点源制导导弹，需要红外诱饵快速形成，并且能持续一段时间。以保证在起始时刻目标和诱饵同时处于导引头视场角内，并能将导弹引离目标。红外诱饵弹的干扰方式还有以下几种。

（1）冲淡干扰。在目标还未被导弹寻的器跟踪上时，就已经布设了诱饵，使来袭导弹寻的器在搜索时首先捕捉诱饵（分散注意力，还可以干扰发射平台的制导系统）。

（2）迷惑干扰。当敌方还处于一定距离之外时，就发射一定数量的诱饵形成诱饵群，以迷惑敌方导弹发射平台的火控和警戒系统，降低敌方识别和捕捉真目标的能力（概率）。

（3）致盲干扰。致盲干扰主要用于干扰三点式制导的红外测角仪系统。当告警发出信息时，立即向来袭方向发射红外诱饵，诱饵的发射光谱与导弹的光源匹配，且发射强度高于导弹光源，当诱饵进入制导系统的测角仪视场中时，测角仪即发生混乱，不能引导导弹正确飞向目标[18]。

2）红外干扰弹的技术要求

红外干扰弹能有效地干扰红外导引头，它的性能要满足以下技术要求。

（1）辐射特性。目前红外导引头的工作波段一般为 $1.8\sim3.5\mu m$ 和 $2.5\sim5.5\mu m$，舰载红外干扰弹的光谱可达到 $8\sim14\mu m$。表 4-3 给出了国外几种导引头的工作波段。

表 4-3 国外几种导引头的工作波段

序号	型号	工作波段/μm
1	AIM9B（美）	1.8～3.2
2	AIM9E（美）	2.2～3.4
3	AIM9D（美）	2.8～4.0
4	MATRA-R-530（法）	3.5～5.3
5	RED-TOP（英）	3.0～5.3
6	SRAAM（英）	4.1～4.9

理想的红外诱饵弹的红外光谱辐射特性应与被保护目标在这些导引头工作波段内有相似的光谱分布，但辐射强度应比目标的辐射强度大 K 倍以上。这一比率 K 称为压制系数，一般要求 $K>2$ 至 $K\geqslant10$。

（2）起燃时间和燃烧持续时间。红外诱饵弹从引爆至达到额定辐射强度的一半所需时间称为起燃时间。为保证诱饵形成时能处在导引头视场角内而吸引着导引头，一般要求起燃时间为 0.5～1s。

燃烧持续时间，即保持诱饵的额定红外辐射强度的时间，对单发诱饵来说，必须大于敌方红外导引头的制导时间。目前，红外空空导弹在其常用的射程内飞行时间为 10～20s，因此红外诱饵弹的燃烧持续时间应为 8s 以上。

（3）诱饵弹射出速度和方向。诱饵弹射出速度和方向的选择，应使敌方导弹在击中诱饵或诱饵燃完时，导弹不能伤及目标或重新跟踪目标。投放速度也不能过大，速度过大则可能超出导引头的跟踪能力，使导引头无法跟踪诱饵，起不到诱骗的作用，投放速度一般为 15～30m/s。

在实际工程中，干扰弹相对载机的抛出角 α 和抛离速度 v_0 这两个参数非常重要，如图 4-65 所示。如果 α 和 v_0 过小，由于靠近飞机下表面一定厚度的空气密度很大，若红外干扰弹不能穿过这个厚度的空气，则有可能造成干扰弹贴在机尾而酿成事故；如果 α 和 v_0 过大，由于导引头视场角很小，很可能在诱饵尚未形成干扰时就飞出视场而使干扰无效。

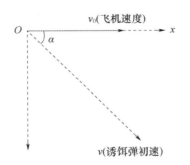

图 4-65　干扰弹投掷方向示意图

目前，红外空空导弹一般跟踪角速度为 1（°）/s 左右，杀伤半径约为 10m，所以红外诱饵弹以 23～30m/s 的速度向下投放为宜。

（4）投放时刻和时间间隔。如果机上有准确可靠的红外报警设备，那么一旦发现导弹来袭便可尽快投放诱饵弹。如果机上无报警设备，那么为了安全起见一旦发现敌机占据攻击位置，便可投放红外诱饵弹，这时需多发定时投放。多发定时投放可以对付敌方连续发射的红外导弹。

美国 B-52 轰炸机机载红外诱饵弹的战术技术指标实测结果如表 4-4 所列。

表 4-4 美国 B-52 轰炸机机载红外诱饵弹的战术技术指标实测结果

尺寸 /（mm×mm）	起燃时间 /s	等效温度 /℃	燃烧时间 /s	辐射强度/(W/sr)	
				1.8～3	3～3.5
60×120	0.5～1	2300～2500	8～10	60000	38000

红外诱饵弹的投放装置种类很多，但大多数机载红外诱饵弹的投放装置是与可燃箔条干扰弹共用的，两种弹可以混装，以对付不同的导弹和不同的战术应用。所以红外诱饵弹的外形多与可燃箔条干扰弹的外形相同。

4.4.3 新型红外诱饵技术

"道高一尺，魔高一丈"，这是对抗与反对抗永恒的法则。红外制导导弹为了不受红外干扰弹的干扰，采取了变视场等方法。例如，北大西洋公约组织装备的一种红外点源制导导弹，一旦导弹视场中出现两个光点（目标和干扰弹），立即从原来的 1.6°视场角变为 0.8°视场角。为了有效干扰新型红外点源制导导弹，近年来又发展了新型红外干扰技术。

1. 拖曳式红外干扰技术

拖曳式红外干扰弹由控制器、发射器和诱饵三部分组成。飞行员通过控制器控制诱饵发射。诱饵发射后，拖曳电缆一头连着控制器，另一头拖曳着红外诱饵载荷。诱饵由许多 1.5mm 厚的环状筒组成，筒中装有由燃烧材料做成的薄片。当薄片与空气中的氧气相遇时就发生自燃。薄片分层叠放于装有螺旋释放器和步进电机的燃烧室内。当诱饵工作时，圆筒顶端的盖帽被弹出，步进电机启动，活塞控制螺杆推动薄片陆续进入气流中。诱饵产生的红外辐射强度由电机转速来调节，转速越高，则单位时间内暴露在气流中的自燃材料就越多，红外辐射就越强，反之亦然。由于战术飞机发动机的红外特征是已知的（例如，在 3～5μm 波段的辐射强度约为 1500W/sr），因此通过电机转速控制产生与之相近的辐射。在面对两个目标时，有的导引头跟踪其中较"亮"者，而有的则借助于门限作用跟踪其中较"暗"者。针对这点，诱饵被设计成以"亮-暗-亮-暗"的调制方式工作，以确保其功效。薄片的释放快慢还与载机飞行高度、速度等有关，其响应数据已被存储在计算机内，供作战时调用。

2. 气动红外干扰技术

针对先进的红外制导导弹能区分诱饵和目标的特点，红外干扰弹增加了气动或推进系统,就构成了一种新型的气动红外干扰弹。气动红外干扰弹投放后,可在一段时间内与飞机并行飞行,使红外制导导弹的反诱饵措施失效。气动红外干扰弹通过对常规红外诱饵结构的改动,来改进其空气动力特性,进而改变红外诱饵发射后的弹道。

如果在干扰弹上另外再加一个固体发动机来增加推力,就可有效地改善其弹道性能。如果推力足够大,甚至可使干扰弹飞向飞机前方。这种气动红外诱饵飞行轨迹可与飞机相仿,导弹很难区分真伪。

3. 喷射式红外干扰诱饵技术

喷射式红外干扰诱饵当前主要有"热砖"诱饵和等离子体喷射式诱饵两种。

"热砖"是喷油延燃技术的俗称。以机载情况为例,当飞机受红外导弹威胁时,突然从发动机喷口喷出一团燃油,并使之延迟一段时间后燃烧。燃烧时产生与飞机发动机及其排气相似的红外辐射(但强度更高),似乎形成了一块由飞机上抛出的"热砖",它引诱来袭导弹偏离飞机。"热砖"的形成燃料可能就是被保护体发动机本身使用的燃油,也可能是专门配制的油料。美国的 AN/ALE-32、AN/ALQ-147 就是产生这种诱饵的机载装备。

等离子体喷射式诱饵是在喷射燃料中加入特制材料,并使之在高温燃烧区发生电离,形成有高浓度自由电子的等离子体,等离子体在某些频段具有金属特性,对来袭雷达波产生反射,即成为雷达诱饵。

4. 面源仿真红外诱饵

面源(仿真)红外诱饵外形为块状并系有配重,发射后在空中组成"十"字形、三角形、"黑桃"形等轮廓,模拟飞机的外形和热图像,诱骗敌方成像导引头。通过依序发射或一次齐射多发,能在预定空域形成大面积红外干扰"云"。这种"云"不仅能模仿被保护体的红外辐射光谱,还能模仿其空间热图像轮廓和能量分布,造成一个假目标,以欺骗敌方成像制导导引头。

4.5 电视制导有源干扰技术

4.5.1 电视制导武器有源干扰机理

光电探测器件都存在最大负载值,即当照射闪光超过最大负载值时,将发生闪光饱和现象，使光电探测器件功能暂时失效。对不同的光电传感器，其闪光饱和阈值也不相同。当 CCD 图像传感器在成像光学系统的像平面上时，远处的闪光源经成像光学系统后，辐照在 CCD 图像传感器上的光斑仅占光敏面的一小部分。当闪光照射时，被光照射的区域达到了饱和，出现光斑，而未被光照射的区域还有有效图像信号输出；但是当光足够强时，整个探测器都处于饱和状态，没有有效图像信号输出，这时的闪光功率密度为此类光电探测器件的闪光饱和阈值。

由 CCD 在不同波长的饱和功率密度曲线可知，CCD 对 $1.06\mu m$ 的激光具有较强的响应，因此，利用激光对 CCD 探测器的破坏/干扰，即激光电视有源干扰方式效果明显。$1.06\mu m$ 激光对 CCD 探测器系统的破坏分为软杀伤与硬破坏，两种干扰方式均可使电视导引头产生信号输出错误。软杀伤是使导引头暂时丧失制导功能，而硬破坏是使导引头永久丧失制导功能。干扰效果如图 4-66 所示。

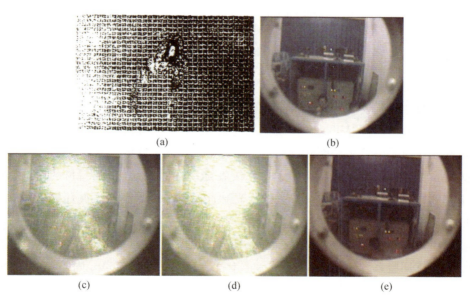

图 4-66　$1.06\mu m$ 激光对 CCD 探测器软杀伤和硬破坏的干扰效果
(a) 对 CCD 点硬破坏结果；(b) 干扰前 CCD 成像；(c) 饱和干扰开始后 CCD 成像；
(d) 持续干扰 CCD 成像；(e) 干扰后 CCD 成像。

$1.06\mu m$ 激光可对 CCD 探测器产生软杀伤和硬破坏，面阵 CCD 遭激光辐照产生点破坏后，CCD 的工作性能变化是：由清晰的图像信号输出变为无任何图像信号输出，其破坏效果将是整个 CCD 图像传感器无信号输出，不能工作，而不是像场中存在一个暗点。这是由 CCD 图像传感器的工作原理和结构决定的，CCD 探测器工作时，它的像元（或光敏元）与驱动信号转移的时序脉冲电极及控制栅极等在同一平面内交替排列，且具有相同的基底。高能脉冲激光具有作用时间短、峰值功率高等特点，当激光辐照在其表面上时，可破坏 CCD 的金属 Al 栅极膜（每个栅极厚约 $1\mu m$，宽约 $15\mu m$）、SiO_2 膜层（厚约 150nm）和 P 型 Si 衬底；而且连续激光具有显著热传导作用过程，将首先气化和熔化的是 CCD 探测器表面的这些电极（一般这些电极用铝蒸镀而成，由于电极极薄，其破坏阈值较低）和覆盖层上的金属，造成时序脉冲电极或控制电极的短路和断路，即影响 CCD 的成像效果[19—20]。

根据照片效果和无信号输出的现象判断，两种情况应该同时存在，而短路是致命的损坏。强激光脉冲对 CCD 的点破坏是致命的，一旦对某一点形成破坏，则整个 CCD 由于 Al 栅极膜破坏，引起短路，无法输出图像，但该干扰机理所需能量大，工程实现难度大，而一般能量的激光脉冲即可实现对 CCD 的成像饱和干扰，但这种干扰可恢复。

4.5.2 电视制导干扰系统的组成和工作原理

1. 电视制导武器定向干扰系统的组成

电视导引头受到强激光脉冲照射时，将使部分像素饱和甚至软致盲，在其已稳定锁定的情况下这种干扰照射将严重扰乱其跟踪匹配模式，以致无法正确成像而丢失目标。因此，采用高能量的 $1.06\mu m$ 激光，可实现对电视导引头的干扰。电视制导武器定向干扰系统在随动伺服系统对来袭目标进行精确跟踪的同时，定向地发射窄波束的强光脉冲，对电视导引头实施压制式干扰，使其功能暂时失效。

电视制导武器定向干扰系统包括干扰源、定向干扰控制器、冷却系统和定向干扰伺服系统，如图 4-67 所示。干扰源包括一台 $1.06\mu m$ 固体调 Q 脉冲激光器和激光发射系统；定向干扰控制器包括激光激励源和控制接口。干扰源输出经光路与定向干扰伺服系统导光口衔接，干扰激光由二级反射棱镜通过伺服系统输出，将强峰值功率的激光脉冲发射指向电视制导武器。在图 4-67 中，激光激励源根据控制信号，产生激光器工作需要的电压。激光器在激励源的作用下，工作物质受激发射，产生激光信号。冷却系统将激光器工作时产生的热量带走，保持稳定的工作温度。发射光学系统将激光器产生的激光进行光学调整，使发射激光的均匀性、发散角等达到最佳状态。反射棱镜将水平射出的激光调整为垂直方向,与伺服系统导光口衔接,便于干扰激光通过随动平台的激光转发器定向干扰来袭射弹。定向干扰伺服系统的功能就是确保干扰激光可对准来袭的电视制导武器。

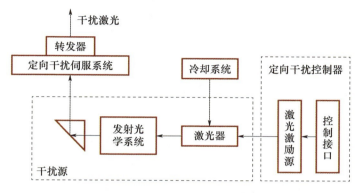

图 4-67　电视制导武器定向干扰系统的组成

2. 电视制导武器有源定向干扰机理

由 4.5.1 小节激光对 CCD 的干扰试验可知:

(1) 大功率脉冲激光器可对 CCD 造成物理损坏,由高能激光产生热量将 CCD 栅极膜熔化引起短路,使其失去成像能力,但是损伤阈值偏高,对激光源输出能量要求严格。

(2) 1.06μm 波长激光对 CCD 具有较强的干扰能力,且照射时间越长,干扰效果越明显。当作用到 CCD 上的激光能量密度较小时,为可恢复的饱和干扰;当作用到 CCD 上的激光能量密度足够大时,为不可恢复的过饱和干扰。

因此,采用脉冲激光实现对电视导引头的饱和干扰是可行的,且易于实现。其实现的关键技术是脉冲激光的峰值功率是否足够大,即小型大功率激光器的设计技术,辐照的激光能否进入制导武器接收系统,即定向干扰技术研究。

4.5.3　电视制导武器有源干扰的关键技术

为满足作战距离指标,对激光器的输出功率有较高要求,因而电视制导武器有源干扰的关键技术主要体现为大功率干扰激光产生技术。

由于激光器的体积限制,其输出功率有限,通过提高其激光发散角指标,可大幅度提高其干扰功率,但激光发散角受到随动伺服平台跟踪精度限制。

从体积结构、峰值功率等指标考虑，电视制导干扰激光器采用固体调 Q 脉冲激光器，由激光振荡器、放大器、扩束镜等组成，如图 4-68 所示（其中 1～5 构成激光振荡器）。

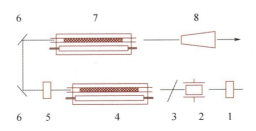

1—反射镜；2—电光调 Q 开关（KD*P 晶体）；3—偏振片；
4—本振级聚光腔；5—输出镜；6—45°全反镜；
7—放大级聚光腔；8—扩束镜（望远镜）。

图 4-68　电视制导干扰激光源组成

根据该激光器的指标和工作环境要求，采取了如下措施，以保证相关技术指标要求。

1. 谐振腔

采用变反射率高斯镜（VRM）作为输出镜，并采用非稳腔作为谐振腔，保证输出光斑近场均匀、发散角小。同时，该腔型光斑无强点，不但提高了关门电压（输出能量），而且避免了对光学系统各元件的破坏，提高了系统可靠性。

2. 聚光泵浦系统

为达到较高的能量输出和最佳的光斑效果，高效率、高性能的聚光腔是必不可少的关键部件，系统采用了紧包式漫反射石英聚光腔。该聚光腔采用优质的漫反射材料，配合与光学材料相应的尺寸设计，使激光棒（Nd:YAG 晶体）能够得到均匀、高效的泵浦。该腔内激光棒的水冷均匀对称，使得在较高重频下激光输出光斑无畸变，并最终保证系统调 Q 开关关门电压高，能量输出大。选用掺铈石英作为外壳的脉冲氙灯，有效滤除灯光中的紫外线，并将其转化为有用的泵浦光，这样不但提高了电光泵浦效率，而且避免激光晶体产生色心，延长了晶体寿命。

3. 电光调 Q 开关

采用优质的双折射晶体 KD*P 作为电光调 Q 开关，其驱动电路采用加压触发方式，可有效改善温度变化对 KD*P 1/4 波电压的影响，避免了由于关门高压不稳造成的对动态输出能量的影响。同时，这种加压式触发电路消除了退压式关门高压对整个系统及外界的干扰。以上技术最终保证系统获得动态高效的激光输出，以及获得 8ns 左右窄脉冲宽度激光脉冲。

4. 机械结构

采用军工级要求设计的机械外壳，可以有效防止扭曲、变形等对光路产生的影响。在全部光学调整架中取消了弹簧调整结构，同时全部调整架均采用锁紧机构，这样大大提高了机械结构的稳定性和可靠性。此外，该外壳采用全密封设计，能够有效防潮、防尘，避免了野战条件下恶劣环境带来的器件损坏，从而延长了光学元件及系统的使用寿命。

5. 望远镜（扩束镜）

为进一步压低激光输出的发散角，在放大级的输出末端增加了一个望远镜（扩束镜），目镜和物镜均采用优质光学材料磨制而成。

为减小定向干扰控制器的体积和重量，依托成熟而可靠的开关电源技术，将干扰激光激励源和有关控制电路集中布置在标准机箱内，形成定向干扰控制器。

激光器电源采用开关逆变电源，其基本组成如图 4-69 所示。激光激励源由本振级电路、放大级电路、调 Q 开关电路组成。根据系统需要两级氙灯高压可调，调 Q 开关延迟可调。工作过程如下：AC220V 加电后，电源开关闭合，指示灯亮，风扇运转，软启动板输出弱电信号，控制板、调 Q 开关板等弱电板工作，220V 交流电经整流桥整流滤波后送晶闸管。按下预燃键，预燃电路工作，电磁阀吸合，预燃电压将激光器中氙灯点亮，同时储能电容进行电荷积累，达到激光成熟需要的高压，按下重频选择键及发射键，发射激光。

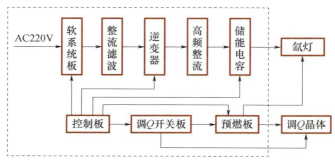

图 4-69　激光器电源的基本组成

根据干扰激光激励源的工作要求，采取如下措施以保证并实现相关技术指标要求。

（1）激励源选用开关型脉冲激光电源，与传统晶闸管电源相比，具有充电精度高、加载在脉冲氙灯上的注入能量稳定、电源效率高等特点，大大减小了电源的体积，提高了可靠性。

（2）电源系统提供冷却水连锁保护开关，在水冷系统工作不正常时能够切断激光器供电电源。

（3）选用单台电源支持两路输出，并且两路输出能量分别可调，最大限度提高了系统使用的灵活性，使两路光泵浦系统均能达到最佳输出状态。

（4）采用新型的功率变换电路和功率开关器件，实现软开关工作模式，变换桥具有峰值过流保护，输出具有过电压保护功能，工作可靠性较高。

4.6 毫米波制导武器有源干扰技术

毫米波制导具有制导精度高、抗干扰能力强、多普勒分辨率高、低仰角跟踪性能好、穿透云雾尘埃能力强、体积小、质量轻等特点，目前已广泛应用于各种导弹、末制导炮弹中。

4.6.1 毫米波制导的原理与干扰机理

毫米波制导武器通过导引头获取目标的距离信息、速度信息、角度信息，从而解算出与目标之间的相对位置偏差。

1. 距离信息获取

相比于红外制导而言，毫米波制导能够获取目标的距离信息，能够进一步提高导引精度。毫米波导引头通常由脉冲测距和调频测距两种方式获取目标的距离信息。

1）脉冲测距

导引头工作时会向目标处发射一串毫米波脉冲，当电磁波遇见目标时会发生反射，此时导引头就能够接收到目标的反射回波，由于回波信号往返于目标与导引头之间，收到的回波信号会滞后于发射信号，如图4-70所示。假

设滞后时间为 t_r，则目标的距离为

$$R = ct_r/2$$

式中：R 为导引头与目标之间的距离（m）；t_r 为脉冲信号往返于目标与导引头的时间间隔（s）；c 为光速。

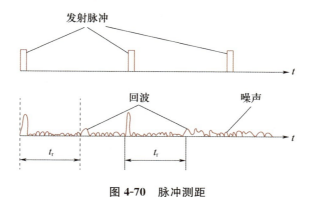

图 4-70 脉冲测距

2）调频测距

脉冲测距的原理简单，但在高重复频率的条件下会产生距离模糊，为解决模糊问题，通过调频的方式对脉冲进行标记。调频测距原理如图 4-71 所示。

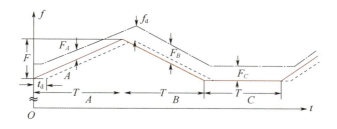

图 4-71 调频测距的原理

脉冲信号的发射频率采用图 4-71 中实线所示的调频方式，A 段采用整调频率、B 段采用负调频率、C 段采用固定频率。当回波无多普勒频移时，接收到的回波信号频率变化曲线如图 4-71 中虚线所示。相对于实线有固定时延 t_d，若回波信号还有多普勒频移，则此时的信号频率变化曲线如图 4-71 中点画线所示，也就是将虚线向上平移 f_d。假设发射信号的调频斜率为 $\mu = F/T$，F_A 表示 A 段差频、F_B 表示 B 段差频、F_C 表示 C 段差频，则目标的距离 R 与径向速度 v_r 包含在下式中。

$$\begin{cases} F_A = f_d - \mu t_d = \dfrac{2v_r}{\lambda} - \mu \dfrac{2R}{c} \\[6pt] F_B = f_d + \mu t_d = \dfrac{2v_r}{\lambda} + \mu \dfrac{2R}{c} \\[6pt] F_C = f_d = \dfrac{2v_r}{\lambda} \end{cases} \quad (4\text{-}21)$$

即 $R = C(F_B - F_A)/4\mu$，$v_r = \lambda F_C/2$。

2. 速度信息获取

毫米波导引头对速度信息的获取主要是为了对运动目标进行检测及满足某些导引率的要求，通常采用多普勒测速的方式获取速度信息。

脉冲体制是毫米波导引头的常用工作方式，发生目标相对运动时回波脉冲信号中会附加多普勒频率分量，回波信号经过相位检波后的输出为

$$u = U_0 + U_0 m\cos\varphi \quad (4\text{-}22)$$

式中：U_0 为直流分量；$U_0 m\cos\varphi$ 为回波脉冲串的包络。当目标无相对运动时相位 φ 为常数，去除直流分量后的输出为等幅脉冲；若目标存在相对运动，回波包络相位 φ 则发生变化，关系式为

$$\varphi = \omega_0 t_R = \omega_0 \dfrac{2R(t)}{c} = \dfrac{2\pi}{\lambda} 2(R_0 - v_r t) \quad (4\text{-}23)$$

式中：v_r 为目标的径向速度；λ 为导引头工作波长。由此可知，检波去直流后的回波脉冲串包络频率即为多普勒频率 $f_d = 2v_r/\lambda$，从而可获得目标的速度信息。

3. 角度信息获取

获取目标的角度偏差信息是毫米波导引头的基本功能，只有获取到角度偏差信息才能最终使制导武器命中目标。常用的角度信息获取方式有圆锥扫描法和单脉冲法。

1) 圆锥扫描测角

如图 4-72 所示，通过圆锥扫描法测角时，导引头的毫米波天线发射一束针状波束，波束中心指向为 $O'B$，天线与弹轴 $O'O$（同时是天线的等信号轴）有一个偏角 δ，并且以角速度 ω_s 围绕该轴做圆锥状旋转扫描。当目标处于弹轴方向时，天线扫描周期内回波信号幅度相等；当目标偏离弹轴时，回波信号会受到天线方向图与圆锥扫描过程的双重调制。此时，回波信号为周期性信号，从而可解算出目标偏离弹轴的偏差角度。

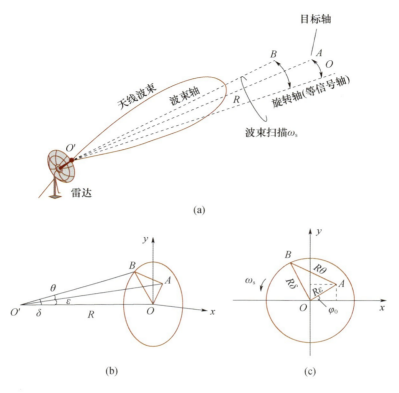

图 4-72　圆锥扫描测角

(a) 锥扫波束；(b) 垂直于等信号轴截面的正视图；(c) 垂直于等信号轴截面的左视图。

如图 4-72 所示，假设目标处于 A 点，目标偏离弹轴的角度为 ε，弹轴与波束指向的夹角为 δ，在 t 时刻，波束指向 B 点，此时波束指向方向与目标方向之间的夹角为 θ，由几何关系可知：

$$\theta \approx \delta - \varepsilon\cos(\omega_s t - \varphi_0) \tag{4-24}$$

式中：φ_0 为 OA 与 x 轴的夹角。天线的方向性函数为 $F(\theta)$，圆锥扫描后的回波信号电压振幅为 U，其中 k 为比例系数。将 θ 代入 $U = kF^2(\theta)$ 并做近似处理后可得

$$U = kF^2(\delta)\left[1 - 2\frac{F'(\delta)}{F(\delta)}\varepsilon\cos(\omega_s t - \varphi_0)\right] \tag{4-25}$$

由此可知，当目标位于弹轴之上时，$\varepsilon = 0$，回波包络幅度相等；当目标偏离弹轴时，$\varepsilon \neq 0$，回波包络受到调制，且 $2\varepsilon F'(\delta)/F(\delta)$ 越大，调制起伏越明显。

2) 单脉冲测角

从原理上讲,单脉冲测角方式只需要一个脉冲即可确定目标的角度偏差量,其精度高于圆锥扫描法,此处以振幅和差式为例介绍其原理,如图 4-73 所示。

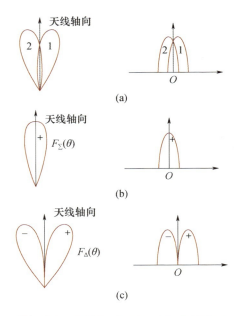

图 4-73 振幅和差式单脉冲测角的原理

振幅和差式通过两个天线同时向外辐射与接收信号,并将接收的回波信号进行和差处理,其原始天线方向图与和差处理后的天线方向图可近似表示为图 4-73。若目标处于轴向位置,则两天线的回波信号相等,差为零;若目标偏离轴向位置,则两天线的回波信号不等,和路输出的大小与偏差量有关,偏差的方向可由差路输出确定,如图 4-73 所示。

如图 4-74 所示为毫米波导引头获取目标信息的过程。导引头向目标区域发射信号 $s_T(t)$,反射的回波信号 $s_R(t)$ 中则包含了目标的距离、速度、角度等特征信息。图 4-74 中的 $J(t)$ 则是除回波信号之外,增加的各类干扰信号,如各种类型的噪声干扰信号、欺骗干扰信号。当施加噪声干扰时,真实的回波信号被淹没在噪声中,毫米波导引头无法提取目标的有效信息,从而达到干扰的目的。当施加欺骗干扰信号时,毫米波导引头会接收到来自距离、速度、角度等各维度上的欺骗干扰信号,真实目标信号被隐藏在其中而无法检测,导引头做出错误判断,最终丢失目标。

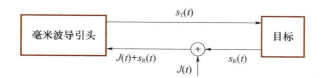

图 4-74　毫米波导引头获取目标信息的过程

4.6.2　毫米波压制干扰技术

压制干扰的目的是破坏和扰乱毫米波导引头对真实目标信息的检测，使毫米波导引头无法发现目标及测量目标的参数信息。其基本手段是通过发射噪声或类似噪声的干扰信号，使得真实目标的回波信号被淹没在噪声中[21]，降低了导引头检测目标时的信噪比，导致目标丢失或跟踪精度下降。

按照干扰信号带宽相对于毫米波导引头接收机带宽之比，压制干扰可以划分为瞄准式干扰、阻塞式干扰和扫频式干扰。假设干扰信号中心频率为 f_j、干扰信号带宽为 Δf_j、导引头接收机中心频率为 f_s、接收机带宽为 Δf_r，则

瞄准式干扰一般满足：

$$\Delta f_j = (2 \sim 5)\Delta f_r, f_j \approx f_s \tag{4-26}$$

阻塞式干扰一般满足：

$$\Delta f_j > 5\Delta f_r, f_s \in [f_j - \Delta f_j/2, f_j - \Delta f_j/2] \tag{4-27}$$

扫频式干扰一般满足：

$$\Delta f_j = (2 \sim 5)\Delta f_r, f_j(t) = f_s, t \in [0, T] \tag{4-28}$$

毫米波制导武器目前的中心工作频率集中在 35GHz 和 94GHz 两个频段上，压制干扰对干扰机的功率要求较高。从目前的技术条件及使用情况来看，多采用瞄准式干扰对毫米波制导武器进行压制。

4.6.3　毫米波牵引式有源干扰技术

毫米波制导武器的特点之一是主瓣波束窄，通常毫米波制导导弹的主瓣波束宽度约为 3°，甚至更窄。这对传统的非相干角度欺骗干扰提出了严峻的考验。对毫米波空地制导导弹来说，不仅要使干扰源进入毫米波制导导弹的主瓣波束内，而且要使导弹着地后，炸点与被保护目标之间的距离大于其杀伤半径，显然一部干扰源已无法满足此要求。针对该问题，提出毫米波牵引式有源干扰技术来对抗毫米波制导武器的角度跟踪系统。

1. 基本原理

毫米波牵引式有源干扰技术采用多部干扰机构成多点源时序阵列,每个干扰源都工作在相参转发模式下,干扰源可以采用抛射式诱饵为载体,通过控制各干扰源的空间散布和开机时序,逐步诱骗处于主动跟踪阶段的毫米波制导导弹。多点源时序阵列是指在与导弹来袭方向相垂直的平面内布放一组(4 部)毫米波干扰源,当采用抛射式诱饵为载体的情况下,各干扰源均匀速伞降。通过时序控制各枚干扰弹的开机时间,逐步诱骗来袭导弹,起到保护重要目标的作用[22],如图 4-75 所示。

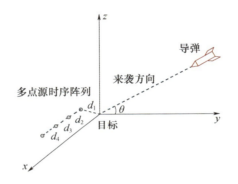

图 4-75　多干扰源布放示意图

每个干扰源要起到有效的干扰诱骗作用,还必须分别在空域、频域和功率上与来袭的毫米波制导导弹满足一定的匹配关系。

2. 干扰源配置要求

1) 干扰源应满足的空域条件

干扰源要想起到质心干扰的作用,首先要满足的就是干扰源要与被保护目标同时进入毫米波末制导导弹的主瓣波束内。对多点源时序干扰阵列而言,就是各干扰源必须依次进入末制导导弹的主瓣波束内。以典型毫米波制导导弹 AGM-114L 为例进行分析,其导弹直径为 18cm,因此末制导雷达的天线也必然限制在 18cm 的尺寸范围内,工作波长为 8mm。天线尺寸与主瓣波束宽度之间满足以下约束关系:

$$\theta = k\lambda/D \tag{4-29}$$

式中:θ 为雷达天线半功率点波束宽度;D 为天线孔径;λ 为波长;k 为常数。对 -25dB 的旁瓣,取 $k=4/\pi$。根据式(4-29)可以推知,AGM-114L 的主瓣波束宽度约为 3°。假如在相同天线孔径下,工作波长为 3mm,则主瓣波束宽度约为 1.5°，甚至更低。在质心干扰的条件下，干扰弹投放后与目标之间的横向距离 l 应在主瓣波束宽度内，即 $r<l$，如图 4-76 所示。

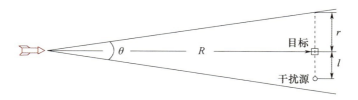

图 4-76　干扰源布放的距离要求

2) 干扰源应满足的频域条件

干扰信号的频率必须进入导引头接收机的通带 Δf_r 之内。因此，干扰频率 f_j 和导引头工作频率 f_s 之差 Δf 应满足下列关系。

$$\Delta f = |f_j - f_s| < \Delta f_r / 2 \tag{4-30}$$

对于连续波或脉冲多普勒体制的导引头来说，Δf_r 约为 $100\sim400\mathrm{MHz}$。牵引式有源干扰技术中涉及的毫米波干扰源使用转发式干扰体制，因此不存在频率误差问题。

3. 干扰源应满足的功率条件

为使干扰有效，多数情况下都要保证导引头收到的干扰功率 P_{rj} 大于收到的回波功率 P_{re}，即干扰压制比 K 应满足下列关系：

$$K = P_{rj}/P_{re} > 1 \tag{4-31}$$

通常的经验数据为 $K \geqslant 2$，则在第一个干扰源作用下，干扰源与目标的质心位置 A 距目标为 r，即 $r = Kd_1/(K+1)$，其中 d_1 为第一个干扰源距目标的距离。若不采取干扰措施，导弹则跟踪目标。干扰信号功率越大，导弹偏离目标越远，选择合适的压制系数及干扰源开关时机，就可得到诱骗的干扰效果，如图 4-77 所示。

4. 干扰效果数值分析

在数值分析时，做如下初始条件的假设：目标、干扰源均视为点目标；干扰源搭载于伞降的诱饵弹上；毫米波末制导雷达处于主动跟踪阶段，已锁定目标。导弹距目标 7km，飞行速度为 510m/s，杀伤半径为 60m，压制比 $K=2$。

1) 数值分析模型

（1）数值分析坐标系的建立。待导弹锁定目标后，攻击角 θ（弹目连线与水平面的夹角）一般为 15°，布放一组干扰源，使干扰源与目标所处的平面与

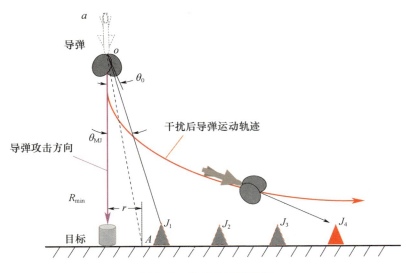

图 4-77 干扰效果示意图

弹目平面垂直。以此建立三维坐标系,并将目标点设置为坐标原点。如图 4-78 所示。

(2)干扰源运动数学模型。设置 4 个干扰源布放后开伞,并处于同一水平线上,其中第一个干扰源与被保护目标的连线同水平面呈 45°。

各干扰源之间应取适当的距离,否则无法起到逐步拖引的干扰效果。第一个干扰源距目标连线距离为 d_1,第二个干扰源与距第一个干扰源间的距离为 d_2,第三个干扰源与第二个干扰源间的距离为 d_3,第四个干扰源与第三个干扰源间的距离为 d_4。4 个干扰源均以 5m/s 的速度匀速下落,如图 4-78 所示。

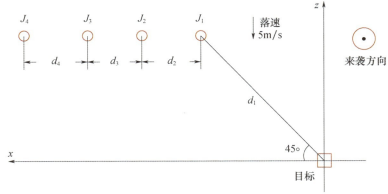

图 4-78 多干扰源初始状态图

(3) 质心运动数学模型。在拖引的初始阶段，质心点的位置不仅与被保护目标的雷达反射面积有关，还与导弹视场内的干扰源等效雷达反射面积有关。在牵引一段时间后，被保护目标离开导引头视场，此后的质心点即为视场内干扰源所在的位置。

初始阶段质心点的绝对坐标为

$$\begin{cases} x = x_\mathrm{m} + \dfrac{k}{1+k}|x_\mathrm{j} - x_\mathrm{m}| \\ y = y_\mathrm{m} + \dfrac{k}{1+k}|y_\mathrm{j} - y_\mathrm{m}| \\ z = z_\mathrm{m} + \dfrac{k}{1+k}|z_\mathrm{j} - z_\mathrm{m}| \end{cases} \tag{4-32}$$

式中：$(x_\mathrm{m}, y_\mathrm{m}, z_\mathrm{m})$ 为被保护目标的坐标；$(x_\mathrm{j}, y_\mathrm{j}, z_\mathrm{j})$ 为视场内各干扰源的坐标。

(4) 导弹跟踪数学模型。假设导弹为主动制导方式，可利用当前时刻的导弹坐标位置和速度矢量来推知下一时刻导弹的位置坐标。导弹的初始（零时刻）坐标可根据末制导雷达锁定目标时的距离 R 和导弹攻击角 θ 确定，不同时刻的速度矢量方向则由相应时刻的质心点和导弹的位置来确定。

导弹初始坐标为

$$\begin{cases} x_{D_0} = 0 \\ y_{D_0} = R\cos\theta \\ z_{D_0} = R\sin\theta \end{cases} \tag{4-33}$$

i 时刻导弹轨迹坐标为

$$\begin{cases} x_{d_i} = x_\mathrm{m} + \dfrac{D - \mathrm{stp} \cdot V_d}{D}|x_{d_{i-1}} - x_\mathrm{m}| \\ y_{d_i} = y_\mathrm{m} + \dfrac{D - \mathrm{stp} \cdot V_d}{D}|y_{d_{i-1}} - y_\mathrm{m}| \\ z_{d_i} = z_\mathrm{m} + \dfrac{D - \mathrm{stp} \cdot V_d}{D}|z_{d_{i-1}} - z_\mathrm{m}| \end{cases} \tag{4-34}$$

式中：$D = \sqrt{(x_{d_{i-1}} - x_\mathrm{m})^2 + (y_{d_{i-1}} - y_\mathrm{m})^2 + (z_{d_{i-1}} - z_\mathrm{m})^2}$；$i$ 为时间点，$i \geqslant 1$；V_d 为导弹速度；stp 为仿真步长。

在某一时刻，导弹跟踪被保护目标与干扰源的质心。经过 stp 时间后，导弹及其目标和干扰源三者之间的相对位置发生了变化。通过解算上述方程，得出经过 stp 时间后导弹的空间位置。此刻，通过解算出新的质心位置，导弹调整跟踪点至新的质心位置,进而完成下一个 stp 时间间隔的跟踪计算,直到对抗结束为止。

(5) 干扰效果分析模型。时序有源干扰阵列形成之初,只有各干扰源依次出现在末制导雷达的跟踪范围内,才能使末制导雷达由跟踪目标转向跟踪目标与干扰源的质心,并逐步跟踪到最后一个干扰源。这是时序有源干扰阵列干扰成功的重要约束条件,相应的约束条件包括末制导雷达跟踪的距离、方位及各枚干扰弹的开机时序。

① 各干扰源在距离上必须依次出现在末制导雷达的距离分辨单元内,即

$$r_i \leqslant c\tau/2 \qquad (4-35)$$

式中:r_i 为干扰源与目标之间,以及各干扰源之间在导弹速度矢量上的投影;c 为光速;τ 为导弹末制导雷达的脉冲宽度。

② 各干扰源在方位上必须依次出现在末制导雷达的水平波束范围内,即

$$R_i \leqslant R\theta_{0.5}/2 \qquad (4-36)$$

式中:R_i 为干扰源与目标之间,以及各干扰源之间在导弹速度矢量垂直方向上的投影;R 为导弹依次距目标点的距离;$\theta_{0.5}$ 为导弹末制导雷达水平波束宽度。

③ 各干扰源在开机时序上应满足一定的要求,使各干扰源依次拖引导弹,并且保证质心最大限度的偏离被保护目标,如图 4-79 所示。

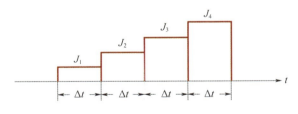

图 4-79 多干扰源工作时序图

在分析中,Δt 定为 3s,导弹、被保护目标和各干扰源之间的相对位置都随时间而变化,通过解算以上各数学模型,判断每一时刻的目标及诱饵弹是否在雷达跟踪波门内,并得出 stp 时间后的导弹位置及新的质心位置。调整导弹跟踪角,使跟踪点瞄准质心点,进而完成下一个 stp 间隔的跟踪计算,直到对抗结束为止。

2) 数值分析及结论

假设被保护目标与各干扰源均为点目标,导弹攻击角为 15°,仿真步长 stp 为 1s;在制导雷达波束角为 1.5°条件下,控制各干扰源的布放位置,令

$d_1=80\text{m}$、$d_2=30\text{m}$、$d_3=20\text{m}$、$d_4=30\text{m}$。

通过计算可知,在导弹逐步逼近目标的过程中,雷达回波能量的质心位置不断发生变化,导弹瞄准点也相应地随之调整,如图4-80所示。

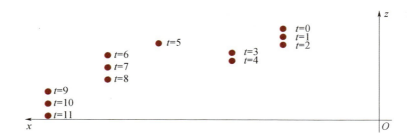

图 4-80　导弹瞄准点时序变化图

在整个干扰过程中,干扰源依次开机进行干扰。仿真表明,第二枚诱饵弹在完成作用之前已经使被保护目标脱离导弹视场。此后,雷达回波的能量中心均集中于干扰源本身。不同时刻的目标与导弹视场的位置关系如表4-5所列。

表 4-5　不同时刻的目标与导弹视场的位置关系

时刻	$t=0$	$t=1$	$t=2$	$t=3$	$t=4$	$t=5$
工作的干扰源	J_1	J_1	J_1	J_2	J_2	J_2
目标是否在视场内	是	是	是	是	是	否

从表4-5中可以看出,在仿真时刻到5s时,目标已不再出现于导弹制导雷达视场内。到仿真结束时,导弹已被诱骗到距被保护目标一侧130m以外处,这说明本次干扰成功。

在制导雷达波束角分别为1°和0.8°的条件下,进一步进行数值分析。以说明在制导雷达波束角发生变化条件下的干扰效果,分析结果如表4-6所示。

表 4-6　不同波束角条件下的干扰效果

波束角	布放位置				干扰距离
	d_1	d_2	d_3	d_4	
1.5°	80m	30m	20m	30m	130m
1°	50m	20m	10m	20m	85m
0.8°	40m	20m	20m	10m	78m

从表 4-6 中可以看出，在波束角为 1°的条件下，可以将导弹诱骗到距被保护目标一侧 85m 以外处。在波束角为 0.8°的条件下，可以将导弹诱骗到距被保护目标一侧 78m 以外处。诱骗距离均大于导弹杀伤半径，这说明干扰成功。

4.6.4 迎击式毫米波有源干扰技术

毫米波有源干扰技术主要存在两个技术难点：一是干扰信号的精确瞄准问题；二是干扰信号的大功率问题。针对干扰信号的精确瞄准问题，采用自卫式有源干扰方式可以实现精确瞄准，但由于毫米波制导导弹可以具备干扰源寻的功能，自卫式有源干扰源很容易成为诱饵，增大了被保护目标的被打击概率。而使用支援式有源干扰方式可以减小被保护目标的被打击概率，但由于毫米波制导导弹具有主瓣波束窄、旁瓣低等特点，支援式有源干扰方式很难将干扰信号有效地注入威胁导引头中，难以实现精确瞄准。针对大功率干扰问题，由于毫米波有源大功率器件的限制，远距离实施有源干扰难以解决大功率干扰问题。因此，为解决毫米波有源干扰技术中精确瞄准和大功率干扰问题，提出了迎击式毫米波有源干扰技术。

迎击式毫米波有源干扰技术具有威胁寻的功能，包括一体化设计技术、威胁寻的技术和飞行控制技术。有源干扰机与威胁导引头采用共用射频收发系统的一体化设计技术。毫米波威胁导引头通过四单元的射频接收天线和波束形成器形成四波束，经过检测和处理产生角度（方位、俯仰）偏差信号。飞行控制系统通过毫米波威胁导引头测出的角度偏差信号不断调整飞行方向。

如图 4-81 所示，有源干扰机与威胁导引头采用共用射频收发系统的一体化设计。通过功能转换开关进行寻的与干扰功能的快速切换。

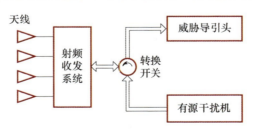

图 4-81　迎击式毫米波有源干扰系统的组成

毫米波威胁导引头主要由天线、接收机、指令放大器三部分组成，如图 4-82 所示。天线采用等角平面四螺旋天线，经波束形成网络，在空间形成上、下、左、右 4 个波束，互相部分重叠。各波束轴线之间有 20°~30°的分离角。四波束是正交的，与舵面方向成 45°，四波束信号经过检测和处理，形成角度偏差信号。通过指令放大器将角度偏差信号电压标准化，形成指令控制信号发送给飞行控制系统。

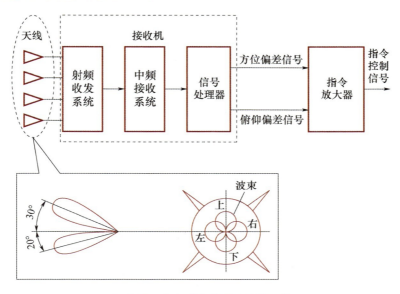

图 4-82　毫米波威胁导引头的组成

飞行控制系统主要包括调节器、舵机和舵面等，如图 4-83 所示。调节器通过毫米波威胁导引头测出的角度偏差量提供控制指令不断修正飞行方向，引导迎击式毫米波有源干扰系统在来袭毫米波制导导弹的主瓣波束内飞行。

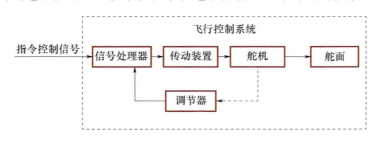

图 4-83　飞行控制系统的组成

当毫米波威胁导引头截获到来袭毫米波制导导弹的辐射波束时，产生四波束信号。四波束信号经过检测和处理后，提供自身与来袭毫米波制导导弹的角度偏差量并发送给飞行控制系统。飞行控制系统根据角度偏差信号不断调整飞行方向，引导迎击式毫米波有源干扰系统在来袭毫米波制导导弹的主瓣波束内飞行。当到达有效干扰距离时，通过功能转换开关快速切换到干模式，对来袭毫米波制导导弹实施功率压制干扰。通过威胁寻的和迎击干扰方式，解决了精确瞄准和远距离干扰功率不足的问题。同时，解决了自卫式有源干扰方式会导致被保护目标的被打击概率增大的问题，如图4-84所示。

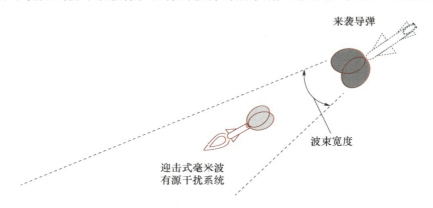

图4-84　迎击式毫米波干扰过程

4.7　光电观瞄设备干扰技术

在高技术条件下作战，指挥人员决策需要及时、全面、准确地侦察情报，这些情报来自空中、海上、地面乃至太空，其主要探测元件是安装在各种平台上的光电传感器。因此，对光电观瞄器件的有效干扰是光电对抗的重要内容。

4.7.1　光电观瞄设备的组成与工作原理

光电观瞄设备主要用于完成目标探测、识别、瞄准、跟踪，其关键部件是其光电转换器件。从组成上划分，主要是光学系统和光电探测器件；从应用上划分，主要有激光测距机、光电跟踪仪等。由于光电跟踪仪的工作原理与电视制导和红外成像制导相似，因此可参考光电制导相关书籍。

激光测距机主要由激光发射系统和接收反射光的探测系统组成。对返回激光的探测有两种方式：一种是直接（非相干）探测；另一种是外差式（相干）探测，激光测距机一般采用前一种方式。

如图4-85所示为大多数以脉冲-回波方式工作的激光测距机的原理。系统操作人员或火控系统一旦下达发射激光的命令，激光器1发射一束窄发散角激光脉冲，经光学系统 2 扩束后由指示与稳定系统 3 指引，经过大气层 4 指向目标 5，和稳定系统连接的是传感器 6，与激光点火同时发出的电触发信号启动数字式测距计时器 7，一部分激光被目标反射后再次通过大气和测距机光学系统，聚焦到前面有窄带光学滤波器 8 的光探测器 9 上，光信号在这里转变为电信号，并送往放大器和匹配滤波器 10，后者的输出在比较器 11 中与探测阈值比较，比较器的输出用于关闭测距计时器，由时钟 12 即可读出计时器由开启到关闭所经历的时间间隔 Δt，这也就是激光由辐射源到目标，再由目标到探测器所经历的时间[23]。

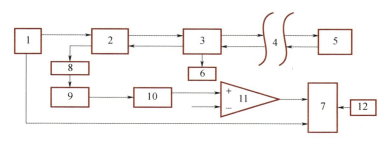

1—激光器；2—光学系统；3—指示与稳定系统；4—大气层；5—目标；
6—传感器；7—测距计时器；8—窄带光学滤波器；9—光探测器；
10—放大器和匹配滤波器；11—比较器；12—时钟。

图 4-85　激光测距机的原理

假设激光传播的路径上大气折射率为 n，则相应的光速为

$$v = \frac{c}{n} \tag{4-37}$$

式中：c 为光在真空中的传播速度，$c = 2.998 \times 10^8 \text{m/s}$。

由于大气的不均匀性和非稳态特性，折射率 n 是空间和时间的函数，而且，一般来说，是相当复杂的函数。于是，光在大气中传播的速度随波前所到达的位置而变化；或者换一种方式说，光在传播期间不同时刻具有不同速度。如果用 r_1 和 r_2 分别表示由光源到目标和由目标到探测器的距离，则有

$$r_1 + r_2 = \int_0^{\Delta t} v(t) \mathrm{d}t \tag{4-38}$$

为了简单起见，将路径上的折射率用其平均值 $\bar{n}$ 代替，式（4-38）给出 $r_1 + r_2 = c/\bar{n} \cdot \Delta t$，如果进一步假设由光源到目标和由目标到探测器的距离相等，即 $r_1 = r_2 = r$，则最终得到

$$r = \frac{c}{2n} \Delta t \tag{4-39}$$

式（4-37）是激光测距的基本理论依据，其中，真空中的光速 c 是常数，n 可根据具体大气条件给出，激光测距机的任务就是准确地测定时间间隔 Δt，并由式（4-39）求出目标与激光发射点的距离。

目前常见的激光测距机，除有一部分采用 CO_2 气体激光测距机之外，大多数用固体激光测距机，主要器件性能参数如表 4-7 所列。

表 4-7 常见激光测距机的性能参数

激光测距机类型		Nd:YAG 固体激光测距机	红宝石固体激光测距机	铒玻璃固体激光测距机	CO_2 气体激光测距机	拉曼频移 Nd:YAG 固体激光测距机
波长/μm		1.064	0.6943	1.54	10.59	1.543
激励方式		闪光灯或二极管	闪光灯	闪光灯或二极管	放电激励	闪光灯或二极管
脉冲能量/J		0.01～10	0.01～50	0.01～0.1	0.01～100	0.005～0.3
脉冲宽度/ns		8～20	2～50	20～30	20～100	6～15
脉冲重复率/Hz	未冷却	<1	<0.1	<0.3	<1	<1
	冷却	>100	≥10	<10	>100	>100

与红宝石固体激光测距机相比，Nd:YAG 固体激光测距机的主要优点是具有较高的转换效率和能以高重复频率运转[24]，后一特性对防空应用、坦克火控等来说至关重要。Nd:YAG 激光的两个缺点来自其 $1.06\mu m$ 的波长，其一是与现代火控系统中 $8\sim12\mu m$ 的热像仪不相匹配；其二是容易伤害操作人员的眼睛。CO_2 气体激光测距机的工作波长为 $10.59\mu m$，恰好处于典型热像仪的工作范围内。但这一波长容易被水蒸气吸收，因而在潮湿条件下使用时最大测距范围受到限制，碰到湿的、或被积雪覆盖的目标时问题尤为严重。拉曼频移 Nd:YAG 激光测距机和铒玻璃激光测距机均工作在人眼安全的波长上，且比 CO_2 气体激光测距机价格低廉。其中铒玻璃激光重复频率较低，因而不适合要求高脉冲重复率的防空系统应用。

4.7.2 激光测距机干扰技术

激光测距机是当前装备最为广泛的一种军用激光装备。从脉冲激光测距机的工作原理可以看出，光电接收器是整个激光测距机的核心，没有它就无法接收测距的光回波;而电子波门的打开与关闭时间对应着测距距离,如过早或过迟关门,都将带来测距误差。激光测距机有源干扰分为欺骗式干扰和软杀伤压制干扰两类。根据产生的欺骗干扰形式的不同,激光测距欺骗式干扰技术又可分为产生测距正偏差和产生测距负偏差两类。

1. 产生测距正偏差技术

产生测距正偏差可分为无源型和有源型两种。无源型采用光纤二次延迟技术,即在所保卫平台受到敌方激光测距信号照射后,由光纤经极短的二次延迟后,照原路反射回去。同时,对所保卫的目标(如坦克)采用涂隐身涂料等激光隐身技术,使其激光回波极小。这样,在敌方激光测距机设定的距离选通范围内探测到的只是产生测距正偏差的干扰信号,使敌方造成错误判断,从而成功地进行了激光干扰。

有源型采用电子延迟和激光器,在受到敌方激光测距信号照射后,经极短的电子延迟,照原路发射一个与敌方测距信号同波长、同脉冲宽度的信号,从而产生测距正偏差的干扰信号,使敌方造成错误判断,有效地对敌方进行了干扰。

德国研制的一种干扰设备,在所保卫平台四周均匀分布许多会聚透镜,每个会聚透镜的焦平面与一根光纤相耦合,而所有光纤与一根延迟光纤相连接,在延迟光纤的尾端设有反射镜。这样,在任一方向入射的激光信号都会被一个透镜所接收,并由延迟光纤二次延迟,按原路反射回去,产生一个正偏差(远距离)的错误测距脉冲。由于这个欺骗干扰脉冲的作用,原来介于测距机与我方平台之间的真实距离被掩盖,敌方所得到的是一个正偏差的虚假测距数据,从而造成判断失误,丧失战机。延迟时间是由延迟光纤的长度所决定的,其长度选择,应使反射回去的激光干扰脉冲能落入测距机所设定的距离选通范围之内。这种干扰方法不需要激光器,能自动产生正偏差的测距干扰脉冲,结构简单、成本低,所以可方便地安装在各种要保护的平台上。

2. 产生测距负偏差技术

产生测距负偏差主要方法是向警戒空域连续不断地发射高重频激光脉冲,使敌方激光测距机不管在何时开机对我方测距时都会接收到负偏差(短距离)虚假测距信号,从而有效地隐蔽真目标,其组成框图如图 4-86 所示。

假设干扰机输出峰值功率为 P_F,其输出光束发散角为 θ_F,激光测距机与我方距离为 L,不难得到干扰机所需峰值功率为

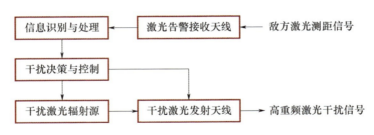

图 4-86　激光测距干扰机的组成框图

$$P_F = \frac{\pi P_{\min}\theta_F^2 L^2 e^{\alpha L}}{4 A_r \eta_r} \tag{4-40}$$

式中：$P_{\min}$ 为激光测距机最小可探测功率；A_r 为测距机接收孔径面积；η_r 为测距机接收光学系统透过率；α 为大气消光系数。

式（4-40）称为干扰方程，为了能对激光测距机实现干扰，在测距机尚未收到目标回波之前，干扰脉冲就应该至少"挤进"去一个脉冲充当其目标回波[25]。因此，干扰发射机的激光脉冲重复频率应满足：

$$f_F \geqslant c/(2L) \tag{4-41}$$

式中：c 为真空中的光速。由式（4-40）和式（4-41）可知，通常所需干扰机激光输出峰值功率为 500W 左右，光束发散角为 5～6mrad，重复频率不低于 50～300kHz，平均功率数瓦，用连续泵浦声光腔调 Q 的 YAG 激光器就可以实现这一指标，也可采用半导体二极管激光器。

类似于前述的二次延迟干扰装置，在所保卫平台的四周均匀地设置许多会聚透镜。每个会聚透镜与一根光纤相耦合，而所有光纤与高重频脉冲激光器相耦合干扰激光器可采用 Nd:YAG 固体激光器，也可采用半导体激光二极管，产生的激光干扰脉冲信号强，延迟时间精确可调，所以能非常有效地干扰敌方激光测距机。

3. 激光测距机的软杀伤压制干扰

目前，大量装备的激光测距机大多都是 Nd:YAG 固体激光测距机，还有少量的红宝石固体激光测距机在服役。它们的接收机使用的几乎都是硅光电探测器。光电探测器的损伤阈值取决于激光辐照时间、激光束直径、激光波长、探测器材料的光学和热学特性，以及探测器结构等因素。在发生永久性损伤前，在远低于损伤阈值的辐照下，光电探测器将先发生过载，使接收机饱和阻塞，得不到目标信息。F.Batch、Zhang Chen-zhi 和 M.Kruer 等深入地研究了受激光辐照的硅光电二极管永久性损伤与激光照射时间和激光波长之间的关系。当辐照度低于阈值时，没有观察到加反偏压的硅光电二极管响应度和暗电流变坏，一旦稍超过阈值，探测器的响应度则降至原来的 1%，且其二极管特性严重丧失，呈现为不可逆的永久性损伤。在显微镜下观察发现探测器光敏面增透膜脱落，并出现火山口状的小坑，表明硅已熔化和再结晶。当激光脉冲持续时间由 10^{-8} s 增大到 1s 时，功率密度阈值下降 5 个数量级，能量密度阈值增加两个数量级。

根据热模型，阈值能量密度可近似表示为

$$E_0 = E_{\Delta T}\left[1 + \frac{a\tau\alpha\pi^{1/2}}{\arctan(4a\tau/r^2)^{1/2}}\right] \quad (4\text{-}42)$$

式中：a 为热扩散率；α 为光吸收系数；τ 为照射时间；r 为照到光敏面上的激光斑半径。而且

$$E_{\Delta T} = \Delta T_{\text{th}} \frac{\rho c_p}{(a-R)\alpha} \quad (4\text{-}43)$$

式中：ρ 为密度；c_p 为定压比热容；R 为反射率；ΔT_{th} 为样品表面所需的温升。

不难导出，使激光测距接收机探测器致盲所需的激光发射能量应满足下式：

$$E_t \geq \frac{10^{10}\pi\theta_t^2 L^2 E_0 e^{\alpha L}}{4G} \quad (4\text{-}44)$$

式中：E_0 为探测器的损伤阈值能量密度；G 为测距接收机的光学增益；E_t 为战术激光武器的输出脉冲能量；θ_t 为输出束散角；L 为距离；α 为大气衰减系数。

由 G 的定义可知：

$$G \geq \frac{\eta A_r}{(\pi/4)d^2} = \eta\left(\frac{D}{d}\right)^2 \quad (4\text{-}45)$$

式中：A_r 为测距接收光学孔径面积；D 为接收孔径；η 为接收光学透射率；d 为接收光学系统的弥散圆直径。

式（4-44）中出现 10^{10} 因子，是因能量密度 E_0 以 J/cm² 为单位，而距离 L 是以 km 为单位。假设战术激光武器输出激光脉冲宽度 $\tau=20$ns，$E_0=65$J/cm²，$\theta_t=0.2$mrad，$\alpha=0.18$km^{-1}，$G=4\times10^4$，则 $L=2$km 时所需激光发射能量为 2.93J，输出峰值功率 $P_t=150$MW。

参考文献

[1] 陈卓. 光电技术中光电干扰与抗干扰的应用研究［J］. 电子技术与软件工程，2016

(4)：1.

[2] 陈金宝，郭少锋. 高能固态激光器技术路线分析［J］. 中国激光，2013（6）：70-76.

[3] 甘啟俊，姜本学，张攀德，等. 高平均功率固体激光器研究进展［J］. 激光与光电子学进展，2017（1）：11.

[4] 朱亚东. MOPA 结构大模场掺铒光纤激光器的理论与实验研究［D］. 长沙：国防科学技术大学，2013.

[5] 孙毅. 多波段高功率激光合束技术及热效应研究［D］. 长春：中国科学院研究生院（长春光学精密机械与物理研究所），2015.

[6] 粟荣涛，周朴，张鹏飞，等. 超短脉冲光纤激光相干合成（特邀）［J］. 红外与激光工程，2018（1）：19.

[7] 张泽南. 基于空间合束的高功率激光系统［D］. 西安：西北大学，2017.

[8] 任钢中. 红外光参量振荡器及其应用技术的研究［D］. 成都：四川大学，2006.

[9] 薛模根，韩裕生，朱一旺，等. 一个基于激光的小型综合光电对抗系统［J］. 现代防御技术，2006（2）：60-63.

[10] 何俊. 光电对抗装置仿真试验系统的设计与实现［D］. 成都：电子科技大学，2014.

[11] 高玮，茹志兵，雷海丽，等. 激光诱偏干扰技术在车载主动防护系统中的应用［J］. 应用光学，2019（2）：46-51.

[12] 李慧，李岩，刘冰锋，等. 激光干扰技术现状与发展及关键技术分析［J］. 激光与光电子学进展，2011（8）：43-48.

[13] 胡永钊，曹卫公. 激光技术在主动红外对抗中的应用研究［J］. 电光系统，2003（3）：4.

[14] 吴丹，马超杰. 红外干扰机干扰原理及相关技术［J］. 舰船电子对抗，2006（3）：7-10.

[15] 周德召，王合龙，陈方. 调幅式调制盘导引头干扰原理分析及验证［J］. 激光与红外，2015（7）：124-127.

[16] 杨磊. 激光辐照 HgCdTe 红外探测器的研究［D］. 成都：电子科技大学，2008.

[17] 王萃. 激光雷达距离欺骗干扰技术研究［D］. 成都：电子科技大学，2016.

[18] 席圆圆. 防空导弹红外诱饵模拟系统设计［D］. 青岛：中国石油大学（华东），2014.

[19] 邱娜，梁宏光，吴涛. 激光对光电传感器的损伤阈值［J］. 电子工业专用设备，2009（7）：56-60.

[20] 高健赫. 强光与 CCD 作用响应率改变的机理研究［D］. 长春：长春理工大学，2009.

[21] 王慧娟. 雷达有源欺骗干扰识别技术研究［D］. 北京：北京邮电大学，2019.

[22] 王硕，韩裕生，谢恺，等. 有源诱饵弹对抗毫米波制导武器仿真分析［J］. 现代防御

技术，2010（4）：161-165.

[23] 彭樟. 小型半导体激光测距及应用研究［D］. 南京：南京理工大学，2009.

[24] 张濛. 全固态拉曼激光器的研究［D］. 沈阳：沈阳理工大学，2015.

[25] 曹立华，陈长青. 激光欺骗干扰技术与系统研究［J］. 光机电信息，2011（7）：30-35.

第 5 章
光电防御无源干扰技术

光电无源干扰发端于对红外制导导弹的对抗。对于制导而言，制导系统对目标的攻击要经历目标探测、目标识别、目标跟踪、毁伤目标 4 个阶段。对前 3 个阶段，可采用相应的光电防御措施，如遮障或伪装、隐身、激光干扰等。其中，遮障是通过改变探测器和被保护目标之间媒介的光谱传播特性或改变被保护目标/背景光谱对比度的方法来阻断传播通道；伪装是用涂料、染料或其他材料来改变或掩盖目标或背景电磁波谱特性（如颜色、图案、热图、发射率、反射率等）的一类技术手段；隐身是指使敌方光谱探测器在一定条件下不能探测或识别出被保护目标的技术手段；设置光电假目标则是一种以假乱真的干扰，使得敌方探测器系统不能正常探测或跟踪被保护目标。它们的共同特点是，不依靠物体自身的光辐射形成干扰作用，而依靠外界的光源照射产生干扰作用，其技术基础主要是微粒的消光作用、物体的散射作用和表面反射作用。

光电无源干扰技术是指利用一些本身不产生光波辐射的烟幕、箔条或光波吸收体等干扰材料或器材，散射、反射或吸收对方光电设备发射的光波，使其效能削弱或破坏，以及对己方目标辐射或反射的光波能量进行吸收和遮挡的技术措施。

光电无源干扰技术是以遮蔽技术、融合技术和示假技术为核心，以"隐身示假"为目的。"隐身"的目的是隐蔽或降低目标的显著光电特征，以减少探测、识别和跟踪系统接收的目标信息；"示假"就是显示假目标，迷惑、欺骗侦察识别系统，降低其对真目标的探测识别概率，使其以假示真。

在一些情况下，光电无源干扰中的遮障或伪装也被统称为隐身，称为

"减少目标特征信号的一类技术"。本章主要介绍烟幕遮蔽无源干扰技术、红外无源干扰技术和光电假目标。

5.1 烟幕遮蔽光电无源干扰技术

烟幕是由在空气中悬浮的大量细小物质微粒组成的,是以空气为分散介质的一些化合物、聚合物或单质微粒为分散相的分散体系,通常称为气溶胶。气溶胶微粒有固体、液体和混合体之分。

根据粒子的物态和大小,烟幕一般含有以下几种物质。

(1) 尘。由机械运动过程直接形成的颗粒群体组成,直径从次微米到微米。

(2) 烟。燃烧氧化过程产生的固体颗粒或固体和液态的混合物,常为有机物,直径小于 $1\mu m$。

(3) 熏烟。通过物理化学反应产生的固态颗粒,常呈絮状形态,直径小于 $1\mu m$。

(4) 雾。蒸汽凝结或液水分离成的小液滴群体,直径 $2\sim 20\mu m$。

(5) 霾。在环境温度超过潮解条件下,与湿度变化呈稳定平衡的部分和完全水溶性质粒群体,粒子尺度小于 $1\mu m$。

烟幕是人工产生的气溶胶,烟幕微粒对光具有散射作用,使光透过率减小。影响微粒散射的因素很多,如微粒浓度、大小等,有以下 3 种情况[1]。

(1) 当烟幕微粒直径大于光波波长时,微粒使光的散射只产生反射和折射。由于粒子的大小和形状不同,使反射和折射的角度和路线各不相同。这种情况下散射强度随微粒的增大而减小。

(2) 当烟幕微粒直径小于光波波长时,有两种情况:细微粒子对光的散射,是由于光线对偶极子的激发而引起的,在光波电磁场的影响下,这些偶极子发生振动,便造成分子散射(瑞利散射);随着微粒的增大,其散射光强度也迅速增大,这时形成微粒散射(米散射)。

(3) 当烟幕微粒直径接近光波波长时,光的散射具有更复杂的性质。但从最后输出光的大小来看,光的散射强度随光波减小而增加。

但是烟幕微粒属于不均匀体系,它包含有一定比例大小各不相同的粒子,所以这 3 种散射情况都存在,而且是多次进行的。

在现代战争中，光电制导武器、光电探测器和光学瞄准镜等光电仪器在其中发挥的作用越来越大，而烟幕能够有效地对这些光电仪器形成干扰，使得敌方的光电设备无法准确侦察战场，从而烟幕在现代战争中所占的比重也越来越大。烟幕能够覆盖的光波段宽，既能对光电仪器形成干扰，也能对抗精确制导武器，使得其无法有效命中目标。为保证其在战争中能够充分发挥作战性能，烟幕遮蔽效应是烟幕剂的重要测试参数。因此，作为烟幕技术的理论基础，研究烟幕遮蔽效应测试方法对于研究烟幕弹的组成成分、促进光电仪器发展、发展烟幕技术、促进精确制导武器的研制及烟幕仿真模拟技术无疑具有十分重要的意义。

5.1.1 烟幕干扰的基本原理

1. 物理原理

1) 消光的基本概念

光在均匀分布的烟幕中传播，经过一定距离 L 后，其光强变为

$$I(L) = I_0 \exp[-\mu(\lambda)L] \tag{5-1}$$

这就是布格-朗伯特（Bouguer-Lambert）定律。消光系数 $\mu(\lambda)$ 包含气溶胶微粒的吸收和散射贡献。即

$$\mu(\lambda) = \alpha(\lambda) + \beta(\lambda) \tag{5-2}$$

式中：α 为吸收系数；β 为散射衰减系数。对于工作于红外大气窗口的光而言，大气分子衰减作用与烟幕相比很小，所以可不考虑大气分子的作用，若气溶胶微粒之间的距离足够大，使每个微粒对入射光的衰减作用不受其他微粒的影响，则可以认为上述各个系数与气溶胶微粒的粒子数密度 N 成正比，即

$$\begin{cases} \mu(\lambda) = N\overline{\sigma_E(\lambda)} \\ \alpha(\lambda) = N\overline{\sigma_A(\lambda)} \\ \beta(\lambda) = N\overline{\sigma_S(\lambda)} \end{cases} \tag{5-3}$$

式中：$\overline{\sigma_E(\lambda)}$、$\overline{\sigma_A(\lambda)}$、$\overline{\sigma_S(\lambda)}$ 为气溶胶体系平均每个微粒的消光截面、吸收截面、散射截面。

散射截面与微粒的几何截面之比称为散射效率因子，与此类似，还可以定义相应的吸收效率因子和消光效率因子。

气溶胶微粒的吸收、散射和消光截面（效率因子），不仅与构成微粒的物

质的性能（如介电常数、电导率）有关，还与微粒的形状、取向有关，其求解在理论上是极为复杂的。然而，实践表明，对于相同物质构成的形状不同而大小相近的微粒，其吸收、散射和消光截面（效率因子）是比较接近的。因此，可以通过对其中一种形状的微粒研究，来了解气溶胶微粒的吸收、散射和消光截面（效率因子）随各种因素的变化关系，从而为烟幕剂的研制提供指导。由于气溶胶微粒的粒径可以与激光波长相比，对于同相粒径的微粒，球形具有最简单的形状，而均匀介质构成的单个球形粒子吸收、散射和消光截面（效率因子），可以用米（Mie）散射理论进行分析[2]。

理论分析表明，当单个球形粒子的折射率为实数时，微粒的散射效率因子等于消光效率因子，吸收效率因子为零。当微粒物质的折射率为复数时，微粒的吸收效率因子就不可以忽略。对于介电物质构成的微粒，折射率越大，其消光因子出现最大值的粒径参数越小，这时对应的最大消光系数也越大（理论上这一结论在 $n \leqslant 3.5$ 的条件下才成立。对于实际物质，这一条件是满足的），且效率因子随粒径参数的变化越剧烈。

2）烟幕的消光

由于实际的烟幕微粒的粒径有一个分布，而消光效率因子又与微粒的粒径有很强的关联，仅用单一粒径或平均粒径来计算相应的消光系数其意义不大，需要找出烟幕微粒的整个粒径分布 $f(r)$。由于对于许多类型的气溶胶云，其粒径分布 $f(r)$ 可用对数正态分布来描述。对于波长为 λ 的入射激光[3]，有

$$\overline{\sigma_S(\lambda)} = \int_{r=0}^{\infty} \sigma_S(r,\lambda,n') f(r) \mathrm{d}r \tag{5-4}$$

$$\overline{\sigma_E(\lambda)} = \int_{r=0}^{\infty} \sigma_E(r,\lambda,n') f(r) \mathrm{d}r \tag{5-5}$$

因此，烟幕的消光系数可以由下式计算：

$$\mu(\lambda) = N \int_{r=0}^{\infty} \sigma_E(r,\lambda,n') f(r) \mathrm{d}r \tag{5-6}$$

根据式（5-6）可计算烟幕微粒分布参数（平均粒径和平均粒径偏差）对其平均消光截面的影响。结果表明，随着平均粒径的增大，消光截面达到最大值的波长 $\lambda_{\max}$ 也随之变长；在不同平均粒径偏差情况下，平均消光截面随激光波长的变化关系有相似的变化规律性。

3）质量消光系数

是不是增大烟幕微粒的粒径，对于烟幕消光性能的提高就有利呢？显然

不是的。因为随着粒径的增大，单位空间体积所含的烟幕的质量迅速增大，为了达到同样消光指标所需烟幕材料量就很大。为了说明这一点，我们引入质量消光截面 σ_M，它定义为烟幕微粒平均消光截面与烟幕微粒平均质量 M 的比值。倘若构成烟幕的材料密度为 ρ，显然

$$M = \int_{r=0}^{\infty} f(r) \frac{4}{3}\pi r^3 \rho \mathrm{d}r \tag{5-7}$$

于是

$$\sigma_M = \frac{\int_{r=0}^{\infty} f(r) \sigma_E(r,\lambda,n) \mathrm{d}r}{\int_{r=0}^{\infty} f(r) \frac{4}{3}\pi r^3 \rho \mathrm{d}r} \tag{5-8}$$

根据式（5-8）可计算得出质量消光截面随波长的变化。结果表明，对于同样质量的烟幕材料，其散布在空间后所具备的消光能力并不是随着平均粒径的增大而增加的，在较短波长处的实际情况则正好相反。烟幕所具有的最大质量消光截面，在不同的粒径参数下，随波长的变化关系是相当复杂的。针对不同的激光波长，如何选择烟幕微粒的最佳粒径参数，难以给出一个简单的原则。实际上，应该根据所采用的烟幕材料，通过合理的分析，计算得出优化的参数。

从数值分析可以看到如下两个特点。

（1）平均粒径对烟幕的质量消光截面影响很大。一般而言，小粒径烟幕对消光有利，但并不是越小越好。例如，用黄铜微粒对波长为 $1.06\mu m$ 和 $3.8\mu m$ 的激光进行消光，在平均粒径为 $1\mu m$ 以下时，会出现质量消光截面随平均粒径减小的情况。

（2）构成烟幕的材料不同，质量消光截面差异很大。造成质量消光截面差异的主要原因是材料的密度不同，复折射率不同的影响是第二位的。可以通过在具有小密度的材料微粒的表面镀上黄铜等金属材料，来提高烟幕的质量消光截面。

2. 化学原理

以上是基于物理方面的考虑，其结果表明，对于同一种材料，与可见光和近红外波段比较而言，其在中远红外波段的质量消光截面不易达到较高的数值。因此寻找适用于中远红外波段的烟幕材料的难度略大一些。因此除了用小密度、大粒径的烟幕材料，还需考虑利用化学原理来增加烟幕剂物质对

中远红外波段的吸收率。

化学方面的考虑很简单，就是使烟幕微粒中包含有在中远红外波段有较强吸收的化学物质，特别是在 $8\sim14\mu m$ 波段。

物质结构的下列理论，可作为寻找强消光材料的依据。

电磁波谱是物质内分子作各种运动发生能量变化而产生的，某物质的发射光谱等于其吸收光谱。转动光谱在远红外区及微波区，仅有转动能量发生变化所致；振动光谱在近红外区，此时振动和转动能量会同时发生变化；电子光谱则在远紫外、紫外及可见区，此时除有振动和转动能量发生变化外，还有电子跃迁发生。$1.06\mu m$ 激光在近红外区域，其摩尔能量约为 $120kJ\cdot mol^{-1}$，仅能使分子发生振动跃迁（共振吸收）。

未充满的 d 轨道，由于它们的基态与激发态之间的能量差别不大，易实现在可见区和红外区的跃迁。过渡金属未充满的 3d 能级受光激发后能产生 d-d 跃迁，稀土元素的 4f 与 5d 能级相近，受光激发后也能产生 f^4-d^5 跃迁，从而对光产生吸收，某些过渡金属络合物的吸收谱带就在近红外区。诸如过渡金属离子 Fe^{2+}、Co^{2+}、Ni^{2+} 等的螯合物（如花青颜料、BDN 等）。据报道，V^{4+}（$1.1\mu m$）、Fe^{2+}（$1.00\mu m$）、Cu^{2+}（$0.80\mu m$）、V^{5+}（$1.00\mu m$）均有强的吸收作用，Ni^{2+}（$1.20\mu m$）、Co^{2+}（$1.30\sim1.70\mu m$）及 Nd^{3+}、Sm^{3+}、Yb^{3+} 等氧化物的玻璃体在 $1.00\mu m$ 附近也有一定的吸收能力。Fe^{2+}、Ce^{3+}、Ti^{4+}、Cr^{6+}、U^{6+} 等在紫外区也有显著的吸收能力。

具有大 π 键共轭体系的物质，由于共轭的 π 电子在整个共轭体系内流动，它们属于共轭基的链上全部原子所有，而不是专属于某一原子所有，因此它们受到的束缚力小，只要受到较低的辐射即可被激发，造成吸收带向长波方向移动（红移）。共轭体系越大，红移效应越显著。因此，对于 $0.80\sim1.20\mu m$ 具有吸收效能的有机化合物是那些具有脂肪或芳香族胺类［如伯胺（—NH_2）、仲胺（—NH—）、亚胺（=NH）］、肼类、端炔基类、顺式 C=C 类、若丹明类、香豆素类等有机化合物。

在上述众多的物质中，完全符合所需激光波长、具有高的摩尔吸收率、化学安定性、光热稳定性及其他力学性能等各方面要求的物质并不多，一般认为是上述物质中那些具有大 π 键共轭体系，或者 3d、4f 未充满、轨道跃迁概率较大、具有相当多的向能级密度相近轨道跃迁电子的物质方是有效的吸收剂。吸收具有加和性：$W_m = \sum X_i W_i$，因此，往往需经有效的复配，可提高材料的吸收率。

查阅物质的红外吸收光谱手册,可知有较多物质能满足条件。但要想在烟幕弹或发烟罐成烟过程中生成浓度较大、时间较持久的这些化学物质比较困难。

3. 烟幕干扰机制

烟幕干扰技术就是通过在空中施放大量气溶胶微粒,靠悬浮于空中的固体微粒反射和折射光线来改变电磁波的介质传输特性,以实施对光电探测、观瞄、制导武器系统干扰的一种技术手段。现代烟幕干扰技术主要是通过改变电磁波的传输介质特性来干扰光电侦测和光电制导武器的。具有"隐真"和"示假"双重功能。

烟幕干扰机制:当光辐射通过烟幕时,由于光波波长、烟幕微粒的大小、形状、表面粗糙程度和光学性质的不同,烟幕微粒将对光线产生折射、反射、衍射和吸收(图5-1)。

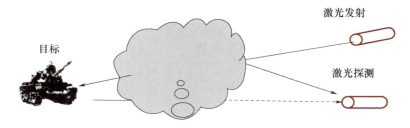

图 5-1 烟幕干扰示意图

对激光制导武器的干扰,烟幕可以使激光目标指示器的激光束或目标反射的激光束的能量严重衰减,激光导引头接收不到足够的光能量,从而失去制导能力。另外,烟幕还可以反射激光能量,起到假目标的作用,使导弹被引诱到烟幕前爆炸。

对可见光有遮蔽效应,根本原因是烟幕对光产生散射和吸收,造成目标射来的光线衰减而使观察者看不清目标,而且由于烟幕反射太阳和周围物体的辐射、反射光,增加了自身的亮度,降低了烟幕后面目标与背景的视觉对比度。

烟幕对红外辐射的作用机制主要包括辐射遮蔽和衰减遮蔽两方面。辐射遮蔽型烟幕通常利用燃烧反应生成大量高温气溶胶微粒,凭借其较强的红外辐射来遮蔽目标和背景的红外辐射,从而完全改变所观察目标、背景固有的红外辐射特性(图5-2);衰减遮蔽型烟幕主要是靠散射、反射和吸收作用来衰减电磁波辐射（图 5-3）。衰减作用是烟幕干扰的最主要的作用，凭借烟幕中达 $10^9/cm^3$ 数量级的微粒对目标和背景的红外辐射产生吸收、散射和反射作用，使进入红外探测器的红外辐射能低于系统的探测门限，从而保护目标不被发现。烟幕粒子的直径等于或略大于入射波长时，其衰减作用最强。当烟幕浓度达到 $1.9g/m^3$ 时，对红外辐射能削弱 90％ 以上，浓度更高时，甚至可以完全屏蔽目标发射和反射的红外信号。

图 5-2　辐射遮蔽型烟幕效果图

图 5-3　衰减遮蔽型烟幕效果

对于成像系统，烟幕直接影响跟踪系统的特征提取及特征选择过程。进行特征提取时首先要进行图像分割，目的是将红外图像中的目标和背景分割开来。当有烟幕存在时，大灰度级对应的像点数减少，小灰度级对应的像点数增多，总的灰度级数减小。当烟幕的透过率低到一定程度时，灰度级数将趋向于极限值 1，这时根据上述原则就无法分割图像。

对于矩心跟踪系统，烟幕的存在使目标的亮度产生严重的不均匀变化时，波门会扩大，信息值超过阈值的像元数会变化，从而降低跟踪精度。

对于相关跟踪系统，当有烟幕遮蔽目标时，造成实时图像的亮度产生不均匀变化，可使实时图像的亮度分布函数与预存图像的亮度分布函数改变，引起跟踪误差。此外，烟幕的扰动及图像亮度的不均匀随机变化，使得配准点位置随即变动，还有一些次峰值会冒充配准点，使系统的跟踪误差进一步加大。

5.1.2 烟幕干扰的分类

烟幕从烟幕剂的形态上可分为固态和液态两种。固态烟幕剂主要有六氯乙烷-氧化锌混合物、粗蒽-氯化铵混合物、赤磷及高岭土、滑石粉、碳酸铵等无机盐微粒。液态烟幕剂主要有高沸点石油、煤焦油、含金属的高分子聚合物、含金属粉的挥发性雾油及三氧化硫-氯磺酸混合物等。

烟幕从施放形式上大体可分为升华型、蒸发型、爆炸型、喷洒型4种。

（1）升华型发烟过程是利用烟幕剂中可燃物质的燃烧反应，放出大量的热能，将烟幕剂中的成烟物质升华，在空气中冷凝成烟。

（2）蒸发型发烟过程是将烟幕剂经过喷嘴雾化，再送至加热器使其受热、蒸发，形成过饱和蒸汽，排至大气冷凝成雾。

（3）爆炸型发烟过程是利用炸药爆炸产生的高温高压气源，将烟幕剂分散到大气中，进而燃烧成烟或者直接形成气溶胶。

（4）喷洒型发烟过程是直接加压于发烟剂，使其通过喷嘴雾化，吸收大气中的水蒸气成雾或直接形成气溶胶。

烟幕从战术使用上分为遮蔽烟幕、迷盲烟幕、欺骗烟幕和识别烟幕4种。

（1）遮蔽烟幕。主要施放于我军阵地或我军阵地和敌军阵地之间，降低敌军观察哨所和目标识别系统的作用，便于我军安全地集结、机动和展开，或为支援部队的救助及后勤供给、设施维修等提供掩护。

（2）迷盲烟幕。直接用于敌军前沿，防止敌军对我军机动的观察，降低敌军武器系统的作战效能，或通过引起混乱和迫使敌军改变原作战计划，干扰敌军前进部队的运动。

（3）欺骗烟幕。用于欺骗和迷惑敌军，常与前两种烟幕综合使用，在一处或多处施放，干扰敌军对我军行动意图的判断。

（4）识别烟幕。主要用于战场特殊情况下，标识目标位置和支援地域，或用作预定的战场通信联络信号。

按照烟幕遮蔽的工作原理，烟幕又可分为衰减型烟幕、遮蔽型烟幕和组合型烟幕。

（1）衰减型烟幕。利用烟幕的吸收和散射作用，衰减射向目标的激光能量和目标辐射的红外能量。衰减型烟幕根据对电磁辐射的衰减原理，可将它们再分为散射型和吸收型两种。

（2）遮蔽型烟幕。利用烟幕本身发射强烈的红外辐射，将目标及其附近的背景红外辐射覆盖，遮蔽住被跟踪目标的热轮廓，使目标的热图像不能被探测。

（3）组合型烟幕是前两种烟幕的组合物。

如果从干扰波段上划分，烟幕还可分为常规普通烟幕（防可见光、近红外常规烟幕），特种烟幕（防热红外烟幕），防毫米波、微波烟幕和多频谱、宽频谱、全频谱烟幕。

（1）普通烟幕。普通烟幕剂形成的能有效衰减可见光、近红外的烟幕，一般呈白色，通常用来妨碍对方目力和光学器材的观察，或用来妨碍对方利用可见光、近红外波段工作的照相、电视、激光系统的正常工作。也有浓黑色的，主要用来模拟坦克、车辆等军事目标被对方击中焚烧，以欺骗对方。

（2）特种烟幕（红外烟幕）。由红外烟幕剂形成的烟幕，能有效衰减红外光，通常用来妨碍对方红外热成像、激光（波长在中、远红外波段）系统的探测和制导。通常所说的红外烟幕其衰减的波段主要是 $3\sim5\mu m$ 的中红外和 $8\sim14m$ 的远红外。红外烟幕通常是以组合型烟幕的形式出现的，是由以普通发烟剂为基体、红外发烟剂内附加物的组合发烟剂所形成的。因为组合型烟幕通常能遮蔽中红外、远红外、可见光等几个频段，所以也称宽频谱烟幕，或称多波谱烟幕。

烟幕是光电对抗中无源干扰的一种技术手段。红外烟幕是专门用来干扰以中、远红外为信号工作的光电装备的，所以人们称为干扰烟幕。普通烟幕除了能妨碍人眼和光学器材的观察，也能干扰以可见光、近红外信号工作的光电装备，因此用它干扰光电装备时，也可称为干扰烟幕。

烟幕根据不同的干扰对象应选择不同的发烟剂，目前烟幕干扰剂有可见光烟幕剂、红外烟幕剂、激光烟幕剂、毫米波烟幕剂、多波段烟幕剂等。

5.1.3 烟幕干扰的关键技术

影响烟幕干扰性能的因素主要有以下几个。

（1）入射波长。烟幕的遮蔽性能与入射波长有关，因此从波段上分，烟幕分为可见光（紫外）烟雾和红外烟幕。可见光烟幕的发烟颗粒的直径很小；而红外烟幕中的烟粒子直径相对比较大。因此根据作战要求的不同，应选择不同种类的烟幕。

（2）粒径大小及分布。烟幕颗粒的大小与衰减系数的大小密切相关。就球形粒子而言，粒径越大，散射截面越大。烟幕剂发烟成幕后，粒径并不是大小一样的，而是服从粒径统计分布，即麦克斯韦分布。

（3）粒子的形状与空间统计取向。粒子的形状如果不是球形，问题就比较复杂，往往很难精确计算。研究者已对粒子呈现的形状作了分类，如球形、椭圆形、圆柱形和圆盘形，并分别建立了理论模型，对粒子的散射性能进行了描述。

（4）粒子的表面性质。粒子的表面性质是光滑还是粗糙将在很大程度上影响散射特性。例如，有一种沥青加氧化剂燃烧后会产生大量直径在几微米到几十微米的液滴状碳微粒，表面十分粗糙。如果由一定密度的这种微粒组成烟雾作为遮蔽烟幕，那么入射光与它的作用不是散射而是以被吸收为主，即使是小部分的反射也是漫反射；而光滑表面往往会形成镜面反射。

（5）组成粒子材料的折射率。材料的折射率对衰减特性有显著影响。

（6）粒子密度。不论是瑞利散射还是米散射，粒子体密度直接影响散射系数，粒子体密度越大，衰减越大。

烟幕的关键技术就是研究尽量减少这些因素影响的技术。

1. 水幕

研究表明，海水除了对蓝绿光（$\lambda=0.45\sim0.55\mu m$）有较好的透过系数，对其余波段都有明显的衰减。$20\mu m$ 厚的海水薄膜在 $3\sim5\mu m$ 波段上，平均透过率小于 40%。如果用 $50\sim100\mu m$ 的水膜，形成一道水幕，则 $3\sim5\mu m$ 波段上红外辐射的透过率将在千分之几到百分之几范围内[4]。地面固定目标和海上舰艇很容易被星载、机载红外传感器探测到，从而招致红外成像制导导弹的打击。对这些目标表面及四周浇水使其保持有一层湿润的水膜，会改变敏感目标的"热像"，在一定程度上达到对抗红外成像制导导弹的目的。

与水雾遮障不同，水幕遮障不会影响到己方光电设备的工作。

2. 水雾

水雾对于红外辐射的衰减主要是由于水雾对红外辐射的吸收和散射作用。水雾对红外辐射具有选择性吸收作用，水分子在 $3.17\mu m$、$4.63\mu m$、$4.81\mu m$、$11.8\mu m$ 等波长处具有很强的吸收作用。水雾粒子的半径大部分为 $0.5\sim5\mu m$，与红外辐射的波长差不多，因此水雾对红外辐射会产生米散射。根据水雾的浓薄，每立方厘米可以有几十到几百个雾粒，因而对红外辐射的散射是严重的。因此，雾天各类红外仪器或设备的性能指标将受到很大的影响，严重时会失去使用价值。

水雾除了它本身对红外辐射有较大衰减，由于水的汽化潜热很大，水雾在变成水汽的过程中将伴随着吸热降温过程。下面以"斯普鲁恩斯"级舰艇为例,做粗略计算。

全功率时单台发动机的空气吸入量为 72.6kg/s,4 台发动机 1h 吸入量为 1045t。采用 1∶1 的引射技术后,排除废气的温度从 480℃降低到 243℃。如果进一步采用喷雾技术,可使气温下降到 200℃。

水的汽化潜热为 540kcal/kg,则可估算 1kg 20℃的水变为 200℃水汽需要的热量 $Q_0=(100-20)\times1\times1+540\times1+(200-100)\times0.24\times1=644(kcal)$。

采用 1∶1 引射后,243℃废气总量达到 2090t,让它的温度降至 200℃,需要一定的热量为 $Q_放=(243-200)\times0.216\times2.19\times10^6=23\times10^6(kcal)$,所需水量为 $Q_放/Q_0=35.7t/h=9.9kg/s$。相应地,$3\sim5\mu m$ 内导弹的红外辐射透过率下降了 B 倍,B 为

$$B = \frac{\int_3^5 f(516)d\lambda}{\int_3^5 f(473)d\lambda} = 2.19 \tag{5-9}$$

水面舰艇利用得天独厚的海水和空气作为干扰材料,可使其红外辐射下降 95% 左右。这一技术也可用于其他军事目标,如坦克、直升机。

3. 人工造雾

自然界雾的形成需要有两个条件:一是空气湿度达到过饱和;二是空气中有足够的凝结核。与云不同的是,雾的形成是在地面以上几米至几十米。要使空气达到饱和从根本上说只有两个途径:一是增湿;二是降温。雾滴平均直径为 $10\sim100\mu m$,内陆雾的雾滴直径小一些,海洋及大型湖泊水面上的雾的雾滴直径略大些,雾滴浓度也有很大的变化范围。

根据大气气溶胶产生机制和自然云、雾的形成条件,可知道人工成雾主要有以下方法。

(1) 产生足够高的水汽过饱和度,利用加热汽化-凝聚原理产生水雾,即冷却热蒸汽法。

(2) 提供足够多的凝结核,海面上空气湿度大,向海面上空播撒大量吸热催化剂,使水汽快速结成一定粒径的小水滴,再借助小水滴的自然碰撞、相互结合过程,产生水雾或使生成的水雾量增大,也用于陆上人工造雾。

(3) 为大气气溶胶提供可溶性物质,使其发生物理、化学变化也有利于云、雾的生成。

（4）采用泵压法，可细分为液力雾化和气力雾化。在雾化形成过程中，液体的物理性质、密度、黏度和表面张力极大地影响着喷嘴的流动特性和雾化特性。液体雾化可以认为是在内、外力的相互作用下液体的碎裂过程。当外部作用力超过了液体表面张力，碎裂就会发生，雾化使连续液体碎裂成大量离散型液滴。

5.1.4 红外与激光宽波段烟幕剂

现代战争中精确制导武器使用得越来越普遍，如精确制导炮弹、炸弹、导弹等，其中大部分是激光制导和红外制导。其防护主要采取激光源对抗和无源对抗相结合的防护方法。目前，常规伪装手段仍然是高技术战争中的基本伪装模式，烟幕仍是无源干扰的最有效、最方便的手段。烟幕对可见光和近红外波段的遮蔽性能较好，但中、远红外波段的遮蔽性能稍差。红外与激光宽波段烟幕可同时在可见光和近、中、远红外波段及激光的遮蔽性能有较大突破。

1. 烟幕对红外遮蔽机理

烟幕是由许多固体的和液体的微粒悬浮于大气中所形成的烟幕体系。当目标发出的红外辐射入射到烟幕中时，烟幕对其产生吸收和散射，红外能力就遭到衰减。理论研究和试验结果表明，烟幕对红外的消光作用是烟幕微粒对红外吸收和散射共同作用的结果[5]。

按照经典的振子理论，热辐射是由组成物质的原子和分子的热运动产生的一种电磁辐射。每个原子和分子都可看作是在其平衡位置附近振动的振子，当振子发生共振时，即当入射辐射的频率等于振子的固有频率时，就要吸收入射的辐射能量，从而增加了振子的振动能量，这就是烟幕的红外吸收作用。烟幕所吸收的红外能量转化为热能或其他形式的能量，结果使烟幕介质本身的红外辐射强度提高了。

另外，当红外辐射入射到烟幕中时，烟幕中的带电质点、电子或离子随着红外辐射电矢量的振动而谐振起来，这种受迫的谐振产生了次生波，成为二次波源向各个方向辐射出的电磁波，从而使红外入射辐射在原传播方向上能量减少了，而在其他方向上的能量分布又不相同，这就是烟幕对红外散射的消光过程。导电材料制成的粒子、薄片（如铜粉、石墨薄片、炭黑等）对红外具有良好的消光特性证明了该理论的正确性。

2. 烟幕对激光的遮蔽机制

1) 烟幕散射机制

影响烟幕微粒散射的因素很多,如烟幕微粒越多,即浓度越高,分散光线的能力越强,能直接透过的光线就越少,就越难看见目标[6]。实战中,往往用遮蔽能力来评价烟幕遮蔽性能的好坏。烟幕的遮蔽性能越好,则通过烟幕层的光线越少,证明烟幕效率越高。表示遮蔽能力的方式很多,其中使用消光系数的测定方法最为通用。消光系数越大,对光线的遮蔽能力越强,光线的透过率越低。由雾油、红磷、酸雾和六氯甲烷组成的战场烟剂的消光系数如表5-1所列。

表5-1 烟剂对不同波长光辐射的消光系数

烟剂类型	光的种类、波长及波段/μm					
	可见光	激光 1.06	激光 3.39	激光 10.6	红外 3~5	红外 8~12
雾油	3.20	3.64	0.96	0.047	0.36	0.10
红磷	3.36	1.93	0.34	0.47	0.29	0.27
酸雾	3.85	2.19	0.31	0.15	0.17	0.23
六氯甲烷	2.36	2.26	0.35	0.79	0.20	0.53

2) 激光束经烟幕的透过率

1960年诞生激光以来,它在军事领域中的应用范围得到迅速扩展。从1962年以来,激光制导反坦克武器、激光制导航弹和炮弹、激光雷达等相继出现,大大提高了武器的命中精度。1971—1972年美军在越南战争中,曾大量使用激光制导航弹,在2h内使用了2820枚激光航弹破坏了越南17座桥梁。为了对付激光武器,人们想起了烟幕。因而在保卫河内安富发电厂的防空作战中就采用了烟幕保障。在空袭警报发出后,即大量施放烟幕。其浓度为$1g/m^3$,厚度3~4m,烟幕高度在发电厂的上空达3m,烟幕覆盖面积为发电厂的2~3倍,烟幕持续时间比飞机在目标上空盘旋并施用激光照射时间要长。结果美军投下的几十枚激光航弹,只有一枚落在发电厂围墙附近,其余都偏了,越南胜利地完成了保卫发电厂的任务。这是现代战争史上用烟幕干扰激光制导航弹的一大成功战例。从此,用烟幕干扰激光的研究,受到各国的广泛关注。

激光的本质与可见光、红外光完全相同,仅把辐射强度提高而已。因此对激光的衰减因素也和对可见光、红外光一样。具体有以下三方面的原因。

（1）烟幕通过对光的散射和吸收能削弱激光照射器发出的激光信号，使目标反射回来的激光能量受到损耗。这样一来，激光制导武器上的激光接收器只能收到能量不足的信号，从而不能完成正常制导功能，影响其准确性。

（2）目标区被烟幕掩蔽，激光照射器的操作者虽然知道目标的所在地，但却不能准确地照射目标，并使其反射给激光制导武器。

（3）烟幕的存在使激光反射脉冲在时间上模糊，激光接收器无法准确记录，从而也就不能精确制导。

在实验室条件下对不同烟幕进行比较试验的结果，更进一步证实了烟幕干扰作用的有效性。试验选用的是红宝石激光器，波长 6943Å，150μs 脉冲，光束总能量 0.4J。从试验结果发现，在所试验的激光和可见光范围内，可见光辐射和激光辐射透过烟幕的百分比数值没有多大差别。这些数据有力地证明了一般烟幕对可见光或激光的作用是类似的，并且通过测定可见光衰减的量就可确定在红外光谱区域内激光辐射衰减的量。但是激光光强很高，如果衰减 95%，仍有一定的能量。某些激光系统（如测距仪和雷达）具有低反射脉冲的探测器，因此仍然有可能保持一定的有效工作状态。遇到这种情况，简单的方法是用增加烟幕浓度或改进烟幕性能的方法，仍能达到干扰目的。

对脉冲激光测距机和激光制导系统，其测距方程式如下。

对漫反射大目标，有

$$P_L = P_T \frac{A_R}{2\pi L^2} K_f K_R K_T \rho K_a^2 \tag{5-10}$$

对漫反射小目标，有

$$P_L = P_T \frac{A_o A_R}{2\pi \Omega_T L^4} K_f K_R K_T \rho K_a^2 \tag{5-11}$$

式中：P_L 为光探测器上的回波功率；P_T 为激光源发射功率；A_R 为光学接收系统的有效面积；A_o 为目标的有效面积；Ω_T 为经发射光学系统后的激光发射角；K_f 为干涉滤光片峰值透过率；K_R、K_T 分别为接收和发射光学系统的透过率；K_a 为单程大气透过率（传输系数），$K_a = e^{-\alpha L}$，α 为大气衰减系数；L 为测程；ρ 为目标反射率。

式（5-10）和式（5-11）同样可用于激光制导系统，式中 P_T、A_R、Ω_T、K_f、K_R、K_T 等都是激光制导系统的结构参数，对给定的制导系统其值是一定的，现用 K'（大目标）或 K''（小目标）表示。L、ρ、A_o 是目标特性，当

P_L 取最小值 $P_{L_{\min}}$（相当于制导头中光学接收器的最小探测灵敏度）时，测程可达最大值 $L_{\max}$，由此，式（5-10）和式（5-11）可表示为如下公式。

对漫反射大目标，有

$$L_{\max}^2 = \frac{K' e^{-2\alpha L_{\max}}}{2\pi P_{L_{\min}}} \cdot \rho \tag{5-12}$$

对漫反射小目标，有

$$L_{\max}^4 = \frac{K'' A_o e^{-2\alpha L_{\max}}}{2\pi P_{L_{\min}}} \cdot \rho \tag{5-13}$$

在标准晴朗气象条件下，大气衰减系数 $\alpha = 0.115 \text{km}^{-1}$。假设此时激光制导系统的最大探测距离为 30km，若在空中施放烟幕，烟幕对激光的衰减率与系统的最大探测距离的关系如表 5-2 所列。

表 5-2 烟幕对激光的衰减率与制导系统的最大探测距离的关系

衰减率	最大探测距离/km
1	30
10^{-3}	10
10^{-4}	5.4
10^{-5}	2.5
10^{-6}	0.9
10^{-7}	0.3

烟幕对不同波长的激光消减也符合"朗伯-比尔"定律，4 种传统烟幕的质量消光截面见表 5-1。

有了消光系数数据，就可对不同波长的激光束通过不同浓度和不同路径长度的烟幕透过率进行计算。

3）激光通过战场烟幕时的双程透过率

在实际作战中，激光目标指示器发射的激光束，是往返两次穿过烟幕，回波信号才被寻的器接收，其穿过烟幕的路径长度就是单程路径的两倍。因此，激光束通过战场烟幕的双程透过率的表达式为

$$T_{2L} = \exp(-2a_e CL) = T_L^2 \tag{5-14}$$

即双程透过率 T_{2L} 是单程透过率 T_L 的平方。如果激光束单程通过烟幕的透过率为 0.1，那么回波信号再次通过烟幕时，其透过率只有 0.01。也就是说，激光束第一次通过烟幕时，能力损失了 90%。只有 10% 的能力通过烟

幕，回波信号第二次通过烟幕时，激光束的能量只剩下 1%。可见，烟幕的双程透过率是很低的。

根据式（5-14），可计算出将激光能量衰减到 1% 所需要的烟幕厚度，即

$$L = \frac{-\ln T_{2L}}{2a_e C} \tag{5-15}$$

3. 红外与激光宽波段烟幕剂设计

1) 设计原则

烟幕剂配方中各物质及其比例的选取应该满足以下 3 个要求。

（1）质量。即各物质所需量的比例使各反应物刚巧全部发生反应，且为零氧平衡。

（2）能量。有的反应放出热量，有的反应需要热量，总的来说放热应该稍大于吸热，以使反应维持一定速度进行。

（3）速度。对于发烟罐用烟幕剂，其速度不能太快也不能太慢，太快会出现较大火光，且不能持续较长时间地产生烟幕；太慢则不能形成快速遮蔽能力。

提高烟幕对光的遮蔽率，也就是提高烟幕对光的吸收率和散射率。对于上述第一个要求，着重点是提高散射率，措施是尽量提高烟幕中微粒的浓度（数目）。对于第二个要求，同时提高吸收率和散射率。

2) 设计特点

红外遮蔽烟幕剂按生成烟幕方式有烟火燃烧类红外遮蔽烟幕剂、爆炸撒布类红外遮蔽烟幕剂和机械喷洒类红外遮蔽烟幕剂等。在此仅讨论烟火燃烧类红外遮蔽烟幕剂。

（1）烟火燃烧类红外遮蔽烟幕剂配方设计。

烟火燃烧类红外遮蔽烟幕剂是指通过烟火燃烧反应形成烟幕后能对红外起消光作用的一类烟幕剂。

烟火燃烧类红外遮蔽烟幕剂的成烟过程是一个自传播的燃烧化学反应过程。由于是燃烧成烟，燃温、压力、燃速等燃烧条件的变化都将使烟幕剂的燃烧产物及其抗红外性能受到影响。正因为如此，烟火燃烧类红外遮蔽烟幕剂配方研究具有较大的技术难度。科学合理地研究烟火燃烧类红外遮蔽烟幕剂配方，首先要设计出配方，配方设计应筛选好发烟物的组分，并通过试验研究其形成烟幕后的烟幕微粒的成分、数密度、尺寸、形状等，同时要理论计算出其消光截面，然后分析研究微粒的取向与入射电磁波频率对红外消光

性能的影响；其次是要解决配方药剂燃烧过程控制技术，以保证燃烧产物与理论设计的一致性和燃烧稳定性。

需要指出的是，烟火燃烧类红外遮蔽烟幕剂既然是燃烧成烟，就必有热量释放，因为其所形成的热烟云将产生红外辐射。热烟云的红外辐射对目标和背景起热屏蔽作用。所以在研究烟火燃烧类红外遮蔽烟幕剂成烟时，除要考虑上述影响因素外，还需要考虑烟幕剂的燃烧温度、燃烧速度及形成烟幕后的红外发射等相关技术问题。

①烟火燃烧类红外遮蔽烟幕剂配方设计思路。烟火燃烧类红外遮蔽烟幕剂在配方设计上，可以基于凝集型烟剂、磷烟、HC 烟幕剂和炭黑等燃烧类烟幕剂抗红外特性的研究而开展。

分析凝集型烟幕剂的抗红外特性可知，由于凝集型发烟物是受热升华、蒸发而形成过饱和蒸气后再经冷却凝集成烟幕的，因此其成烟量大，烟粒径小（粒径范围基本上与可见光波长等量级），凝集型烟幕剂的抗红外特性主要是靠烟幕粒子对红外的吸收。由于凝集型烟幕粒径小，其对近红外（$1\sim3\mu m$）具有较好的消光性能，而对中（$3\sim5\mu m$）、远（$8\sim14\mu m$）红外消光能力较差。凝集型烟幕剂的抗红外特性研究结果表明，配方中的受热升华的发烟物质结构及其红外活性将直接影响烟幕的红外消光性能。此外，如何使凝集型烟幕剂的烟幕粒子能够自增长成较大的粒子，对提高凝集型烟幕剂在中（$3\sim5\mu m$）、远（$8\sim14\mu m$）红外波段上的消光能力至关重要。

磷烟是最典型的燃烧类烟幕剂。磷烟经傅里叶变换红外光谱分析表明，其在大气窗口波段上具有吸收峰。

科研人员对赤磷烟幕的野外消光性能进行了研究。赤磷烟幕在可见光波段及近、中红外波段具有较好的消光性能，但在远红外波段消光性能较差[7]。这是由于赤磷形成的烟幕微粒粒径太小，以至于不能有效地对远红外实现衰减作用。很多学者研究认为，赤磷烟幕对红外衰减主要是吸收衰减。实验室烟雾箱中研究赤磷烟幕消光时发现赤磷烟幕在开始阶段透过率很高，但在 $8\sim10\mu m$ 波段有明显的强吸收峰，透过率较低，随后透过率又很高，这是由于赤磷烟幕形成过程中磷烟小粒子凝聚而形成大粒子的结果。随着时间的增长，小粒子凝并形成的大粒子含量增大，透过率相应降低。但随着大粒子的不断增多增大，烟雾粒子的沉降作用也随之增大，沉降作用的增大直接导致了烟雾浓度的下降，所以透过率又开始上升。根据赤磷烟幕的消光特性研究烟火燃烧类红外遮蔽烟幕剂配方设计，若以赤磷为基，则在配方上如何选择红外活性物质和掺入具有宽频段、强吸收的长波增强剂来改善其远红外消光性能，非常关键。试验研究证明，当以硼、钛、硅及其化合物作为赤磷烟幕的红外活性物质时，赤磷烟幕的抗红外性能可以显著提高，这一设计思路已成功地应用于爆炸撒布类抗红外赤磷烟幕剂中。

HC 烟幕剂是以含氯的有机化合物为氧化剂（如六氯代苯、六氯乙烷等）的典型性烟火燃烧类烟幕剂。红外光谱试验表明，当烟火燃烧反应生成物中含有氯素金属化合物时，其红外光谱辐射特性或吸收特性均较好。据此，烟火燃烧类红外遮蔽烟幕剂配方设计可以考虑对 HC 烟幕剂进行改进。改进的技术途径是添加某些红外活性物质（如硅、钛等）。

近年来，越来越多的人在研究炭黑用作红外遮蔽烟幕剂。炭黑是富碳化合物经不完全燃烧或在无氧条件下热裂解生成的。炭黑被视为石墨的"准晶体"，炭黑聚集体不规则，且各向异性，外形独特，其形态介于结晶碳和无定形碳两者之间，这一结构决定了其对可见光和红外辐射有较强的衰减作用。炭黑烟幕在近、中、远红外波段内有较强的消光能力[8]。

② 烟火燃烧类红外遮蔽烟幕剂配方设计组分选择。烟火燃烧类红外遮蔽烟幕剂配方设计，其组分选择主要是选择好气溶胶生成剂、能量供给剂（氧化剂和还原剂）、添加剂等。以炭黑烟幕为例其组分选择原则如下。

a. 气溶胶生成剂的选择。气溶胶生成剂是燃烧类红外遮蔽烟幕剂的主要成分，在烟幕剂配方中占的比例较大。经研究表明，炭黑烟幕气溶胶生成剂应选择富碳化合物，这些富碳化合物应具备：分子结构中含有苯环或 O、N 等杂原子；不完全燃烧时能释放出较多炭黑粒子；易于升华；吸湿性小，受水作用不分解；H/C 比率低且能在较低温度下炭化；不含氯，对环境无毒性污染。依据这些原则，可选国内大批量生产的苯酐、芴或芴酮等作为烟火燃烧类红外遮蔽烟幕剂配方的气溶胶生成剂[9]。

b. 能量供给剂的选择。能量供给剂一般由氧化剂和可燃剂组成，主要是为气溶胶生成剂炭化形成炭黑粒子时提供热量。经研究表明，选择 CCl_4、C_2Cl_6、PTFE 及聚二偏氟乙烯等作为氧化剂，和镁、铝、硅、钛、镁铝合金、镁硅合金等无机金属作为可燃剂的能量供给剂较好。比较常用的能量供给剂是 PTFE 和镁，它能产生 1400K 的高温，其热量足以使富碳化合物炭化形成炭黑聚集体粒子。

c. 添加剂的选择。添加剂主要是为了平衡气溶胶生成剂和能量供给剂之间的热量平衡，保证气溶胶生成剂能稳定形成高浓度的炭黑聚集体烟幕。可供选择的添加剂有碳酸氢钠、碳酸钙、碳酸钠、氯化铵等。

(2) 炭黑型烟火燃烧类红外遮蔽烟幕剂成烟机制。

炭黑烟幕是借烟火燃烧反应的热量将富碳化合物碳化形成炭黑聚集体的一种烟幕,炭黑聚集体能对红外辐射产生强烈的吸收,炭黑聚集体无毒,因此炭黑烟幕是一种比较理想的抗红外烟幕。

① 炭黑形成机制。炭黑形成过程是一个包括自由基、离子向分子转化进而生成含有数万个原子和氢碳比(H/C)高的大粒子过程。

炭黑烟幕剂的主体材料是富碳化合物,一般通过烟火燃烧反应脱碳、脱氧,随即转化成脱氢苯,脱氢苯再重新排列成苯的二价自由基,继而聚合成纤维型结构的炭黑聚集体,炭黑聚集体质地疏松,带有裂缝,比表面积和粒径均较大,因此有着较好的消光性能。富碳化合物在烟火燃烧反应中生成炭黑的热力学方程为

$$C_m H_n + yO_2 \longrightarrow 2yCO + (n/2)H_2 + (m-2y)C \quad (5-16)$$

由炭黑生成的热力学方程可知,仅在 $m > 2y$ 时才能生成炭黑,即 C/O 比必须大于 1。经研究表明,炭黑的生成包括初期反应、成核作用、粒子聚集、聚集体表面增长、氧化作用等不同阶段。初期反应和成核阶段是炭黑生成的关键阶段。

a. 初期反应。富碳化合物分子在高温下裂解、脱氢、聚合和环化凝聚,生成炭黑晶核的先驱物质。炭黑晶核的先驱物质转化为炭黑将取决于燃烧条件、局部组成和燃烧温度。

b. 成核阶段。为炭黑晶核生成和晶核长大阶段。

c. 粒子聚集。炭黑由大量的碳粒子构成,在成核阶段直径 1~2nm 的细小粒子间将发生碰撞,随即生成直径 10~50nm 的球形粒子,最后进一步熔结成葡萄串状炭黑聚集体。炭黑聚集体的数密度,无论是热裂解还是燃烧,都几乎相同。粒子聚集涉及两个过程,即含碳物质在粒子表面的沉积过程和小颗粒聚结成较大颗粒的过程。

d. 聚集体表面增长。炭黑生成量在成核开始阶段仅达 10%,90% 的炭黑生成量来自燃烧反应全过程中的炭黑粒子聚集体表面增长。炭黑表面增长形成聚集体的过程是极小的炭黑粒子联结或合并成较大的炭黑粒子的过程。由于聚集体表面的聚集或附聚作用结果,生成了约 100~1000nm 长的链状炭黑聚集体。

e. 氧化作用。炭黑生成和增长的后期,炭黑粒子数密度和质量通常有所

减少，这是由于氧化作用的结果。炭黑的氧化作用导致炭黑的孔隙度增加，氧化程度高时会引起聚集体损毁和炭黑表面官能团的生成。炭黑表面存在着羟基（—OH）、醛基（—CHO）、羰基（—C=O）、羧基（—COOH）和内酯基（—COOCH$_3$）及其他形式的官能团，燃烧时气相中的含氧组分 CO、CO_2、H_2O、O_2 等将与生成的炭黑聚集体表面碳原子间发生反应，生成炭黑表面官能团，伴随有下述反应。

CO 转化反应　　　　　　$CO+H_2O \Longrightarrow CO_2+H_2$　　　　　　　（5-17）

炭黑的 CO_2 消耗反应　　$C+CO_2 \Longrightarrow 2CO$　　　　　　　　　（5-18）

炭黑的 H_2O 消耗反应　$C+H_2O \Longrightarrow CO+H_2$　　　　　　　（5-19）

炭黑的消耗反应降低了炭黑的产率，损害了烟幕的红外消光性能，所以在配方设计中必须有效地控制烟幕剂的燃烧温度，及时终止炭黑生成反应。

②炭黑型烟火燃烧类红外遮蔽烟幕剂的生烟机制。以镁、聚四氟乙烯和苯酐为组分的炭黑型烟火燃烧类红外遮蔽烟幕剂为例，其生烟过程如下。

首先是聚四氟乙烯在 300℃以上时的不规则裂解，在 400℃以上分解为游离碳和氟，分解出的氟与镁反应生成 MgF_2。此时产生约 1400K 的高温。氟与镁反应所放出的热量一部分使苯酐汽化（苯酐在 353K 左右即升华），一部分使液相中的苯酐炭化成炭黑。气化出的苯酐及其他产物（如氢气等）立即与空气中的氧气进行燃烧反应形成炭黑、CO、H_2 和 CO_2 等，同时放出热量产生火焰，随着反应过程的进行，苯酐升华速度加快，火焰中苯酐含量不断增加，此时火焰中的氧气也将越来越不足，火焰温度随之降低，苯酐燃烧也越来越不充分，结果导致大量炭黑粒子形成，从而形成了炭黑烟幕。

③碳氢化合物燃烧成烟性与分子结构关系。碳氢化合物之所以在不完全燃烧的情况下会析出碳而冒黑烟，是因为这些物质由于热分解不充分而生成碳原子数较多的大分子所致。经研究表明，当碳氢化合物分解产物含碳原子数在 6 及以上的化合物较多时，在不完全燃烧的情况下释放出大量的碳粒子而冒黑烟。例如，聚丙烯在空气中充分燃烧时不冒黑烟，是因为热分解产生的多为含碳量小的低分子；而在供氧不足的情况下，热分解产生的多数是含原子数在 6~9 的化合物，它们在不完全燃烧的情况下释放出大量的碳粒子而冒黑烟。

碳氢化合物燃烧时的发烟性与其材料的分子结构有关。经研究表明，对于石蜡系燃料来说，生成炭黑的趋势随着分子量的增大而增加，枝状链越多的石蜡系烃，其分解出炭黑的趋势也越大。但对于烯族、苯族及萘族碳氢化合物来说则正好相反。

究其原因,碳氢化合物的成烟性与其在热分解过程中产生的气体分子结构中 H/C 值的大小有关。因为在燃烧过程中,分子中的碳变成 CO_2 与氢变成水蒸气的反应速度相同,所以含碳量高的分子将析出多余的碳。如在充分燃烧的情况下,苯有如下反应。

$$C_6H_6 \xrightarrow{O_2} 3(H_2O+CO_2)+3C \qquad (5-20)$$

④燃烧温度和压力对碳氢化合物燃烧成烟性的影响。炭黑型烟火燃烧类红外遮蔽烟幕剂是一个自供热的链式反应,在反应过程中压力升高反应加快,燃烧温度也随之升高,结果碳氢化合物在较高温度下释放出的碳会继续与空气中的氧气反应生成 CO 和 CO_2,导致烟幕中的含碳量降低,烟幕变为灰白色。试验研究结果表明,增大出烟孔(降低燃烧容器内的压力),烟幕剂的燃烧速度大大降低,火焰明显降低,燃烧也比较稳定,烟幕较浓较黑,表明烟幕中炭黑的含量较高;而减小出烟孔(提高燃烧容器内的压力),当烟幕剂燃烧到 0.5min 时,燃烧速度开始越来越快,火焰也越来越高,烟幕从黑色逐渐变为灰色,火焰温度的变化对析碳的影响比较复杂。在临近析碳点附近,提高温度对与之竞争的氧化过程的影响比对析碳过程的影响要大。

要保证烟幕剂燃烧时能产生大量的炭黑粒子,必须保证烟幕剂有适当的燃烧速度和燃烧压力,以及燃烧温度在临近析碳点附近,即保证烟幕剂在燃烧过程中的热量平衡及稳定燃烧。

(3) 炭黑型烟火燃烧类红外遮蔽烟幕剂消光性能。

①关于炭黑聚集体的密度与复折射率。炭黑聚集体的密度与复折射率是影响炭黑烟幕消光性能的主要因素,不同来源的炭黑聚集体密度有所差异,乙炔炭黑聚集体密度为 $1.84 \sim 2.05 \text{g/cm}^3$,丙烷火焰形成的炭黑聚集体密度为 $1.9 \sim 2.0 \text{g/cm}^3$。文献资料中广泛使用的炭黑聚集体密度为 1.86g/cm^3。

研究结果表明,炭黑聚集体在红外光谱区域复折射率的实部和虚部都随波长的增加而增大。

②炭黑形成材料的 H/C 值对炭黑消光性能的影响。不同材料燃烧后形成的炭黑在红外波段的辐射率有显著的差异。炭黑之间光学性质的差异与炭黑形成材料的 H/C 值相关。炭黑形成材料的 H/C 值不同其光学常数不一样。

Dalzellgn 和 Sarofim 研究发现,在红外波段 H/C 值对炭黑复折射率的影响较大[10]。由 H/C 值低的材料形成炭黑的复折射率的实部和虚部都比由 H/C 值高的材料形成炭黑的复折射率的实部和虚部高。这可能是 H/C 值高,降低了自由电子的浓度，从而对炭黑光学常数及光谱吸收系数产生影响。Millikan 研究发现，当 H/C 值从 1.23 增加到 1.75 时，在可见光波段炭黑光谱吸收系数从 0.7 增加到 1.9。McCartney 和 Ergum 研究发现，在 $0.55\mu m$ 波段煤的吸收系数也是随 H/C 值的增加而降低的[11]。由此来看，不同 H/C 值的材料形成炭黑的光学性质受材料分子结构的影响不大，主要是受材料 H/C 值的影响。

③炭黑生成温度对消光性能的影响。Jaeger 对在 400℃、600℃、800℃、1000℃燃烧温度下生成的炭黑性质进行了研究，结果表明，随着燃烧温度的升高所生成的炭和光学常数有很大差异。在较低的温度（400℃和 600℃）下生成的炭黑消光性能明显高于高温（800℃和 1000℃）下生成的炭黑消光性能。

炭黑生成温度不同时，所生成的炭黑粒子的粒径和结构也不同。由于高温条件下生成的炭黑粒径小于低温条件下生成的炭黑粒径，因此低温条件下生成的炭黑较高温条件下生成的炭黑在中、远红外波段有更好的消光性能，所以选择较低温度下生成的炭黑为中、远红外烟幕剂是合适的。

4. 红外与激光宽波段烟幕剂测试结果

1）HC 烟幕剂新配方

新配方 HC 烟幕剂在 $1\sim3\mu m$、$3\sim5\mu m$ 波段的消光性能都优于制式 HC 烟幕剂，测试结果表明，新配方 HC 烟幕剂尤其在 $3\sim5\mu m$ 波段有突出的消光性能，其遮蔽面积明显优于制式 HC 烟幕剂。

HC 烟幕剂对可见光、近红外、中红外处的遮蔽性能较好，但对远红外光的遮蔽性能欠佳。为了提高 HC 烟幕剂对远红外光的遮蔽性能，经组分计算和反复试验，确定 HC 烟幕剂新配方（改进型）在各个波段的遮蔽性能皆优于前期 HC 烟幕剂新配方和我们所掌握的国内同类最新烟幕剂。

HC 类烟幕剂在可见光、近、中红外处的消光性能较好，但远红外不太理想。磷烟幕剂在中、远红外处的消光性能较好。

2）赤磷烟幕剂新配方

赤磷烟幕剂新配方（改进型）在各个波段的遮蔽性能皆优于前期赤磷烟幕剂新配方和我们所掌握的国内赤磷最新烟幕剂，在远红外有良好的消光性。

3）混合烟幕剂新配方

检测结果表明，加入所用量的超细粉后，持续时间 300s 后透光率未有明显上升，说明它的沉降速度较慢，实用可能性较大。新配方烟幕剂在应用时可考虑同时施放这两种烟幕，或将其合为一种烟幕剂来使用，即形成一种各个波段遮蔽性能都较好的烟幕剂。目前，烟幕仍是无源干扰的最有效、最方便的手段。在中、远红外波段与激光波长上烟幕剂遮蔽性能有所突破将很有价值。用于反激光精确制导时，需要快速施放。为了在短时间内形成有效的遮蔽烟幕，可采用烟幕弹和发烟罐并用的方式。

5.1.5 烟幕干扰技术的发展趋势

（1）智能定制成烟技术。未来发展的烟幕干扰弹应兼具预警信息和被保护目标的特征，运用智能运算技术，合理高效自动形成有效遮蔽目标的最佳烟幕尺度和合理遮蔽时间。这对无人化战场目标防御能力的形成增加了技术途径。

（2）单向遮蔽烟幕技术。对于体系对抗攻防作战来说，干扰剂形成的烟幕，理想状态下应具备只针对敌方目标制导与探测进行有效干扰，而不影响我方对敌侦察和制导攻击能力的发挥[12]。

（3）宽波段烟幕剂技术。经过多频谱干扰剂技术的不断发展，未来可能发明一种新型干扰剂，可遮蔽可见光、红外和毫米波等多频谱；同时这种干扰剂能进一步简化装药结构，提高装药量，增大遮蔽面积。

（4）定点精确抛撒技术。新型烟幕干扰弹应实现智能化计算、精确控制、定位抛撒，在抛撒前能精确到达被保护目标的预定位置，控制实现精准抛撒，形成烟幕有效遮蔽。

（5）环保型烟幕剂技术。传统烟幕剂（如赤磷烟幕毒性大）燃烧释放的物质会对人体造成伤害，且对环境污染严重。一些含活泼金属的烟幕剂在长储条件下会发生腐蚀。安全环保、毒性小、长储可靠已成为烟幕弹药的设计指标[13]。

5.2 光电伪装与光电假目标

光电伪装技术主要措施有迷彩伪装、遮障伪装。迷彩伪装就是用颜料或涂料来改变目标、遮障或背景的颜色，从而降低目标显著性的一种伪装措施。遮障伪装就是用一定的物质将被保护目标遮挡起来，以阻断或严重削弱目标反射的可见光和辐射的红外线，使敌方的光电探测器不能接收到目标信号或接收到的信号很微弱，从而不能发现和识别目标[14]。

光电假目标是利用各种器材或材料仿制成的，在光电探测、跟踪、导引的电磁波段中与真目标具有相同特征的各种假设施、假兵器、假诱饵等。在真目标周围设置一定数量的形体假目标或目标模拟器，主要为降低光电侦察、探测、识别系统对真目标的发现概率，并增加光电系统的误判率（示假），进而吸引敌方精确制导武器的攻击，大量地分散和消耗敌方精确制导武器，提高真目标的生存概率。

5.2.1 光电伪装技术

1. 迷彩伪装技术

迷彩伪装主要可分为融合迷彩和变形迷彩。融合迷彩是通过降低目标各部分之间或目标与背景之间的灰度、亮度和对比度，使目标的光电识别特征融于背景之中，从而使目标与背景难以区分。变形迷彩是对目标的特征加以改变，使探测到的特征更像另一种性质完全不同的物体，从而欺骗敌方的光电成像系统，使之不能发现和识别目标。融合迷彩与变形迷彩都是通过降低或改变目标各部分之间及目标与背景之间对可见光的反射和红外辐射特征的差异来实现的[15]。

2. 遮障伪装技术

遮障伪装技术主要用来模拟背景的电磁波辐射特性，使目标得以遮蔽并与背景相融合，是固定目标和停留时运动目标最主要的防护手段，特别适用于有源或无源的高温目标，可有效地降低光电侦察武器的探测、识别能力。遮障伪装通常由伪装网和人工遮障来实现。

1) 伪装网

伪装网由边缘加强的聚酯纤维网粘以切割的伪装布或聚乙烯薄膜构成。伪装布或聚乙烯薄膜的两面按林地、荒漠等背景的特点设置不同的迷彩图案，使之在可见光和近红外区具有与战区背景相近的光谱反射特性（用于雪地型背景时，伪装网采用具有高紫外线反射率并打有规则圆孔的合成纤维白色织物，使之具有与雪地类似的光反射特性），将伪装布或聚乙烯薄膜做不同形式的切割，能较好地模拟背景表面状态和明暗相间的情况，使架设成的伪装网产生三维效果的视感。伪装网的网孔多为正方形（尺寸为 57mm×57mm 或 85mm×85mm），其整体制式形状可为矩形、正方形或多边形，为适应不同大小的情况，制式基准网可以方便地互相拼接。

伪装网是使用最普遍的伪装装备，其功能已从早期的可见光和近红外伪装，发展到紫外、可见光、近红外、中远红外和雷达波等多波段伪装。

目前，美国、德国、俄罗斯、澳大利亚、瑞典等国在伪装网研究方面较为领先[16]。美国在20世纪80年代研制成功的多波段伪装网，由特制的基础网格和着色饰物、饰片组成，可以逼真地模拟背景的光学特征，并具有雷达隐身功能。德国OGUS公司研制的多种伪装网能与不同地区背景相匹配，不仅装备本国军队，还被他国军队所采用。瑞典巴拉居达公司开发的BMX-UL-CAS多波段超轻型伪装网可实现多频谱伪装。它由高强度基网材料加多波段吸收材料制成，质量轻、架设方便，是目前世界上技术性能最优异、应用最广泛的伪装网之一。该伪装网两面都可以使用，分别适用于不同类型的背景环境，还具有吸收雷达波的功能。

2）人工遮障

人工遮障主要由伪装网和支撑骨架组成。支撑骨架通常采用质量轻的金属或塑料杆件做成具有特定结构外形的骨架，起到支撑、固定伪装面的作用。而对光电侦察、探测、识别起作用的主要是伪装面，伪装效果取决于伪装面的颜色、形状、材料性质、表面状态及空间位置等与背景的电磁波反射和辐射特性的接近程度。伪装面主要由伪装网、隔热材料和喷涂的迷彩涂料组成。对常温目标伪装，采用由伪装网并在其上喷涂迷彩涂料制成的遮障即可；对无源或有源高温目标伪装，还需在目标和伪装网之间使用隔热材料以屏蔽目标的热辐射。

人工遮障按用途和外形可分为水平遮障、垂直（倾斜）遮障、掩盖遮障、变形遮障。

（1）水平遮障。水平遮障是遮障面与地面平行，架空设置在目标上面的一种遮障。它通常设置在敌方地面观察不到的地区，用于遮蔽集结地点的机械、车辆、技术兵器和道路上的运动目标，可妨碍敌方空中观察。

（2）垂直遮障。垂直遮障是遮障面与地面垂直设置的遮障。它主要用于遮蔽目标的具体位置、类型、数量和活动，如遮蔽筑城工事、工程作业和道路上的运动目标等，以对付地面侦察。垂直遮障可分为栅栏遮障和道路上空垂直遮障，栅栏遮障设置在目标暴露于敌方的一侧，或设置在目标周围。道路上空垂直遮障是横跨道路架空设置的垂直遮障，可妨碍敌方沿道路纵向观察。

（3）掩盖遮障。掩盖遮障是遮障面四周与地面或地物相连以遮盖目标的遮障。它主要用于对付地面侦察和空中侦察。根据遮障面的形状可分为凸面掩盖遮障、平面掩盖遮障和凹面掩盖遮障。凸面掩盖遮障用于掩盖高出地面的目标,如掩体内的火炮、坦克、车辆和材料堆列等,其外形应与周围地物相似。平面掩盖遮障用于掩盖不高出地面的目标,如壕、交通壕、露天工事、道路及位于沟、坑内的目标等。凹面掩盖遮障用于掩盖冲沟、壕沟等内的目标。

(4)变形遮障。变形遮障是改变目标外形及其阴影的遮障。它既可用于伪装固定目标,又可用于伪装活动目标。变形遮障可分为檐形遮障、冠形遮障和仿形遮障。檐形遮障与地面成水平或倾斜设置在目标上或目标近旁,以防空中侦察,可制成扇状、伞状等,其尺寸不小于目标长度或宽度的1/3,并在上面涂刷与目标或背景相似的颜色。冠形遮障与地面成垂直设置在目标上或目标近旁,以防地面侦察,可制成不规则的扁平状,尺寸不小于目标高度的1/3。仿形遮障应仿造一定的外形,使目标从表面上失去军事目标特征,可仿造民用建筑物、建筑上的装备或其他地物等[17]。

3. 光电伪装技术的发展趋势

随着光电侦察技术在现代空袭中的广泛应用,人员、技术兵器、军事设施等几乎所有军事目标都需要被提供伪装防护,这也就要求光电伪装涂料具有为所有的目标提供防护的性能。既要可以直接涂覆在静态的固定目标上,也应可以涂覆在高速运动的目标上;既可以经过处理涂覆在织物上制成隐身罩、隐身网,也可以直接喷涂在金属作战平台或建筑物上;既可以涂覆在常温物体上,也可以涂覆在高温或低温物体上。这就要求在涂层与被保护物体表面之间要有一定的附着力。

1) 复合伪装能力更强

由于高技术战争中光电侦察探测技术、多波段及导弹武器系统大多采用雷达、红外、激光、电视制导体制及多模复合制导体制,因此在实战中,单一干扰技术不可避免地具有一定的局限性,只有采用多元的综合光电一体化干扰技术才能大大提高目标保护的可靠性和有效性,这就要求伪装涂料除了具有防红外与激光探测性能,还应包括涂料的可见光特性、雷达波性能及对太阳辐射的吸收性能等,不仅具有光电的性能,还应具有防雷达等其他电子侦察的性能。

2) 使用条件全天候

作战中,光电信号环境是复杂多变的,是一个动态过程,例如,冬季和夏季、日出和黄昏时光线的强度、入射角等参数都是不同的，这种差别要求研制的光电伪装涂料应该适应季节、天候、日照等的变化，如果背景情况变化了，而隐身涂层的特性没有随之调整，那么其隐身效果就会打折扣。理想的伪装涂层所提供的反射率谱应有较大的幅度，或能随背景的变化进行近实时的调整。

5.2.2 光电假目标

光电假目标是利用各种器材或材料仿制成的，在光电探测、跟踪、导引的电磁波段中与真目标具有相同特征的各种假设施、假兵器、假诱饵等。在真目标周围设置一定数量的形体假目标或目标模拟器，主要为降低光电侦察、探测、识别系统对真目标的发现概率，并增加光电系统的误判率（示假），进而吸引敌方精确制导武器的攻击，大量地分散和消耗敌方精确制导武器，提高真目标的生存概率，故也有人把目标模拟器称为干扰伪装。随着光电侦察和制导武器效能的日益提高，假目标的作用愈加显得突出。光电假目标的另外一种应用是己方导弹打靶。

在科索沃停战后，北约报道摧毁南联盟120辆坦克、220辆装甲车、超过450门火炮和迫击炮，而实际摧毁数量仅为14辆坦克、18辆装甲车和20门火炮。可见，假目标的作战效能再一次得到印证，光电假目标真正成了战场目标的"挡箭牌"。

通常光电假目标按照其与真目标的相似特征的不同可分为形体假目标、热目标模拟器和诱饵类假目标。

1. 形体假目标

形体假目标就是制作成与真目标的外形、尺寸等光学特征相同的模型，如假飞机、假导弹、假坦克、假军事设施等，主要用于对抗可见光、近红外侦察及制导武器。

形体假目标现已发展为利用多种材料制作的防可见光、近红外、中远红外及雷达的综合波段的假目标，主要有薄膜充气式、膨胀泡沫塑料式和构件装配式。

薄膜充气式，即目标模拟气球，如海湾战争中伊拉克使用的充气橡胶战车，就是用高强橡胶，内部敷设电热线，外部涂敷铁氧体或镀敷铝膜，最外层喷涂伪装漆而制成的。

膨胀泡沫塑料式为可压缩的泡沫塑料式模型，解除压缩可自行膨胀成假目标，如美国的可膨胀式泡沫塑料系列假目标，配有热源和角反射体，装载时可将体积压缩得很小，取出时迅速膨胀展开成形，并且无须专门工具，具有体积小、质量轻、造型逼真的特点，同样具有模拟全波谱段特性的性能。

构件装配式（如积木）可根据需要临时组合装配，如瑞典的装配式假目标是将涂聚乙烯的织物蒙在可拆装的钢骨架上制作的，用以模拟假飞机、假坦克、假火炮等。

还有的用玻璃钢做表层并在内部贴敷不锈钢片金属布（或在玻璃钢表面镀敷金属膜）制成壳体，壳体内用燃油喷灯在发动机等发热部位加高热，最外层喷涂伪装涂料制作的导弹、飞机、坦克等假目标系列；也有的用聚氨酯发泡材料做外形，内贴金属丝防雷达布，并敷设由电热丝加热或燃油喷灯加热的假目标。此外，使用胶合板、塑料板、泡沫板、橡胶、铝皮、铁皮等就便材料制作各类假目标，并在内部安装角反射体、热源、无线电回答器，也具有较好的宽波段性能。

火箭式假目标可以在目标反射信号的强度、速度、加速度，甚至更多的信号特征上模拟真目标，可以实现长时间的飞行。通常包括3个组成部分：发动机、飞行控制系统和干扰设备。除了其本身对雷达信号的反射，还装有无源反射器或有源的干扰发射机或转发器，甚至还有红外、声学干扰设备等。

形体假目标的设计自然是与真实形体越相近越好，但是会大大增加假目标的制造难度和成本，失去制作假目标的意义。综合考虑光电探测器的性能、大气的影响、目标与背景的亮度对比等因素后，形体假目标所需要模拟的精度存在一个上限。

传统的假目标在可见光波段都能达到很好的示假效果，但是在红外波段通常因不能很好地模拟目标的红外特征而暴露。这主要是由于假目标的表面温度分布往往不能和真目标相吻合。

2. 热目标模拟器

热目标模拟器就是与真目标的外形、尺寸具有一定相似性的模型，且与真目标具有极为相似的电磁波辐射特征，特别在中、远红外波段，主要用于对抗热成像类探测、识别及制导武器系统。

要在红外波段很好地模拟目标的热图像，就需要有相应合适的热源及其控制技术，尤其是目标的明显热特征部位，合适的热源模拟非常重要。

由于电热膜可折叠、面积不受限制、外形可选择，因此用它可制成各种红外假目标。更有透明电热膜技术，可见光相对透视率达 80% 以上，可以方便地和现有光学假目标相结合，制成可见光和红外宽频谱的假目标。

若对温度进行控制，由于电热膜热惯性小，可以制成能逼真模拟目标特征随时间和空间变化的可控式红外假目标。

普通电热膜是将特制的可导电非金属材料及金属载流条印刷、热压在两层绝缘聚酯膜间制成的金属纯电阻式发热体，其厚度一般为微米到毫米级，在外加电场能的激发下，可产生特定波长的红外线并以辐射的方式传递热量，且没有氧化现象，不断裂不脱落，能在高温环境下工作。

热电膜的特点：①面状发热，温度可精确调控，热惯性小，传热速度极快；②热分布随意；③可折叠，外形可选择；④热效率高；⑤使用寿命长，工作温度范围大；⑥无明火，无污染，安全可靠；⑦物理、化学性能极为稳定；⑧电路系统紧凑；⑨安装和接线方便；⑩电源可选性强。

3. 诱饵类假目标

诱饵类假目标就是仅求与真目标的反射、辐射光电频段电磁波的特征相同，而不求外形、尺寸等外部特征相似的假目标，如光箔条诱饵、红外箔条诱饵、气球诱饵、激光假目标、角反射体等，主要用于对抗非成像类探测和制导武器系统。激光假目标可配合隐蔽的激光源产生距离欺骗干扰、角度欺骗干扰和激光近炸引信干扰等干扰模式。

激光假目标是具有较高反射率的激光反射体或散射体。根据激光照射下假目标的反射与散射场分布是否只具有统计规律，又可以进一步将激光假目标分为散射式假目标和反射式假目标。

1) 反射器

激光角反射器是由 3 块互相垂直的平面镜组成的一种立体结构，它的反射面可能有不同的尺寸和形状，常用的形状有三角形、方形和扇形，如图 5-4 所示。

图 5-4 激光反射器结构示意图

激光角反射器可以作为激光假目标使用，原因是它能够把入射到它上面的激光的绝大部分按原方向反射回去,即使光源离轴很显著也是这样。这是激光角反射器的优异特性。因此激光角反射器具有尺寸小、激光雷达截面大等优点。

2) 漫反射板

一般漫反射板被假设成与水平面夹角为 β(图 5-5)。由于激光源一般是车载的,离地面只有 2~3m,而激光源离假目标有数百米远,因此可认为激光是水平照射在漫反射板上的。

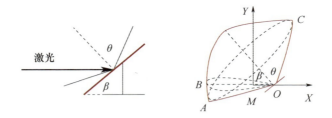

图 5-5 漫反射板光学示意图

由于漫反射板为朗伯体,反射的光强在不同方向是不一样的,因此在不同方向上的干扰距离也不一样[18]。

3) 漫反射球

对于升空的漫反射气球,激光束水平照射在圆球上,将球面看成理想的朗伯反射面,其防护范围为锥形区域(图 5-6)。从光度学可知,该反射面各个方向的散射激光的辐射亮度相同。

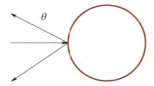

图 5-6 漫反射球光学示意图

按照选材和制作成形可分为制式假目标和就便材料假目标。

制式假目标就是按统一规格定型生产,列入部队装备体制的伪装器材,不但轻便牢固、架设撤收方便、外形逼真,而且通常加装反射、辐射配件,以求与真武器装备一样的雷达、红外特性,如现装备的充气式假目标、骨架结构假目标、泡沫塑料假目标、木制假目标等形体假目标和由带有热源的一些材料组成的热目标模拟器等。

就便材料假目标就是就地征集的或利用就便材料加工制作的假目标，作为制式假目标的补充，具有取材方便、经济实用，能适应战时和平时大量及时设置假目标的需要，在制作好的假目标中用角反射体和其他金属材料可模拟真目标的雷达波反射特性，用发热材料可模拟真目标热辐射特性。

5.2.3 光电假目标技术发展趋势

为适应战场的需要，国外已研制和装备了大量不同类型的形体假目标，如瑞典巴拉居达公司生产的假飞机、假坦克、假炮、假桥等装配式假目标，美军研制的 40mm 自行高炮、105mm 自行榴弹炮、155mm 野战加农炮、2.5t 卡车等薄膜充气假目标及 M114 装甲输送车等可膨胀泡沫塑料假目标。海湾战争中伊拉克使用胶合板、铝皮、塑料等就便材料制作的假目标，大量地消耗了多国部队的精确制导武器，并保存了自身的军事实力，显示了假目标在现代战争中的重要地位和作用。此外，为对抗红外前视系统和红外成像制导系统的威胁，国外正加紧研制为目标设计的专用热模拟器，如美国研制的"吉普车热红外模拟器""热红外假目标"等多种热目标模拟器。

根据假目标战术使用要求，在设计制作与设置假目标时应满足以下要求。

（1）假目标的主要特性，如颜色、形状、电磁波反射（辐射）特性应与真目标相似，大于可见尺寸的细部要仿造出来，垂直尺寸可适当减小。

（2）有计划地仿造目标的活动特性，及时地显示被袭击的破坏效果。

（3）对设置或构筑的假目标应实施不完善的伪装。

（4）假目标应结构简单、取材方便、制作迅速。经常更换位置的假目标应轻便、牢固，便于架设、撤收和牵引。

（5）制作、设置和构筑假目标时，要隐蔽地进行，及时消除作业痕迹。

（6）假目标的配置地点必须符合真目标对地形的战术要求，同时为保护真目标的安全，真假目标之间应保持一定的距离。

未来光电假目标技术的发展重点如下。

（1）发展形体假目标生长模型设计技术和快速制造工艺，使其具有光学、红外及雷达等多波段欺骗能力，进一步改进完善形体假目标"以假乱真"性能，增加制式假目标的种类。

（2）加速发展热红外模拟器的研制，使其能对真目标的热图像进行"全昼夜"的逼真模拟。

（3）发展诱饵假目标生成技术，完善诱饵类假目标系统的性能，使假目标成为整个目标和整个防御系统的一个有机组成部分。

（4）由于新型干扰物的不断涌现，以及干扰机制的不同，需要对干扰物的投放技术及各种假目标的布设技术进行研究，以有效地分配干扰资源。例如，针对毫米波制导系统的特点，要从投放速度、散开时间、投放布放方位、条件等因素综合考虑，优化设计，最大限度地发挥干扰效能[19]。

5.3 红外无源干扰技术

目前，红外无源干扰技术主要是红外隐身技术，该技术是通过降低或改变目标的红外辐射特征，实现对目标的低可探测性的。这可通过改变结构设计和应用红外物理原理来衰减、吸收目标的外辐射能量，使红外探测设备难以探测到目标。

红外隐身技术于 20 世纪 70 年代末基本完成了基础研究和先期开发工作，并取得了突破性进展，已从基础理论研究阶段进入实用阶段。从 80 年代开始，国外研制的新式武器已广泛采用了红外隐身技术。红外隐身技术的发展和应用，使得隐身目标探测技术难度加大。

5.3.1 红外无源干扰基本原理

目前红外无源干扰技术主要采用以下 3 种途径。

1. 降低目标的红外辐射强度

根据斯蒂芬-玻尔兹曼定律，由于红外辐射强度与平均发射率和温度的四次方的乘积成正比，因此降低目标表面的发射系数和表面温度是降低目标红外辐射强度的主要手段。它主要是通过在目标表面涂敷一种低发射系数的材料和覆盖一层绝热材料的方法来实现的，即包括隔热、吸热、散热和降热等技术，从而减少目标被发现和跟踪的概率。

影响物体红外特征的参数主要有热反射率和热发射率，前者指材料在红外光源照射下反射红外线的强度，后者指一定温度下材料的红外本征辐射强度。低发射率的材料一般反射率较高；低反射率的材料则发射率较高。理论上，红外吸波涂层也可用雷达吸波涂层移相对消的原理来降低反射率，但这要求微米级甚至亚微米级涂层，工艺上制造比较困难。在实际中降低温度比降低热发射率容易，同时降低温度的效果也很明显。一般采用的方法如下[20]。

（1）尽量减少目标的散热，如减少目标中部件的摩擦；目标的部件采用低散热材料。

（2）采用热屏蔽的方法来遮挡目标内部发出的热量，尽可能地降低目标的红外辐射强度。

（3）采用隔热层和空气对流的方法，降低目标发动机中的排气管的温度，同时将热量从目标表面传给周围的空气。

2. 改变目标红外辐射的大气窗口

主要是改变目标的红外辐射波段。大家知道，大气的红外窗口有3个波段：$1\sim2.5\mu m$、$3\sim5\mu m$ 和 $8\sim14\mu m$。红外辐射在这3个波段外基本上是不透明的。根据这个特点，可采用改变己方的红外辐射波段至敌方红外探测器的上述波段之外，使敌方的红外探测器探测不到己方的红外辐射。具体做法是改变红外辐射波长的异型喷管或在燃料中加入特殊的添加剂；用红外变频材料制作有关的结构部件等。调节红外辐射的传输过程是改变目标红外辐射特性的手段之一，具体做法是在某些特定的结构上改变红外辐射的方向。例如，在具有尾喷口的飞行器的发动机上安装特定的挡板来阻挡和吸收飞行器发出的红外辐射或改变辐射方向。

3. 采用光谱转换技术

将特定的高辐射率的涂料涂敷在飞行器的部件上，以改变飞行器的红外辐射的相对值和相对位置；或使飞行器的红外图像成为整个背景红外图像的一部分；或使飞行器的红外辐射位于大气窗口之外而被大气吸收，从而使对方无法识别，达到隐身的效果[21]。

总之，红外无源干扰如红外无源干扰弹、红外隐身（涂料、伪装网等），其目标干扰的本质是运用烟幕或隔层材料，伪装和遮蔽目标辐射的红外特征，降低或减少红外辐射、反射或辐射红外假目标特性。减小目标和背景的信噪比，以降低敌方红外制导武器和红外侦察装备的性能。红外有源干扰如红外有源干扰弹、红外干扰机（定向干扰），其目标干扰的本质是运用光电设备，产生一较强目标红外辐射干扰源，诱骗或堵塞信道压制干扰探测器检测错误或测不到目标，以降低敌方红外制导武器和红外侦察装备的性能。

它们的相同点为：在红外波段，采取干扰对抗技术措施，大大减少目标被发现的概率，以降低敌方红外制导武器和红外侦察装备的性能。它们的不同点为：红外无源干扰采取伪装和遮蔽的技术措施，在宽波段范围内，主要是减低目标的红外辐射特征以大大降低被发现的概率，性价比高，运用方便。

红外有源干扰采取诱骗和压制致眩干扰的技术措施,在红外波段内,产生一较强目标红外辐射干扰源,使探测系统产生错误数据或找不到目标,以大大降低目标被发现的概率,一般需配告警系统,技术复杂,自动化程度高,使用方便。

5.3.2 红外无源干扰关键技术

1. 涂料伪装技术

红外伪装涂料一般采用具有较低发射率的涂料,以降低目标的红外辐射能量,涂料还应具有较低的太阳能吸收率和一定的隔热能力,以避免目标表面吸热升温,并防止目标有过多热红外波段能量辐射出去。红外伪装涂材料大体可分为以下3类。

1) 低发射率材料

发射率是物体本身的热物性之一,其数值变化仅与物体的种类、性质和表面状态有关。而物体的吸收率则不同,它既与物体的性质和表面状态有关,也因外界射入的辐射能的波长和强度而异。当物体表面涂敷具有低红外发射率的特殊材料,使其产生的红外辐射低于探测器的极限阈值时,红外探测器将对其失去效能。金属是迄今为止报道得最多的热隐身涂料,它在涂层中的颗粒尺寸和含量对涂层的光学性质具有明显的影响[22]。低发射率材料一般分为薄膜和材料两层。涂料由颜料和黏结剂配制而成。颜料有金属、半导体和着色颜料3种。金属颜料主要对降低红外辐射发射率最有效,材料主要是铝,一般为厚度 $0.1 \sim 10 \mu m$,直径 $1 \sim 100 \mu m$ 的鱼鳞状粒子形状;其次是棒状(直径 $0.1 \sim 10 \mu m$,长度 $1 \sim 100 \mu m$)和球状(直径 $1 \sim 100 \mu m$)。掺杂半导体代替金属作为涂料的非着色颜料,通过适当选配半导体的载流子参数,可使涂料的红外和雷达性能都符合隐身要求。着色颜料用来改善涂料的可见光隐身特性。为了不损害红外隐身,它应该具有低的红外发射率和高的反射率或透射率。涂料黏结剂要有高的机械性能而且要对红外透明。

2) 控温材料

辐射能量与发射率仅为一次方关系,与温度成四次方关系。因此,用降温来减少武器系统的红外辐射是很有效的。控温材料有隔热材料、吸热材料及高发射率聚合物材料。隔热材料主要是阻隔武器系统内部发出的热量,使其难以外传,其中包括:微孔结构材料和多层结构材料;吸热材料利用高焓值、高熔融热、高相变热贮热材料的可逆过程,使热辐射源升温过程变得平缓，减少升温引起的红外辐射增强，也用于吸收目标发动机排气流及其尾焰产生的红外辐射，在排气口加入适量的碳微粒、N_2O 气体或聚苯邻聚二甲酸二乙酯有机高聚物，可以实现对尾气红外辐射的吸收。最近对纳米材料性能的诸多研究证实了纳米微粒在红外吸收方面有很大的开发潜力；高发射率聚合物材料涂层主要施加在气动加热升温的飞行器表面。当气动加热到一定温度范围内时，涂层就具有高的发射率（在大气窗口之外），使得飞行器表面温度能快速降下来；同时涂层在室温和低温下要具有低的发射率。

3）红外复合材料

红外隐身复合材料是一种对红外有吸收和漫反射功能的复合材料，由吸收、漫反射填料和树脂基体组成，具有吸收红外功能的组分，可以是：在红外作用下发生相变的材料（钒的氧化物）；受红外激发产生可逆化学变化的材料；吸收红外能量后能转变为其他波段（大气窗口之外或探测器工作波段之外）辐射出来的材料。它们的形态、尺寸、含量、分布情况及涂层厚度都将影响隐身效果。漫反射功能材料为片状铝粉与树脂的复合材料，将入射红外光束分散，使探测器接收的方向上的反射波强度大大减弱。

2. 遮障伪装技术

遮障伪装技术主要用来模拟背景的电磁波辐射特性，使目标得以遮蔽并与背景相融合，是固定目标和停留时运动目标最主要的防护手段，特别适用于有源或无源的高温目标，可有效地降低光电侦察武器的探测、识别能力。遮障伪装通常由伪装网和人工遮障来实现。

目标的主要暴露特征包括目标的形状、颜色、大小、影像及发光等外表特征；目标的运动、活动痕迹、烟尘、射击火光等特征；电台、雷达发出的电磁波和目标反射雷达波的特征；目标的温度和辐射、反射红外线特征；目标的战术配置特征等。

遮障伪装技术主要有伪装网、人工遮蔽和红外诱饵技术，在实际应用过程中 3 种技术综合使用。对常温目标伪装采用由伪装网并在上面喷涂迷彩涂料制成的遮障即可；对无源或有源高温目标伪装，还需在目标和伪装网之间使用隔热材料以屏蔽目标的热辐射。

20 世纪 70 年代研制的防红外遮障伪装器材主要有美军"热红外伪装篷布"，德国研制的"热伪装覆盖材料""奥古斯热红外伪装网"等。80 年代中后期，有代表性的遮障器材当属瑞典巴拉居达公司的热红外伪装遮障系统。巴拉居达伪装遮障系统主要由热伪装网和隔热毯两部分组成；美国的超轻型伪装网是在一层极轻的稀疏的聚酯织物上，附上一层具有卓越的防热红外特性和雷达特性的切花装饰面。

3. 动态变形伪装技术[24]

传统的红外防护措施，如红外迷彩服、红外隐身、红外遮障和红外伪装网技术，大都是非动态的，当环境温度变化时，由于目标和伪装两者的红外辐射率随温度的变化未必一致，伪装后的目标和背景的差异可能会随着温度的变化而变得非常明显。目标与背景的融合，早期是通过红外伪装网或喷涂红外伪装涂料来实现的，这种方法有局限性。对于各种地面固定的常备目标（如指挥、通信中心、导弹发射井等），其伪装一旦被揭开，就不具备对抗成像制导打击的能力。另外，对于机动的军事目标，如导弹发射车、坦克等，其背景红外辐射是不断变化的。传统的伪装材料由于红外发射率固定，在背景辐射不断变化的条件下很容易被敌方探测，而且很难摆脱跟踪[23]。

动态变形伪装是传统伪装技术的延伸和发展，动态变形伪装系统可以根据被保护目标周围的红外辐射特征，动态改变目标的红外辐射特征。从一种伪装状态迅速变化到另外一种伪装状态时，各种伪装状态下的图像特征相关性很弱，可使敌方光学侦察和跟踪、制导系统难以掌握目标真实的红外特征，无法完成对目标的侦察与打击，从而提高各类目标的战场生存能力。因此，动态变形伪装可作为重要军事经济目标防精确制导武器打击系统中的重要防护环节，配合其他的主动或被动防护措施，提高目标对付红外成像侦察和防成像制导武器打击的能力。

1）红外动态变形伪装对抗的基本系统结构

红外动态变形伪装系统的结构如图5-7所示。该系统的关键部件是电致变温器件、电致变发射率器件和用于产生辐射控制信号的中心计算机。多个电致变温器件、电致变发射率器件组成平面密集阵，在辐射控制计算机的指挥下独立改变温度、发射率，系统整体上就能实现红外动态变形效果。

图5-7 红外动态变形伪装系统的结构

2）电致变温器件

就现有温度控制技术而言，主要有压缩机制冷技术和半导体制冷技术。

压缩机制冷技术是机械式的,体积大,要求功率大,制冷制热的速度慢,不宜在该系统上实施。而半导体制冷器件体积小,易控制,可制冷制热。系统的电致变温器件采用半导体制冷技术。

半导体温度控制器件的控制信号是直流电流,通过改变直流电流的极性来决定在同一制冷器上实现制冷或加热。

单片的制冷器(图5-8),由两片陶瓷片组成,中间有N型和P型的半导体材料(碲化铋),这个半导体元件在电路上用串联形式连接。

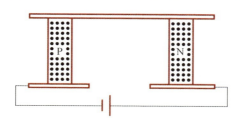

图 5-8　单片的制冷器

半导体制冷器的工作原理为:当一块N型半导体材料和一块P型半导体材料连接成电偶对时,在这个电路中接通直流电流后,就能产生能量的转移,电流由N型元件流向P型元件的接头吸收热量,成为冷端;由P型元件流向N型元件的接头释放热量,成为热端。吸热和放热的大小是通过电流的大小及半导体材料N型元件和P型元件对数决定的。

3) 红外电致变发射率器件

红外电致变发射率器件的主体结构是一种多层复合薄膜,结构如图5-9所示。基体由5层薄膜构成,其中电致变发射率层起着决定作用。对于特定材料的薄膜,在外加电场的作用下,阳离子(如H^+、Li^+、Na^+、K^+等)和电子(e^-)成对地注入膜层中,或者从膜层中成对地被抽取出来,薄膜会发生电化学反应,从而引起薄膜物理、化学性质的改变,宏观上的表现之一就是红外发射率的改变。在图5-9中,对电极薄膜存储着电致变发射率层电化学反

图 5-9　红外电致变发射率器件结构

应所需阳离子,离子导体为这些离子进出电致变发射率层提供传输通道。当对透明导电层施加电压时,两个导电层之间建立了电场。对电极中的离子在电场作用下,进出电致变发射率层,同时电子相应进出电致变发射率层和对电极层,保持各层的电中性。

对于电致变发射率器件的制备,电致变发射率层薄膜材料的选取和制备是关键问题之一。如图 5-10 所示为单晶态氧化钨薄膜在质子(H^+)注入和抽取状态下的光学常数。在 $3\sim5\mu m$ 和 $8\sim14\mu m$ 两个波段,其消光系数和折射率均有较大的可调范围。因此,选取单晶态氧化钨薄膜作为电致变发射率层的材料。

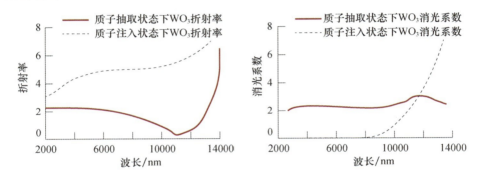

图 5-10　单晶态氧化钨薄膜在质子(H^+)注入和抽取状态下的光学常数

红外电致变发射率器件研制的另一个难点是复合薄膜最上面一层的透明导电薄膜。目前,红外波段的透明导电薄膜没有现成的技术和产品,是后续研究的重点。因此采用金属薄膜栅格(图 5-11)作为红外透明导电薄膜的替代品。一方面,栅格采用金属材料,电导率高,能够为器件提供所需的电势和电场;另一方面,栅格结构保证大部分电致变发射率薄膜暴露在外面,不至于遮挡电致变发射率层的变发射率现象。

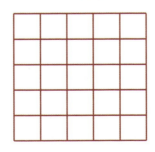

图 5-11　金属薄膜栅格

4) 系统工作原理

系统工作时,首先由辐射控制计算机通过所有控制单元,向所有电致变温器件和所有电致变发射率器件分别发出一个最低温度和最小发射率产生信号,系统在最小红外辐射条件下开始工作,计算并存储此时系统的红外辐射亮度分布 $S(u, v)$,作为系统的红外热图像。此后,辐射控制计算机按照一定的算法搜索计算出与系统当前图像 $S(u, v)$ 相关度小于红外成像导弹探测极限的红外辐射亮度分布 $T(u, v)$,并以合适的时间步长按照 $T(u, v)$ 的要求向红外动态变形伪装系统的多路控制单元发出多路控制信号,控制电致变温、电致变发射率器件的温度和发射率,使得系统的红外辐射亮度分布变为 $T(u, v)$。将 $T(u, v)$ 作为系统新的红外热图像,再重复上述计算和控制过程。这样系统就可以动态地改变热图像,达到干扰敌方红外导弹成像跟踪的目的。

5.4 光电隐身技术

5.4.1 光电隐身基本原理

隐身技术是指减小目标的各种可探测特征,使敌方探测设备难以发现或使其探测能力降低的综合性技术。根据原理和应用的不同,隐身技术一般分为视频(可见光)隐身、红外隐身、激光隐身、毫米波隐身、紫外隐身等。有些隐身技术是跨波段的,如外形隐身,对毫米波、微波均适用;有的隐身技术,如喷管导流引射技术,主要用于降低红外辐射,对毫米波辐射也有抑制作用。

隐身技术只是缩短探测器的有效作用距离,有效压缩敌方反应时间,增加自身战场生存能力和作战能力,隐身并不是完全"看不见"。

需要全频段、全空域的隐身能力,不但在技术上是无法实现的,实际上也是没有必要的,只要抓住主要矛盾,避开不利的实用环境,让敌方发现不了是隐身的主要目的。

5.4.2 光电隐身技术

隐身技术是一项综合技术,用以极力减小自身的各种观测特征,使敌方探测器不能发现或使其探测距离大大缩短。隐身技术包括减小自身的雷达特征、红外特征、可见特征等技术,其中减小雷达特征主要是减小目标的有效散射面积。

1. 可见光隐身技术

可见光隐身技术主要是指用于对抗光学侦察的隐身技术,其主要措施为控制光反射特征、控制色度和控制亮度等。

1)控制光反射特征

控制光反射特征主要是减小目标尺寸,或者采取一些科学的结构设计,减少太阳光反射的角度范围,进而减少探测的有效距离。

2)控制色度

控制色度就是在目标表面涂敷涂料,使目标与背景的颜色一致。目前,最先进的是使用具有感知功能的自变色涂料。

3)控制亮度

控制亮度就是在武器装备适当部位安装智能照明灯,通过控制灯光强度,使武器装备与背景浑然一体。

目前实现方法主要是采用拟态仿生、可见光油彩伪装、可见光迷彩伪装、伪装网等技术。

拟态是生物体对环境适应的一种方式,它是指动物的体色与环境色泽相似,或没有抗敌害能力的动物长得像有"本领"的动物而"以假乱真",以躲避天敌或成功捕食。将拟态原理应用于工程技术就是拟态仿生技术。其军事应用如图 5-12 所示。

图 5-12　三色迷彩的德国"豹 1"坦克在电视成像下的效果

人的大脑在分析视觉信息时,一直在寻找连续性。如果观察对象具有单一的连续的颜色,我们往往将它识别为单独的物体,如在丛林中,会将伪装材料上的颜色斑驳的部位识别为周围枝叶的众多细小的组成部分。这就是可见光油彩伪装。如图 5-13 所示为可见光油彩伪装的成像效果。

图 5-13　可见光油彩伪装的成像效果

可见光迷彩是由绿、黄、茶、黑等颜色组成不规则图案的一种新式保护色，如迷彩服要求它的反射光波与周围景物反射的光波大致相同，不仅能迷惑敌人的目力侦察，还能对付红外侦察，使敌人现代化侦视仪器难以捕捉目标。如今，迷彩已不仅在士兵的军服和头盔上使用，各种军用车辆、大炮、飞机等军用器材装备上也普遍涂上了迷彩。如图 5-14 所示为可见光迷彩伪装的成像效果。

图 5-14　可见光迷彩伪装的成像效果

数码迷彩又称为数位迷彩或数字迷彩，是一种由"像素"组成的新式迷彩服。这种新图案利用视觉心理学原理[25]，能够适应多种环境背景下的隐蔽需求，设计主要针对沙漠、丛林及海洋和抗扰夜视器材。如图 5-15 所示为可见光数码迷彩伪装的成像效果。

从近距离来看，数码迷彩的图案就像把显像荧光屏的点放大，呈现出一格一格的方形小色块，这与传统迷彩的流线抽象图案完全不同；然而当从远

301

图 5-15 可见光数码迷彩伪装的成像效果

距离看时，数码迷彩的图案却能够非常容易地融入各种不同的背景之中，让人眼不容易发现。

2. 激光隐身技术

任何目标都处于一定的背景之中，激光侦测（激光雷达的作用是侦察，激光测距机的作用是测量）和跟踪总是千方百计地利用目标与背景在整个光频段上反射或辐射特性的差别，使目标从背景中凸显出来，以获得相关的战术、技术情报。显然，这种特性上的差异越小，进行激光侦测和跟踪就越困难，即目标在一定程度上实现了激光隐身。

从目前主要激光威胁源的工作特点来看，激光侦测和激光火控是依靠目标的激光回波工作的，激光半主动制导是依靠目标的激光双向反射波工作的，因此目前实现激光隐身的主要措施是最大限度地降低目标对激光的反射，以有效地降低激光雷达、激光测距机、激光半主动制导武器的作用距离[26]。

1）激光隐身概念

激光隐身技术是指采用激光屏蔽、低反射涂料及伪装等技术，降低敌方激光探测系统及激光制导系统发现概率的反光电侦察技术。激光隐身的基本出发点就是减小反射截面和降低表面反射率。

激光隐身是通过降低目标对激光的回波信号，使目标具有低可探测性。要实现激光隐身，必须减少目标的激光雷达散射截面（LRCS）。其包括以下几种方法。

（1）减小"猫眼"效应。"猫眼"效应的大小与光学系统中焦平面附近的反射物有关，它随着反射物离焦量的增大而迅速变小。当离焦量达到 $100\mu m$ 时，光学系统的回波强度可以比无离焦时减小两个数量级以上，因此适当的离焦可以有效地减小"猫眼"效应。它同时还与反射物的反射率成正比，因此采取减小探测器（或分划板）的表面反射率的办法，也可以减小"猫眼"效应。另外，还可以在光电装备中采用无"猫眼"效应结构。

（2）光学镀膜。在光学元件表面镀增透膜，可以有效地减小光学元件（特别是光电探测装备的物镜）对入射光的反射。

（3）改变目标外形。激光回波的强弱不仅与目标材料的反射率有关，还与目标形状有关，采用合理的目标结构（如锥形），可以大大减少激光回波。

（4）采用激光隐身涂料。在装备表面使用对激光具有极低反射率的涂料替代普通的油漆，可以有效地实现激光隐身，对于地面目标还可以使用具有激光吸收性能的伪装网。

2）激光隐身技术手段

（1）消除可产生角反射效应的外形组合。飞机的机翼、机尾和机身之间的组合都是能产生角反射器效应的部位，可采用翼身融合体结构、V形尾翼和倾斜式双立尾结构的方法。美国的 F-117 改进型战斗机就具有机翼机身均匀过渡的结构，具有宽的加厚的中段和相对短的外翼，没有垂直尾翼，有效地增强了隐身能力。

（2）变后向散射为非后向散射。采用倾斜式双立尾对付侧向入射光；采用后掠角和三角翼结构对付正前方入射光，这样就减小了前方和侧向的激光反射截面。

（3）用边缘衍射代替镜面反射。尽量使机上可造成镜面反射的部分平滑，使之形成边缘衍射而无强反射，减弱回波信号。

（4）用平板外形代替曲边外形。激光散射截面的大小与目标的几何面积直接有关。对两个投影面积相同的物体，平板的散射截面积比球体小 4 个数量级。因此可将飞机的机身、短舱等处向扁平方向压缩，搞成近似三角形机身。

（5）缩小飞机尺寸。设计时尽量缩小飞机尺寸，当采用高密度燃油及适应这种燃油的发动机时，就可以在不增加飞机尺寸的前提下提高航程。

（6）减小散射源数量。散射源数量越多，散射总强度越高。可采用一些柔性薄膜将舱盖周围浮动表面与固定表面间的空隙遮挡起来，或使飞机的机翼尽量接近最低限度的气动布局。

（7）利用某一部件遮挡住另一部件。加大短舱外侧的弦长来遮挡发动机短舱；或用机翼等部件遮挡发动机的进气口和喷口等部位。美国的"哈夫达什"空空导弹能平挂在机腹下面，消除了原来由武器的曲边、投射架和外挂架引起的那部分散射截面。

（8）对外挂武器或装备的隐身。外挂武器最好的隐身方法是将其隐蔽于机身内部。如"RAH-66 科曼奇"武装直升机机载导弹均装在武器舱门上，飞行时呈保形状态，只在发射或装填时呈悬挂状态，起落架和航炮也可以收进机身内且其旋翼桨叶根部覆盖吸波防护板。这使该机的激光截面积仅为"阿帕奇"直升机的 1/630。

参考文献

[1] 刘甲. 可见光烟幕遮蔽效应测试方法研究 [D]. 长春：长春理工大学，2018.

[2] 柳家所. 小型发烟弹药衰减红外辐射效果的评估方法研究 [D]. 南京：南京理工大学，2008.

[3] 付伟. 烟幕技术及其发展现状 [J]. 电光与控制，2002（3）：10-12.

[4] 王萃. 激光雷达距离欺骗干扰技术研究 [D]. 成都：电子科技大学，2016.

[5] 阎俊宏，高磊，闵江. 烟幕红外消光系数的热像仪测试 [J]. 光电技术应用，2012（2）：83-86.

[6] 赵宝珠. 烟幕对微光夜视器材影响的研究 [D]. 南京：南京理工大学，2008.

[7] 宋东明. 燃烧型抗红外发烟剂设计及其配方筛选专家系统 [D]. 南京：南京理工大学，2008.

[8] 保石，周冶，张紫浩，等. 燃烧型炭黑烟幕红外遮蔽性能研究 [J]. 光电技术应用，2013（5）：89-92.

[9] 孟庆刚. 真空和微重力下红外烟幕干扰材料的隐身特性研究 [D]. 南京：南京理工大学，2006.

[10] 邹德霖. 生成絮碳悬浮物的烟火药剂研究 [D]. 南京：南京理工大学，2007.

[11] 周遵宁. 燃烧型抗红外发烟剂配方设计及应用研究 [D]. 南京：南京理工大学，2003.

[12] 陈浩，高欣宝，李天鹏，等. 国外烟幕干扰弹发展及关键技术研究 [J]. 飞航导弹，2017（12）：4.

[13] 刘禹廷，张倩，姚强，等. 烟幕干扰技术研究进展 [J]. 飞航导弹，2018（2）：5.

[14] 郝延军，舒敬荣，叶结松. 信息化条件下防精确打击的策略 [J]. 现代防御技术，2006（6）：33-36.

[15] 吕相银，凌永顺. 光电伪装技术浅析 [J]. 光电技术应用，2003（3）：27-30.

[16] 时家明，王峰. 国外陆军光电对抗装备综述 [J]. 现代军事，2005（10）：42-44.

[17] 付伟，侯振宁. 光电无源干扰技术的发展现状［J］. 航空兵器，2001（1）：33-36.
[18] 沈涛，刘志国，苟小涛，等. 长条形军事目标激光防护假目标配置方法研究［J］. 激光与红外，2016（8）：5.
[19] 侯振宁. 毫米波无源干扰技术发展综述［J］. 情报指挥控制系统与仿真技术，2003（3）：36-38.
[20] 黄朝晖. 掺铝氧化锌的制备、结构形貌及红外隐身性能研究［D］. 济南：山东大学，2019.
[21] 曲宙. 不同波段的红外隐身策略［J］. 中国科技纵横，2012（16）：2.
[22] 许鹏程，李晓霞，胡亭. 红外隐身原理及发展［J］. 红外，2006（1）：18-22.
[23] 张品，陈亦望，谭文博，等. 防红外制导武器动态伪装技术研究［J］. 光电技术应用，2006（6）：10-14.
[24] 乔亚. 红外动态变形伪装技术研究［J］. 红外与激光工程，2006（2）：81-84.
[25] 陆飞. 数码迷彩卫星侦察效果仿真系统研究［D］. 南京：南京理工大学，2014.
[26] 汤永涛，林鸿生，李锦军. 现代反舰导弹面临的电子对抗挑战及对策研究［J］. 飞航导弹，2014（4）：28-33.

第6章 综合光电防御技术

为了对抗光电精确制导武器的严重威胁,世界上各军事大国都在加快光电防御技术的发展和光电防御装备的研制。过去,对抗光电精确制导武器常采用单一对抗手段防御,如防空导弹、小口径速射火炮、红外干扰弹或激光角度欺骗干扰等,对抗效果有限。随着光电精确制导技术的不断进步,近程防空反导必然向多层防御全程对抗发展,从而提高对光电精确制导武器整体防御的效果[1]。

6.1 综合光电防御体系结构

近程防空反导的防御目标主要有飞机类武器平台、巡航导弹、空地制导导弹、制导炸弹等精确制导武器。构建的综合光电防御体系应具有全天候条件下发现、捕获、跟踪进入防御空域的低空、超低空目标的能力,具备实施烟幕干扰、伪装遮障、拦截摧毁、制导对抗等综合光电防御能力;同时,应具备与被保护对象相匹配的机动、生存防护能力。

6.1.1 综合光电防御体系构成与特点

根据光电防御原理,同时分析被防御目标易暴露的电磁特征,可以认为,目标综合光电防御体系主要由侦察屏障防护和主动防御两个部分组成。从技术角度来看,各种侦察屏障防护方式都归结为对微波、毫米波、无线电波、可见光、微光、激光、红外这些电磁频段信息的防护,因此侦察屏障防护的基本体系由电子防护（针对微波、毫米波、无线电波）体系和光电防护（针对可见光、微光、激光、红外）体系组成。主动防御是针对精确制导武器的制导方式与制导技术而采取的对抗性防御手段。综合光电防御体系构成如图 6-1 所示。

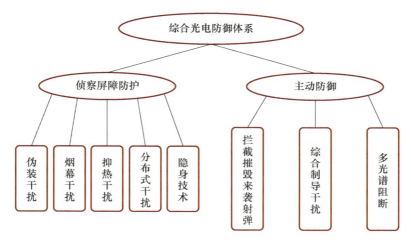

图 6-1　综合光电防御体系构成

由图 6-1 可以看出，综合光电防御体系是一个多层综合防御体系，除目标自身结构被动防护外，建立了侦察屏障防护和主动防御两种方式。

侦察屏障防护可以认为是一种被动的防护措施，主要是隐蔽技术、伪装干扰、烟幕干扰等方法，以此来改变目标的光电磁及外部特征，起到反侦察作用，从而达到保护自身的目的，其中隐身技术是目标被动防护的发展方向。

主动防御包括多光谱阻断、综合制导干扰和拦截摧毁来袭射弹，多光谱阻断是一种主动的宽波段烟幕干扰，利用对目标光辐射的衰减和自身的辐射来覆盖目标，以削弱对方探测、发现与识别的功能。综合制导干扰是一种主动的对抗干扰方法，它利用激光能量反击敌方光电精确制导武器导引头，使之致盲、致眩以达到干扰制导、保护目标的目的。拦截摧毁来袭射弹是防御体系的最后防线，利用速射火炮、防空导弹等摧毁空中敌方精确制导导弹。这 3 种主动防御方式同样形成了层次防御空间，防御功能相互补充，防御范围相互覆盖，对于机动目标防御而言，发展的重点应放在综合制导干扰和多光谱阻断方式上。

综合光电防御体系有如下特点。

（1）主动和被动防御相结合，形成了反侦察识别、反制导干扰、拦截摧毁防御范围相互覆盖的多层次立体防御空间。

（2）软杀伤和硬摧毁相结合，具备激光干扰致盲、弹炮结合硬摧毁功能相互补充的多手段防御能力，具有多目标打击功能。

（3）多防御手段与综合火控一体化高度集成，可伴随被保护目标机动，具备独立作战和协同作战的能力，以及固定阵地作战和行进间作战的能力，总体防御作战效能高。

（4）具备全天候独立捕获跟踪目标和接收外部目标引导捕获跟踪目标的能力，情报获取方式多样。

（5）具备全自动、半自动等多种工作方式，以及智能决策控制实施对抗的能力。

6.1.2 综合光电防御系统一般构成

由于各种先进精确制导武器不断用于战争中，要点、要地目标及武器平台面临的威胁依然十分严峻。以地面主战装备为例，其目标特征主要表现为 $0.4 \sim 0.7 \mu m$ 可见光波段的光学特征，$3 \sim 5 \mu m$、$8 \sim 14 \mu m$ 中远红外波段的弱红外辐射冷目标特征，$1.06 \mu m$、$10.6 \mu m$ 激光主动照射时的激光漫反射特性，3mm、8mm 毫米波辐射特征。面临的威胁武器种类主要有激光制导武器、电视制导武器、红外成像制导武器、毫米波制导武器和 GPS 制导的巡航导弹。

为此，综合光电防御系统应至少具有上级空情接收分系统、目标探测跟踪分系统、情报处理分系统、指挥控制分系统、激光干扰源分系统、火力拦截分系统、高精度防御转台分系统、定位定向分系统、载体姿态测量分系统、供配电分系统和适应机动防御要求的机动平台分系统。各分系统的功能如表 6-1 所列，各分系统之间的连接关系如图 6-2 所示。

表 6-1 各分系统的功能

分系统	功能
上级空情接收分系统	接收上级空情，实现远距离预警，为系统展开提供预警时间
目标探测跟踪分系统	探测并跟踪目标，为系统提供预警和目标空间定位，自身具有较好的低截获特性
情报处理分系统	综合上级空情和目标探测信息，分析目标威胁等级，完成目标指示
指挥控制分系统	对目标跟踪数据进行处理，控制高精度防御转塔指向目标，并控制多波段干扰源干扰来袭目标，火力拦截分系统摧毁来袭目标，完成打击效果评估

续表

分系统	功能
激光干扰源分系统	具备对多种光电侦察、制导方式目标实施有源干扰的能力
火力拦截分系统	具备近程防空导弹和速射火炮火力拦截能力
定位定向分系统	确定系统大地坐标及坐标系
载体姿态测量分系统	为系统机动作战提供实时平台姿态检测信息
高精度防御转台	为激光干扰源分系统和火力拦截分系统提供机动时的稳定平台和空间精确定向能力
供配电分系统	为系统上装提供动力
机动平台分系统	为综合光电防御系统提供机动能力和载体平台

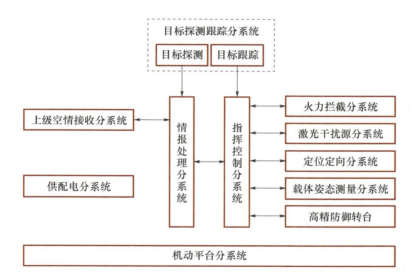

图 6-2　综合光电防御分系统的连接关系

6.1.3　综合光电防御系统一般工作方式

综合光电防御系统工作时序如图 6-3 所示。

（1）接收到上级空情后，根据威胁等级的不同，可采用短停防御、机动防御或阵地防御等防御方式。

（2）目标探测跟踪分系统搜索空域、探测目标。

（3）探测到目标后，转入跟踪阶段，驱动伺服系统跟踪目标。

（4）指挥控制分系统控制作战单元打击来袭目标。

（5）进行对抗效果评估。
（6）系统复位。

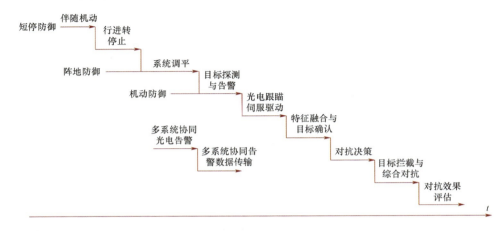

图 6-3　综合光电防御系统工作时序

6.2　综合光电防御系统总体设计技术

根据综合光电防御体系构成，研制综合光电防御系统与装备是目前光电防御技术应用的主要方向。下面详细介绍综合光电防御系统设计的方法、步骤和关键技术。

6.2.1　系统设计方法

1. 设计的一般原则和要求

1）满足战术指标要求

满足战术指标要求是所有武器装备设计必须坚持的首要原则，在系统光机电一体化设计基础上，不扩大设备体积，不增加设备复杂程度，尽量挖掘系统性能潜力，以满足战术指标要求。

2）充分利用成熟技术

对已验证能满足指标要求的技术作为技术成果直接转化到设计中，提高设备的可靠性和可扩展性。设计中选用技术成熟的激光源和相应控制模块，减少技术风险。

3）注重电磁兼容性、防渗水和"三防"等环境适应性设计

环境适应性设计是设备的重要指标，根据系统的工作环境对外部安装和内部安装的设备分别采用不同的防护设计，并着重进行电磁兼容性设计，如外部设备的防雨防尘、信号线采用单芯屏蔽、电力线与信号线物理隔离、接地等。

4）提高设备的可靠性与可维修性

在设计中采用标准化、模块化等设计方法提高设备的可靠性，尽量选用标准件和模块化功能部件，便于更换，提高设备的可维修性。

5）技术的前瞻性

适当考虑应用技术的发展对系统技术设计的影响，保证定型后的武器装备总体技术先进。

2. 设计的基本思路和研制的一般过程

综合光电防御系统设计的基本思路是综合考虑基础技术条件、工作环境、搭载平台提供空间和系统指标要求，采用模块化集成设计思想和一体化设计先进理念，先进行单项关键技术攻关，后解决系统集成设计问题，并采取冗余设计，确保系统功能的可扩展和推广应用。

研制的主要过程如下。

1）方案论证阶段

根据系统的研制需求，提出系统组成，并对主要指标进行优化设计和论证，对涉及的关键技术进行攻关。

2）技术设计阶段

按照方案论证的功能需求及技术指标，结合技术条件（器件水平、工艺水平、测试水平等）开展技术设计，完成所需的各种技术资料（图纸、电路图、流程图等）。

3）加工阶段

按照工艺设计要求，完成机械部件、光学部件的加工制造、电路板的焊接调试、连接线缆的焊接测试、软件的编写与调试。

4）组装联试阶段

按照设计图纸，对加工完成的各功能模块进行对接、联调、联试、组装，对发现的问题进行修改。

5）系统测试阶段

在完成组装联试后，按照技术指标要求，采用有关国家或军用标准规定

的方法，对系统进行指标测试和考核。

6.2.2 系统功能设计

针对主要威胁对象、末制导类型和被保护目标的典型特征可以总结归纳出综合光电防御系统应具有精干、合成、轻型、高机动等特点，其总体需求如下。

1. 具备独立工作的能力

在工作过程中，综合光电防御系统可能得不到包括上级空情及本级空情在内的情报支援。这就要求综合光电防御系统必须具有独立的情报获取能力，形成融目标探测、目标跟踪、目标打击及效果评估为一体的具备独立工作能力的系统。

另外，为了提高系统预警距离及协同作战能力，系统必须留有与国土防空、上级及友邻的情报接口，以及多系统协同作战的组网能力。

2. 适应机动防御的需求

现代战争中被发现意味着被消灭，因此，武器平台在战术运用中，通常采用机动、打击、再机动的模式，以机动方式降低被毁伤的概率。为此，要满足伴随武器平台防护光电精确制导武器系统打击的需求，综合光电防御系统必须具备快速灵活的机动能力、快速展开与撤收能力，且综合光电防御系统机动能力应不低于被保护目标的机动能力。

3. 具备多批次打击时连续工作的能力

现代战场形式复杂多变，机动装备可能收到不同方向、不同侦察类型的目标指示，因而容易受到不同方向、不同类型的制导武器攻击，如同时受到空地精确打击和地地精确打击。另外，综合光电防御系统的保护通常是具有一定面积的区域，区域内不同位置的装备可能会同时遭受攻击，这就要求综合光电防御系统必须具备抗多批次打击作战能力。

4. 隐蔽防御能力强

防御目标的隐身性是提高生存能力的重要因素，隐身性主要体现在反侦察能力和对反辐射制导武器的对抗能力，因此应该根据防护目标的特点，在目标探测阶段应选无源探测或低截获探测手段，在目标跟踪阶段优选被动跟踪手段，在目标对抗阶段优选窄波束模式或反辐射反制模式。

5. 保障需求低

综合光电防御系统不应大幅增加人员保障、弹药保障、维修保障等额外需求。

从综合光电防御的总体能力需求分析可以看出,综合光电防御系统应具备在各种复杂环境中,可对抗激光、电视、红外以及各种光电复合制导武器的能力,并且可对敌方光电观瞄器件造成有效干扰。因此,主要功能应至少包括以下几个。

(1) 具备自身探测能力之外的远程预警空情接收功能。
(2) 光电制导武器、光电观瞄装置及其平台探测功能。
(3) 目标稳定跟踪功能。
(4) 光电制导、光电复合制导全制导过程打击或对抗功能。
(5) 多波次打击对抗功能。
(6) 目标打击效果评估功能。
(7) 具有不低于被保护目标的机动能力。
(8) 具有与光电制导武器、光电观瞄装置同等天气条件下工作的能力。
(9) 具有打击效果自动排序,自主选择打击目标的辅助决策功能。

6.2.3 系统基本组成

综合光电防御系统的任务是,在不显著增大被保护目标暴露概率的条件下,在上级空情支持下或独立遂行伴随作战任务,为被保护目标待机、机动、打击等过程提供防精确打击能力,提高被保护目标的战场生存能力。

结合威胁武器类型和机动作战特点及其对防御的要求,我们认为,综合光电防御系统应主要由预警探测跟踪分系统、指挥控制分系统、综合对抗分系统、防御转塔分系统和机动平台分系统5个部分组成,其系统组成框图如图 6-4 所示。

预警探测跟踪分系统实现目标预警、探测、识别、跟踪、情报处理功能,包括目标预警识别、目标探测跟踪和情报处理 3 个功能模块,目标预警识别模块包括空情接收机、激光/毫米波告警设备和敌我识别器。目标探测跟踪模块包括低截获探测雷达和光电跟踪仪。目标信息通过以太网上报情报处理设备。

指挥控制分系统实现作战控制、火力协调、定位定向及通信等功能,主要包括指挥控制设备、通信设备和定位定向设备等。

综合对抗分系统是系统的火力手段,实现对多种威胁精确制导武器及可见光观瞄设备的干扰、对抗和硬摧毁,包括防空导弹、速射火炮、综合光电

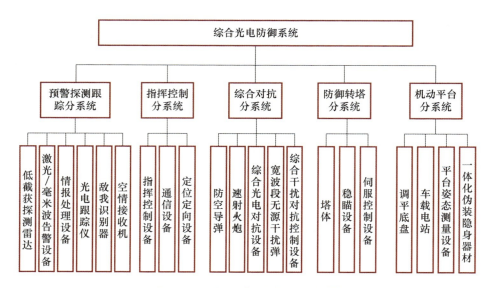

图 6-4　综合光电防御系统组成框图

对抗、宽波段无源干扰及综合干扰对抗控制 5 个功能模块。其中，防空导弹用于在中远距离毁伤少量突破国土防空体系的来袭武器平台；综合光电对抗通过激光干扰、红外干扰、电视干扰、可见光观瞄等有源干扰手段，在中近距离对来袭精确制导武器和可见光观瞄设备实施诱骗干扰、定向干扰及致盲干扰；速射火炮主要用于在近距离拦截来袭的精确制导武器并实施硬摧毁。宽波段无源干扰主要形成烟幕遮障实现多光谱阻断，在系统探测到来袭射弹后 3s 内，全方位或定向自动发射宽波段烟幕，能在保护目标 50~70m 处形成持续 60s 以上的烟幕墙，且在目标上空形成 800m² 的干烟云，对 0.4~14μm 的宽波段具有较好的遮蔽作用，完成对目标实施全方位的干扰防护。

防御转塔分系统由伺服控制设备、稳瞄设备和塔体等组成，其指向与定位精度直接影响系统火力的打击效果，是影响系统作战效能的关键部件。

机动平台分系统承担系统机动作战和遂行各项战术行动的保障任务，由调平底盘、车载电站、平台姿态测量设备和一体化伪装隐身器材等组成。

6.2.4　系统工作流程

综合光电防御系统主要用于被保护目标在机动过程和临时阵地上的防御，根据战场态势，系统可保持工作状态，也可随时加电进入工作状态；其工作模式可分为机动防御、短停防御、阵地防御 3 种。系统可自动或人工操作，当处于自动工作状态时，系统上电自检后，雷达自动搜索目标，对来袭目标进行探测；光电跟踪仪跟踪目标；激光/毫米波告警设备自动侦收威胁信号；情报处理设备对信息进行综合，建立目标航迹，并将综合情报传送给指挥控制设备；指挥控制设备控制转塔转动到指定位置，并根据告警等综合信息，选择工作时序和干扰设备进行综合对抗。以上探测、识别、跟踪、作战是自动完成的，但必要时可人工干预。综合光电防御系统工作流程如图 6-5 所示。

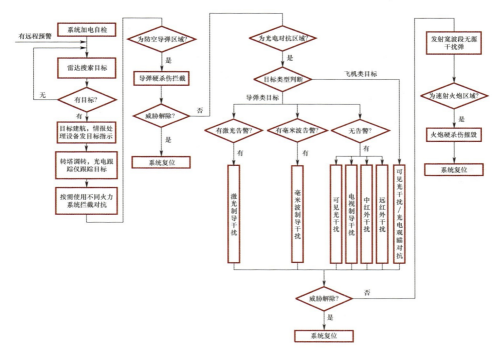

图 6-5　综合光电防御系统工作流程

（1）系统加电自检后与被保护目标及上级和友邻单位保持联系，实时显示战场信息。

（2）目标探测跟踪设备对所处空域实施侦察预警，激光/毫米波告警设备实时侦收威胁激光/毫米波信号，形成告警信息；情报处理设备实时接收处理并显示所有预警信息。

（3）目标探测跟踪设备探测到威胁目标，情报处理设备对来袭目标进行识别、威胁判断、打击排序、目标指示。

（4）转塔根据目标指示调转，指向来袭方向，光电跟踪仪进入跟踪状态。

（5）当武器平台或侦察平台类目标进入防空导弹有效射程后，指挥控制系统控制弹炮结合体调转，防空导弹稳定捕获目标后发射，自动追踪目标，在接近目标后近炸引信引爆战斗部，达到硬杀伤的拦截效果。

（6）当光电制导导弹、炸弹类目标进入光电对抗区域后，指挥控制系统控制综合光电对抗装置调转、跟踪、发射高重频激光对激光/电视/红外制导武器实施干扰，达到软杀伤的效果。

（7）当目标临近上空时发射宽波段无源干扰弹，并快速形成大面积遮障干扰，此时各定向干扰装置停止发射。

（8）当巡航导弹、空地导弹类目标进入速射火炮有效射程后，指挥控制系统控制速射火炮快速发射脱壳穿甲弹、实时闭环校射修正弹道，脱壳穿甲弹直接命中目标，引爆威胁武器战斗部，达到硬杀伤的拦截效果。

（9）目标威胁解除后，系统复位。如在临时阵地、特殊地段时可进行短停防御和阵地防御，其工作过程与机动防御工作模式相近，不同之处在于系统启动后首先进行快速调平。

6.2.5 系统关键技术指标分析

1. 激光干扰源作用距离与发散角

系统确定采用的是激光有源干扰方式，受激光功率的限制，激光有源干扰通常采用小发散角定向发射。为保证发射的激光能照射到目标，按照理论与工程经验，激光发散角通常不小于3倍的转台定向精度。假定某激光干扰源在干扰距离不小于5km，激光干扰源发散角和转塔的定向精度要求。

1）激光制导干扰源指标

激光制导干扰设备通常有高重频阻塞干扰和激光诱骗干扰等方式，技术成熟。其中高重频激光阻塞干扰方式使用灵活，无须预知来袭激光制导武器编码情况，与激光告警设备连用，有效对抗来袭威胁目标，适应性改造后可直接应用于伴随综合光电防御系统。以该设备脉冲宽度为10ns，峰值功率为2kW，重复频率为100kHz为例分析。

若激光制导武器导引头响应灵敏度为10^{-6}W（探测器为四象限光电二极管）或10^{-8}W（探测器为四象限雪崩管），为了实现干扰，干扰激光信号必须能够被导引头响应[2]。因此，激光峰值功率是很重要的因素。激光大气传输公式为

$$P_r = P_o \, e^{-dR} \frac{\pi \left(\frac{D}{2}\right)^2}{\pi \left(\frac{1}{2}\theta R\right)^2} \quad (6-1)$$

式中：P_r 为跟踪器接收到的干扰信号功率；P_0 为激光器发射的干扰信号峰值功率，取 2kW；α 为大气衰减系数，取 0.18（大气能见度 15km）；R 为干扰源离跟踪器的距离，取 5km；D 为跟踪器接收口径，取 80mm；θ 为干扰源发散角，取 3.6°。

由此算出：$P_r = 1.0 \times 10^{-6}$W，作用距离 5km 时，激光发散角为 3.6°，激光峰值功率为 2kW，即峰值功率为 2kW 的重频激光器，发散角小于 3.6°时可实现 5km 以远来袭威胁的有效干扰。

2）电视制导干扰源指标

根据电视导引头的光学响应特性，其对 $1.06\mu m$ 波长的光仍具有较强的响应，当受到强激光脉冲照射时，将使部分像素饱和甚至致盲，在其已稳定跟踪的情况下这种干扰照射将严重扰乱其跟踪匹配模式，甚至无法正确成像而丢失目标，因此，采用高能量的 $1.06\mu m$ 激光，可实现对电视导引头的干扰。

从现有激光器发展水平来看，百瓦量级准连续 $1.06\mu m$ 激光已发展成熟，根据试验数据，$0.1W/cm^2$ 的能量密度足以干扰电视导引头。以跟踪器接收直径 $D=100$mm，且光学系统透射率为 80%，大气衰减系数为 0.18（大气能见度为 15km），100W 的准连续 $1.06\mu m$ 激光器要满足 5km 干扰距离要求，可按式（6-1）计算，激光发散角应不大于 4.5mrad。

3）中红外制导干扰源指标

中红外制导武器是最近几年才发展起来的先进光电成像制导武器，常与电视、毫米波等制导武器连用，形成光电复合制导武器。由于波段不匹配，$10.6\mu m$ 干扰激光难以进入中红外制导武器的导引头，因而不能实施有效干扰，必须采用相应波段中红外干扰源。

典型中红外制导武器使用 HgCdTe 探测器，其饱和阈值一般为 $0.03mW/cm^2$，中红外制导武器光学增益较大，一般为 10^4 量级，以干扰距离 5km，中红外激光器功率 3W，按照式（6-1）计算，激光发散角约为 1.64mrad。

4）远红外制导干扰源指标

远红外制导干扰设备通常采用成熟的 $10.6\mu m$ CO_2 激光器进行适应性改造后得到，可直接应用于综合光电防御系统。实验表明，凝视型远红外成像阵列接收到辐射照度达 $0.125mW/cm^2$ 时，会出现强烈的光晕，不能成像。

红外激光器的激光功率可达近百瓦，干扰作用距离指标为 5km，红外成像导引头接收口径 $D=80$mm，光学透过率 70%，激光干扰源选用出光功率达到 50W 时，根据式（6-1）计算，红外成像导引头接收到的能量密度为

0.125mW/cm² 时，远红外激光发散角为 12mrad。

由此可得出各波段激光干扰源需满足的 5km 技术指标，如表 6-2 所列。

表 6-2　干扰源功率与发散角计算结果

防御对象	激光制导干扰源	电视制导干扰源	中红外制导干扰源	远红外制导干扰源
激光波长	1.06μm	1.06μm	3.8μm	10.6μm
激光功率/能量	2.0W	100W	3.0W	50W
发散角	≤3.6°	≤4.5mrad	≤1.64mrad	≤12mrad

5）激光源指标综合分析

由于转台定向精度一般不大于干扰源发散角的 1/3，较小的激光发散角会给转台研制带来较大的指标压力。由表 6-2 可以看出，激光发散角较小的是电视制导干扰源和中红外制导干扰源。

电视制导干扰可采用成熟的多激光器同步合成技术增大激光器功率，提高干扰源的发散角，中红外制导干扰源需要在现有技术的基础上做进一步技术突破，提高发散角的指标。结合现有中红外激光干扰源发展现状和研究技术可达性，综合转台技术成熟度，确定激光干扰源干扰发散角不小于 3mrad。按照式（6-1）计算，中红外激光干扰源功率应不小于 10W。

2. 转塔定向精度指标分析

伴随综合光电防御系统集成了多种定向干扰装置，为了保证系统作战距离指标，必须采用高精度定向技术以确保干扰机体积、重量、功耗满足集成要求。激光制导干扰装置激光发散角小于 3.6°、电视制导干扰装置激光发散角小于 3mrad、红外制导干扰装置激光发散角小于 3mrad，以上指标中要求定向精度最高的是电视和红外制导干扰装置。

根据理论估计和工程实践经验，为了确保干扰信号能够覆盖来袭目标，定向精度一般设计为干扰信号发散角的 1/3。因此，应确保转塔动态定向精度在 1mrad 以内。可确保对目标大于 93% 的照射概率。

6.2.6　综合光电防御系统关键技术

综合光电防御系统是典型的光机电一体化系统，它涉及光学技术、目标探测与跟踪技术、计算机控制技术、传感器技术、信息处理技术、通信技术等多个专业技术领域，需要解决的主要关键技术有以下几个。

（1）综合光电防御系统预警探测与目标跟踪技术。为了给有源定向干扰提供高精度目标指示，必须尽可能早地发现威胁目标、尽可能准地跟踪目标，因此，需要解决对空小目标探测跟踪技术，通过快速搜索技术、红外成像处理技术、目标识别与跟踪处理算法研究解决这一难题。

（2）综合光电防御系统光机电一体化集成设计技术。综合光电防御系统是具备软、硬杀伤能力的武器系统，预警探测跟踪分系统、指挥控制分系统、综合对抗分系统、防御转塔分系统和机动平台分系统融合为一体，涉及光、机、电的综合设计，是实现综合光电防御系统小型化的关键，必须从系统集成出发进行一体化设计。

（3）高精度定向干扰防御转塔随动控制技术。防御转塔分系统是把预警探测跟踪分系统、综合对抗分系统和机动平台分系统组合在一起，构成对来自空中的目标遂行跟踪、干扰和打击作用的随动系统。由于激光制导干扰、红外制导干扰、电视制导干扰、毫米波制导干扰等均需要较高的系统精度才能实施有效干扰，因此需要解决高精度转塔随动控制设计、精密转塔制造等技术难题。

（4）综合光电防御系统指挥控制技术。由于战场环境错综复杂，在受到敌方精确制导武器攻击时，可供防御系统和作战人员做出反应的时间极为有限，综合光电防御系统指挥控制技术的关键是防御系统能够对来袭威胁目标进行类型的判断，并触发相应的火力手段和不同的干扰控制模式，最大限度地发挥系统指挥决策控制能力，并实施有效的主动防御功能。

（5）复杂系统抗干扰技术。综合光电防御系统属于光机电一体化集成的复杂系统，应用环境较复杂，其光机接口、电磁兼容及环境多径干扰是设计中必须要解决的问题。

6.3　综合光电防御系统指挥控制技术

综合光电防御系统指挥控制技术的关键是防御系统能够对来袭威胁目标进行类型的判断并产生相应的干扰控制模式，以驱动相应的干扰手段实施干扰。为了实现这一功能，采用目标预警探测跟踪技术与综合光电对抗技术相结合的方法，并充分利用被保护目标和其他组网告警信息，根据告警信息，判断威胁目标的制导方式。综合光电防御系统在时间分配、干扰顺序、控制方式等方面要合理优化，由人工自动形成具有针对性的多手段综合干扰模式，形成区域综合防御的信息链，最大限度地发挥防御系统的功能。同时，多目标对抗能力也可以通过指挥控制模块、合理分配时段和相应干扰方式来实现。指挥控制是系统实施有效干扰的重要环节，作为防御作战的控制中心，综合分析各种信息，形成并控制、实施有效的主动防御。

6.3.1 情报处理与指挥控制系统功能

情报处理与指挥控制系统功能框图如图 6-6 所示。主要具备的功能有：①系统中各设备工作状态数字图形化显示；②系统执行状态数字图形化显示；③转塔伺服系统数字图形化显示；④目标跟踪信息数字化显示；⑤打击干扰效果评估；⑥历史数据回放；⑦系统工作方式设定；⑧系统授时开始；⑨综合处理打击目标信息和转塔伺服系统信息并存储；⑩监测设备工作状态并存储；⑪控制红外跟踪设备、转塔伺服系统和综合干扰对抗设备。

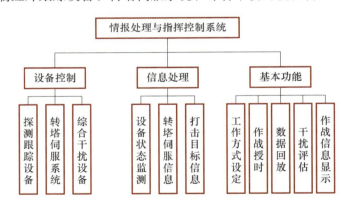

图 6-6　情报处理与指挥控制系统功能框图

情报处理设备是目标预警跟踪系统的信息处理中心，实现对激光/毫米波告警、目标探测跟踪设备和激光跟踪设备的情报综合处理与融合，以及对转塔的控制。情报处理设备既与指挥控制设备、配电箱等其他系统有信号交互关系，又与系统内部各模块有信息交互关系，对其设计的基本要求是：①实现对激光/毫米波告警、目标探测跟踪设备、激光跟踪设备等多通道情报信号的融合，建立目标航迹；②实现威胁目标判断，自动建立打击目标排序，选择打击目标；③实现与指挥控制设备的信息交换和内部信息的交换及设备的控制；④内部各模块工作状态应能显示在情报处理设备显控模块上，显控模块可实现目标选择等功能。

指挥控制设备是指挥控制系统的信息处理中心，实现战场态势分析和火力时序控制等。指挥控制设备既与情报处理设备、配电箱等其他系统有信号交互关系，又与系统内部各模块有信息交互关系，对其设计的基本要求是：①实现战场态势综合判断，实时显示战场数据；②根据目标类型、目标速度等信息控制系统火力单元层次作战；③实现与情报处理设备的信息交换和内部信息的交换及设备的控制；④内部各模块工作状态应能显示在指挥控制中心显控模块上。

6.3.2 情报处理与指挥控制信息流图

情报处理与指挥控制是综合光电防御系统的信息中枢，实现与目标预警探测系统（包含空情接收机、激光/毫米波告警器、搜索雷达）、转塔分系统、综合对抗分系统之间的信息交互，其信息流图如图6-7～图6-9所示。

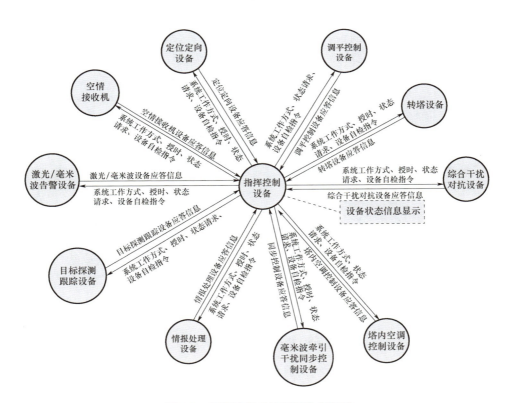

图 6-7　指挥控制系统通用信息流图

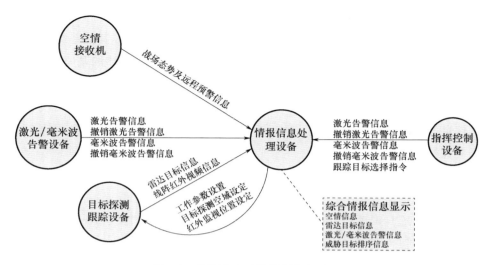

图 6-8 情报处理系统通用信息流图

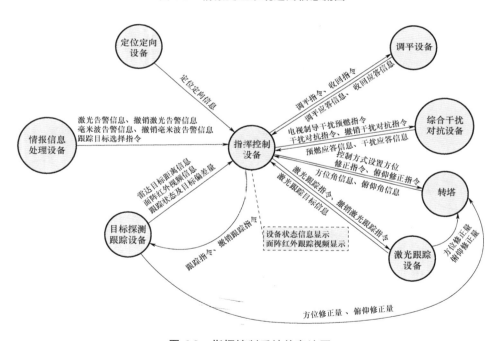

图 6-9 指挥控制系统信息流图

情报处理与指挥控制系统的具体信息处理流程为：系统通过通信电台与上级保持联络，完成任务受领。当空中出现来袭威胁目标时，空情接收机通过通信电台接收上级空情信息，进行态势估计和目标威胁信息分析与处理，把对系统保护的重要目标威胁程度最大的敌方来袭目标信息发送给信息处理设备，实现远程预警。系统设定搜索雷达在指定空域进行目标探测，并将探测到的目标信息发送给信息处理设备。在没有空情信息的情况下，根据上级命令，系统搜索雷达进入自主目标搜索的作战模式，对防御空域进行目标探测。当激光/毫米波告警设备接收到光电观瞄设备或激光制导武器发射的激光信号及毫米波制导武器发射的毫米波信号时，激光/毫米波告警设备告警并将目标类型、来袭方位发送给信息处理设备。信息处理设备对接收到的上级空情预警信息、雷达目标、红外目标视频、激光/毫米波告警等信息进行综合处理，并在地理信息系统上显示态势。当出现多个雷达探测目标时，信息处理设备在多目标数据关联、多源信息融合等处理的基础上，进行威胁评估判断并对来袭目标打击排序后，将需干扰对抗的目标信息发送给指挥控制设备。指挥控制设备接收到信息处理设备发来的干扰对抗目标信息时，综合目标位置、系统姿态和定位定向信息，快速调转转塔至来袭目标空域，使目标进入红外跟踪设备视场。红外跟踪设备捕获目标后实时将红外目标偏差信息发送给指挥控制设备，指挥控制设备进行坐标转换、姿态修正、目标位置预测后控制红外跟踪设备稳定跟踪目标。当目标进入综合干扰对抗设备有效干扰范围时，指挥控制设备生成干扰模式并向综合干扰对抗设备发送干扰控制指令，综合干扰对抗设备对目标实施干扰直至任务完成。

6.3.3 情报处理与控制系统结构

情报处理与控制分系统主要由空情接收机、激光/毫米波告警器、搜索雷达、红外跟踪设备、信息处理设备、指挥控制设备、定位定向设备、姿态测量设备、通信电台等组成，在时钟同步模块产生的 20ms 时统信号下工作，设备间信息交换主要是通过以太网络连接，其结构关系如图 6-10 所示。

空情接收机通过车载通信电台接收上级预警信息。通信电台除接收上级预警信息外，还负责与上级联络，完成任务受领和任务执行情况上报等工作。激光/毫米波告警器对来袭的激光/毫米波制导武器告警，提供来袭目标类型和位置信息。搜索雷达可以在有上级预警信息的情况下以区域扫描方式探测来袭目标，也可以以周扫方式探测来袭目标。情报处理设备主要进行综合信息处理，为综合光电防御系统提供目标预警和来袭威胁预警信息。指挥控制设备接收到信息处理设备的打击目标指示信息后发送给转塔伺服控制系统，调转转塔转向目标区域，由红外探测跟踪设备进行目标搜索、捕获和跟踪，锁定目标后，使综合干扰对抗设备瞄准目标；综合干扰对抗设备在指挥控制

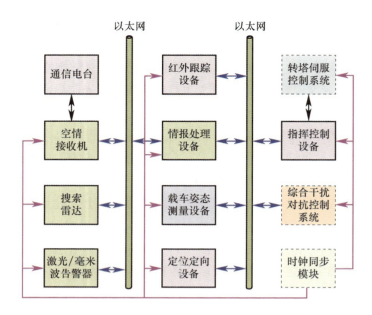

图 6-10　情报处理与控制分系统的结构关系

设备的时序控制下，按照生成的干扰模式完成对目标的干扰对抗任务。定位定向设备提供了系统的地理位置坐标、方向等定位信息。姿态测量设备提供系统的姿态变化。红外跟踪设备对进入视场的待打击目标进行捕获和跟踪，为指挥控制设备提供目标的方位俯仰偏差角度信息。

6.3.4　情报处理与指挥控制的关键技术

1. 多目标数据关联处理技术

在综合光电防御系统工作过程中，将会面临多个不同类型目标的威胁。如何对多目标进行跟踪，并根据威胁目标类型选择最有效的综合光电干扰对抗手段实施有效防御是指挥控制系统需要解决的关键技术之一。其中，多目标数据关联处理技术是实现多目标跟踪的核心。目前用于解决多目标跟踪数据关联的方法主要有统计方法和非统计方法[3]。

统计方法主要包括最近邻（KNN）算法、联合概率数据关联（JPDA）算法及多假设跟踪（MHT）算法等。而非统计方法则是基于神经网络和模糊逻辑产生的方法。KNN 算法是一种在多回波条件下工作具有固定记忆的跟踪方法。JPDA 算法引入的联合事件数是所有候选回波数的指数函数，并随回波密度的增加出现计算上的组合爆炸现象。MHT 算法中可行联合假设的个数，随目标个数和杂波量测个数的增加呈指数增长,因而其不适用于实时多目标跟踪。非统计方法更关注对目标状态估计过程中存在的不确定性问题进行处理,模糊逻辑凭借其对不确定性问题的强大处理能力,广泛应用于目标跟踪问题中。在解决多目标数据关联问题上,模糊 c-均值聚类(FCM)算法较为常用。在应用 FCM 算法的基础上,利用云模型描述聚类,即通过建立类云模型的方式来实现样本数据的聚类分析,基于类云模型聚类(CCM)的多目标数据关联处理方法,用于解决综合光电防御指挥控制系统中的多目标快速稳定跟踪的难题。

2. 多源信息融合处理及威胁评估技术

在综合光电防御系统中,集成了激光/毫米波告警器、目标指示雷达、红外图像跟踪器等多种目标情报获取手段。为了提高目标跟踪精度,采用了雷达、激光告警和红外等多传感器信息融合手段。在多源信息融合处理中,根据目标数据时戳信息,融合中心对多个传感器传送来的同一目标的每一点数据进行实时时间配准。为实现实时掌握空中目标状态,综合情报处理需要简单高效的时间配准算法,以便在收到目标的更新数据时,实时配准融合输出目标航迹。多源信息融合处理技术的应用,尤其适用于目标跟踪过程中,当目标失锁时利用红外和雷达数据融合信息快速找回目标。最后,通过建立威胁评估模型,对多个来袭目标进行威胁评估判断,从而为实施干扰决策提供最优打击目标排序。

根据上级的作战决心、作战预案和掩护对象的性质,综合空袭目标多种特征信息,预测空袭目标对我方威胁程度的排序过程,是作战预案选择、作战方案优化的主要依据。情报处理与指挥控制关键技术之一就是对多个来袭目标进行威胁评估判断并进行空袭目标打击排序。威胁评估一般采用离散型矩阵判断模型,即综合考虑目标类型、目标距离、目标速度、目标高度、到达干扰边缘时间、被保护目标的重要权重等要素,构成经验性离散判断准则,建立评估模型,用于多目标威胁自动判断和排序,从而为干扰作战提供最优打击目标。

3. 综合光电干扰与火力控制技术

指挥控制设备接收到情报处理设备发送的目标指示命令与数据后,进行平滑处理、坐标转换等运算,将计算结果发送给转塔驱动红外搜索跟踪设备转向目标区域,由红外搜索跟踪设备搜索目标,发现目标后,对探测到的目标进行视频跟踪,求取跟踪误差,红外搜索跟踪设备将当前转塔的位置和跟踪误差量结合，按照光电干扰跟瞄控制规律，算出转塔跟瞄控制量并输出给转塔伺服执行机构，从而实现红外搜索跟踪设备对捕获目标的闭环跟踪[4]；在目标搜索跟踪过程中，搜索雷达可获得目标现在点的距离信息，指挥控制设备对雷达目标探测数据和红外目标位置数据进行剔点处理、滤波、信息融合等处理求取目标运动参数，同时结合定位定向、载车姿态测量数据，进行必要的坐标转换、坐标修正、姿态修正、平滑滤波等处理，求取干扰对抗目标参数，控制转塔随动系统，使综合干扰对抗设备瞄准目标，完成对目标的干扰对抗任务。具体过程如下。

当武器平台或侦察平台类目标来袭时，指挥控制设备控制防御转塔随动调转，由红外跟踪仪稳定跟踪目标，防空导弹稳定捕获目标后发射，自动追踪目标，在接近目标后近炸引信引爆战斗部，摧毁目标，达到硬杀伤的拦截效果。

当光电制导导弹、炸弹类目标来袭时，指挥控制设备由雷达数据引导随动调转进行粗跟踪。判断来袭目标为主动毫米波制导武器时，发射毫米波干扰弹；当判断来袭目标为激光制导武器时，由红外跟踪仪控制随动进行精确跟踪，发射高重频激光干扰来袭目标；当无法判断来袭制导导弹、炸弹时，同时发射电视/红外/毫米波实施干扰，达到软杀伤的效果。

当光电对抗手段失效且来袭目标进入速射火炮射程时，指挥控制设备控制速射火炮瞄准目标进行火力硬摧毁。

6.4 综合光电防御系统一体化集成设计技术

6.4.1 综合光电防御系统总体设计技术

综合光电防御系统一体化集成是以信息集成、物理集成、系统供电及环境控制集成设计为手段，来实现光电防御的目标探测跟踪、指挥控制、定向干扰、打击评估的功能一体化集成目标，其中，系统集成的关键在于信息流的一体化集成，基础在于物理集成、供电集成及环境的一体化集成设计。在各单机系统的技术设计基础上，综合光电防御系统集成过程中，主要面临以下几个关键技术问题。

（1）总体优化布局问题。综合光电防御系统的总体布局与系统中主要装置或部件的结构布局及系统机动平台的稳定性直接相关，是系统集成设计的重要环节。如何合理优化整个系统布局、如何确定关键设备的位置分布对整个机动平台车架配置、动力性能及稳定性的影响，都对系统顺利集成具有重要意义。

（2）多坐标系安装面平行性设计问题。光电防御武器系统中共有机动平台坐标系、雷达坐标系、干扰设备坐标系、定位定向设备坐标系等 4 个坐标系，各坐标系安装面的平行性设计和正确转换是武器系统各部分协调工作的基础，也是武器系统精度的基本保证。因此，武器系统各坐标系安装面的一体化设计是系统集成必须解决的关键技术。

（3）光电设备的光路平行问题。综合光电防御系统集成多台工作于不同波段的激光干扰源，为使多干扰源精确照射到同一来袭目标，多干扰源的高精度同轴校准和平行问题是关键技术之一。

（4）高效的环境控制问题。根据激光干扰设备和转塔舱内设备的工作特点，多台激光器发光时同时伴随着大量的热量需要散掉，高温环境下的温控更为重要。而由于多波段干扰源主要集中在俯仰轴的左右外挂部位，各外挂整体包装更增加了其自身散热的难度，要求综合防御系统在环境温度 －30～60℃时能稳定工作，因此高效、稳定可靠、体积适当的环境温度控制是系统集成和转塔设计的关键技术之一。

6.4.2 综合光电防御系统总体布局设计

综合光电防御系统综合集成目标预警探测跟踪系统、指挥控制分系统、综合对抗分系统、防御转塔分系统和机动平台分系统，系统的物理集成是其他功能集成的基础和先决条件，直接影响系统整体性能的发挥，主要解决系统总体优化布局集成设计和系统稳定性设计。

综合光电防御系统总体结构设计采取综合集成方式，承载设备多，功能复杂，因此，通过优化总体布局设计来实现结构紧凑、布局合理、便于操作使用和维护的目标显得至关重要。

综合光电防御系统包含的设备众多，其中目标预警跟踪系统包括目标探测跟踪和目标预警识别两个功能模块，目标探测跟踪模块包括目标探测跟踪设备和光电跟踪设备，目标预警识别模块包括空情指挥仪和激光/毫米波告警设备。指挥控制系统主要包括指挥控制设备、通信设备和定位定向设备等。综合干扰对抗系统包括激光定向干扰、无源对抗、防空导弹、速射火炮等功能模块，其中激光定向干扰模块由激光制导干扰、电视制导干扰、中红外激光干扰、远红外激光干扰和可见光观瞄干扰设备等 5 套装置构成。光电防御转塔由转塔方位控制设备、转塔俯仰控制设备和转塔空调组成。机动平台分系统由轮式越野底盘、车载电站、控制室空调和一体化伪装隐身器材等组成。

作为武器系统设计的重要环节，确定系统的总体布局首先确定各主要装置或部件的结构和布局。应从火力部分及一些最主要的关键装置的结构选择开始，对于综合光电防御系统来说，首先是综合干扰对抗设备的布局（按中间放置还是侧边放置，抑或中间和侧边都放置）、无源干扰手段的布置，其次是目标探测跟踪设备、告警设备、转塔布局与底盘结构。在总体布局中还要考虑各装置或部件的功能及相关部件的适配性、相容性；温度、湿度、振动冲击等造成的影响；可靠性；安装方式与空间；动力供应；控制方式与被控件执行关系；向外施放的力、热、电磁波等以及操作、维修、检测要求。

综合光电防御系统为能够高效地搜索、捕获、跟踪空中目标及具备较强的抗干扰能力，需要有目标探测雷达、光电跟踪仪等对空探测手段；为能在极短时间内完成拦截目标防空作战，且乘员的作战操作又不能特别复杂和困难，必须具有较高的自动化水平。因此在总体布局时综合考虑，主要防空导弹、激光干扰设备对称外挂于转塔俯仰转轴外侧；宽波段无源干扰弹布置在转塔上部方舱后侧两侧，控制室顶部两侧安装激光/毫米波告警天线；为不影响激光/毫米波告警天线的告警效果，将通信设备和定位定向设备天线安装在控制室顶部后侧，俯仰轴外挂设备的最低位置高于毫米波告警天线的高度，以确保视场无遮挡；目标探测跟踪设备天线底座同轴安装在转塔顶部，可实现对空搜索，雷达顶部是系统最高点，倒伏后高度满足运输超限要求。

6.4.3　多坐标系安装平面平行性设计

1. 多坐标系安装平面平行方法

根据相关设备布局需要，在系统结构分析的基础上，综合采用了以下技术措施来确保多坐标系安装平面的平行性。

（1）通过增加车架结构辅梁和主体板材强度，有效提高底盘车架的整体刚度，将车架平台因静、动载荷变化引起的结构形变控制到最小程度，使电动调平系统安装平面等部位的最大形变量大幅下降。

（2）在不影响整车调平的前提下，将电动调平系统尽量靠近转塔安装位置，以减小底盘车架的扰度。

（3）将雷达天线座固连在转塔顶部中央位置，以刚性连接与调整机构相配合的方式确保雷达天线坐标系安装平面与转塔安装平面的平行性要求。

（4）光电防御定向干扰设备安装平面位于转塔俯仰轴上和俯仰轴挂架两侧，其与转塔安装平面的平行性要求很高。因此，一方面俯仰轴材料选取优质碳素结构钢，并进行表面淬火处理，提高俯仰轴的刚度，从而减小因俯仰轴的挠度影响带来的安装平面平行性误差。此外，在增加安装面刚度的同时，适当增加了干扰激光波束的束散角，合理降低两平面的水平度一致性要求。

（5）以车身坐标系为共同基准，在车架、转塔舱顶及车顶等整体大结构件上预标坐标基准线，形成单机设备安装方位基准。

（6）在机械设计安装措施的基础上，同时提供了便捷的坐标系标定变换方法和手段。

（7）运用观瞄设备，同基准瞄星自动校正技术，消除各坐标系静态漂移误差，保持多坐标系安装平面的高度平行性。

2. 多安装平面的坐标一致性

系统中共有底盘调平系统测量平面、转塔安装平面、目标探测跟踪设备安装平面、综合光电对抗系统安装平面等多个测控平面。各平面之间的水平一致性直接影响在各个平面上建立的坐标系的一致性，系统各坐标系示意图如图6-11所示。坐标变换本身不存在误差，产生误差的原因是在转换过程中由于各坐标面之间存在夹角。

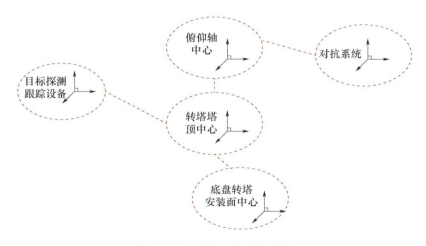

图 6-11　系统各坐标系示意图

在底盘调平系统测量平面、转塔安装平面、目标探测跟踪设备安装平面、综合光电对抗系统安装平面等多个测控平面中，系统集成设计时以底盘转塔安装面中心为基准，消除各坐标系之间误差传递，有利于降低系统集成误差。

6.4.4 系统机动行进稳定性设计

系统机动行进稳定性是指综合光电防御系统在机动过程中，在外部因素作用下，不至于失去控制而产生滑移、倾覆等现象的能力。行驶稳定性是车辆的最主要性能之一，为保证车辆的行驶安全性，在车辆特别是改装车辆的总体设计阶段必须进行行驶稳定性设计和验算。主要涉及整车总质量及质心位置计算分析、车辆纵向稳定性分析、车辆侧向稳定性分析、车辆恒速转弯行驶稳定性计算等设计技术，通过计算分析使综合光电防御系统满足机动过程中行驶稳定性要求。

6.4.5 环境控制一体化集成设计

1. 温度环境集成设计

综合光电防御系统主要运用多波段激光对抗光电制导武器的复合定向干扰模式，因此激光器是系统的核心部件，为确保激光器正常工作，有必要将激光器工作时特别是在高温环境下产生的大量热量及时散发掉，维持其正常温度环境。此外，综合防御系统的预警探测、指挥控制及干扰激励源等设备和机箱均需要在合适的温度环境下工作。因此，提高系统各设备的温度适应性及提供稳定可靠的集成温度环境是工程设计的关键之一。

提高设备的温度适应性的技术途径，主要是通过提高元器件的温度筛选要求、加强局部部件的温度补偿、提高主要发热部件的散热效率等手段来解决。具体热设计时尽可能加大各元件之间的间距，电源等发热器件远离印制板，机柜设计考虑通风散热，对于处于驾驶室舱和转塔舱内的电子设备所处环境相对密封，通过计算电子设备的发热量和空间大小，得出所需空调制冷量，从而完成空调选型设计，采用配套武器系统方舱的专用空调，并合理布置即可满足要求，从而为电子设备和操作人员提供一个良好的工作环境。

由于多波段干扰源主要集中在转塔俯仰轴外侧外密封挂箱内，如果水箱直接放置在挂箱内，一方面增加俯仰轴两端的重量负担，增大轴的变形量，影响系统精度；另一方面，处于转塔设备舱外的挂箱环境温度难以得到保证，水箱内的冷却水存在凝固的可能，因此综合起来采取以下方法：将水箱放置在转塔设备舱内,通过高强度塑料软管与激光器连接。进水路径为:软管从水箱出水口出发,沿转塔舱壁经俯仰轴靠近两端的开孔处穿入,俯仰轴为空心,再从相邻的一端穿出至激光器,回水路径和进水路径一致。采用软管直接连接减少了中间密封环节,有利于提高整个系统的可靠性。

2. 电磁环境集成设计

综合光电防御系统中集成电子设备多、类型广,涉及光、机、电、控制等各个方面,使得系统的电磁兼容性问题较为突出,给系统的可靠性带来不利影响。通过梳理分析可知,设备单机内部的电磁干扰、设备单机之间的电磁互扰,以及来自系统外部的电磁干扰是影响系统电磁兼容性能的主要因素。系统中可能产生的电磁干扰包括强电、弱电及信号传输间的干扰和静电干扰等。因此,针对系统特点将电磁兼容性设计的重点放在供电走线设计、设备的屏蔽设计、电源电路设计、接地、互联、软件屏蔽和激光匿影设计等几个方面。

1)供电走线设计

系统中集成的电子设备众多,所需供电电压也不相同,指挥控制系统内各设备、调平设备、转塔方位和俯仰控制、目标探测系统、综合干扰对抗设备、转塔空调等设备需 AC220V 供电,而有的设备则需要低压直流电压供电。为减小强电、弱电及信号传输间的电磁干扰,可将系统中的强电、弱电和信号线三线分开,底盘设强电、弱电及信号线多种走线槽,强电和弱电线槽位于底盘左侧,中间隔离,信号线槽位于底盘右侧,确保强弱电的有效隔离,尽可能减小互扰。此外,激光设备一般需要 220V 供电,其强直流放电主要是在其自身谐振腔内通过增压而形成,并实现瞬时放电,相对来说,对其他电子设备的干扰不大。

2)屏蔽设计

系统内各设备采取独立的密封和屏蔽措施,设备内部各单元模块采取二次屏蔽。为达到较好的屏蔽效果,需要对以下环节着重分析和设计。

(1)主要功能模块采用屏蔽盒进行屏蔽隔离,外接线插座、外壳与屏蔽盒连接,且所有信号线的屏蔽层与屏蔽盒相连,以尽可能增加屏蔽效果。

(2)所有信号线均采用单芯屏蔽线,与屏蔽盒形成有效的电磁兼容层。

(3)各设备的安装表面与车体(地线)保持良好的电接触,满足系统屏蔽要求。

(4)屏蔽层要良好接地,且尽可能避免屏蔽层内形成环流。

(5) 高频信号传输中采用地线对信号进行屏蔽，减小信号对外界的辐射，同时减小外部辐射对信号的影响。

3) 电源电路设计

(1) 供电输入端加装交流电源滤波器和电源保护电路。

(2) 经长线传输的直流电源输入端加装直流电源滤波器。

(3) 按类分配电源，供电相对隔离。告警信号探测器偏置电压和阈值检测电压与其他电路的供电电路隔离，数字电路单独供电。

(4) 电源分配器及大功率交流变压器要采取电磁屏蔽措施，即安装屏蔽层。

(5) 干扰对抗分系统中的激光干扰设备由综合干扰对抗控制设备直接供电，各单机设备和转塔壳体隔离，减小各设备之间的相互串扰。

4) 接地设计

(1) 系统同时设常态接地和接地桩两种接地方式。在底盘配电板上安装接地铜牌，根据设计接地需求，在铜牌上预留设备接地接线柱。

(2) 对信号回线、信号屏蔽层回线、电源系统回线及底板或机壳都要单独的电路接地系统，所有接地回线统一连接到单一接地参考点上[5]。

(3) 除对信号的频率特性影响非常大的地方外，印制电路板其余地方均采用大面积接地技术。

(4) 保证信号地线、数字地线和保护地线可靠连接和分离。

(5) 在一个控制器内，模拟地线和数字地线分开，且在一个点连接。

(6) 系统屏蔽地线与舱体保持良好的电接触。

(7) 接地线尽可能短而且尽可能直接连接。

5) 互联

(1) 系统与外部连接的电缆和内部设备之间的电缆均采用屏蔽电缆。内部长线传输的信号线缆采用抗干扰能力强的线缆，避免传输环节引入干扰。

(2) 印制电路板间采用母板连接。

(3) 光电转换模块和信号检测模块的连接采用同轴线缆。

6) 软件屏蔽

接收处理激光信号时，利用外界电磁干扰对通道影响的时域特性，结合激光信号的特点，在软件上进行时域剔除的抗干扰措施，对时域特性不满足激光特性要求的信号视为干扰，将其屏蔽掉。软件设计中采用的抗干扰措施主要有：①算术平均值法；②比较取舍法；③中值法；④限幅滤波法；⑤定时刷新输出通道；⑥串口通信中的信息纠错；⑦设置软件陷阱。

3. 振动和噪声环境集成设计

根据综合光电防御系统的干扰机制，干扰源指向对振动环境较为敏感，因此系统的振动环境设计必不可少。在车载环境下，车载电站的噪声和振动是一个重要激励源，可以考虑通过设置减振装置，来降低电站运行时振动的单振幅值，从而降低其对干扰源的指向影响。此外，电站运行时发出的噪声很大，可以采用消声器消音，确保在距各面1m处测量的噪声小于或等于85dB（A）。

相对于舰载和机载环境，综合光电防御系统的车载环境面临的路面振动冲击影响更大，扰动力矩也更强，给系统行进间转塔的稳定定向干扰带来很大的控制难度，因此，系统总体设计时需要考虑有效隔离路面的随机振动影响。

考虑到转塔与其承载设备的总重量较大，转塔底座与底盘整体刚性连接，因此有助于提高系统整体刚度。此外，为有效隔离路面不平带来的随机振动影响，可通过改装底盘悬挂系统装备减振器，来抑制底盘板簧吸振后反弹带来的振荡及来自路面的冲击。

6.5 大负载高精度定向干扰防御转塔技术

综合光电防御系统中，防御转塔分系统一方面承载探测雷达、红外跟踪和干扰对抗等大负载装置；另一方面不断赋予干扰源方位和俯仰指向，直至精确对准目标实施干扰。因此，光电防御转塔面临着定向精度要求高、承载设备多、转动惯量大及光机电液集成度高等诸多挑战，转塔综合性能的优劣将直接影响防御系统的跟踪精度和作战效能。

6.5.1 大负载高精度定向干扰防御转塔特点

1. 定向控制精度高、稳定性强

光电防御转塔在系统工作过程中，其威胁对象多为距离较近的高速空中目标，除了防空导弹和速射火炮硬摧毁方式，光电防御系统采用的定向干扰方式要求干扰源发出的激光必须进入处于运动状态的导弹、炸弹等典型被干扰目标的导引头视场，并保持一段时间，才能实施有效干扰。因此，要求转塔必须具有足够大的转动速度和加速度,并拥有较好的低速稳定性才能满足对目标的连续、精确干扰。

2. 总体结构集成度高、负载大

根据系统总体设计要求,除了驾驶室设备舱、车载电站和驾驶室空调等设备,多波段干扰设备、探测雷达及相关机箱、冷却设备等均安装固定在转塔内外侧,具体安装位置分别为转塔内部、顶部、转塔内部俯仰轴上,以及转塔外部俯仰轴左右两侧。

系统干扰源主要集成在转塔外部的俯仰轴两侧,采取激光器外挂直接发射的双肩挑形式,这种布置方式具有光源整体封装、可靠性高、可维修性强等优点,但也导致了伺服系统的负载转动惯量随之增大、控制困难的问题[6]。

此外,在转塔伺服系统中,从执行元件到负载间的传动链不可避免地存在一定的柔性,从而构成了一个谐振系统,并且谐振频率随着系统的尺寸增大而降低,以致成为限制伺服系统动态性能、影响系统跟踪精度的重要因素。因此,定向干扰防御转塔是在高度集成环境和高精度的双重约束条件下,将探测、干扰、指控等设备有效集成。

3. 环境控制复杂、高效

根据多波段激光干扰源的工作特点,激光器发光时同时伴随着大量的热量需要散发,并且干扰源主要集中在俯仰轴的左右外挂部位,各外挂整体封装,更增加了其自身散热的难度,因此,定向干扰防御转塔环境温度控制高效、稳定可靠、体积适当。

考虑转塔承载的精密光电子设备不可避免受到外界的振动和冲击,而且振动冲击对转塔跟踪精度影响很大,通过隔振和缓冲设计,来减小振动和冲击的影响。

6.5.2 大负载高精度定向干扰防御转塔结构设计技术

伺服系统静态设计是在系统进行方案确定阶段完成的,涉及系统布局、结构动力学特性、驱动控制及环境和材料等多种因素,与技术要求有着直接关系,具体内容包括负载力矩的计算、驱动方式及执行元件的选择、减速器传动比的确定等。总体来说,对于这些成熟技术,直接选用即可,而对于转塔方位轴和俯仰轴动力学耦合关系、转塔结构优化设计等问题则是光电防御转塔结构设计中需要解决的关键技术。

1. 转塔方位轴和俯仰轴动力学解耦设计

转塔作为复杂的大型高精度机电一体化设备,其总体结构的合理确定是保证转塔总体性能要求的基础,直接影响系统总体的战技指标。对这些问题的解决,大部分可采取常用的机械设计方法加以解决,囿于综合光电防御系统的高精度要求,给系统控制设计提出了很高的要求,需要进行转塔方位和俯仰两旋转轴间的动力学解耦设计。

根据两轴光电跟踪转塔的相关文献资料可知,光电跟踪系统的俯仰轴与方位轴之间存在运动耦合和转动惯量的耦合关系,即俯仰轴和方位轴之间的运动及转动惯量在工作时不是独立的,而是相互影响的。当转轴的速度和加速度较大时,两轴间的耦合比较严重,若不采取有效的解耦补偿措施,将极大地增加保证系统的精度和动态跟踪性能的效果和难度。

当光电跟踪系统的俯仰轴相对其各惯性主轴的转动惯量相等,且俯仰轴与方位轴垂直正交时,俯仰轴与方位轴之间的运动耦合关系将会解除。在此,根据系统的总体布局,转塔俯仰部分外挂和内挂激光干扰设备,内挂干扰设备的出光必须经过方位框架前上方的透射玻璃,这就要求内部俯仰转轴与透射玻璃的距离较近,否则大角度的俯仰调转会对透射玻璃的尺寸提出很高的要求。所以,俯仰部分旋转轴和方位部分旋转轴存在偏距,说明两轴同时旋转时存在较为严重的动力学耦合现象,这给高精度的伺服控制带来了严峻挑战,如何平衡好两轴间的动力学解耦设计及内挂激光设备与透射玻璃的合理距离是转塔结构设计的一个关键问题。为此,可采用基于多体动力学理论的虚拟样机技术(ADAMS)进行动力学解耦设计研究。

2. 转塔箱体结构优化设计

随着对转塔定向精度的要求不断提高,转塔结构设计照搬传统结构会带来如下问题:结构过于庞大、复杂,加工的经济性差;自身转动惯量大,整体谐振频率低,伺服跟踪性能下降,等等。依据光电防御转塔定向精度的要求,为满足结构刚度等重要性能指标的要求,在维持甚至提高转塔系统精度的同时,降低结构的总体质量,需要借助有限元法对转塔的关键部件进行结构优化设计,以期获得所需性能指标最优的结构形式[7]。

大量的研究资料和工程经验表明,转塔轴系的转动惯量主要包括负载惯量、箱体惯量、电机惯量、轴和轴承惯量等,相对而言,负载惯量、电机惯量、轴和轴承惯量往往较易控制,而箱体惯量往往是设计中影响较大,需要关注的参数之一,若单方面提高箱体刚度必然要求增大箱体的壁厚等参数,带来的结果就是转动惯量的提高，而单方面要求降低转动惯量必然要牺牲箱体的刚度，这本身就是一对矛盾，为此有必要针对转塔方位箱体进行静态、动态特性分析与结构优化设计研究。

1）方位箱体静态特性分析

为解决箱体结构优化的问题，从重视频带宽度的角度出发，借助于大型有限元分析软件对所要设计的箱体进行静态特性分析和优化设计，在保证箱体刚度的前提下，提高箱体固有频率的同时，降低箱体质量至最轻，即减小转动惯量。

2）方位箱体模态分析

由于箱体固有频率的高低将直接影响其频响速度及频响误差，因此针对箱体进行模态分析，即对箱体自身的固有振动频率与振型的分析很有必要。首先利用已经在静力分析中建立的有限元模型，具体运用适用于大型对称结构特征值求解的 Block Lanczos 法对方位箱体进行模态分析，Block Lanczos 法具有以下特点：功能强大，在提取中型至大型模型（50~100 个自由度）的大量振型时，该方法很有效，经常应用在具有实体单元或壳单元的模型中，可以很好地处理刚体振型[8]。由于转塔低阶模态对系统的动态特性影响较大，因此模态分析时提取前五阶模态。

此外，箱体的顶部承受俯仰部分的载荷，底部内圈承载整个转塔方位箱体和内部机箱及俯仰部分的载荷。为了使箱体结构更趋合理，需对其顶部和底部肋板结构进行优化，这样既可以改善箱体的力学性能，又能对箱体材料进行合理分配。

3）箱体结构优化设计

结构优化设计是指在保证转塔整体质量和性能不受影响的前提下，应最大限度地减轻各零部件的重量，努力谋求高精度、高稳定性、低振动和良好的快速响应的综合平衡。由优化技术的内涵可知，合理的结构设计和使用轻质材料是设备优化的主要途径，此处采用合理的结构设计是首选方式。

通常把结构优化按照设计变量的类型划分为结构尺寸优化、形状优化和拓扑优化 3 个层次。尺寸优化和形状优化已得到充分的发展，但它们存在不能变更结构拓扑的缺陷。拓扑优化的基本思想是将寻求结构的最优拓扑问题转化为在给定的设计区域内寻求最优材料的分布问题。与传统的优化设计不同的是，拓扑优化不需要给出参数和优化变量的定义，目标函数、状态变量和设计变量均为事先定义好的，用户只需给出结构的参数（材料特性、模型和载荷等）和要省去的材料百分比。拓扑优化的目标是在满足结构约束的情况下减少结构的变形能，相当于提高结构的刚度。

6.5.3 大负载高精度定向干扰防御转塔随动控制技术

1. 防御转塔伺服控制系统组成

在转塔伺服控制系统中，永磁同步交流伺服电机（PMSM）由于其具备十分优良的低速性能、可以实现弱磁高速控制、调速范围宽广、动态特性和效率都很高等原因，已经成为伺服系统的主流之选。因此，伴随防御系统转塔伺服系统也采用PMSM，但交流伺服电机模型为强耦合、时变的非线性系统，并且运行时会受到不同程度的外界干扰，其控制技术十分复杂。交流伺服系统性能的好坏直接受所采用的控制技术的影响，高质量的控制技术可以弥补机械机构和硬件设计的不足，同时能改善伺服系统的控制性能[9]。因此，研究转塔交流伺服系统控制技术对满足系统总体对转塔精度的要求具有重要意义。

转塔伺服系统主要由方位和俯仰伺服控制器、方位和俯仰交流永磁同步电动机、方位和俯仰减速器、方位和俯仰齿轮副、方位和俯仰位置传感器等组成[10]，如图6-12所示。

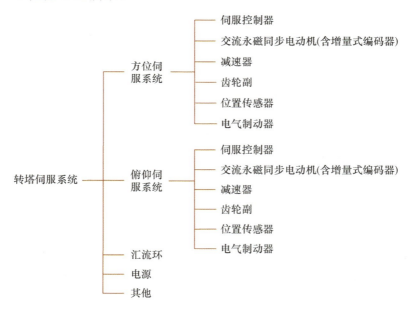

图6-12　转塔伺服控制系统组成

2. 永磁同步交流伺服电机矢量控制系统设计

PMSM 矢量控制系统由于具有响应速度快、速度超调小、转矩脉动小、调速范围宽、体积小等特点，从而具有良好的动静态性能，因此被广泛应用在高性能伺服控制系统中。基于 PMSM 矢量控制的优点，光电防御转塔伺服控制系统构建了以数字信号处理器芯片作为主控芯片的转塔 PMSM 矢量控制系统。在 PMSM 矢量控制系统模型中，采用如图 6-13 所示的级联三环伺服控制模型，分别为基于 DSP 的位置调节器、速度调节器和电流调节器。

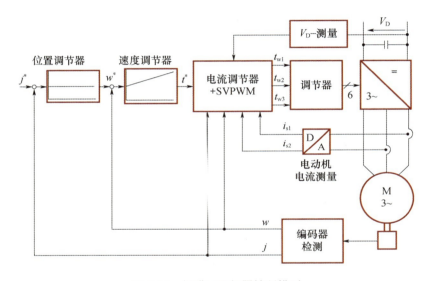

图 6-13 级联三环伺服控制模型

位置调节器由 DSP 处理器、位置传感器和 RS422 串口等组成。其主要功能为：①监控管理；②接收并处理指挥控制设备传送的方位角、俯仰角数据；③接收并处理方位、俯仰位置传感器的位置数据；④向指挥控制设备传送转塔的实际方位角和实际俯仰角数据；⑤利用控制算法求取速度环的输入设定；⑥分别向方位、俯仰速度调节器传送方位、俯仰速度环的输入设定量。位置调节器的工作流程如图 6-14 所示。

速度调节器由 DSP 处理器、电机增量式光电编码器组成。其功能为：①接收位置调节器输出的速度给定指令；②接收电机增量式光电编码器输出的正交脉冲位置信号并处理；③计算速度偏差；④利用模糊自适应 PID 控制算法，向电流调节器输出直轴和交轴电流给定指令。速度调节器的工作流程如图 6-15 所示。

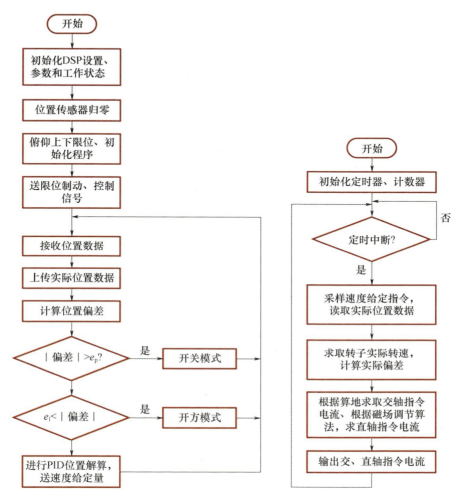

图 6-14 位置调节器的工作流程　　图 6-15 速度调节器的工作流程

在伺服控制系统中,需要控制伺服电动机的转矩,使其得到较快的响应速度,而转矩控制直接反映在电流控制上,因此电流控制器的设计至关重要[11]。电流调节器由 DSP 处理器和电流检测处理电路组成。其功能为:①接收速度调节器输出的交、直轴电流给定指令;②采样电流实际值;③计算电流偏差;④进行 PID 解算,通过功率放大单元,输出三相交流电,控制交流电机的运动。

采用电流环 PID 综合设计方法,设计超前电流调节器。超前电流调节器是基于空间矢量的概念,使用数据采集方法,根据电机定子电流采样,计算出相应的电流矢量值,再根据电机的数学模型,计算出所需要的电压矢量,输出电压矢量激励功率电子器件，产生 SVPWM 电压。这种调节器具有较好的动态和静态特性，电流波动小，采样频率可控，但计算量大，控制精度主要取决于电机模型的准确性。

对电流环的控制算法则采用智能 PID 控制算法，基本思路是当被控量与设定值偏差较大时，取消积分作用，以免由于积分作用使系统稳定性降低，超调量增大；当被控量接近给定值时，引入积分控制，以便消除静差，提高控制精度。引入积分环节主要是为了消除静差，提高控制精度，但在过程的启动、结束和大幅度增减设定时，系统输出有很大的偏差，会造成 PID 运算的积分积累，致使控制量超过执行机构可能允许的最大动作范围对应的极限控制量，引起系统较大的超调，甚至引起系统较大的振荡[12]。电流调节器的工作流程如图 6-16 所示。

图 6-16　电流调节器的工作流程

3. 捕获跟踪平滑切换控制技术

在对来袭目标实施干扰的过程中,通常需要经历搜索、捕获和跟踪等几个工作模式。搜索模式是以指定速度和路径对指定区域进行扫描的过程;捕获模式是从跟踪使能到稳定跟踪间的过渡过程,在此过程中,初始偏差较大,在指挥控制系统和转塔伺服控制的共同作用下偏差快速减小,从而进入跟踪模式;在跟踪模式中,偏差保持在较小的范围内,红外图像跟踪器光轴始终追随目标视线。捕获和跟踪模式对系统的性能起决定作用。捕获回路和跟踪回路的性能要求不同,捕获过程要求转塔伺服系统能够大角度快速调转,跟踪过程则要求高跟踪精度。单一的控制器不可能对捕获和跟踪都性能最优,因此,设计控制器时,单独设计捕获控制器和跟踪控制器以得到最佳的性能,采用多控制器切换的方法。直接切换控制器可能会产生大的瞬态误差,导致目标丢失[13]。

对于多模式控制器切换问题,目前主要有初值补偿、复合非线性反馈等方法。初值补偿方法能够对切换时系统的初值进行计算并补偿,但计算较为复杂,也使得难以在系统中应用。复合非线性反馈控制器包含线性部分和非线性部分,线性部分用来缩短上升时间,非线性部分用于接近目标值时减小系统超调。复合非线性反馈控制律作用下,系统响应快,超调小甚至没有超调,大大提高系统的瞬态响应性能。由于非线性函数的引入,复合非线性反馈还是较为复杂,不利于系统实际应用。根据综合光电防御系统的实时性需求,要求搜索转跟踪过程中系统可渐进且连续地从捕获最优转换到跟踪最优,并且所有的中间响应均稳定。因此,需要设计捕获跟踪控制算法,以实现捕获跟踪过程的平滑切换控制。

为准确地捕获目标和高精度地跟踪目标,通常采用模式切换控制。模式切换控制包含不同结构的多个控制器和切换函数,根据某特定条件从一个控制器切换到另一个控制器。模式切换控制中的每个控制器都可设计为最优以满足不同阶段的性能要求,如时间最优或跟踪精度最优等。在光电跟踪控制中,捕获阶段需要满足最短时间要求,同时需要避免系统的驱动进入饱和;跟踪阶段则要保证跟踪的位置精度。可在捕获阶段采用非线性控制,跟踪阶段采用线性控制方法。模式切换控制的设计需要解决控制器的切换方法问题。这一问题目前并未被完全解决。在工程实际中通常在切换时刻,将控制器的各状态值清零,以保证系统的稳定,不过这样做的结果是影响了系统的响应速度。

捕获模式时，在目标指示雷达引导下，指挥控制系统控制转塔伺服调转使目标进入红外图像跟踪器视场内并被识别，此时偏差较大，要求伺服系统迅速调转，减小偏差，并且超调量不能过大，以免目标脱离视场；跟踪模式则对伺服系统的稳态精度要求较高。由此可见，捕获到跟踪的过程，对伺服系统来说，是一个阶跃响应。目标跟踪要求伺服系统的阶跃响应稳态时间短，超调小甚至无超调。通常，快速响应将会带来大的超调量。也就是说，大部分控制器设计是这两个瞬态特性指标之间的权衡。这里通过捕获跟踪的单参数对称调节算法设计来实现，具体如下。

在线性系统中，用单变量调节的传递函数 G 通常采用双线性函数表示。

$$G(w) = \frac{w_1 G(1) + w G(\infty)}{w_1 + w} \tag{6-2}$$

式中：w_1 为系统函数。用式（6-2）实现从捕获到跟踪的渐进转换，可在保证中间过程频响特性可接受的同时得到可能最佳的捕获和跟踪回路响应特性。

不过，双线性变换不能保证转换过程一定是平滑的。例如，当 $G(0)$ 为积分环节，$G(\infty)$ 为微分环节时，在转换中会出现零点，合成得到的系统频响特性不平滑。

为保证捕获与跟踪回路在最宽范围内可平滑调节，并保持合成的传递函数具有最小相位且有足够的裕量，本系统采用对称调节。对称调节中，合成的频响特性相对某调节值 w_0 是对称的。变量 w 相对 w_0 上下最大变化，G 的幅值和相位也随之上下对称变化。

如图 6-17 所示，设 $G(w_0)$ 为中间响应函数，$G(0)$ 和 $G(\infty)$ 相对 $G(w_0)$ 对称。因此有

$$\frac{G(\infty)}{G(w_0)} = \frac{G(w_0)}{G(0)} \tag{6-3}$$

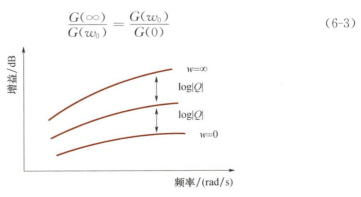

图 6-17 对称调节频响特性

设该比值为 Q，即为对称调节函数

$$Q = \frac{G(\infty)}{G(w_0)} = \frac{G(w_0)}{G(0)} \tag{6-4}$$

将式（6-4）代入式（6-3），可得到如下关系：

$$G = G(w_0)\frac{1+(w/w_0)Q}{(w/w_0)+Q} \tag{6-5}$$

由式（6-5）可知 G 的增益为

$$20\log|G| = 20\log|G(w_0)| + 20\log\left|\frac{1+(w/w_0)Q}{(w/w_0)+Q}\right| \tag{6-6}$$

当 $w=w_0$ 时，式中右边第二项为 0。设 a 为大于 0 的常数，则当 w 从 w_0/a 变化至 aw_0 时，第二项保持原值，只是符号改变了。将式（6-6）泰勒展开，可知，线性项确定，调节增益单调取决于 w/w_0，且在大于 20dB 的调节区域中都近似线性。

以调节器传递函数 $G(w_0) = Q = 1/s$ 为例。随着 w 的增加，系统传递函数从双积分器变化到常值增益响应。相应地，相位滞后从 π 减小到 0。可以看出，应用该控制器，不仅满足了系统的裕度要求，而且实现了大范围增益和相位变化的平滑渐进单参数调节。

应用双线性关系式（6-4）的框图如图 6-18 所示。

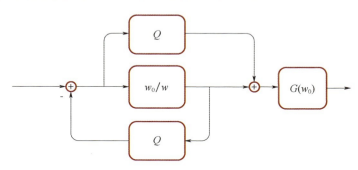

图 6-18　对称调节器框图

其中包含反馈环路和前馈路径。在反馈系统控制器中应用时，调节器可以应用线性增益系数 w/w_0 变量，通过一些变化或其他算法，使得控制器成为自适应线性时变系统，也是一个只需调节单个实数增益系数的变增益系统。

也就是说，只改变补偿器中的一个实参数，系统就可渐进且连续地从捕获最优变化到跟踪最优，中间频响特性快速平滑转换到跟踪，不会丢失目标。可根据跟踪信号的特定特性对 w 变化曲线进行优化。基于单参数的对称调节方法，可较好地满足系统对捕获和跟踪的需求，实现捕获和跟踪模式的平滑切换，从而使得捕获和跟踪的性能都大大提高。

4. 稳定瞄准跟踪匹配控制技术

转塔随动控制系统根据图像跟踪器输出的目标位置偏差信号，调整光轴在惯性空间的指向，以实现对目标的快速、精确跟踪。由于跟踪器硬件处理速度和算法计算量的影响，图像跟踪器与转塔伺服控制中的位置传感器不同，有其自身的特点：图像跟踪器采样率一般较低，一般为25Hz或50Hz；给出的是偏差信号而非绝对位置信号；目标位置偏差量有20～40ms的延迟。因此系统跟踪回路控制器难以使用普通的伺服控制方法来设计。换言之，图像跟踪器与转塔伺服之间需要合适的匹配方法，使得防御转塔伺服的性能不受或少受图像跟踪器特性的影响，充分发挥防御转塔伺服系统的性能。

光电跟踪控制回路的采样率通常由图像跟踪器的输出帧频决定。由于跟踪器硬件处理速度和算法计算量的影响，目标位置偏差量一般有1～2帧的滞后，在每帧图像的采样周期内，图像跟踪算法需经过目标特性匹配、边缘分割和形心计算等步骤，算法复杂且计算量大。因此，目前图像跟踪器输出目标位置偏差量的频率相对较低，大都只有25～50Hz，并且有1～2帧的滞后。图像跟踪器的低帧频和目标位置偏差量滞后对系统的跟踪性能影响较大，如何在带有滞后的低采样率帧频条件下保证伺服系统具有较好的动态性能和较高的跟踪精度是控制系统设计的难点。图像跟踪器的目标位置偏差量不仅其低帧频引起输出响应的不平滑，而且目标位置偏差量滞后所引入的相位延迟也是降低系统稳定性的重要原因[14]。

目标位置偏差量的滞后会影响系统的瞬态响应，使系统产生振荡，控制性能降低。在一定范围内的滞后量可通过预测滤波算法加以补偿，利用预测滤波原理得到目标的预测位置和运动速度，构成等效的复合控制系统，能提高系统的型别消除速度误差，减少由于目标位置偏差滞后带来的跟踪误差，且不影响系统的稳定性。

预测滤波技术不但能提供跟踪目标的准确的位置、速度、加速度等信息，而且利用预测外推，可以使跟踪系统提前预知目标下一时刻的位置、速度、加速度信息，提高控制系统的快速跟踪能力和跟踪精度，当出现目标信号丢失时，跟踪控制系统可以按照预测目标的位置移动，以保持跟踪的稳定性和连续性。此外，利用预测滤波得到的高精度的数据，当进行跟踪方式切换时，只是切换数据源，不会引起伺服系统的抖动，改善多种跟踪手段的切换。

图像跟踪器的低采样率帧频对伺服控制系统的性能具有较大的影响。图像跟踪器的低采样率和伺服系统数字控制的高采样率使得转塔随动控制系统成为一个典型的多采样率系统。且跟踪回路的开环传递函数不容易得到,如何在低帧频条件下保证伺服系统具有较好的动态性能和较高的跟踪精度是控制系统设计的难点。

在实际的综合光电防御系统中,滞后与采样率低是图像跟踪器固有的并同时存在的问题,需要在设计跟踪回路控制器时一同考虑。因此设计多率预测控制,如图 6-19 所示。多率预测方法包含一个内回路,用多率跟踪控制器实现跟踪回路的伺服控制,补偿目标位置偏差量采样率较低带来的影响,外回路则包括目标位置的合成和预测。

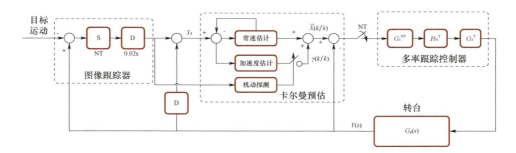

图 6-19 多率预测控制原理框图

实际上,多率预测控制方法通过将目标位置偏差量 E 与转塔前次位置值 Y_{k-1} 合成,得到前次采样目标位置 X_{k-1},并将其作为卡尔曼预测滤波器的输入,经预测得到当前目标位置估计值 X_k,X_k 与转塔当前位置值 Y_k 之差为目标位置偏差量的当前估计值 $\hat{E}_k$。该估计值是预测得到的目标位置偏差量,我们称为预测目标位置偏差量。用其作为多率跟踪控制器的输入,就消除了由于目标位置偏差量滞后带来的系统超调过大的问题。

运动目标探测采用目标位置偏差量作为输入,当目标位置偏差量大于某个阈值时,我们就认为目标正在机动,此时,切换开关将加速度估计加入常速估计的输出,从而实现对目标加速度的补偿。

通过采用两级卡尔曼滤波方法对脱靶量滞后进行预估,应用直接多率反馈方法减小脱靶量采样率低带来的影响,将两者结合构成多率预估控制方法,有效地解决综合光电防御系统中图像跟踪器与转塔伺服控制的匹配问题。

参考文献

[1] 王剑英,刘列,周玉平.半主动激光寻的导弹全程光电对抗技术探讨[J].红外与激光工程,2006(S1):194-199.

[2] 薛模根,韩裕生,朱一旺,等.一个基于激光的小型综合光电对抗系统[J].现代防御技术,2006(2):60-63.

[3] 黄建军,李鹏飞,喻建平,等.基于类云模型聚类的多目标数据关联算法[J].深圳大学学报(理工版),2010(1):15-19.

[4] 梁晓东.舰载光电火控技术研究[D].西安:西安工业大学,2013.

[5] 李科.舰载直升机灯光控制系统抗电磁干扰分析与设计[D].哈尔滨:哈尔滨工程大学,2009.

[6] 陈长海.反舰雷达导引头建模与仿真研究[D].西安:西安电子科技大学,2009.

[7] 伞晓刚.1m口径光电经纬仪关键部件优化设计与仿真分析研究[D].长春:中国科学院研究生院(长春光学精密机械与物理研究所),2013.

[8] 李杰.精密光电跟踪转台框架的静动态特性分析[J].光电工程,2010(1):65-68.

[9] 呼文豹,郭锐锋,王志成,等.高性能交流伺服系统中的控制方法[J].组合机床与自动化加工技术,2013(1):12-16.

[10] 刘雷.基于干扰补偿的全地域发射平台高性能控制方法研究[D].南京:南京理工大学,2018.

[11] 于水乐.基于DSP的交流永磁同步电机伺服控制系统的研究[D].南京:南京航空航天大学,2012.

[12] 王明金.永磁同步电机无位置传感器技术的研究[D].南京:南京航空航天大学,2009.

[13] 马东玺,范大鹏,朱华征.光电跟踪系统捕获跟踪切换的平滑调节方法[J].红外与激光工程,2010(6):147-151.

[14] 马东玺.光电搜跟系统模式切换特性及控制研究[D].长沙:国防科学技术大学,2011.

第7章 光电防御系统综合测试评定技术

光电防御系统的应用对于增强体系对抗作战条件下目标抗精确打击能力具有重要意义,但在防御系统研制和试验过程中,由于难以获得真实的防御目标,再加上实装对抗试验投入大、风险高,组织难度大,因此在研制阶段,一般是通过静态试验测试系统的性能指标、半实物仿真对抗试验测试单元模块的动态指标、全系统联动仿真试验测试全系统的动态指标的方法,综合评定防御系统的整体性能。本章主要讨论光电防御系统的综合测试评定方法(防御对象设为激光制导武器)。

7.1 激光自主防御设备综合测试评定方法

光电防御系统的防御对象若为精确制导武器,则由于导引头对自身的信号处理不具备过程信号输出接口,因此在光电防御系统试验过程中,也难以观察到制导武器探测器的工作状态和探测器后续制导信号处理结果,而且导引头的动态响应特性与战场环境关系密切,真实的作战环境同样难以模拟,所以对防御系统的性能试验和指标测试过程较为复杂,技术和实现难度大。为了有效测试评定光电防御系统的整体性能,一般是采取地面静态测试与空中动态测试相结合的实物、半实物仿真综合测试与评定方法。

激光自主防御设备测试评定过程涉及试验场地要求和实装、多种光电子测量仪器设备的保障,特别是自主地防御来自空中的威胁目标,开展从探测到干扰目标的实时动态联动试验,其技术和操作难度大的主要原因有以下几个。

（1）试验用已装备型号的光电导引头尤其是外军光电导引头难以获得，且实物试验代价高、危险性大，保障难度大。

（2）由于防御对象的导引头本身不具备过程信号输出接口，试验过程中也难以观察探测器工作状态和后续制导信号处理结果，干扰效果评估难以获得防御过程数据支持[1]。

（3）由于导引头制导动态响应特性与战场环境关系密切，真实的作战环境难以模拟，试验和测试过程复杂。

为了克服上述困难，依据激光自主防御设备综合测试原理和评估模型，参考国内外相应装备的试验方法，对防御设备的测试采用地面静态测试与空中动态测试相结合的半实物仿真综合测试评定方法。影响光电防御系统干扰效果的主要关联指标是干扰源参数、定向跟踪性能等。因此这种综合测试方法的试验过程可以分解实施。

7.1.1 试验过程分解

影响激光自主防御设备干扰效果的关键是干扰源参数、定向目标跟踪性能和战术应用参数指标（如假目标布设、开火时机等，不考虑战术应用参数指标测试）。鉴于动态测试试验成本较高，进行试验过程分解，先易后难，减小试验风险和代价。

（1）干扰源参数测试。在地面或实验室环境，采用标准激光参数测量设备和仪器结合，实验室测量激光干扰源的输出参数，运用干扰方式的干扰模型评定其对导引头的干扰能力，并对其干扰作用距离进行数值计算。

（2）干扰效果静态测试试验。在地面或实验室环境，固定干扰对象位置，测试系统在实施各种干扰方式的干扰效果、有效性以及静态干扰作用距离等。

（3）随动定向干扰性能测试。在地面或实验室环境，验证伺服跟踪设备对运动中制导武器的跟踪能力，根据激光束散角计算和目标定向干扰精度转移模型估算干扰激光照射导引头的概率。

（4）干扰效果动态测试试验。在野外试验场，全系统联动工作情况下，运用半实物仿真专用试验设备，综合试验验证光电防御系统的性能指标和技术指标，主要包括干扰效果、作用距离、干扰概率等。光电防御设备综合测试与评定的基本思路如图7-1所示。

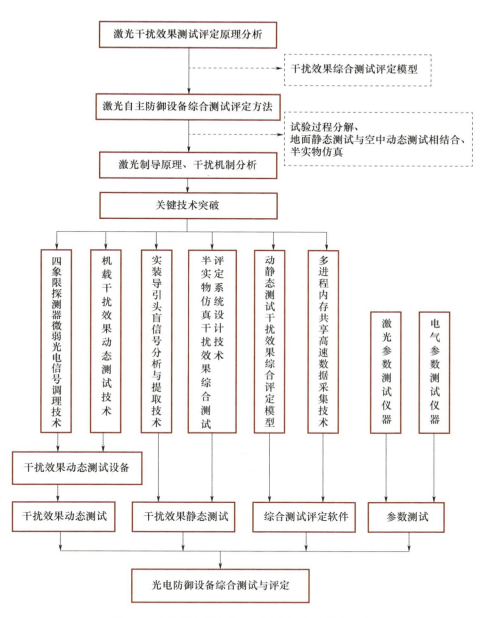

图 7-1　光电防御设备综合测试与评定的基本思路

7.1.2　静态测试与动态测试相结合

对于干扰源参数测试、干扰效果静态测试、随动定向性能测试等试验，可在实验室或野外条件下利用通用仪器仪表、导引头和专用软件完成。干扰作用距离等指标测试可以在地面外场进行，也可在实验室利用不同系数衰减片进行模拟，然后利用数学模型定量分析。

光电防御设备动态干扰测试可利用飞行器搭载激光导引头或模拟设备完成，根据飞行器干扰前后的飞行轨迹判断激光自主防御设备干扰效果。

将地面或实验室静态测试结果与空中动态测试结果相结合，进行光电防御设备主要性能和指标的综合评定。

如图 7-2 所示为激光自主防御设备综合测试评定过程分解。

图 7-2　激光自主防御设备综合测试评定过程分解

激光导引头是验证激光干扰设备干扰效果有效性的关键，但导引头技术资料保密，又不提供制导过程信号测试接口，因此将实装的激光制导导引头引入到系统测试回路，并引出捕获信号、四象限探测信号、和差计算信号等中间过程信号，在地面进行激光干扰效果的静态测试，提高测试评定的可信度，并评定干扰程度。在动态测试试验过程中，空中平台采用无人机，其载荷能力和结构都不具备搭载激光导引头的条件，因此运用仿真技术，根据导引头原理和制导功能，建立数学模型，研制基于四象限光电探测器的干扰效果动态测试设备，集成在无人机上，作为模拟精确制导武器的靶弹，并设计真值录取设备实时记录靶弹飞行中的动态数据，作为综合测试评定激光自主防御设备干扰效果的依据。

7.2 激光自主防御设备综合测试评定系统

以激光自主防御设备的综合测试评定为例,介绍综合测试评定试验系统的构成。

7.2.1 系统功能要求

根据激光自主防御设备综合测试评定模型和方法,系统应具备以下功能[2]。

1. 干扰源静态参数测试功能

综合测试评定系统应具备干扰激光技术参数的静态测试功能,测试内容包括激光重频、波长、功率等与评定过程相关的主要技术指标,并将测试结果通过标准总线或其他方式送入综合测试评定系统嵌入式处理器,作为被测设备参数数据样本建库管理。

2. 干扰效果地面静态测试功能

综合测试评定系统应具备地面静态干扰效果测试功能,即对干扰前后导引头制导过程信号的测试,包括光电探测器输出信号、前放输出信号、波门信号、四象限信号、和差信号、捕获信号等,建立干扰效果静态测试数据样本数据库。

3. 干扰效果空中动态测试功能

综合测试评定系统应具备空中动态干扰效果测试功能,测试内容包括四象限信号、和差信号、无人机航迹信号、飞行姿态控制信号等,并可存储、显示、处理分析这些数据,建立干扰效果动态测试数据样本数据库。

4. 数据库管理功能

综合测试评定系统软件根据被测对象战技指标数据库、战场环境数据库,调用综合测试评定模型,通过逻辑判断、实时波形动态比较、试验分析、数值分析等方法,对被测激光自主防御设备干扰效果进行综合评定,并以报表形式生成评定结论。

5. 综合测试评定功能

系统综合测试评定软件完成系统工作模式设定、工作时序协调、测试数据入库、数据库管理、干扰效果评定等功能。

激光自主防御设备综合测试评定系统主要技术性能指标如下。

（1）测试对象：如高重频激光堵塞干扰设备、激光角度欺骗干扰设备等。

（2）测试方式：如地面静态测试与空中动态测试相结合的半实物仿真。

（3）测试参数：干扰激光波长、重频、束散角、功率、脉冲宽度等；干扰前后四象限信号、和差信号、捕获信号、波门等；空中动态航迹信息、四象限信号、和差信号、飞行姿态信号等。

（4）具有目标捕捉能力、工作波长相关性、干扰作用距离、干扰机制、干扰程度、动态干扰效果综合评定功能，并自动生成测试评定报告。

（5）具有测试参数波形实时显示、干扰轨迹动态显示、状态实时显示功能等。

7.2.2 系统组成及工作原理

1. 系统组成

依据综合测试评定系统功能要求，其组成主要包括控制和综合评定设备、干扰激光参数测试设备、干扰效果静态测试设备、干扰效果动态测试设备、实装激光导引头、数字显控设备等，如图7-3和图7-4所示。

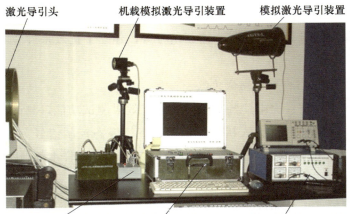

图7-3 激光自主防御设备综合测试评定系统

干扰激光参数测试设备用于静态条件下测试干扰激光的技术参数，主要由波长计、激光功率计、激光光束分析仪、示波器等通用测试仪器组成，通过标准总线接口或人工输入方式与系统控制和综合评定设备连接。

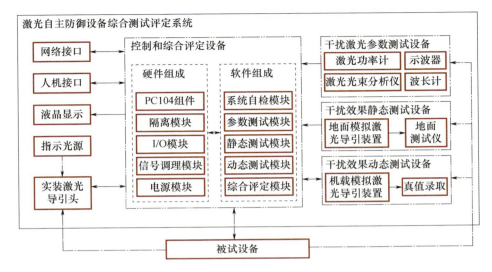

图 7-4　激光自主防御设备综合测试评定系统组成框图

干扰效果静态测试设备由地面模拟激光导引装置、测试仪组成，实现地面静态条件下激光制导过程的模拟，包括激光四象限探测与显示、波门信号设置、和差信号处理等功能，通过模拟信号接口与系统控制和综合评定设备连接，用于激光自主防御设备干扰效果的静态测试评定。

干扰效果动态测试设备由机载模拟激光导引装置、真值录取、无人机平台等组成，实现空中飞行状态下的激光制导过程模拟，通过数据接口与系统控制和综合评定设备连接，回放动态试验中获取的真值数据，用于激光自主防御设备干扰效果的动态测试评定。

指示光源和实装激光导引头提供实物在回路中的测试手段，以实装导引头作为测试设备的组成部分，用于地面干扰效果近场和远场测试，提高干扰效果评定的可信度。

控制和综合评定设备是激光自主防御设备综合测试评定系统的核心，实现系统各组成部分的管理、测试数据处理、综合评定等功能。该设备由硬件子系统和软件子系统组成。硬件子系统包括嵌入式计算机系统、I/O模块、隔离模块、信号调理模块、电源模块、显示控制模块、人机接口模块等组成，软件子系统由系统自检模块、静态测试模块、动态测试模块、综合评定模块等组成。系统控制和综合评定设备还具有外围接口，如与被测设备之间的信息接口、与上一级系统的网络接口等。

综合测试评定系统设备组成和接口关系复杂，其主要包括硬件、软件和信息接口三部分内容。

1) 系统硬件

充分考虑不同测试环境和测试的实际情况，系统硬件采取模块化设计思想，其组成如表 7-1 所列。

表 7-1　激光自主防御设备综合测试评定系统硬件组成

综合测试评定系统	干扰激光参数测试设备	波长计	波长计
		激光功率计	功率计
		激光光束分析仪	光束分析仪
		示波器	示波器
	干扰效果静态测试设备	地面模拟激光导引装置	光机结构
			光电探测模块
		地面测试仪	和差电路模块
			波门电路模块
			控制电路模块
			电源模块
			接口模块
	干扰效果动态测试设备	机载模拟激光导引装置	光机结构
			光电探测模块
		真值录取模块	和差电路模块
			波门电路模块
			控制电路模块
			电源模块
			接口模块
			存储模块
	控制和综合评定设备	信号调理	通道隔离模块
			阻抗匹配模块
		信号接口	I/O 模块
			信号采集模块
			RS232 隔离模块
		嵌入式处理器	PC104 组件
		显控设备	液晶显示器
			操控件
		电源设备	PC104 电源模块
			AC/DC 电源模块
	实装激光导引头	激光导引头	激光导引头
			指示激光源

由表 7-1 可知，干扰激光参数测试设备可选购通用测试仪器仪表，其设计主要是仪器的选型应与被试设备干扰激光参数范围相适应，兼顾成本和可靠性。

根据设备功能要求，系统硬件设计各有重点。

（1）干扰效果静态测试设备主要用于实验室条件下测试激光自主防御设备干扰效果，重点是干扰机制的验证，因此对作用距离等指标不做严格要求，其硬件技术设计的重点是四象限光电探测模块的一致性、和差处理模块的实时响应能力及波门电路模块的可调性。

（2）干扰效果动态测试设备主要用于机载环境下动态测试激光自主防御设备干扰效果，重点是动态干扰效果的测试，因此对作用距离、机载环境适应性等要求严格，其硬件技术设计的重点是高灵敏度的光电探测模块、电磁兼容设计、光机结构设计。

（3）控制和综合评定设备主要用于实验室或野外条件下对单机测试数据进行处理分析，硬件技术设计重点是微弱信号的调理模块、多种类型的接口模块，同时要能够方便野外便携式使用。

2）系统软件

软件功能的完备性、易用性、软件结构的先进性、可扩展性，以及软件系统运行的安全性、可靠性是一个测试系统成功与否的标志。综合测试评定系统运行管理、测试评定、数据管理都需要通过软件来实现，因此，系统软件设计是总体设计的重要内容，主要包括软件设计功能分析、软件框架设计、软件开发平台的选择等内容。

（1）软件功能分析。系统软件主要包括以下基本功能模块。

①系统自检模块。系统启动时，首先对测试系统工作状态进行一次自检，检测内容包括：测试系统数据采集电路主要信号参数、测试系统面板上主要状态指示元件工作状态是否正常；测试系统控制电路是否工作正常。

启动时自检结束后，通过独立的自检模块，完成对系统测试工作状态的实时检测。检测内容包括激光自主防御设备主要信号参数及工作状态。

②被测设备数据管理模块。主要由人机交互接口录入被测设备型号、战技指标、测试条件、气象天候环境等数据样本，也可通过通用外设接口（以太网、串行口、USB等）成批录入数据样本，建立被测设备数据库、环境参数数据库。

③干扰激光参数测试与评定软件模块。利用通用激光参数测试仪器、电

气参数测试仪器数据接口完成对激光自主防御设备干扰源激光功率、重频、脉宽、光斑参数等测试数据的录入和管理，根据激光自主防御设备综合测试评定原理和方法估算被试设备可能具备的干扰效果。

④干扰效果静态测试与评定软件模块。对激光自主防御设备进行静态测试时，需要实时采集设备主要的脉冲和模拟信号，通过分析和推理未加干扰前和加入干扰后两种情况下的过程信号，评定激光干扰效果，并对测试效果进行仿真，模拟导弹受干扰前后的飞行轨迹。

⑤干扰效果动态测试与评定软件模块。干扰效果动态测试与评定软件模块通过读取干扰效果动态测试设备录取数据，进行轨迹回放，分析轨迹与接收的干扰激光信号关系，给出动态测试评定结果。

⑥数据库分析与推理判断机制。系统要完成对激光自主防御设备测试评定结果的分析和处理，需要建立设备测试数据实时数据库，通过对数据库中的数据及测试系统获得的实时数据进行分析和推理判断，得出综合评定结论。

⑦系统设备间通信与数据传输。系统控制和综合评定设备由多个设备组成，设备间需要相互通信完成数据和控制信号传输，通信方式包括串行通信（RS232/485）方式和网络通信方式。

系统软件设计中除了要实现功能，还要充分考虑系统软件运行的可靠性、安全性，因此，系统在每次启动后，通过系统自检模块检测硬件电路、I/O端口配置和反馈信号，确保系统安全可靠地工作。数据处理和显示是系统的一个重要的方面，系统运用数据库技术存储海量数据，采用图形化技术和视景仿真技术将数据显示给用户。

（2）软件框架。激光自主防御设备综合测试评定系统软件设计采用自顶向下、模块化、结构化的设计方法，其主要功能包括系统自检、数据采集、数据处理和分析、系统控制。

系统软件结构框图如图 7-5 所示。

3) 系统信息接口

用于系统评定的测试数据来源有：①被试设备性能参数数据、战场环境、气象数据；②激光参数测试数据；③干扰效果静态测试数据；④干扰效果动态测试数据；⑤激光导引头四象限信号、和差信号、捕获信号等制导过程信号。

被测激光自主防御设备性能参数、战场环境、气象天候等数据通过键盘录入，或通过 USB 等外设接口直接输入系统控制和综合评定设备。

第7章 · 光电防御系统综合测试评定技术

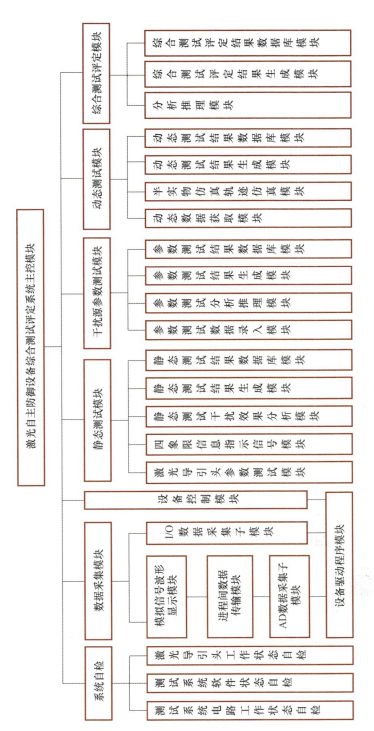

图7-5 系统软件结构框图

干扰源静态激光参数（激光功率、波长、重频、脉冲宽度、光斑参数等）通过测试仪器自带的 RS232/GPIB 接口，或通过 USB 等外设接口直接输入系统控制和综合评定设备。

干扰效果空中动态测试数据（四象限信号、和差信号、无人机飞行轨迹信息等）通过 RS232 接口输入系统控制和综合评定设备。

干扰效果静态测试数据（四象限二级放大信号、和差信号）和激光导引头过程信号（捕获信号、和差信号等）通过信号调理与转换、数据采集、I/O 板卡进入系统控制和综合评定设备。

用 TDS-3032B 双通道示波器测试导引头发现信号种类多，包含控制信号、电源信号、自检信号、微弱模拟信号、直流信号、脉冲信号，且信号频率变化范围很大，最大频率达到了 100kHz。

2. 系统工作原理

系统通过控制和综合评定设备，采用总线结构，自动获取干扰源激光参数、导引头干扰过程信号、空中动态干扰效果等测试数据，运用有效干扰距离、干扰效果综合评定等模型，得出被测设备性能参数及干扰效果综合测试评定结论，并生成测试评定报告。系统工作原理如图 7-6 所示。

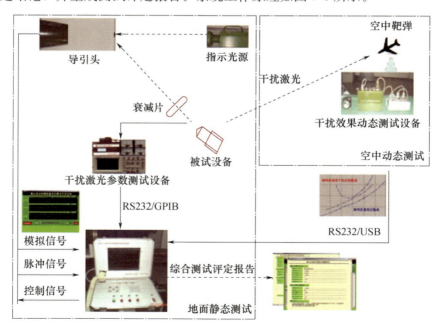

图 7-6　激光自主防御设备综合测试评定系统工作原理

综合测试评定试验系统包括静态、动态、地面、空中等不同条件下的多种工作模式，以给出激光自主防御设备干扰效果测试评定结论为最终目标，其工作过程如图 7-7 所示。

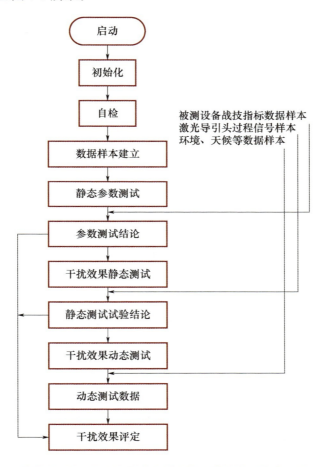

图 7-7　激光自主防御设备综合测试评定系统工作过程

7.2.3　系统工作模式

系统为了确保干扰效果评定的科学、客观，便于对已有试验结果的综合分析，要求大量的数据样本，包括被测设备战技指标数据、战场环境数据、干扰源性能参数数据、干扰效果静态测试数据、动态测试数据等。为此必须在不同的试验条件下进行大量的测试试验，结合激光自主防御设备综合测试评定系统必须完成的功能，可知系统有如下几种工作模式。

1. 激光自主防御设备战技指标数据及环境数据输入工作模式

激光自主防御设备战技指标数据及环境数据输入工作模式主要由人机交互接口输入被测设备型号、战技指标、测试条件、气象天候环境等数据样本，也可通过通用外设接口（以太网、串行口、USB等）成批输入数据样本，建立被测设备数据库、环境参数数据库等。

2. 干扰激光参数测试工作模式

干扰激光参数测试工作模式是利用通用激光参数测试仪器、电气参数测试仪器完成对激光自主防御设备干扰激光波长、功率、重频、束散角等参数的测试功能，为定量分析激光干扰效果提供参数数据样本。

通用测试仪器与系统数据传送方式有以下两种。

（1）实时数据传送。综合测试评定系统根据选用的通用激光参数测试仪器、电气参数测试仪器设计专门的总线接口，通用仪表测试参数可以通过这些接口实时传入嵌入式处理系统格式化存储，该方式主要应用在实验室环境。

（2）数据转存。当综合测试系统和被测设备不在一地，或在野外进行测试不方便进行实时数据传送时，可将仪器测试数据通过存储体转输入系统。

3. 干扰效果静态测试工作模式

干扰效果静态测试工作模式包括激光制导导引头正常工作条件下数据样本的采集与数据库的建立，受干扰条件下数据样本的采集与数据库的建立。

激光制导导引头正常工作条件下数据样本的采集，一般在实验室条件下进行。为了提取制导过程中间信号，必须对测试用导引头进行必要改造，使得测试设备的连接不影响制导系统的工作特性。首先将激光干扰综合测试系统与导引头可靠连接，在综合测试系统的统一协调与控制下，给导引头加电检查并做好测试准备，在指示光源照射下，测试系统采集导引头捕获信号、四象限信号、和差信号等中间过程信号并通过显示、指示终端直观显示出来。

受干扰条件下数据样本的采集是在地面实验室条件下，激光制导导引头在模拟激光指示信号的指引下模拟制导过程，同时激光自主防御设备按照一定条件对其实施干扰，综合测试评定系统实时采集导引头信号建立干扰情况下动态参数样本数据库，干扰效果实时仿真显示。

在实验室条件下可通过增减不同衰减系数的衰减片模拟不同作用距离试验测试激光自主防御设备干扰作用距离，结合外场距离实验验证干扰设备作用距离指标。

4. 干扰效果空中动态测试工作模式[3]

激光自主防御设备干扰效果空中动态测试工作模式采用搭载干扰效果动态测试设备的无人机作为靶弹模拟激光精确制导武器，按预设攻击航路临近飞行，启动数据记录信号。在飞行过程中，干扰效果动态测试设备实时进行四象限信号采集与处理，处理生成的和差信号接入无人机飞控仪。在没有干扰的情况下，和差信号为零，靶弹按预定的攻击轨迹稳定飞行。如四象限探测器在波门内检测到激光信号，真值录取设备在启动信号作用下开始记录实时航迹数据、和差信号、无人机飞行姿态信号。

激光自主防御设备干扰效果空中动态测试示意图如图 7-8 所示。

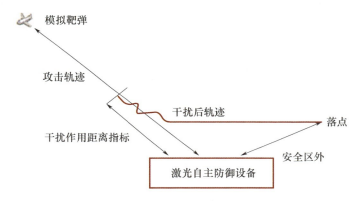

图 7-8　激光自主防御设备干扰效果空中动态测试示意图

7.3　综合测试评定系统关键技术

激光自主防御设备综合测试评定系统研制涉及光电探测、信息处理、嵌入式系统、虚拟仪器、计算机测试、仿真等多学科、多专业技术领域，是一项复杂的系统工程。涉及的主要关键技术有以下几个。

（1）动静态测试干扰效果综合评定模型。

（2）半实物仿真干扰效果综合测试评定系统设计技术。

（3）四象限探测器微弱光电信号调理技术。

（4）实装导引头盲信号分析与提取技术。

（5）机载干扰效果动态测试技术。

7.3.1 动静态测试干扰效果综合评定模型

根据对被测设备工作原理、影响干扰效果的因素和制导过程信号分析，可以建立激光自主防御设备综合测试评定模型。

1. 测试评定参数

通过分析制导过程信号和影响干扰效果的因素，可以归结出用于干扰效果测试评定的参数如表 7-2 所列。

表 7-2　主要测试评定的参数

序号	测试评定参数	用途	评定方法
1	干扰激光波长	评定干扰激光能否进入导引头光谱波门	数值比较
2	干扰激光束散角	评定干扰激光能否进入导引头探测视场	数值分析
3	干扰激光脉宽	计算峰值功率	数值分析
4	干扰激光平均功率	计算峰值功率	数值分析
5	干扰激光峰值功率	评定干扰作用距离	数值分析
6	干扰激光编码形式	评定激光角度诱骗干扰方式干扰效果	数值比较
7	干扰激光重频	评定干扰激光能否进入导引头时间波门	试验分析
8	定向跟踪精度	评定高重频干扰激光能否进入导引头视场	数值分析
9	探测器输出信号	评定干扰激光是否进入导引头光谱波门	实时波形动态比较
10	前放输出信号	评定激光导引头入接收到的干扰激光功率密度是否超过导引头探测灵敏度	实时波形动态比较
11	波门信号	评定干扰激光是否进入导引头时间波门	实时波形动态比较
12	四象限信号	评定干扰激光是否通过增益调整环节	实时波形动态比较
13	和差信号	评定干扰激光是否通过和差运算电路	数值比较
14	捕获信号	评定激光自主防御设备干扰效果	逻辑判断
15	动态航迹数据	评定激光动态干扰效果	试验分析

2. 动静态测试干扰效果综合评定模型

激光自主防御设备干扰效果综合评定包括目标捕捉能力评定、工作波长相关性评定、干扰作用距离评定、干扰机制评定、信息处理、静态干扰效果评定、动态干扰效果评定等内容。动静态测试干扰效果综合评定模型如图 7-9 所示。

目标捕捉能力评定是分析干扰激光能否进入导引头探测器视场。

工作波长相关性评定就是看干扰激光波长能否通过导引头光谱波门。

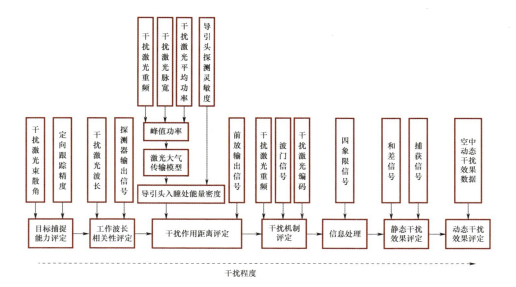

图 7-9　动静态测试干扰效果综合评定模型

干扰机制评定是指激光自主防御设备是角度欺骗干扰方式还是高重频堵塞干扰方式。

因为制导武器导引头的抗干扰措施多是未知的,干扰信号进入导引头之后,到底能否形成有效干扰,无法用模拟激光导引装置测试试验得到。引入实装导引头后,通过采集比较干扰前后导引头制导过程信号的变化情况,定位干扰信号在导引头信息链中存在的位置,就可评定制导武器受干扰程度。

动态干扰效果评定是在地面测试评定的基础上,通过空中动态测试试验验证干扰作用距离等被测对象关键技术指标。

下面详细介绍有效干扰作用距离计算模型、干扰激光峰值功率计算模型、目标捕捉能力评定模型、动态干扰效果评定模型。

1) 激光角度欺骗干扰方式干扰作用距离计算模型

对激光角度欺骗干扰方式(漫反射目标)

$$R_\mathrm{m} = \sqrt[4]{\frac{\tau_0 \tau_a P S_e \cos\alpha}{0.25\pi\theta^2 P_\mathrm{min}}} \tag{7-1}$$

式中:R_m 为有效干扰作用距离;τ_0 为激光自主防御设备和导引头光学系统透过率;τ_a 为大气透过率;P 为激光自主防御设备干扰源功率;α 为导引头被照射面与光束截面夹角;S_e 为导引头入瞳面积;θ 为平面束散角;P_min 为导引头响应灵敏度(如光电二极管四象限探测器为 $10^{-6}\,\mathrm{W/cm^2}$、雪崩管四象限探测器为 $10^{-8}\,\mathrm{W/cm^2}$)。

2）高重频激光堵塞干扰方式干扰作用距离计算模型

对高重频激光堵塞干扰方式（直接照射）

$$P_r = P_0 e^{-\alpha R} \frac{\pi \left(\frac{D}{2}\right)^2}{\pi \left(\frac{1}{2}\theta R\right)^2} \tag{7-2}$$

假设干扰激光峰值功率为 P_0，干扰激光束散角为 θ，干扰激光离导引头的距离为 R，大气衰减系数为 α，导引头接收窗口直径为 D，导引头接收到的干扰信号功率为 P_r，则由式（7-2）求解使 P_r 大于激光导引头探测器响应灵敏度时的 R，即干扰作用距离。

3）干扰激光峰值功率计算模型

激光自主防御设备干扰激光峰值功率计算模型

$$P = P_0 \frac{1}{f \cdot t} \tag{7-3}$$

式中：P 为干扰机激光峰值功率；P_0 为干扰激光平均功率；f 为干扰激光重频；t 为干扰激光脉冲宽度。

4）目标捕捉能力评定模型

为了实现有效干扰，干扰激光照射来袭导弹导引头的照射概率必须足够大。根据激光自主防御设备（高重频激光堵塞干扰）工作过程可知，照射概率与激光束散角、伺服精度有关。当距离较远，且导弹已瞄准已方防护目标时，可将导弹设为点目标，不考虑其外形尺寸。

激光发散角较小时，激光光斑直径的近似计算公式为

$$d = R \cdot \theta \tag{7-4}$$

式中：d 为光斑直径（m）；R 为距离（m）；θ 为发散角（rad）。

根据计算出来的激光光斑直径 d，与跟踪系统误差比较，可以推算出在距离 R 处激光自主防御设备干扰激光照射在导引头上的概率。

5）动态干扰效果评定

评定激光角度欺骗干扰是否有效，可通过指示激光编码与干扰激光编码对比完成，若两者不一致，则干扰一定无效；若两者一致，则视干扰设备超前转发能力判断。也可通过观测施加干扰激光后导引头是否输出制导信号来判断，如果导引头可随干扰激光入射角度变化产生相应的制导信号，那么评定干扰有效，否则无效。

评定高重频激光堵塞干扰是否有效，可通过导引头波门参数与干扰激光

第 7 章 · 光电防御系统综合测试评定技术

重频进行判断,如果激光重频和波门乘积大于 1,表明在每个波门内至少挤进一个干扰脉冲信号,当然,乘积越大,干扰效果越明显,但也对干扰设备研制带来了困难。也可通过观测施加干扰激光后导引头是否能够继续捕获目标判断,如果导引头在捕获状态下,施加高重频干扰激光后丢失目标,那么评定干扰有效,否则无效。

由于试验条件原因,对于干扰有效性和干扰作用距离评定一般采用地面静态测试试验完成,有时甚至可在近场通过等效计算实现。但是在实战条件下,激光自主防御设备对抗的目标为激光制导武器,其干扰过程是一个动态的复杂过程,静态测试试验难以全面验证动态干扰效能,因此还需要研究动态干扰效果评定问题。

激光自主防御设备干扰效果空中动态测试试验,采用搭载干扰效果动态测试设备的无人机作为靶弹模拟激光精确制导武器,按预设攻击航路临近飞行,在飞行过程中,干扰效果动态测试设备实时进行四象限信号采集与处理,处理生成的和差信号接入无人机飞控仪。无人机给出启动信号,在没有干扰的情况下,和差信号为零,靶弹按预定的攻击轨迹稳定飞行。如四象限探测器在波门内检测到激光信号,真值录取模块在启动信号作用下开始记录实时航迹数据和模拟激光导引装置和差信号。根据干扰前后作为空中靶弹的无人机飞行轨迹实时判断动态干扰效果。

7.3.2 半实物仿真干扰效果综合测试评定系统设计技术

自主光电防御类软杀伤武器的测试评定一直是没有很好解决的难题,从国内外研究现状分析可知,利用实物进行测试评定结果最可靠,但是代价高、测试样本有限,难以通用;而利用半实物仿真可降低成本、适用范围更广,且由于关键部件采用实物,其测试评定结果可信度较高;仿真测试成本最低,可通过计算机多次仿真运算,但由于缺乏实物验证,其测试评定结果可信度有限。因此,在本系统顶层设计方面,依据现有条件和对测试评定结果的要求,我们论证采用了半实物仿真思路,坚持关键性能的实物测试,通过多测试手段综合集成,尽可能提高综合评定结果的可靠性。

半实物仿真是一个通用的概念,已经广泛应用于多种型号装备的研发,但是在激光自主防御设备综合测试评定方面的应用还是首次,因此,在系统设计中我们充分借鉴半实物仿真的成功经验,结合我们综合测试评定的具体问题进行攻关。具体解决办法主要有以下几个。

1. 干扰有效性评定采用真实导引头实现

对于激光自主防御设备来讲，评定干扰是否有效，目前国内一般采用理论推算的方式，例如，在高重频堵塞干扰设备设计中，主要是通过提高干扰脉冲重复频率以确保干扰脉冲进入导引头接收波门，理论上对于 $20\mu s$ 的波门，$50 kHz$ 的重复频率就可确保至少有一个干扰脉冲进入波门，但实际上导引头的波门确切值是难以获得的，而且导引头也不仅仅是采用波门一种抗干扰措施。因此，对于干扰有效性的测试评定系统采用了实装导引头进行实物测试。该型实装导引头整体性能接近国际上当前最新技术水平，从导引头主要性能指标来说，与美军"海尔法"激光制导导弹导引头基本持平。所以，系统对干扰有效性评定是客观准确的。

另外，为了提高精确制导武器的可靠性，光电制导导引头都采取了抗干扰对抗措施，利用仿真的方法设计模拟激光导引装置，无法完全模拟导引头抗干扰对抗措施，在此基础上进行测试评定试验，可信度不高。而将实装导引头引入测试回路，由于可以测试导引头受干扰过程的中间过程信号，从而可评定激光自主防御设备对导引头的干扰程度。

2. 结合实物，合理运用功能模拟仿真实现技术指标的测试

对于本系统而言，实装导引头是关键部件，但难以用于空中动态环境的测试。为此，根据激光导引头的工作原理，研制模拟的干扰效果动态测试设备（图 7-10），用于激光自主防御设备的动态性能试验，通过模拟系统与实物之间的模型转换，推算被试设备对实弹的作用效果。无人机载激光导引头模拟装置结构如图 7-11 所示。

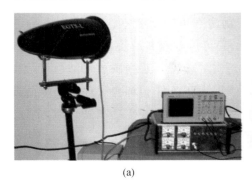
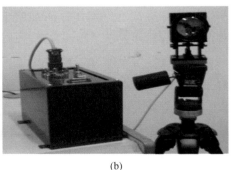

(a)   (b)

图 7-10 激光导引头模拟装置

（a）干扰效果静态测试设备；（b）干扰效果动态测试设备。

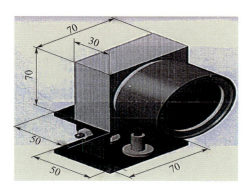
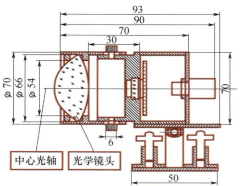

图 7-11　无人机载激光导引头模拟装置结构

3. 在系统设计上进行实物与模拟设备相结合的集成设计

在硬件上集成了激光自主防御设备静态测试环境、动态测试环境，采用嵌入式 PC104 组件作为系统数据采集、信号测试、数据处理、数据库管理、测试评定的核心模块，通过串行接口总线将激光自主防御设备综合测试评定系统地面静态测试、空中动态测试等不同的测试手段集成在一起；在软件上将虚拟仪器开发平台、实景仿真开发平台、驱动程序开发平台等多平台应用程序集成在一个主流程内，将测试、评定、显示、控制、管理等多种功能集成在一个操作界面下。在结构设计上采用机电设备一体化设计方法，将嵌入式处理器组件、模块电源、信号调理电路等多个功能模块集成在一个设备箱内，实现了结构设计一体化。

系统实现了激光自主防御设备测试手段的一体化、测试评定功能的一体化及结构一体化，体现了电子机械装备设计的基本思路和发展趋势。

7.3.3　导引头盲信号分析与提取技术

系统采用半实物仿真方式，其中激光导引头是某型号装备产品，其外部有 5 个接插件，47 个信号接口。由于技术保密，除了供电接口不给其他任何信号接口。对于测试系统而言，这些信号是盲的，特别是导引头受干扰后的信号，混叠在盲信号和噪声内，而且信号非常微弱，为了将导引头引入半实物测试系统中，必须分析和提取出这些盲信号。

导引头盲信号分析与提取就是要通过对导引头输出信号的加工，消除和降低各种外界及内部的干扰和噪声，提取出导引头制导过程各个环节信号。

（1）根据激光导引头的基本原理和工作方式，初步确定各个接插件的功能划分。

（2）在导引头加电后，用示波器观测无指示无干扰激光、有指示无干扰激光、无指示有干扰激光、有指示有干扰激光4个状态下的所有信号波形。

（3）根据测得的导引头信号波形，结合干扰激光和指示激光的信号分布，进行主要信号接口的判断，如是否锁定捕获目标信号、制导控制信号等。确定完主要信号接口后，再逐步分析其他信号接口关系。

（4）最后对判断出的信号接口进行验证，重复（2）的过程，验证不同工作状态下信号变化是否符合理论要求。

（5）对测试信号，根据干扰和噪声引起的不确定性，从度量信号的非高斯性入手，进行盲源分离，提取出导引头输出信号。

经过反复的测试试验表明，导引头输出信号微弱，信号幅值小到只有微伏数量级，频率变化范围较大，最高频率达到了100kHz。为了使得测试设备的接入不影响导引头的制导性能，在信号调理电路的设计上，采取了多级放大和取样积分器的电路形式。第一级利用放大器输入的高阻抗特性，实现阻抗匹配，减小前端噪声对后续电路的影响，并将测量电路与导引头隔离，使得测试设备的接入几乎对导引头不形成负载效应。第二级实现信号放大，使放大输出的信号范围相对模数转换电路处于较为合理的量值。

在导引头盲信号测试分析的基础上，通过基于高斯矩的盲源分离算法从噪声背景中提取了导引头输出信号，综合应用时间波门分离、波门内信号频率特征提取、测量放大器、隔离放大器等方法和器件解决了导引头盲信号分析、测试与提取问题，为实装导引头引入测试回路提供了依据。

7.3.4 机载干扰效果动态测试技术

自主光电防御设备干扰效果动态验证，实弹射击是最好的手段，然而成本高、可操作性差、数据样本少，使得干扰效果的动态测试验证主要靠仿真试验进行。为提高测试评定手段的完备性、结论的科学性，干扰效果动态测试技术是必须解决的关键技术，综合考虑成本、可操作性等问题，提出了无人机载干扰效果动态测试试验方案，并研制了机载干扰效果动态测试设备。

分析激光自主防御设备最大有效作用距离指标，以及无人机飞行姿态、飞控仪控制距离等技术参数，干扰效果动态测试设备要满足如下要求。

（1）野外机载条件下300～500m高空，探测距离2～5km。

(2) 四象限和差信号快速处理系统能够实时、准确地给出和差信号,达到对无人机姿态进行控制的目的。

(3) 探测器光谱波门中心波长为 1064nm。

(4) 探测器时间波门为 $20\mu s$、$50\mu s$、$100\mu s$,在没有接收到激光脉冲信号前,时间波门无效,在接收到激光信号以后,以 20Hz 的频率启用波门。

(5) 探测器视场角为 12°。

(6) 具备和差信号和无人机航迹数据录取功能。

(7) 具备一定的抗振等能力,可以适应在机载条件下正常工作。

根据性能指标要求,干扰效果动态测试设备设计方案如图 7-12 所示。

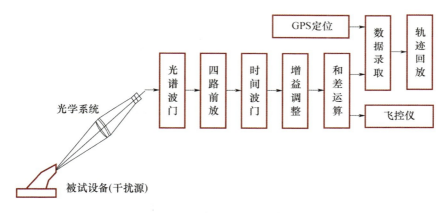

图 7-12 干扰效果动态测试设备设计方案

如图 7-13 所示为无人机载干扰效果动态测试设备硬件原理框图,它的功能是模拟激光制导武器攻击目标过程的,根据干扰效果动态测试设备空中动态测试方法,干扰效果动态测试设备主要包括机载模拟激光导引装置、真值录取与轨迹回放等 3 个部分。

为改善探测性能使系统有较大的动态范围,可以采用自动增益控制技术,在电路中加入对数放大器。经过信号处理,误差信号送入控制系统的俯仰和偏航两个通道,分别控制舵机偏转。在信息处理过程中使用了除法运算,目的是使输出信号的大小不受所接收激光脉冲能量变化的影响(远离目标时能量小,接近目标时能量大)。

1) 机载干扰效果动态测试试验方法

激光自主防御设备干扰效果空中动态测试试验采用搭载干扰效果动态测试设备的无人机作为靶弹模拟精确制导武器,按预设攻击航路临近飞行,在

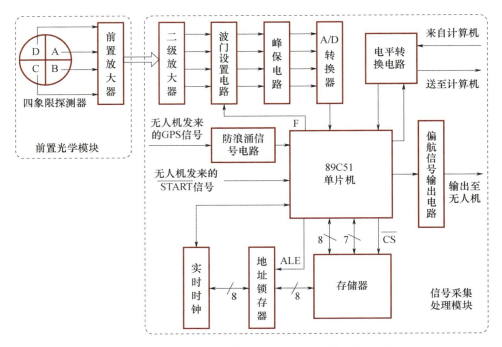

图 7-13　无人机载干扰效果动态测试设备硬件原理框图

飞行过程中，干扰效果动态测试设备实时进行四象限信号采集与处理，处理生成的和差信号接入无人机飞控仪。在没有干扰的情况下，和差信号为零，靶弹按预定的攻击轨迹稳定飞行。如四象限探测器在波门内检测到激光信号，四象限和差信号发生变化，无人机偏离预定攻击轨迹，同时真值录取模块在启动信号作用下开始记录实时航迹数据和模拟激光导引装置和差信号。

2）测试试验方案分析

干扰效果空中动态测试试验方案与实战条件主要有 3 处不同：一是没有采用激光指示器来引导靶弹的飞行，而是按预设航路直线飞行；二是干扰效果动态测试设备的光学探测设备固定安装在无人机前舱，没有风标和陀螺等稳定机构；三是无人机飞行速度慢。

对于以上 3 点不同，给出如下说明：干扰体制有效性评定完全可通过地面测试试验完成，在无人机载荷和可用结构有限的条件下，我们将设计重点放在验证激光自主防御设备对空中运动目标的定向跟踪能力、干扰激光对空中模拟靶弹的作用距离方面，即动态干扰效果。从激光制导武器作战过程来看，一旦锁定了攻击目标，对于固定目标和低速目标来说，其攻击航路接近直线飞行，因而本设计方案中有无激光指示器并不影响，而且对于直线飞行航路，导弹相对目标的方位角、俯仰角变化很小，因此，低速的无人机也可模拟实战中的高速目标。设计中需要解决的一个难点问题是由于干扰效果动态测试设备的光学探测设备固定安装，其视场角、航高、无人机航向角决定了靶弹能够探测到干扰设备的距离范围，因此，为确保干扰作用距离验证需要，必须在航路和光学探测设备视场角设计上进行优化。

3）机载干扰效果动态测试技术设计实现

机载干扰效果动态测试技术设计实现的关键是研制动态测试设备，用来测试激光自主防御设备对空中运动目标的定向跟踪能力和干扰激光对空中模拟靶弹的作用距离。可利用的无人机平台载荷要求小于5kg，只能利用其一舱和二舱的部分空间，而且还有与无人机电子模块之间的接口和电磁兼容问题。因此，为了实现在2000~5000m距离范围内对激光自主防御设备的测试，必须解决机载干扰效果动态测试设备优化设计技术。

采取的主要技术措施有以下几个。

(1) 根据研制目的，确定系统方案。系统首先是具备无人机载环境工作能力，模拟激光导引头微弱激光信号探测能力及基本处理能力，具有干扰信号存储和回放能力，具有与无人机数据接口能力等，因此，根据平台的情况，将激光信号探测、采集、和差运算、存储功能放在无人机载设备实现，将数据回放和分析功能放在地面设备完成，可采用无线实时传输模块进行实时评定，也可在无人机回收后进行数据转存及后续处理。

(2) 优化主要技术指标。由于平台条件限制，难以采用风标、陀螺仪等稳定装置，因此必须固定探测光学系统，因而需要合理设计光学系统视场角，使之在预设航路区域可探测到被试设备的激光信号，同时要考虑无人机飞行不稳定的影响。视场角确定后，需要对比激光导引头的探测灵敏度，合理设计电子学模块，提高系统信噪比。

四象限探测器、前置放大器等器件是实现系统的关键器件，需结合工作环境、性能指标要求合理选型，优化配置，还要根据平台的要求进行电信号、安装接口设计，确保能装、好用，同时通过综合采取屏蔽、光电隔离等措施解决电磁兼容问题。

7.4 光电防御设备综合测试评定试验

7.4.1 干扰效果测试评定静态测试试验

系统干扰效果测试评定静态测试试验主要是在地面（实验室和室外场地）用模拟激光指示器照射激光导引头模拟激光制导过程，实施激光干扰，测试干扰后导引头动态输出信号。

1. 试验目的及原理

试验目的：测试干扰情况下激光制导导引头输出信号电气特性，验证激光自主防御设备的动态性能。

被试设备：激光自主防御设备。

测试工具：模拟激光指示器、激光制导导引头、高重频激光器（重频可调）、示波器、万用表等。

高重频激光源工作状态：激光器平均功率为 1.45W（输出电流为 20.0A，重频约为 100kHz），发射激光波长为 $1.064\mu m$，激光器的发射端加 17°扩束镜和 40dB 衰减片。

静态测试原理图，如图 7-14 所示。

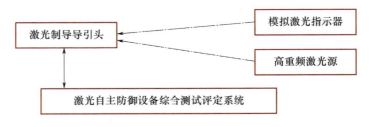

图 7-14　静态测试原理图

2. 测试结果及分析

在系统干扰效果测试评定静态测试试验过程中，激光自主防御设备综合测试评定系统能够实时显示制导过程中信号波形、干扰效果仿真图形、四象限和差信号强度、捕获信号、继电制导指令等内容，科学反映干扰结果。干扰效果测试评定静态测试试验系统连接图如图 7-15 所示，综合测试评定系统干扰波形显示界面如图 7-16 所示。

第 7 章 • 光电防御系统综合测试评定技术

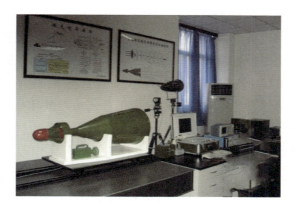

图 7-15　干扰效果测试评定静态测试试验系统连接图

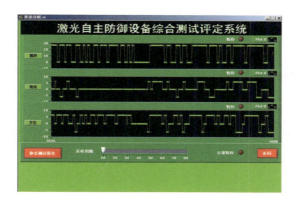

图 7-16　综合测试评定系统干扰波形显示界面

7.4.2　干扰效果空中动态测试试验

1. 试验目的及方案

试验目的：动态测试目标来袭状态下，激光干扰制导导引头输出信号的电气特性，验证激光自主防御设备的动态性能。

被试设备：激光自主防御设备。

测试设备：无人机地面控制站、高重频激光器（重频可调）、示波器、万用表、观瞄望远镜等。

天候条件：能见度不小于 5km。

高重频激光源工作状态：激光器平均功率为 1.45W，发射激光波长为 $1.064\mu m$。

试验方案：如图 7-17 所示。

激光自主防御设备干扰效果空中动态测试试验采用搭载模拟激光导引装置的无人机作为靶弹模拟激光精确制导武器，按预设攻击航路临近飞行，一般 10km 外进入实验场地，向目标模拟攻击方式自主飞行，在飞行过程中，机载干扰效果动态测试设备实时进行四象限信号采集与处理，处理生成的和差信号（攻击目标飞行误差）接入无人机飞控仪。在没有干扰的情况下，和差信号为零，靶弹按预定的攻击轨迹稳定飞行（如图 7-17 中的攻击轨迹）。若四象限探测器在波门内检测到激光信号，则启动数据记录信号，数据存储设备在启动信号作用下开始记录实时航迹数据和模拟激光导引头和差信号，若干扰有效，则导引头和差信号控制无人机做偏航飞行（如图 7-17 中的干扰后航迹）。

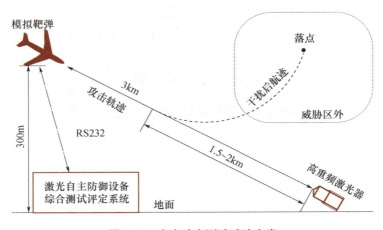

图 7-17　空中动态测试试验方案

2. 试验结果及分析

将储存在存储器中的航迹数据、和差信号数据转存至激光自主防御设备综合测试评定系统中，然后调用数据回放软件进行航迹再现。如图 7-18 所示为是对某防御装置动态干扰试验的数据回放情况。

图中第三航次为模拟激光导引装置样机接收到高重频干扰激光信号后，形成飞行控制信号送无人机飞控仪，控制无人机在 D 点处偏离攻击轨迹。图中下方显示的是偏航点 D 处的经纬度模拟激光导引装置样机信号采集处理模块记录的实时位置信息，以及解算出来的靶弹飞行偏移量，右侧显示的是四象限探测器所接收到的激光干扰信号强度值和经和差运算后得到的光斑大致所在位置。

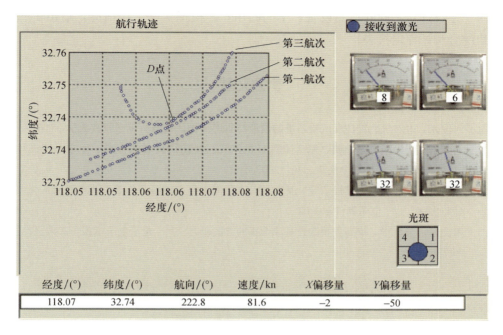

图 7-18 对某防御装置动态干扰试验的数据回放情况

可见,机载模拟激光导引装置样机探测距离(探测灵敏度)指标、动态性能满足激光自主防御设备干扰效果综合测试评定空中动态测试的需要。激光自主防御设备综合测试评定系统干扰效果空中动态测试试验方案能够反映激光制导武器受干扰的实时过程,实时录取靶弹空中航迹数据、四象限和差信号数据,并通过地面设备回放空中动态测试试验过程,为激光自主防御设备干扰效果综合测试评定提供动态数据样本。与防御设备的工作方式、工作时序数据相结合分析,可得到防御系统的反应时间、有效干扰距离和干扰概率等主要指标。

7.4.3 干扰效果综合测试评定

激光自主防御设备综合测试评定系统能够建立被测设备战技指标数据库、战场环境及气象天候数据库、被测激光自主防御设备干扰源静态参数数据库、干扰效果静态数据库、干扰效果空中动态测试数据库,在此基础上,通过专用的数学模型给出被测设备参数测试结论、干扰效果静态测试结论、干扰效果动态测试评定结论,并能给出综合测试评定结论(干扰方式有效性评定、干扰作用距离评定、动态干扰性能验证)。

系统针对不同的被测设备、不同的用户，模拟实际工作情况，给出了一组综合测试评定报表。

参考文献

［1］何俊光．电对抗装置仿真试验系统的设计与实现［D］．成都：电子科技大学，2014．
［2］袁魏华，薛模根，李小明．基于 PC104 的激光自主防御设备综合测试评定系统设计［J］．电子测量与仪器学报杂志社，2007．
［3］韩裕生，袁魏华，薛模根，等．基于 89C51 的激光自主防御设备空中动态测试系统设计与实现［J］．电子器件，2007．
［4］申会庭，柴金华．抗高重频激光有源干扰的方案研究［J］．量子电子学报，2007（2）：76-79．

第8章 典型光电防御装备

8.1 光电防御装备概述

光电侦测设备和光电制导武器的发展和广泛应用，大大刺激了光电防御技术和武器装备的发展。目前，已经形成了较为完整的光电防御武器装备体系，并大量装备于装甲战车、飞机、舰船等作战平台及各种军事要地，其作战对象主要是来袭光电制导武器及敌方光电侦测设备，用以保护作战平台自身及导弹发射阵地、指挥控制中心、通信枢纽等重要目标和设施的安全。

8.1.1 光电侦察告警装备

1. 激光告警装备

光电侦察告警是光电对抗的基础和前提，光电侦察告警装备是光电防御系统的重要组成部分，主要可分为红外告警装备、激光告警装备、紫外告警装备等[1]。

激光告警装备又分为主动告警和被动告警两类。激光主动侦察一般都与激光致盲武器配合使用，探测到敌方目标后，立即启动激光致盲武器，照射敌方光电设备或人眼，使光电设备的探测器饱和损坏，人眼致眩致盲，失去作战能力。激光主动侦察告警设备有美国制造的 AN/VLQ-7 "虹鱼"车载激光致盲武器，它是融主动侦察和致盲为一体的激光对抗武器。

激光告警器大多数为被动告警，被动告警技术又可分为光谱识别型和相干识别型两种。光谱识别型又分为成像型和非成像型两种。成像型是将激光威胁源信号成像在 CCD 面阵上，亮点显示在屏幕上，特点是探测视场较小，精度可达 1mrad 左右，但光学系统复杂。典型的设备有美国的 HALWR 激光报警接收机。光电二极管阵列式激光告警装备有：英国的 LWD21 激光告警器、453 型激光告警器；法国的 1220 系列激光报警器；南斯拉夫的 LID 激光辐射探测器；挪威的 R21 激光告警器；瑞典的 LWS-20 激光告警器；德国的 COLDS 通用激光探测系统；德国的"天窗"激光报警器；以色列的激光告警器；美国的 Skylight 机载激光告警器[2]。

相干识别型激光告警器是利用激光的时间相干性来探测和识别激光辐射，通过干涉技术分析入射光，确定激光源的特性，如波长、入射方向等。相干识别型又分法布里-珀罗干涉仪和麦克尔逊干涉仪，如美国的 AN/AVR-2 型激光告警接收机、多传感器警戒接收机激光警戒装置就属于此种类型。

2. 红外告警装备

红外告警装备是利用目标自身红外辐射特性进行被动探测告警的装备，主要是探测导弹的主动段发动机尾焰（$3 \sim 5\mu m$）和高速弹体气动加热（$8 \sim 14\mu m$）的红外辐射。红外告警设备有：美国的 AN/AAR-34 红外告警接收机、AN/AAR-43/44 红外告警接收机、DDM-Prime 焦平面阵列红外探测器；俄罗斯的 SA-7/9 红外告警器；美国和加拿大联合研制的 AN/SAR-8 红外搜索与跟踪系统等。

3. 紫外告警装备

紫外告警装备是通过探测导弹羽烟的紫外辐射和探测导弹发射平台的装备，提供针对各类短程战术导弹近程防御。紫外告警设备有：南非的 MAW 紫外告警器；美国的 AAR-54（V）导弹逼近紫外告警器、AAR-47A/AAR-47B 导弹逼近紫外告警器及 AWAWS 紫外告警器。

4. 光电复合侦察告警装备

光电复合侦察告警装备是根据战术需求对红外、激光、紫外等不同波段的光电威胁信息进行复合探测、综合处理的装备。光电复合告警装备有：美国研制的 DOLE 激光雷达告警系统；法国的红外和激光告警器；英国的激光和红外探照灯控制器等。美国研制的告警系统可同时探测观察红外、紫外和射频威胁。

8.1.2 光电有源干扰装备

光电有源干扰装备是对敌方光电设备实施压制或欺骗的干扰装备，主要可分为激光有源干扰装备和红外有源干扰装备[3]。

1. 激光有源干扰装备

激光有源干扰装备是指有意发射或转发激光，对敌方光电设备实施压制或欺骗干扰的装备。

激光有源压制干扰又分为激光致盲干扰和激光摧毁干扰，均可称为激光武器，是现代战争中有效的光电防御武器装备。激光致盲武器装备有：美国在海湾战争中多次使用的 Stingray 车载激光致盲武器，AN/PLQ-5 便携式激光致盲武器，AN/VLQ-8AMCD、"骑马侍从"等激光武器，"闪光"激光干扰系统；英国的激光眩目器；我国中国北方工业公司的 ZM-87 手持式激光干扰机等。

欺骗干扰是指使用激光干扰机发射与敌方激光信号特征相似的激光束，欺骗和迷惑敌方激光测距仪和激光制导武器。欺骗干扰设备有：美国的机载"激光测距与对抗"（LARC）系统、机载激光对抗装置（多光谱对抗处理机）、LATADS 激光对抗诱饵系统；英国的 405 型激光诱饵系统、战车辅助防卫系统；乌克兰的 TSHU-1 光电对抗系统等。

2. 红外有源干扰装备

红外有源干扰主要有红外干扰弹（或诱饵弹）和红外干扰机。红外干扰弹（或诱饵弹）有 MK46/47、MJV-7、MJV-8、M206、AN/ALA-34、AN/ALA17、AN/AHS-26、AN/ALE-40（V）等型号。干扰复合和成像制导的有美国和澳大利亚共同研制的"纳尔卡"舰载诱饵系统。红外干扰机的装备有美国的 AN/ALQ-157/AN/AAQ-88（V）/AN/ALQ-132/146 红外干扰机，ALQAN/ALQ-147"热砖"红外干扰吊舱，MIRT 与"挑战者""马塔托"干扰机等系统。

8.1.3 光电无源干扰装备

1. 激光无源干扰装备

激光无源干扰装备是利用本身不发光的器材，散射（或反射）、吸收激光，对目标进行遮蔽，或形成干扰屏幕，或转发原激光信号以阻碍或削弱敌方光电设备和武器系统效能的装备。目前主要的干扰器材有烟幕弹。烟幕干扰的装备主要有烟幕罐、烟幕机、烟幕弹、烟幕手榴弹、烟幕火箭系统等，如英国 L8 系列烟幕弹；美国 M250 和 M243 型发烟机、M259 型发烟弹、66mm 发烟火箭等。

2. 红外无源干扰装备

红外无源干扰主要有烟幕干扰。利用红外谱段的烟幕在目标前形成烟幕屏障，保护目标。红外无源干扰设备有：法国的 ARFFUM80VIRG2 烟幕霰弹、FVU 红外迫击炮弹；英国的"多频带屏障"系统；美国的 AN-M6、AN-M7A 型油雾烟罐、ABC-M5 发烟罐、M529 型黄磷发烟火箭，M42 型烟罐、发烟车等[4]。

8.1.4 综合光电干扰对抗装备

综合光电干扰对抗装备是融红外、可见光、激光、紫外等某几个波段内的有源干扰和无源干扰手段为一体的干扰对抗装备。综合光电干扰对抗装备有：美国的 AN/GLD-B 激光对抗系统、美国海军的"超级双子座"超射频/红外复合光电对抗系统、美国改进型 AN/VLQ-8AIR 干扰机/诱饵；乌克兰的 TSHU-1 光电对抗系统；俄罗斯海军的 SOM-50 红外/激光复合光电对抗系统和 SK-50 箔条/红外/激光复合光电对抗系统；英国海军的"盾牌"改进型红外/箔条/激光复合光电对抗系统等；美国和西方国家的大面积、大载荷、高效能和宽光谱的面源红外诱饵，如能模拟飞机的气动特性且有伴飞能力的 LORAEI 诱饵、能产生与大型飞机红外特征基本相同的新型拖曳红外诱饵。

8.2 陆基综合光电防御系统

陆基综合光电防御系统是用于地面主战装备对抗敌精确制导武器攻击的光电防御系统，集成了激光告警、激光有源干扰、电视有源干扰和红外有源干扰等四种光电对抗手段，可自动判断来袭目标制导类型，产生相应的定向干扰模式，可实现上半球空域的有源定向干扰。系统功能多、体积小，集成在主战装备平台上。该系统同样适于其他固定点、面目标和机动点目标的自主防御。

8.2.1 系统组成与工作过程

8.2.1.1 系统组成

系统由激光告警、高重频激光干扰、电视定向干扰、红外定向干扰、随动伺服跟踪、综合光电自主防御决策控制和冷却等 7 个子系统组成，总体外观如图 8-1 所示。

图 8-1　陆基综合光电防御系统

系统具备对威胁激光信号的快速告警功能，对激光、红外和电视制导武器的有源定向干扰功能，是一个典型的小型化综合光电自主防御装备。

8.2.1.2 系统工作过程

综合光电对抗控制器根据告警和目标信息，引导干扰随动系统跟踪锁定目标，并生成相应干扰模式，控制高重频激光干扰控制器、红外和电视干扰控制器产生激光干扰信号，对激光、红外、电视精确制导武器实施诱偏、堵塞、致眩干扰，使其丧失制导能力，偏离打击目标。

陆基综合光电防御系统是要点综合防御的重要组成部分，主要完成点目标自主防护或应急防御。工作过程可描述如下：

(1) 根据指令，操作人员开启光电综合防御系统，系统运行方式为人工和自动两种，如自动方式开启后则防御系统自动运转，通过激光告警装置对敌激光制导武器全方位进行中、近距离的空中自动告警；

(2) 一旦遭到空中威胁，该系统通过数据交换接口接受国土防空、临近区域防空预警信息，或通过自身的告警装置发现威胁目标信息，经敌我识别器、信息综合处理单元，判断来袭目标的制导方式和准确方位；

(3) 随动控制器持续接收来袭目标的方位信息,并控制随动平台跟踪目标,其跟踪状态返回综合控制器;

(4) 综合制导干扰控制器能根据告警信息,自动生成综合制导干扰模式、干扰器控制方式和控制干扰流程,以达到快速、高效实施综合干扰的目的,图 8-2 是综合光电自主防御决策控制流程图;

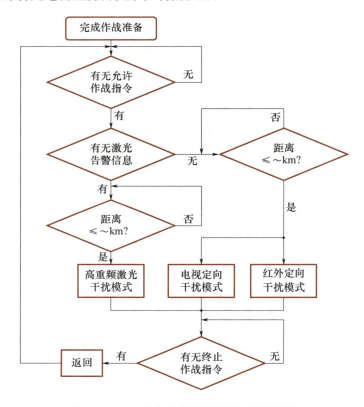

图 8-2 综合光电自主防御决策控制流程图

(5) 当受到激光制导武器攻击时自动告警,综合控制器发出实施高重频激光干扰指令,高重频激光干扰器发射激光束,通过随动伺服系统上的激光干扰转发器跟踪照射来袭目标,使之不能正常工作,直至敌导弹偏离打击目标;

(6) 当没有激光告警信号时,综合控制器发出实施红外和电视定向干扰指令,通过随动伺服的红外干扰激光转发器和电视干扰激光转发器跟踪照射来袭目标,使之丧失红外或电视制导功能,导弹偏离目标;

(7) 预警解除后,系统恢复并进行下一次操作。

8.2.2 激光告警子系统

激光告警子系统是解决要点目标受敌激光制导武器攻击时的预警问题，能快速识别来自激光制导武器的威胁信息，要求能准确、实时预警，且抗干扰能力强。

激光告警子系统由两个激光告警头和告警信息处理单元两部分组成，由光纤耦合连接。

激光告警头安装在被保护目标的无遮挡部位，可接收来自通视条件下、上半球空域、一定作用距离内的激光信号。告警信息处理单元置于控制机柜内，包括电源模块、信号处理模块和放大电路模块，各模块之间由母板连接。对激光告警前端输出信号进行综合处理，实现威胁源定位以及抗强光、强电磁干扰等功能。

信号处理单元对前端送来的多路通道信号进行采样，经过输入接口后进行信号合成，不同激光类型的通道独立锁存。当通道上出现有效信号（低电平脉冲）时，检测电路读取各通道值，再由软件识别激光源类型和激光源区域，其告警处理时间足够短。相邻通道对应的区域间有视场重叠，当相邻通道同时接收到来袭导弹威胁信号，则确定威胁方位为视场重叠的区域方位。信号处理流程如图 8-3 所示。

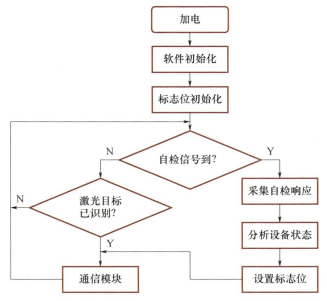

图 8-3　激光告警信息处理流程图

8.2.3 综合光电对抗子系统

1. 激光高重频干扰子系统

高重频激光干扰设备可实现对激光制导武器的有效干扰，一般干扰距离要大于制导武器的制导功能作用距离，系统激光脉冲干扰信号重频要足够大。

高重频激光干扰设备由二极管泵浦激光器、调 Q 激光器、激光干扰电源、激光干扰控制模块等组成。

其工作过程是：设备加电，控制模块控制激光电源和冷却模块工作，当控制模块接收到干扰命令后，控制激光电源产生激光器工作需要的电信号，激光器出光，经激光光路导入安装在伺服平台上的转发器，激光经转发器后发射。伺服控制模块接收目标引导数据，控制伺服平台始终瞄准来袭导弹，当有激光发射，则激光信号则可作用到导弹导引头，实现其高重频定向干扰功能。

2. 红外定向干扰子系统

红外定向干扰子系统发射较高能量窄波束红外脉冲，在随动系统作用下，定向瞄准来袭导弹并照射其红外导引头，使导弹产生错误的跟踪信号和制导信号，从而使来袭导弹不能继续跟踪目标。当目标受到干扰而脱离攻击航线后，即威胁已解除，则停止干扰，并使系统处于待机状态。采用定向技术可将有限的能量集中在较窄的方向，从而得到较大的干扰功率。

红外定向干扰设备组成包括红外干扰源、红外定向干扰控制器、冷却系统和红外定向干扰伺服系统，红外干扰源包括连续激光器、望远镜、控制器、调制器和发射棱镜，红外定向干扰控制器包括激光激励电源、控制接口、调制源、控制电源等。红外干扰源吊装在设备舱内顶部，出光口与伺服平台导光口衔接，激光通过二级反射棱镜由红外干扰伺服平台发射出去，指向来袭红外制导武器；红外定向干扰控制器嵌在设备柜中，与红外干扰源由线缆连接。

发射光学系统将激光器产生的激光进行光学调整，使出射激光的均匀性、发散角等达到最佳状态。

3. 电视定向干扰子系统

根据电视导引头工作原理和电视干扰机理可知，电视导引头受到强激光脉冲照射时，将使部分像素饱和甚至软致盲，在其已稳定锁定的情况下这种干扰照射将严重扰乱其跟踪匹配模式，甚至无法正确成像而丢失目标，因此，采用高能量的 $1.064\mu m$ 激光，可实现对电视导引头的干扰。

电视定向干扰设备组成包括电视干扰源、电视定向干扰控制器、冷却系统和电视定向干扰伺服系统。电视干扰源包括一台 $1.064\mu m$ 固体调 Q 脉冲激光器和激光发射系统；电视定向干扰控制器包括激光激励源和控制接口。

控制接口与陆军综合光电自主防御系统进行电信号连接。激光激励源根据控制接口的控制信号，产生激光器工作需要的电压。激光器在激励源的作用下，工作物质受激发射，产生激光信号。冷却系统将激光器工作时产生的热量带走，保持稳定的工作温度。发射光学系统将激光器产生的激光进行光学调整，使发射激光的均匀性、发散角等达到最佳状态。反射棱镜将水平射出的激光调整为垂直方向，与伺服平台导光口衔接，便于电视定向干扰激光通过随动平台的激光转发器定向干扰来袭射弹。

4. 随动伺服跟踪子系统

随动伺服跟踪子系统由两套设备组成，根据负载和使用功能，分别称为电视定向干扰随动和激光红外干扰随动，两个随动各由一个光电平台和一套控制电路组成，其控制电路集成在一个随动控制器内。

随动平台采用 A、E 型万向框架结构，用套轴式力矩电机直接驱动负载；仰角支路由仰角驱动电机、测速元件、测角元件、轴承及负载等组成；方位支路由方位电机、测速元件、测角元件、方位轴承、支撑架等组成；系统采用高精度、高刚性精密轴系结构。

其工作过程描述如下：
（1）系统加电，伺服平台处于锁零状态（即处于零位）；
（2）随动伺服系统自检；
（3）接外部引导数据，调转到引导数据指定位置；
（4）转入引导精跟踪；
（5）向系统回告伺服平台角度。

5. 综合光电防御决策控制子系统

陆基综合光电防御系统具备对抗多种精确制导武器功能，能够对来袭威胁目标进行类型的判断并产生相应的干扰控制模式，以驱动相应的干扰手段实施干扰。该系统采用激光告警技术与激光有源干扰技术相结合的方法，利用被保护目标和其他组网告警信息，根据告警信息判断威胁目标制导方式。综合自主防御决策控制子系统作为自主防御作战的控制中心，综合分析各种信息，形成并控制、实施有效的自主防御。对于激光制导武器，采取高重频激光干扰模式。对于非激光制导武器，形成复合定向干扰模式，红外定向干扰与电视定向干扰同时作用，实施对非激光制导武器的定向干扰。

综合光电自主防御决策控制子系统具备电源分配、多串口通信、以太网通信、多I/O通道控制、自主决策干扰控制等功能，并要求内部结构合理、满足车载使用、连续工作稳定。

为实现上述功能和要求，综合光电自主防御决策控制子系统采用嵌入式控制计算机系统模式，由控制计算机、通信接口电路、外围接口电路、电源分配器等组成。

控制计算机的功能是实现陆军综合光电自主防御系统控制功能的关键，能够采集各干扰装置的工作状态，生成干扰模式并发出相应的控制信号，接收外部引导数据并转发随动伺服系统实现定向功能。以太网通信接口模块的功能是接收外部引导数据，并提供集成系统的状态信号和控制信号接口。多串口通信模块的功能是实现系统内部各单元之间的信息交换，包括控制计算机指令的传送、各功能单元状态的采集等。电源分配器的功能是按照系统各单元工作电源的需要，将系统单一的供电进行转换、分配，并进行供电状态监视与保护。

8.3 装甲车辆光电主动干扰系统

8.3.1 系统概述

坦克装甲车辆光电主动防护/防御系统（active protection system，APS）是指通过探测传感装置，自动感知并获取来袭反装甲弹药的运动特征和飞行轨迹，然后通过计算机控制对抗装置，阻止来袭弹药直接命中坦克装甲车辆的一种防护系统。显然，它是坦克装甲车辆用于干扰、诱骗或拦截、摧毁来袭弹药的一种智能化防护系统。

根据主动防护系统对抗来袭反装甲弹药方式的不同，一般可以分为主动干扰系统（也被称为软杀伤主动防护系统）、主动拦截系统（也被称为硬杀伤主动防护系统）及一体化主动防护系统，这当中的主动干扰系统主要是通过发射有源/无源干扰物，诱骗来袭反装甲弹药，使其偏离正确弹道的主动防护系统，而根据干扰样式的不同，主动干扰系统又可以分为烟幕遮蔽式（如坦克装甲上面普遍安装的烟雾弹）、光电干扰式（如激光干扰、红外干扰、毫米波干扰等）、激光对抗式（如大功率激光致盲武器）、综合干扰式等。

俄罗斯、以色列、乌克兰、德国、瑞典、美国和中国等世界 20 余个国家都先后研发出了主动防护系统。比较有影响的有俄罗斯的"窗帘"和"竞技场"、美国的"铁幕"和"快杀"、以色列的"铁拳"和"战利品"、乌克兰的"屏障"等主动防护系统。下面以俄罗斯坦克"窗帘"光电干扰系统为例，介绍装甲车辆光电主动干扰系统。

8.3.2 "窗帘"光电干扰系统组成与功能

"窗帘"-1 光电干扰系统就是一套以激光传感器、红外线干扰大灯、烟雾发射器及其控制机构组成的用于自动/手动干扰地方红外/激光制导的反坦克导弹、炮射制导弹药的综合性干扰武器系统，如图 8-4 所示。

图 8-4 "窗帘"-1 光电干扰系统外观

安装在 T-90 上时，完整的系统包括炮塔前部的两台 OTShU-1-7 红外辐射仪、炮塔两边的两台 OTShU-1-7 调节器、炮塔两侧的 3D17 烟雾发射器、炮塔前顶部的两台 DT.TShU-1M 高精度激光传感器、炮塔后部和侧面的三台 DG.TShU-1M 激光传感器及车内的控制机构，如图 8-5 所示。

OTShU-1-7 红外辐射仪工作波段为 $0.7 \sim 2.7 \mu m$，主要针对红外制导武器常用的近红外波段，单台功率为 1kW，功率较大，外部钉状物为散热片，覆盖多个表面，正面有两颗螺栓，可手动加装保护面板，如图 8-6（a）所示。

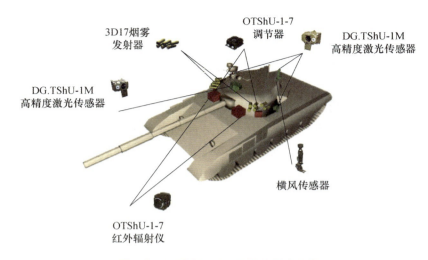

图 8-5 "窗帘"-1 光电干扰系统组成

OTShU-1-7 红外辐射仪安装在一个可以跟随主炮仰俯角同步的架子上，使用时会在其上方形成热气流影响观瞄，为此 OTShU-1-7 红外辐射仪的上部加装了一块金属盖板，以减少热气对观察/瞄准镜的干扰，如图 8-6（b）所示。

图 8-6　OTShU-1-7 红外辐射仪

（a）单体状态；（b）安装状态。

横风传感器也是"窗帘"-1 光电干扰系统的一部分，如图 8-7 所示，用于计算发射烟雾的角度。

炮塔前部的 DT.TShU-1M 高精度激光传感器如图 8-8 所示。

图 8-7　横风传感器　　　　图 8-8　DT.TShU-1M 高精度激光传感器

"窗帘"-1 系统控制计算机模块如图 8-9 所示。

图 8-9　"窗帘"-1 系统控制计算机模块

改进型的"窗帘"-2 光电干扰系统如图 8-10 所示,增加了多种干扰手段。

"窗帘"-2 中烟雾弹发射器有重大改进,可在一定角度的扇面内自由运动,无须转动炮塔即可发射至预定角度。

1—TShU-2-1.1激光探测器；2—TShU-2-4烟雾弹发射器；3—TShU-2-5车载热陷阱；
4—TShU-2-7红外辐射仪；5—TShU-2-9宽频噪声发生器。

图 8-10 "窗帘"-2 光电干扰系统

8.3.3　"窗帘"-1 光电干扰系统运用

"窗帘"-1 光电干扰系统正面水平 90°范围内的高精度激光传感器精度为 3.75°，侧面和后面的激光传感器精度为 7.5°，水平探测范围覆盖 360°，探测俯角为 −5°～25°。

威胁源方位显示面板，根据探测的情况将威胁源显示在面板上。

控制系统可以根据威胁源的情况，自动释放烟雾干扰，距离达 75～90m，高度大约 15m 和 20m，保证覆盖车辆宽度，反应时间不超过 3s，并且在 3～5m/s 的侧风下保持约 30s，如图 8-11 所示。

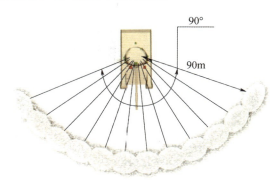

图 8-11 烟雾干扰示意图

"窗帘"-1 可以通过释放烟雾，干扰任何使用激光制导的武器系统，包括炮射激光制导导弹，如图 8-12 所示。

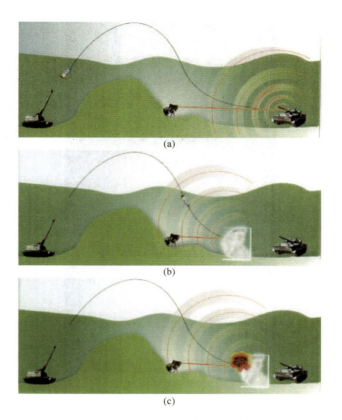

图 8-12 "窗帘"-1 烟雾干扰运用示意图

(a) 威胁预警；(b) 释放烟幕；(c) 烟幕干扰。

对于激光红外复合制导的反坦克导弹，可使用 OTShU-1-7 红外辐射仪对准威胁源，通过发送经调制的强红外辐射脉冲，以破坏和降低红外导引头截获目标的能力，或者是破坏其观测系统，并破坏其跟踪状态，干扰过程示意图如图 8-13 所示，干扰效果如图 8-14 所示。

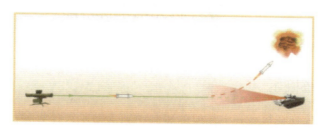

图 8-13 "窗帘"-1 红外有源干扰过程示意图

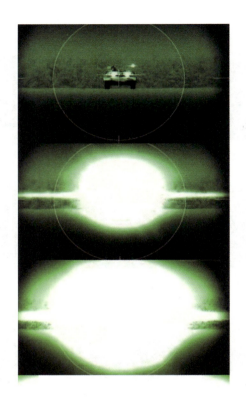

图 8-14 "窗帘"-1 红外有源干扰效果示意图

8.4 直升机光电干扰吊舱

8.4.1 系统概述

美国和以色列在机载光电吊舱的研制中独占鳌头,代表着世界领先水平。他们经历了长时间摸索与研究,技术力量雄厚,生产的光电吊舱性能先进。以色列研制生产的 ESP-600C、MOSP、ESP-1H 和 COMPASS 光电吊舱,方位视场均为 360°，俯仰视场分别为 10°～110°、15°～110°、10°～110°、35°～85°。最大角速度分别为 50（°）/s、30（°）/s、30（°）/s、60（°）/s。视轴稳定精度分别为 15μrad、25μrad、50μrad、20μrad。目前，以色列研制的 MUSIC 多波段红外对抗系统干扰作用距离为 8km。比起以色列研制的光电吊舱，美国生产的 Skyball 光电吊舱性能稍微逊色于以色列，虽然具有全方位视场角和俯仰 83°视场角，但是角速度和角加速度较慢，分别为 2rad/s 和 4rad/s²，虽然角速度和角加速度不高，但是视轴稳定精度较高，其精度为 35μrad。美国生产的复仇女神 Nemesis DIRCM 系统和 ATIRCM 先进威胁红外对抗系统，由早期氙灯干扰源改进为激光干扰源，作用距离分别为 6km 和 4km，其中 ATIRCM 系统装备于 AH-64、CH-47、OH-58D、UH-60、EH-60 等飞机。20 世纪 80 年代后期，美国研制了第一代用于目标跟瞄的光电吊舱，即蓝盾系列吊舱开始装备于美国空军，其作战高度一般在 6000m 以下，目标识别距离在 24km 左右。随后，美军战机又装备了"狙击手"增程型机载光电吊舱，该机载光电吊舱作战高度一般在 6000m 以上，而且可以在敌军导弹拦截部署区域外瞄准目标并发射精确制导导弹，其目标识别能力是第一代蓝盾系列光电吊舱的 3 倍，作用距离可达 160km。下面以美国陆军直升机红外对抗系统为例，介绍直升机光电干扰吊舱[5]。

8.4.2 美国陆军直升机红外对抗系统组成与功能

美国陆军至少自 2016 年起一直在推进大型飞机红外定向对抗系统的装备。目前美国陆军已经在其 AH-64E"阿帕奇"直升机上装备新型红外定向对抗系统，为这种武装直升机增加防御热寻的导弹的能力。该系统为大型飞机红外定向对抗系统（LAIRCM），广泛装备在陆军"阿帕奇""黑鹰""支奴干"等机队中。

大型飞机红外定向对抗系统由 6 个红外告警传感器、1 对安装在转台上的激光对抗装置（"卫士"激光发射机组件）、1 个将这些组件连接在一起并与飞机自身任务系统相连的控制接口组成，如图 8-15 所示。

如果系统探测到来袭的热寻的导弹，会向飞行员发出音频和视频提示，以便飞行员采取规避行动并使转台上的激光器瞄准威胁目标。发射的激光束能够致盲和迷惑导弹的热跟踪传感器，从而使导弹偏离既定航迹。该系统每次只能对抗一个威胁，因此需要集成到整套防御系统中才能发挥最大效力，这种防御系统可能还包含红外诱饵弹等其他对抗装置。

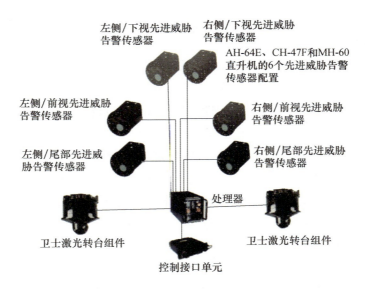

图 8-15 红外定向对抗系统组件示意图

8.4.3 机载红外对抗系统应用

2017年7月，美国陆军宣布第6骑兵团第4中队的AH-64E"阿帕奇"直升机成为其首批装备大型飞机红外定向对抗系统的直升机并参与了实战。该系统的其他型号现已在美国空军、海军和海军陆战队中服役。10年前，荷兰陆军也在其AH-2 64D"阿帕奇"直升机上装备了该系统的早期型号。

美国陆军的改型是以海军陆战队CH-53E直升机上常见的海军部（DON）/AQ-24（V）25配置为基础的，如图8-16所示。

图 8-16 CH-53E直升机装备大型红外定向对抗系统

美国陆军正在重新考虑如何将红外定向对抗系统的各种组件安装到直升

机上。单兵便携式防空系统的威胁日益普遍，大型飞机红外定向对抗系统无疑能够提供有价值的防御能力。这些单兵便携式防空武器自身也逐渐具备应对某些对抗措施（如红外诱饵弹）的能力，这意味着机组人员掌握多重防御手段将更加重要。

美国陆军已打算为其 CH-47 "支奴干"和 UH-60 "黑鹰"直升机研发其他型号的系统，如图 8-19 所示。空军在多种机型上广泛装备大型飞机红外定向对抗系统原型机已经超过 10 年时间，包括极其敏感的 VC-25A "空军 1 号"喷气机。

图 8-17　美国陆军 CH-47 "支奴干"直升机和 UH-60 "黑鹰"直升机

美国海军陆战队也一直使用多种类型直升机，包括高度改造的 VH-3D "海军 1 号"和 VH-60N VIP 机型。可以设想，VH-60N 与 H-60 其他机型至少会存在某些共性，美国陆军在为其"黑鹰"直升机开发大型飞机红外定向对抗系统时，可以借鉴 VH-60N 直升机集成该系统的经验。

肩射和其他轻型红外地空导弹的威胁将持续蔓延，美国陆军希望能够尽快确保红外定向对抗系统尽早投入使用。

8.5　反无人机激光对抗系统

8.5.1　反无人机激光对抗系统概述

定向能武器是利用能量束产生杀伤的武器。激光武器主要是利用激光直接杀伤和攻击目标的一种定向能武器。区别于传统动能武器，以激光武器为代表的定向能武器具有如下典型的特点。

(1) 成本低。定向能武器发射成本远低于导弹等武器。

(2) 能量密度高。能量束携带有较高的功率（如激光束的功率可达数百到数千千瓦），且截面较小，能够获得极高的能量密度。

(3) 对抗困难。由于能量束具有高速、难以侦测等特点，目标难以对打击进行预警、机动。

(4) 使用灵活。定向能武器无须计算弹道，噪声低、无后坐力，便于隐蔽和调整。

激光武器的上述优势非常契合反无人机的需求，因而有望成为一种有效的反无人机手段。

高能激光武器主要由高能激光器、自适应光学系统、雷达或电视引导系统、捕获跟踪瞄准系统、光束控制及发射系统等部分组成。高能激光器是激光武器系统的核心，自适应光学系统通过自适应补偿校正或消除大气效应对激光束的影响，确保高质量的激光束聚集到目标上，雷达或电视引导系统为目标的捕获和跟踪提供粗略的时-空信息，捕获跟踪瞄准系统主要完成对目标的快速捕获、高精度跟踪和瞄准，光束控制及发射系统将高能激光器产生的高能激光束定向发射并汇聚到目标上形成高功率密度的光斑，在极短的时间内毁伤目标[6]。

8.5.2 典型反无人机激光对抗系统

美国代表了当今世界激光武器技术的最高水平。美国最早采用 CO_2 激光，早期如空中激光试验平台（ALL），之后有"海石"激光武器和机载激光武器（ABL），分别采用 DF 化学激光器和 COIL 化学激光器。近几年，随着美国、德国在光源等关键技术取得了突破性进展，固体激光武器的研究已从实验室研究进入试验场系统样机性能演示验证阶段。美国不仅计划将激光武器安装在车上、舰上，同时进行了战斗机载固体激光武器可行性的研究。表 8-1 列出了国外主要反无人机激光武器系统。

表 8-1 国外主要反无人机激光武器系统

国家	系统名称	发射功率	打击距离
美国	激光复仇者	1kW	400m
美国	紧凑激光武器系统	最大 10kW	最远 2km
德国	高能激光武器系统	50kW	2000m

1. 波音公司"激光复仇者"激光武器系统

2009年2月上旬,波音公司研制的"激光复仇者"试验平台在美国新墨西哥州白沙导弹试验场成功击落无人机[7],其激光发射装置安装在复仇者系统原来装载导弹发射箱的位置,即卸掉一个导弹发射箱后换装光纤激光发射装置,它采用在地面车辆上利用1kW光纤激光摧毁一架正在飞行的无人机,如图8-18所示,这种无人机往往携带爆炸品或侦察设备。试验中,这一车载激光系统需要在一个有山和沙漠的环境中行驶,跟踪3架无人机。发现这3个目标后,发射系统成功地引导激光能量束将它们击落。

图8-18 "激光复仇者"摧毁无人机

美国考虑用"激光复仇者"主要对付"低小慢"目标,如突然出现的或恐怖分子投放的,或类似美国"捕食者B"等无人机,或黎巴嫩真主党发射的火箭弹,或战场上的迫击炮弹、炮弹等,其攻击的最小无人机翼展可以小到1.83m或更小。

2. 波音公司"紧凑激光武器系统"

波音公司发展了一种"紧凑激光武器系统",期望能将无人机赶出敏感区域。波音公司对这个系统进行了测试,测试地点位于新墨西哥州的阿尔伯克基。测试展示了该激光武器在2s内摧毁无人机目标的能力,当时该激光武器全功率运行,成功将无人机点燃。对无人机日益上升的威胁而言,这是一种较为经济的应对方式。

如图8-19所示为波音公司"便携式"激光武器。

使激光聚焦在无人机尾部是击毁无人机的较好方式。激光武器要烧穿目标,需要一定的时间积蓄热量,而无人机尾部易于瞄准,如图8-20所示。更精准的瞄准和更强大的激光束是激光武器提高毁伤能力的关键。

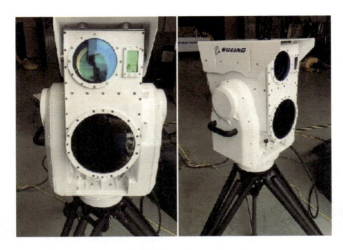

图 8-19 波音公司"便携式"激光武器

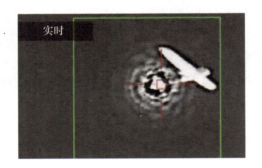

图 8-20 激光武器瞄准机尾

如图 8-21 所示为激光武器试验场景。

图 8-21 激光武器试验场景

"紧凑型激光武器系统"可以拆分为4个组成部分[8],每个部分可由1~2名人员携带。这4个部分分别为电池(电源)、水冷装置、商用光纤激光器、升级版光束指向器(比上一代减重40%)。该系统总重约650磅(约合295kg),可由一个8~12人的分队运输携带。"紧凑型激光武器系统"各部分可在15min内组装完毕,输出功率最高可达10kW。

3. 莱茵金属公司高能激光武器系统

2011年11月,德国莱茵金属公司(Rheinmetall)的高能激光武器系统成功演示了对无人机的击落。系统中集成了一套10kW的激光器。激光武器采用模块化设计,可进行定标放大,该系统包括两套5kW激光武器模块。10kW防空激光武器样机如图8-22所示。

图8-22 10kW防空激光武器样机

2012年11月,莱茵金属公司成功测试了新的50kW高能激光武器(HEL)的目标探测、跟踪和打击全过程。与10kW系统相比,此次功率提升4倍,可用于防空、反火箭弹、反火炮、反迫击炮及非对称作战。50kW高能激光武器由两个功能模块组成:30kW和20kW高能激光模块,如图8-23所示。该测试演示了HEL的高稳定性,从1000m的距离击穿了一块15mm厚的钢梁,并成功击落了2000m内几个速度超过50m/s的无人机靶机,还击毁了一颗直径82mm、速度50m/s的钢球(模拟迫击炮弹)。

从国外典型的高能激光武器系统可以看出,激光武器系统样机得到了快速发展,激光武器及其技术将进入实战应用的快速发展阶段,高能激光武器可望形成战区防空作战的实战装备,多种类型、适应多种作战平台(陆基、车载、机载、舰载)的高能激光武器将得到实战应用,构成反无人机激光对抗系统[9]。

图 8-23　50kW 高能激光武器（HEL）

8.6　舰载光学干扰系统

8.6.1　"猫头鹰"光学干扰系统

"猫头鹰"光学干扰系统（图 8-24）由俄罗斯电子控股公司积分测试厂研发，设计目的是在黄昏和夜间时分，通过高强度的光辐射干扰敌方对抗海军水面舰艇和船只的视觉-光学光电观测和近距离武器瞄准通道（紫外、可见光和红外光谱区域 $0.35 \sim 2.3 \mu m$ 内），保护在海上或沿海地区执行任务的人员、小型船只（包括快艇）和舰船等。

图 8-24　"猫头鹰"光学干扰系统

系统可以安装在排水量为50~15000t的小艇或舰船上。"猫头鹰"光学干扰系统不仅能够对抗武器本身，还能够干扰武器的操作者。该装置能够改变光束的方向和宽度，并在需要时精确瞄准特定目标，通过调制辐射亮度的低频振荡（发射亮度不断变化的光线）使射击武器及近距武器的操作者视觉器官出现暂时性失明。在俄罗斯的试验中系统的有效作用距离为2km，瞄准火力无法到达载舰。为了检测系统有效性，公司进行了一系列的测试。测试中，被"猫头鹰"光学干扰系统暂时致盲的志愿者无法看到目标，更无法进行瞄准射击。近半数受试者抱怨头晕、恶心和迷失方向。大约20%的志愿者指出他们出现幻觉，看到了"浮动"的光斑。

"猫头鹰"光学干扰系统是一种很人性化的非致命武器，其辐射造成的所有紊乱都是暂时的和可逆的，不会对视觉器官造成损伤。"猫头鹰"光学干扰系统的另一个特点是在其初始可见光与部分红外辐射经过亮度的高频调制后，能够在5km的距离（光学制导导弹的标准射程）有效干扰敌方夜视装置、红外激光测距仪和反舰导弹制导系统。该仪器还可以作为一个强大的探照灯设备使用，或在气象能见度范围内传输光信号。

8.6.2 "白嘴鸥"视觉-光学干扰系统

除"猫头鹰"光学干扰系统之外，积分测试厂还研制了一款出口型，即"白嘴鸥"视觉-光学干扰系统，如图8-25所示。"白嘴鸥"视觉-光学干扰系统首次亮相是在2015国际海军展上，与"猫头鹰"视觉-光学干扰系统相比，

图8-25 轻简型"白嘴鸥"视觉-光学干扰系统

"白嘴鸥"视觉-光学干扰系统是一个简化的轻型系统，能够安装在2级水面舰艇上。如有必要，还可以安装在各种船只上，包括登陆艇和边境船只。此外，新的视觉-光学干扰装置可以用于地面部队，安装在陆地装甲车辆和各种动力结构的特种车辆上。

系统的模块化显著提高了其生存能力。当单个辐射器发生故障时，可以直接在船上更换组件而无须维修整套系统。液体冷却方式使得"白嘴鸥"视觉-光学干扰系统可以在不同气候条件下使用，无论是在赤道纬度还是在北极地区。

"白嘴鸥"视觉-光学干扰系统包括一个支撑装置、一个水平和垂直瞄准系统的旋转装置及两台光学辐射器。这种结构使其对载舰的安装条件没有严格的限制，还能够保证最大可能的性能指标。瞄准系统可以将强光引导到特定目标，进行攻击。

为了扩展干扰系统的光谱，先进的"白嘴鸥"视觉-光学干扰系统使用了多光谱辐射器，能够干扰紫外、可见和红外波段内的设备。因此，系统既可以干扰用于探测目标的电视系统，也可以干扰红外成像仪或其他光电设备。除瞄准系统外，"白嘴鸥"光学干扰系统还能够使用仪器来改变光束宽度，作用在小型目标上，而不会浪费照射周围物体的功率。

"白嘴鸥"视觉-光学干扰系统是一种非常有效的手段，可以减少人员和装备的损失，可以压制敌人并对其产生强大的影响，包括心理的影响。这种设计不仅可服务于俄罗斯的海军、边境部门、精锐部队及其他特种部队和安全机构，还可以在突袭恐怖分子和对抗海盗时使用。

8.6.3 舰载光学干扰系统的应用

"猫头鹰"光学干扰系统的载舰22350型护司卫舰是俄罗斯最新的远洋中型防空导弹护卫舰，被誉为是"俄式神盾"，排水量为4500t，是俄罗斯冷战后全新设计的水面舰艇中吨位和作战能力最强的，它是俄罗斯第一种具备对抗多目标、多批次空中打击的水面主战舰艇。

第一艘"格尔什科夫苏联海军上将"号于2018年7月28日正式进入俄罗斯海军序列，第二艘"卡萨顿海军上将"号于2019年交付海军。预计2025年前将交付6艘22350型护卫舰。护卫舰采用了4面5P-20K型"涂金胶料"C波段多功能相控阵雷达，主桅上还有一部旋转式的5P-27"Furke-E/2S"型S波段搜索雷达，舰艏有32单元垂直发射的9M96或9M96E2型"多面堡"

中程舰空导弹，射程可达 120km，是俄罗斯第一种具备对抗多目标、多批次空中打击的水面主战舰艇。

22350 型护卫舰装有两部 CⅡ-520 型光电火控系统，系统整体重 220kg，功率低于 2kW，具有光学、电视和激光测距等多种工作模式。22350 型在舰上配备了 8 具 KT-216 型 10 联装 120mm 干扰弹发射装置和两具 KT-308-05 型 12 联装干扰弹发射装置。前者用于发射不同类型的无源干扰弹，可施放雷达假目标、红外诱饵或箔条来干扰敌方来袭的主/被动制导反舰导弹；后者则是近些年新推出的干扰发射系统。主桅杆旁边的小平台上安装有 MTK-201ME 光电态势感知显示系统。

参考文献

[1] 孙光华，倪俊. 光电对抗技术的发展现状及未来展望 [J]. 国防科技，2006（4）：26-28.

[2] 任华军. 激光照射方位精确探测技术研究 [D]. 西安：西安电子科技大学，2014.

[3] 凌永顺，徐英. 光电对抗技术装备及其发展 [J]. 现代军事，2005（10）：29-31.

[4] 罗明超，张庆海，刘鹰，等. 光电对抗技术及装备在反无人机作战中的对策探讨 [M]. 北京：国防工业出版社，2009.

[5] 周俊鹏. 光电干扰吊舱复合轴控制的研究 [D]. 长春：中国科学院大学（中国科学院长春光学精密机械与物理研究所），2018.

[6] 禹化龙，伍尚慧. 美军定向能武器反无人机技术进展 [J]. 国防科技，2019（6）：6.

[7] 牛中兴，孙亚力. 光纤激光武器装备防空平台的试验 [J]. 飞航导弹，2011（1）：57-62.

[8] 黄英. 超级大黄蜂战斗机开始挂装新型反舰导弹 [J]. 太空探索，2015（10）：1.

[9] 胡晓璐. 高能激光武器对导弹毁伤能力研究 [J]. 电光系统，2015（3）：5.